इंजीनियरिंग

ग्राफिक्स एवं डिजाइन

AF674571

प्रदीप जैन

KHANNA BOOK PUBLISHING CO. (P) LTD.
PUBLISHER OF ENGINEERING AND COMPUTER BOOKS
4C/4344, Ansari Road, Darya Ganj, New Delhi-110002
Phone: 011-23244447-48 **Mobile:** +91-99109 09320
E-mail: contact@khannabooks.com
Website: www.khannabooks.com

Dear Readers,

To prevent the piracy, this book is secured with HIGH SECURITY HOLOGRAM on the front title cover. In case you don't find the hologram on the front cover title, please write us to at contact@khannabooks.com or whatsapp us at +91-99109 09320 and avail special gift voucher for yourself.

Specimen of Hologram on front Cover title:

Moreover, there is a SPECIAL DISCOUNT COUPON for you with EVERY HOLOGRAM.

How to avail this SPECIAL DISCOUNT:

Step 1: Scratch the hologram
Step 2: Under the scratch area, your "coupon code" is available
Step 3: Logon to www.khannabooks.com
Step 4: Use your "coupon code" in the shopping cart and get your copy at a special discount
Step 5: Enjoy your reading!

ISBN: 978-93-5538-107-1
Book Code: UG069HI

Engineering Graphics & Design
by Pradeep Jain
[Hindi Edition]

First Edition: 2021
Reprint: Jan 2023

Published by:
Khanna Book Publishing Co. (P) Ltd.
CIN: U22110DL1998PTC095547

Visit us at: **www.khannabooks.com**
Write us at: **contact@khannabooks.com**

To view complete list of books, Please scan the QR Code: KPH

Printed in India.

प्रो. अनिल डी. सहस्रबुद्धे
अध्यक्ष
Prof. Anil D. Sahasrabudhe
Chairman

सत्यमेव जयते

अखिल भारतीय तकनीकी शिक्षा परिषद्
(भारत सरकार का एक सांविधिक निकाय)
(शिक्षा मंत्रालय, भारत सरकार)
नेल्सन मंडेला मार्ग, वसंत कुंज, नई दिल्ली–110070
दूरभाष : 011-26131498
ई–मेल : chairman@aicte-india.org

ALL INDIA COUNCIL FOR TECHNICAL EDUCATION
(A STATUTORY BODY OF THE GOVT. OF INDIA)
(Ministry of Education, Govt. of India)
Nelson Mandela Marg, Vasant Kunj, New Delhi-110070
Phone : 011-26131498
E-mail : chairman@aicte-india.org

प्राक्कथन

इंजीनियरिंग ने सदियों से समाज की प्रगति और विस्तार में बहुत महत्वपूर्ण भूमिका निभाई है। भारतीय उपमहाद्वीप में उपजे इंजीनियरिंग विचारों ने संपूर्ण विश्व के चिंतन को प्रभावित किया है।

अखिल भारतीय तकनीकी शिक्षा परिषद (अभातशिप) ने वर्ष 1987 में अपने स्थापना से ही तकनीकी विद्यार्थियों को सर्व संभव सहायता देने में अग्रणी भूमिका का निर्वहन किया है। अभातशिप का लक्ष्य गुणवत्तापूर्ण तकनीकी शिक्षा को प्रोत्साहन देते हुए इसके माध्यम से उद्योग जगत को नवीन उत्कर्ष पर पहुँचाना एवं अंततः मातृभूमि भारत को एक आधुनिक विकसित राष्ट्र के रूप में स्थापित करना है| यहां यह उल्लेख करना अनुचित नहीं होगा कि इंजीनियर आधुनिक समाज की रीढ़ हैं - बेहतर इंजीनियर अर्थात बेहतर उद्योग और उद्योग जितने बेहतर होंगे राष्ट्र उतना ही विकास करेगा।

राष्ट्रीय शिक्षा नीति 2020 की परिकल्पना है कि सभी के लिए क्षेत्रीय भाषा में शिक्षा उपलब्ध हो, जो सुनिश्चित करती है कि प्रत्येक विद्यार्थी समग्र रूप से सक्षम एवं दक्ष हो ताकि राष्ट्रीय विकास में सकल योगदान दे सके।

अभातशिप का विगत कुछ वर्षों से यह अथक प्रयास रहा है कि, इंजीनियरिंग के सभी विद्यार्थियों को उच्च गुणवत्ता वाली अंतरराष्ट्रीय स्तर की पुस्तकें क्षेत्रीय भाषाओं में तैयार कर, उचित मूल्य पर उपलब्ध कराई जाएँ। ये पुस्तकें न केवल सरल भाषा में व्यावहारिक जीवन के उदाहरणों तथा समृद्ध विषय सामग्री को ध्यान में रखकर तैयार की गई हैं, अपितु इनमें दिन प्रति दिन बदलते वैश्विक परिदृश्य तथा उद्योग जगत की आवश्यकताओं का भी ध्यान रखा गया है। क्षेत्रीय भाषाओं में तैयार की गई ये पुस्तकें, अभातशिप के इंजीनियरिंग एवं प्रौद्योगिकी के मॉडल पाठ्यक्रम - 2018 के अनुरूप हैं।

संपूर्ण भारत के अनुभवी एवं विषय के निष्णात प्रख्यात प्राध्यापकों द्वारा इन पुस्तकों को अकादमिक समुदाय के लाभ के लिए लिखा गया है। अभातशिप को पूर्ण विश्वास है कि, विषय सामग्री की दृष्टि से समृद्ध, ये पुस्तकें तकनीकी शिक्षा के विद्यार्थियों को अधिक सुगमता और गुणवत्ता के साथ विषयों में दक्षता प्राप्त करने में सहायक होंगी|

अभातशिप इन पुस्तकों और इंजीनियरिंग विषयों को अधिक सुस्पष्ट एवं प्रभावी बनाने के लिए सभी मूल लेखकों, समन्वयकों तथा अनुवादकों के अथक प्रयास और परिश्रम की प्रशंसा करता है।

(Anil D. Sahasrabudhe)

आभार

इंजीनियरिंग एवं प्रौद्योगिकी के विद्यार्थियों के लिए तकनीकी पुस्तकों के प्रकाशन हेतु कुशल नियोजन, संयोजन एवं क्रियान्वयन हेतु अखिल भारतीय तकनीकी शिक्षा परिषद् के प्रति लेखक हृदय से कृतज्ञ हैं।

पुस्तक को विद्यार्थियों के अनुकूल रोचक एवं कलात्मक रूप देने में पुस्तक के समीक्षक प्रो. बी. एस. पाबला के बहुमूल्य योगदान के प्रति भी लेखक हृदय से आभारी है।

लेखक के लिए अत्यंत गौरव का विषय है कि, यह पुस्तक एआईसीटीई के मॉडल पाठ्यक्रम एवं राष्ट्रीय शिक्षा नीति (NEP) - 2020 के दिशानिर्देशों के अनुरूप तैयार की गई है। साथ ही क्षेत्रीय भाषाओं में शिक्षा को बढ़ावा देने के लिए इस पुस्तक का अनुसूचित भारतीय क्षेत्रीय भाषाओं में भी अनुवाद किया जा रहा है।

हम इस पुस्तक के हिंदी भाषा में अनुवाद के लिए प्रो. राम नारायण खरे और डॉ. अमित एक्का एवं समीक्षा के लिए प्रो. अलका बानी अग्रवाल के प्रति आभार व्यक्त करते हैं।

हम श्री बुद्धा चंद्रशेखर, मुख्य समन्वय अधिकारी (CCO), NEAT, एआईसीटीई के प्रति हार्दिक सम्मान व्यक्त करते हैं जिनके द्वारा विकसित आर्टिफिशियल इंटेलिजेंस (AI) आधारित ट्रांसलेशन टूल का उपयोग अनुवाद के लिए किया गया।

अंत में, लेखक, खन्ना बुक पब्लिशिंग कंपनी प्राइवेट लिमिटेड, नई दिल्ली, के सभी सदस्यों जिन्होंने प्रकाशन के दौरान तत्परता से सहयोग प्रदान किया एवं इसे एक स्मरणीय अनुभव बनाया, के प्रति भी हार्दिक धन्यवाद ज्ञापित करते हैं।

प्रदीप जैन

प्रस्तावना

कंप्यूटर एडेड ड्राफ्टिंग और डिज़ाइन (CAD) टूल्स के उद्भव तथा 2D एवं 3D कैड मॉडलिंग को शामिल करने के लिए इंजीनियरिंग ग्राफिक्स पाठ्यक्रम के संशोधन के कारण पारंपरिक इंजीनियरिंग ग्राफिक्स पाठ्यक्रम में महत्वपूर्ण बदलाव आया है। इस पाठ्यक्रम में ड्राइंग बोर्ड आधारित इंजीनियरिंग ग्राफिक्स से कैड आधारित मॉडलिंग पर जोर दिया गया है जिसमें गति, उपयोग क्षमता और ड्राइंग की सुविधा के फायदे हैं। इनके बावजूद, मुक्तहस्त चित्रण पर ध्यान और 2D एवं 3D दृश्य फ्रेम में वस्तुओं की कल्पना करने की क्षमता के विकास को नज़रअंदाज़ नहीं किया जा सकता है। "इंजीनियरिंग ग्राफिक्स और डिजाइन" पर पाठ्यपुस्तक, बुनियादी ड्राइंग कौशल पर ध्यान खोए बिना, कंप्यूटर-आधारित ड्राइंग और डिजाइन को एकीकृत करने की चुनौतियों का समाधान करती है ताकि ड्राफ्टिंग मैनुअल कौशल विकसित किया जा सके और कंप्यूटर-आधारित प्रारूपण को एकीकृत किया जा सके।

पाठ्यक्रम के परिणामों की प्राप्ति के लिए सीखने के परिणामों पर ध्यान केंद्रित करने के लिए पुस्तक को परिणाम आधारित शिक्षा के साथ जोड़ा गया है। पाठ्यक्रम की प्रत्येक इकाई के लिए पाठ्यक्रम के परिणामों और इकाई परिणामों को परिभाषित किया गया है। विद्यार्थियों को पाठ्यक्रम के परिणामों की प्राप्ति के लिए सराहना करने और काम करने में सक्षम बनाने के लिए COs को POs के साथ मैप किया गया है। विद्यार्थियों के लिए इसे आसान बनाने के लिए पाठ्य सामग्री को छोटा कर दिया गया है। प्रत्येक अध्याय के बाद प्रश्नों का एक सेट और आगे पढ़ने के लिए संदर्भ दिए गए हैं। पुस्तक के पहले भाग में इंजीनियरिंग ड्राइंग के पारंपरिक पहलुओं को शामिल किया गया है और दूसरा भाग कंप्यूटर एडेड ड्राफ्टिंग के उपयोग के लिए समर्पित है।

यह पूरी उम्मीद है कि यह पुस्तक 2D और 3D मॉडल विकसित करने में इंजीनियरिंग वस्तुओं के विज़ुअलाइज़ेशन के विकास और कंप्यूटर सॉफ्टवेयर के उपयोग पर ध्यान देने के साथ इंजीनियरिंग ग्राफिक्स और डिजाइन की शिक्षा को फिर से परिभाषित करेगी।

लेखक पुस्तक के भविष्य में सुधार के लिए टिप्पणियों और सुझावों को धन्यवाद देंगे।

प्रदीप जैन

परिणाम आधारित शिक्षा

परिणाम आधारित शिक्षा (आउटकम बेस्ड एजुकेशन) के क्रियान्वयन के लिए प्रथम आवश्यकता है, परिणाम आधारित पाठ्यक्रम विकसित करना एवं शिक्षा प्रणाली में परिणाम आधारित मूल्यांकन का समावेश करना। परिणाम आधारित आकलन के माध्यम से मूल्यांकनकर्ता यह मूल्यांकन करने में सक्षम हो सकेंगे कि क्या विद्यार्थियों ने उल्लेखित मानक, विशिष्ट और मापने योग्य लक्ष्यों (परिणामों) को प्राप्त कर लिया है। परिणाम-आधारित शिक्षा के उचित समावेश से सभी विद्यार्थियों में, प्रोग्राम बीच में छोड़े बिना, न्यूनतम मानक अर्जित करने के लिए एक निश्चित प्रतिबद्धता होगी। परिणाम आधारित शिक्षा युक्त प्रोग्राम के अंत में, विद्यार्थी निम्नलिखित लक्ष्यों (परिणामों) तक पहुंचने में सक्षम होगे:

PO-1. **इंजीनियरिंग ज्ञान:** गणित, विज्ञान, इंजीनियरिंग के आधारभूत ज्ञान और इंजीनियरिंग विशेषज्ञता कों इंजीनियरिंग के जटिल समस्याओं के समाधान के लिए अनुप्रयोग करना।

PO-2. **समस्या विश्लेषण:** गणित, प्राकृतिक विज्ञान और इंजीनियरिंग विज्ञान के प्रथम सिद्धांतों का उपयोग कर जटिल समस्याओं की पहचान, उनका प्रतिपादन, शोध साहित्य की समीक्षा तथा विश्लेषण कर प्रमाणित निष्कर्षों तक पहुंचना।

PO-3. **समाधानों की रूपरेखा / विस्तार:** जटिल इंजीनियरिंग समस्याओं के ऐसे समाधान तथा प्रणाली के घटकों या प्रक्रियाओं की रूपरेखा (डिजाईन) तैयार करना जो सार्वजनिक स्वास्थ्य एवं सुरक्षा, सांस्कृतिक, सामाजिक और पर्यावरणीय विचारों को ध्यान में रखते हुए निर्दिष्ट आवश्यकताओं को पूरा करे।

PO-4. **जटिल समस्याओं का परीक्षण:** वैध निष्कर्ष प्रदान करने के लिए प्रयोगों के डिजाईन (डिजाईन ऑफ़ एक्स्पेरिमेट्स), आंकड़ों के विश्लेषण एवं विवेचना, और सूचना के संश्लेषण सहित शोध-आधारित ज्ञान और शोध विधियों का उपयोग।

PO-5. **आधुनिक साधनों का उपयोग:** जटिल इंजीनियरिंग कार्यों के लिए अनुमान एवं मॉडलिंग सहित उपयुक्त तकनीकों की सीमाओं की समझ के साथ संसाधनों, आधुनिक इंजीनियरिंग और आईटी साधनों का सृजन, चुनाव और अनुप्रयोग करना।

PO-6. **इंजीनियर और समाज:** व्यावसायिक इंजीनियरिंग कार्य के अनुरूप सामाजिक, स्वास्थ्य, सुरक्षा, विधिक एवं सांस्कृतिक मुद्दों और परिणामी उत्तरदायित्वो का आकलन करने के लिए प्रासंगिक ज्ञान आधारित तर्क का उपयोग करना।

PO-7. **पर्यावरणीय स्थायित्व:** सामाजिक और पर्यावरणीय संदर्भों में व्यावसायिक इंजीनियरिंग समाधानों के प्रभाव को समझना और सतत विकास के ज्ञान और आवश्यकता का निरूपण करना।

PO-8. **नैतिकता:** नैतिक सिद्धांतों का उपयोग, व्यावसायिक नैतिकता तथा उत्तरदायित्व और इंजीनियरिंग कार्य के मानदंडों के प्रति प्रतिबद्ध होना।

PO-9. **व्यक्तिगत और टीम वर्क:** बहु-विषयक स्थितियों में व्यक्तिगत रूप से और विभिन्न समूहों में सदस्य या टीम लीडर के रूप में प्रभावशाली ढंग से कार्य करना।

PO-10. **सम्प्रेषण:** जटिल इंजीनियरिंग गतिविधियों पर इंजीनियरिंग समुदाय और समाज के साथ प्रभावी रिपोर्ट और डिजाईन अभिलेखों को समझने और लिखने में सक्षम होने, प्रभावी प्रस्तुतियों (प्रेज़ेंटेशन) बनाने और स्पष्ट निर्देश देने और प्राप्त करने हेतु प्रभावी ढंग से सम्प्रेषण करना।

PO-11. **परियोजना प्रबंधन एवं वित्त:** इंजीनियरिंग और प्रबंधन सिद्धांतों के ज्ञान और समझ का निरूपण करना, व्यक्तिगत कार्यों और बहु-विषयक परिप्रेक्ष्य में समूह के सदस्य और परियोजना प्रमुख के रूप में परियोजनाओं के प्रबंधन करना।

PO-12. **जीवन-पर्यन्त सीखना:** जीवन-पर्यन्त सीखने की महत्ता को पहचानना, और तकनीकी परिवर्तन के व्यापक संदर्भ में स्वतंत्र और जीवन-पर्यन्त सीखने में संलग्न होने की तैयारी एवं योग्यता रखना।

कोर्स आउटकम्स (COs)

पाठ्यक्रम पूरा करने के बाद विद्यार्थी निम्न में सक्षम होंगे:

CO-1: दृश्य प्रदर्शित करें इंजीनियरिंग ड्राइंग की समझ।

CO-2: काम कर रहे इंजीनियरिंग चित्र बनाएँ।

CO-3: कंप्यूटर एडेड अप्लाई करें 2 डी और 3 डी मॉडलिंग के लिए प्रारूपण।

CO-4: इंजीनियरिंग अभ्यास के लिए आवश्यक आधुनिक इंजीनियरिंग उपकरण लागू करें।

CO-5: पढ़ें और संवाद करें इंजीनियरिंग ड्राइंग के माध्यम से।

कोर्स आउटकम्स (COs) के साथ प्रोग्राम आउटकम्स (POs) का परस्पर संबंध

कोर्स आउटकम्स (COs)	कोर्स आउटकम्स (COs) के साथ प्रोग्राम आउटकम्स (POs) का अपेक्षित संबंध (1- कमजोर सहसंबंध; 2- मध्यम सहसंबंध; 3- मजबूत सहसंबंध)											
	PO-1	PO-2	PO-3	PO-4	PO-5	PO-6	PO-7	PO-8	PO-9	PO-10	PO-11	PO-12
CO-1	3	2	1	-	-	-	-	-	-	-	-	-
CO-2	3	3	2	2	-	-	-	-	-	-	-	-
CO-3	3	2	3	1	3	-	-	-	-	-	-	-
CO-4	3	2	1	1	3	-	-	-	-	-	-	-
CO-5	-	3	2	2	-	-	-	-	-	-	-	-

संक्षेपण

संक्षिप्त रूप	विस्तृत रूप
2D	टू डाइमेंसनल (द्वि आयामी)
3D	थ्री डाइमेंसनल (त्रि आयामी)
Aux	औक्सिलिरी
BIS	ब्यूरो ऑफ़ इंडियन स्टैण्डर्ड (भारतीय मानक ब्यूरो)
CAD	कंप्यूटर एडेड डिजाइन
CO	कोर्स आउटकम्स
CUI	कास्टोमाइज ऑफ़ यूजर इंटरफेस
FV	फ्रंट व्यू
CSG	कंप्यूटर ग्राफिक सिस्टम
GUI	ग्राफिकल यूज़र इंटरफ़ेस
HP	हॉरिजॉन्टल प्लेन (क्षैतिज तल)
HT	हॉरिजॉन्टल ट्रेस (क्षैतिज ट्रेस)
IS	इंडियन स्टैण्डर्ड (भारतीय मानक)
ISO	इंटरनेशनल स्टैण्डर्ड ऑर्गेनाइजेशन (अंतरराष्ट्रीय मानकीकरण संगठन)
LOS	लाइन ऑफ साइट
OSNAP	ऑब्जेक्ट स्नेप
PO	प्रोग्राम आउटकम्स
PP	प्रोफाइल प्लेन
RF	रेप्रेसेंटेटिव फ्रैक्शन
THK	थीक (मोटा)
TL	ट्रू लेंथ (सही लम्बाई)
TV	टॉप व्यू (शीर्ष दृश्य)
UCS	यूजर कोआर्डिनेट सिस्टम (उपयोगकर्ता निर्देशांक प्रणाली)
UO	यूनिट आउटकम्स
VP	वर्टीकल प्लेन (ऊर्ध्वाधर तल)
VT	वर्टीकल ट्रेस (ऊर्ध्वाधर ट्रेस)

चित्र सूची

यूनिट-1: इंजीनियरिंग ड्राइंग का परिचय

यूनिट-2: लम्बकोणीय प्रक्षेपण

यूनिट-3: ठोस का प्रक्षेपण

यूनिट-4: ठोसों के परिच्छेद दृश्य

यूनिट-5: सममितीय प्रक्षेपणण

यूनिट-6: कंप्यूटर ग्राफिक्स का विहंगावलोकन

यूनिट-7: अनुकूलन और सीएडी

यूनिट-8: एनोटेशन लेयर और 3D मॉडलिंग

तालिका सूची

यूनिट-1: इंजीनियरिंग ड्राइंग का परिचय

यूनिट-2: लम्बकोणीय प्रक्षेपण

यूनिट-5: सममितीय प्रक्षेपणण

शिक्षकों के लिए दिशानिर्देश

परिणाम आधारित शिक्षा (OBE) की रुपरेखा के क्रियान्वयन और ब्लूम की टैक्सोनॉमी के उपयोग पर अधिक ध्यान देने के लिए आवश्यक है कि विद्यार्थियों के ज्ञान एवं व्यावसायिक कौशल को बढ़ाया जाना चाहिए। इसके उचित क्रियान्वयन के लिए शिक्षकों को एक बड़ी जिम्मेदारी लेनी चाहिए। परिणाम आधारित शिक्षा प्रणाली में शिक्षकों के असीमित उत्तरदायित्वों में से कुछ निम्न प्रकार के हो सकते है:

- यथोचित प्रतिबंधो के अंतर्गत, सभी विद्यार्थियों के सर्वोत्तम लाभ के लिए उन्हें युक्तिपूर्ण तरीके से समय का प्रबंधन करना चाहिए।
- उन्हें विद्यार्थियों का आकलन किसी भेदभाव या अन्य संभावित अपात्रता पर विचार किए बिना केवल कुछ निश्चित मानदंडों के आधार पर ही करना चाहिए।
- उन्हें विद्यार्थियों के संस्थान छोड़ने के पूर्व उनकी सीखने की क्षमता को एक निश्चित स्तर तक बढ़ाने का प्रयास करना चाहिए।
- उन्हें यह सुनिश्चित करने का प्रयास करना चाहिए कि शिक्षा पूर्ण करने तक सभी विद्यार्थी गुणवत्ता पूर्ण ज्ञान एवं योग्यता ग्रहण कर चुके हों।
- उन्हें विद्यार्थियों को उनकी श्रेष्ठ प्रदर्शन करने की क्षमताओं को विकसित करने के लिए हमेशा प्रोत्साहित करना चाहिए।
- उन्हें नए दृष्टिकोण को सुदृढ़ करने के लिए सामूहिक एवं दलगत रूप में कार्य करने के लिए सुविधा एवं प्रोत्साहन देना चाहिए।
- उन्हें आकलन के प्रत्येक चरण में ब्लूम्स टैक्सोनॉमी का पालन करना चाहिए।

ब्लूम्स टैक्सोनॉमी

स्तर	शिक्षक को जांचना चाहिए	विद्यार्थी को सक्षम होना चाहिए	आकलन का संभावित तरीका
सृजन Creating	विद्यार्थियों की सृजन क्षमता	डिजाइन या सृजन	लघु परियोजना
मूल्यांकन Evaluating	विद्यार्थियों की तर्क एवं मूल्यांकन की क्षमता	तर्क या प्रतिरक्षा	निर्दिष्ट कार्य
विश्लेषण Analyzing	विद्यार्थियों की विश्लेषण क्षमता	पृथक करना या भेद करना	परियोजना/प्रयोगशाला पद्धति
अनुप्रयोग Applying	विद्यार्थियों में जानकारी के उपयोग की क्षमता	प्रचालन या प्रदर्शन	तकनीकी प्रस्तुति / प्रदर्शन
समझ Understanding	विद्यार्थियों में विचारों की व्याख्या करने की क्षमता	व्याख्या/ या वर्गीकरण	प्रस्तुति/संगोष्ठी
स्मरण Remembering	विद्यार्थियों की याद करने की क्षमता (या याद रखना)	परिभाषित या याद करना	प्रश्नोत्तरी

विद्यार्थियों के लिए दिशानिर्देश

विद्यार्थियों को परिणाम आधारित शिक्षा (OBE) को लागू करने के लिए समान जिम्मेदारी लेनी चाहिए। परिणाम आधारित शिक्षा प्रणाली में विद्यार्थियों के लिए असीमित जिम्मेदारियों में से कुछ इस प्रकार हैं:

- प्रत्येक पाठ्यक्रम में यूनिट शुरू होने से पहले विद्यार्थियों को प्रत्येक UO के बारे में अच्छी तरह से अवगत होना चाहिए।
- पाठ्यक्रम शुरू होने से पहले विद्यार्थियों को प्रत्येक CO के बारे में अच्छी तरह से अवगत होना चाहिए।
- पाठ्यक्रम शुरू होने से पहले विद्यार्थियों को प्रत्येक PO के बारे में अच्छी तरह से अवगत होना चाहिए।
- विद्यार्थियों को उचित चिंतन और क्रिया के साथ आलोचनात्मक और तर्कसंगत रूप से सोचना चाहिए।
- विद्यार्थियों के सीखने को व्यावहारिक और दैनिक जीवन के परिणामों के साथ सम्बद्ध और एकीकृत किया जाना चाहिए।
- विद्यार्थियों को परिणाम आधारित शिक्षा के प्रत्येक स्तर पर अपनी योग्यता से अच्छी तरह अवगत होना चाहिए।

विषय सूची

1 इंजीनियरिंग ड्राइंग का परिचय

पाठ्यक्रम विशिष्ट

इस इकाई में, "इंजीनियरिंग ड्राइंग का परिचय" विद्यार्थी विभिन्न विषयों को सीखेंगे और समझेंगे जैसे कि, इंजीनियरिंग ग्राफिक्स के सिद्धांत और उनका महत्व, आरेखण उपकरण का उपयोग, अक्षरांकन, शंकु परिच्छेद (कॉनिक सेक्शन) जिसमें आयताकार अतिपरवलय (हाइपरबोला), चक्राभ (साइक्लोइड), अधिचक्रज (एपिसाइक्लॉइड), अन्तश्चक्रज (हाइपोसाइक्लोइड) और इन्वलूट (प्रतिकेंद्राज), तल (प्लेन), विकर्ण (डायगोनल) और वर्नियर स्केल शामिल हैं।

भूमिका

इंजीनियरिंग ग्राफिक्स और डिजाइन पाठ्यक्रम के इस परिचयात्मक अध्याय का उद्देश्य इंजीनियरों और शिल्पकारों को अपने विचारों और तथ्यों को स्पष्टता के साथ और संदिग्धता के बिना संप्रेषित करने में सक्षम बनाना है। यह अध्याय मुख्य रूप से काम करने वाले चित्र बनाने और विभिन्न उपकरणों के उपयोग के बुनियादी ज्ञान से संबंधित है।

पूर्व अपेक्षित ज्ञान

ज्यामिति और इंजीनियरिंग आरेख उपकरणों का बुनियादी ज्ञान।

यूनिट आउटकम्स (UOs)

इस इकाई के पूर्ण अध्ययन करने के बाद, विद्यार्थी निम्न में सक्षम होंगे:

1. इंजीनियरिंग आरेखण बनाने के लिए सामान्य प्रारूपण उपकरण लागू करेंगे।
2. इंजीनियरिंग ड्रॉइंग पत्रक लेआउट(खाका) बनाएंगे।
3. विभिन्न प्रकार के अक्षरांकन लागू करेंगे।
4. विभिन्न प्रकार के पैमाना बनाएँगे।
5. विभिन्न प्रकार के शंकु वर्गों की रचना करेंगे।

कोर्स आउटकम्स (COs) के साथ यूनिट आउटकम्स (UOs) का परस्पर संबंध

यूनिट -1 आउटकम्स	कोर्स आउटकम्स (CO) के साथ अपेक्षित संबंध *(1- कमजोर सहसंबंध; 2- मध्यम सहसंबंध; 3- मजबूत सहसंबंध)*				
	CO-1	**CO-2**	**CO-3**	**CO-4**	**CO-5**
U1-O1	3	3	-	-	2
U1-O2	2	2	-	-	-
U1-O3	2	2	-	-	-
U1-O4	2	2	-	-	-
U1-O5	2	2	-	-	-

प्रस्तावना

"एक तस्वीर एक हजार शब्दों के बराबर होती है"। सदियों से मानव द्वारा चित्रों का उपयोग रेत पर संदेशों को चिह्नित करके, गुफाओं की दीवारों पर जानवरों, पेड़ों और लोगों के चित्रों को चित्रित करके या चित्र बनाकर संचार के एक प्रमुख साधन के रूप में किया जाता रहा है। आरेखण अपने आप में एक अवधारणा के बारे में सभी आवश्यक जानकारी या किसी वास्तविक इकाई के ग्राफिक निरूपकत्व, जैसे मशीन भाग, भवन या उपकरण को संप्रेषित करने का एक तरीका है। इंजीनियरिंग चित्र 2000 से अधिक वर्षों से उपयोग में हैं और इसे पहली बार औपचारिक रूप से 18 वीं शताब्दी में फ्रांसीसी गणितज्ञ गैसपार्ड मोंगे द्वारा शुरू किया गया था। कंप्यूटर-सहायता प्राप्त प्रारूपण के विकास में पहला महत्वपूर्ण कदम 1963 में मैसाचुसेट्स इंस्टीट्यूट ऑफ टेक्नोलॉजी (एम आई टी) में बनाया गया था, जहां स्केचपैड नामक एक प्रणाली विकसित और प्रदर्शित की गई थी। कंप्यूटर-सहायता प्राप्त आरेखण(कंप्यूटर एडेड ड्राइंग) से पहले विद्यार्थियों को मैनुअल ड्रॉइंग क्यों सिखाया जाता है, इसका कारण यह है की उन्हें मानकों, परंपराओं, उपकरणों को सीखना है और उन्हें यह कल्पना करने में मदद करना है कि चित्र कैसे बनाए जाते हैं।

1.1 आरेखण उपकरण

इंजीनियरिंग आरेखण पूरी तरह से एक ग्राफिक भाषा है और कागज या पत्रक पर जानकारी रिकॉर्ड करने के लिए उपकरणों की अनिवार्य रूप से आवश्यकता होती है। अपने उद्देश्य की पूर्ति के लिए इंजीनियरिंग आरेखण स्पष्ट, साफ और सुपाठ्य होनी चाहिए, इसलिए इंजीनियरों के लिए अपने आरेखण कार्य में गति, सटीकता, सुगमता और साफ-सफाई प्रदर्शित करना अत्यंत महत्वपूर्ण है। चित्रों की गुणवत्ता काफी हद तक प्रयुक्त उपकरणों की गुणवत्ता, समायोजन और देखभाल पर निर्भर करती है। आरेखण के लिए उपयोग किए जाने वाले उपकरण और अन्य सहायक उपकरण नीचे सूचीबद्ध हैं:

i. आरेखण पत्रक
ii. रेखाचित्र बोर्ड
iii. टी वर्गों
iv. फ्रेंच कर्व्स
v. मिनी ड्राफ्टर
vi. आरेखण पेंसिल
vii. उपकरण बॉक्स

Drawing Instruments

1.1.1 आरेखण पत्रक (शीट)

आरेखण पत्रक वह माध्यम है जिस पर पेंसिल या पेन के माध्यम से चित्र तैयार किए जाते हैं। आरेखण पत्रक एक श्वेत पत्र है जिस पर किसी वस्तु का आरेख खींची जाती है; इंजीनियरिंग आरेखण के लिए उपयोग की जाने वाली पत्रक एक समान मोटाई के साथ अच्छी गुणवत्ता की होनी चाहिए और पत्रक की सतह चिकनी होनी चाहिए।

आरेखण पत्रक के आकार

आरेखण पत्रक मानक आकार में उपलब्ध हैं जैसा कि तालिका 1.1 में दिखाया गया है। किसी मानक Ao आकार की पत्रक वह होती है जिसका क्षेत्रफल 1 m2 होता है और इसके परिमाप 1189 x 841 मिमी होते हैं। प्रत्येक पत्रक संख्या उच्चतर क्रम में चिह्नित की गई है(A1, A2 और A3 के क्रम में) जो उससे निम्न क्रम बाद का आकार में आधा है। आरेखण पत्रक के लिए अनुशंसित मानक आकार चित्र 1.1 में दिखाए गए हैं।

तालिका 1.1: आरेखण पत्रक के मानक आकार

पद	आकार (मिमी)
A0	841 × 1189
A1	594 × 841
A2	420 × 594
A3	297 × 420
A4	210 × 297

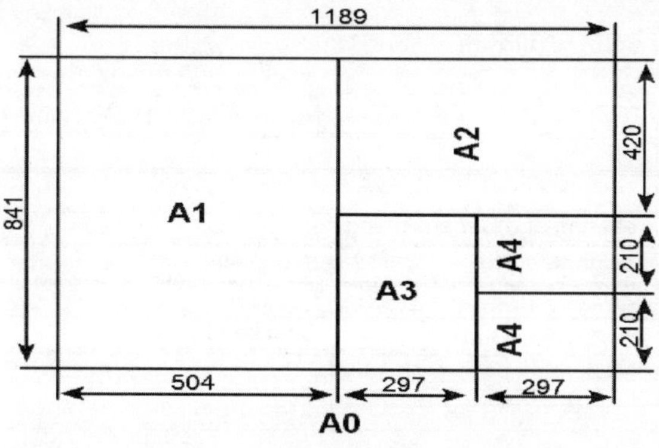

चित्र 1.1: आरेखण पत्रक के मानक आकार

Sheet Layout and Fixing Sheet

आरेखण पत्रक लेआउट (खाका)

आरेखण पत्रक के लेआउट में आरेखण स्पेस, टाइटल ब्लॉक और पर्याप्त फाइलिंग मार्जिन होते हैं। चित्र 1.2 निम्नलिखित विशेषताओं के साथ एक विशिष्ट आरेखण पत्रक दिखाता है।

- **सीमाओं-** पत्रक के कटे हुए किनारों के चारों ओर कम से कम 10 मिमी जगह छोड़नी है।
- **फाइलिंग मार्जिन-** सीमा बनाने के लिए बाईं ओर कम से कम 20 मिमी की जगह प्रदान की जाती है।
- **ग्रिड संदर्भ प्रणाली-** ग्रिड संदर्भ प्रणाली पत्रक पर इस तरह के विवरण, परिवर्तन या परिवर्धन के रूप में ड्राइंग पर प्रयुक्त स्थान के लिए तैयार की है। ग्रिड की लंबाई आरेखण पत्रक के आकार के आधार पर 25 मिमी से 75 मिमी के बीच होती है। ऊर्ध्वाधर

किनारों के साथ ग्रिड को बड़े अक्षरों के साथ अंकित किया जाता है और क्षैतिज किनारों के साथ ग्रिड को अंकों के साथ अंकित किया जाता है। अंकन और अभिलेख टाइटल बॉक्स के विपरीत पत्रक के कोने से शुरू होती है और दूसरी तरफ भी दोहराई जाती है।

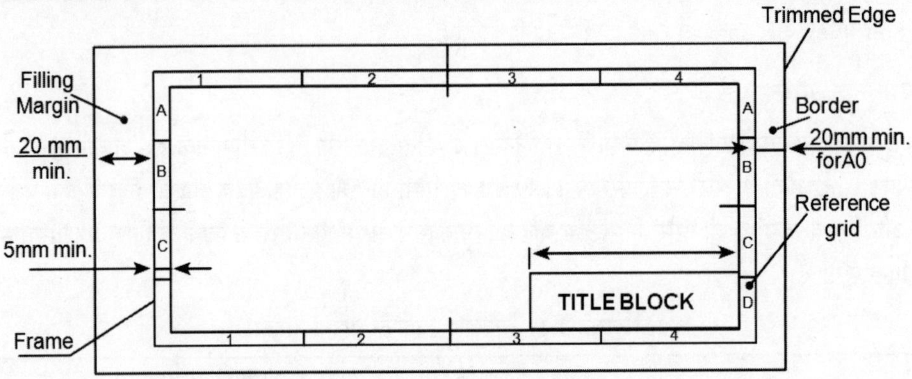

चित्र 1.2: आरेखण पत्रक लेआउट

आरेखण पत्रक शीर्षक बॉक्स

शीर्षक बॉक्स, जो एक महत्वपूर्ण विशेषता है और प्रत्येक आरेखण पत्रक के लिए आवश्यकता है, सामान्य रूप से प्रत्येक आरेखण के निचले दाएं कोने पर खींचा जाता है जैसा कि चित्र 1.3 में दिखाया गया है। शीर्षक बॉक्स आरेखण के संबंध में तकनीकी और प्रशासनिक विवरण प्रदान करता है। यद्यपि शीर्षक बॉक्स के विभिन्न परिमाप हैं, इंजीनियरिंग विद्यार्थियों के लिए 170 मिमी x 65 मिमी आकार के शीर्षक बॉक्स का उपयोग करने की सलाह दी जाती है।

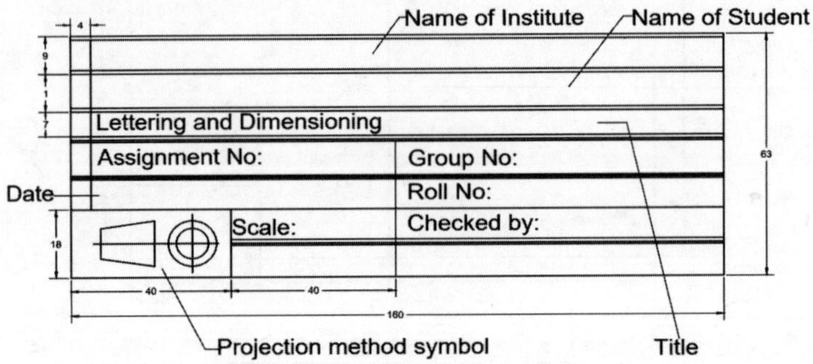

चित्र 1.3: आरेखण पत्रक शीर्षक खंड

1.1.2 रेखाचित्र बोर्ड

आरेखण बोर्ड एक बहुउद्देश्यीय डेस्क के रूप में जाना जाता है जिसका उपयोग किसी भी प्रकार के आरेखण, लेखन या स्केचिंग के लिए कागज की एक बड़ी पर या सटीक तकनीकी चित्रण के लिए किया जा सकता है। एक इंजीनियरिंग आरेखण बोर्ड अच्छी तरह से संशुष्क नरम लकड़ी के चार से छह स्ट्रिप्स से बना होता है जैसे कि पाइन, फ़िर या ओक जिसमें टी-स्क्वायर के लिए काम करने वाले किनारे के साथ लगभग 25 मिमी की मोटाई होती है, जैसा कि चित्र 1.4 में दिखाया गया है।

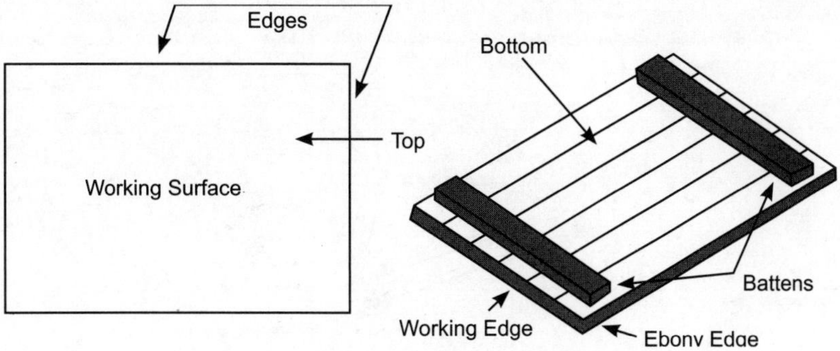

चित्र 1.4: रेखाचित्र बोर्ड

आरेखण बोर्ड के आकार

आम तौर पर, मानक आकार आरेखण बोर्ड की आवश्यकता या उपयोग की गई आरेखण के आकार पर निर्भर करती है। बी आई एस (एस पी-46) द्वारा अनुशंसित आरेखण बोर्ड के आकार तालिका 1.2 में प्रस्तुत किए गए हैं।

तालिका 1.2: मानक आरेखण बोर्ड के आकार का विवरण

क्रमांक	पद	आयाम (मिमी)		
		लंबाई	चौड़ाई	मोटाई
1	D0	1500	1000	25
2	D1	1000	700	25
3	D2	700	500	15
4	D3	500	350	15

महत्वपूर्ण अवलोकन: D2 और D3 आकार के बोर्ड आमतौर पर स्कूलों और कॉलेजों में उपयोग किए जाते हैं और बड़े आकार के बोर्डों का उपयोग इंजीनियरिंग फर्मों के कार्यालयों के आरेखण में किया जाता है।

आरेखण क्लिप्स

आरेखण क्लिप का उपयोग आरेखण बोर्ड पर आरेखण को आवश्यक स्थान पर दबाकर रखने के लिए किया जाता है, जिससे काम करते समय स्थिर हो जाती है। यदि आरेखण पेपर का आकार आरेखण बोर्ड के आकार के समान है, तो स्टील क्लैम्प्स का उपयोग करते है।। पेपर को रखने के लिए आरेखण बोर्ड के चारों कोनों पर आरेखण क्लिप लगे होते हैं।

1.1.3 मिनी ड्राफ्टर

एक मिनी ड्राफ्टर एक इंजीनियरिंग उपकरण है जिसका उपयोग समानांतर या झुकी हुई रेखाएँ खींचने के लिए किया जाता है। इसमें दो भुजाओं द्वारा निर्मित कोण की संरचना होती है, जिसमें पैमाना चिह्नित होते हैं और एक दूसरे से मजबूती से टिके होते हैं और टी-स्क्वायर, सेट-स्क्वायर, स्केल और प्रोट्रैक्टर के कार्यों को जोड़ती है। यह टूल आरेखण बोर्ड के ऊपरी बाएं कोने पर एक क्लैंपिंग मैकेनिज्म को नियोजित करता है जिसे डिवाइस का एक अभिन्न अंग माना जाता है। एक L-आकार का पैमाना है जिसमे मिलीमीटर के चिन्ह होते है, मिनी-ड्राफ्टर के कार्यकारी सिरे के रूप में कार्य करता है और कोण की माप के लिए एक डिग्री स्केल भी होता हैI आरेखन कार्य करने हेतु इसे आरेखण बोर्ड पर किसी भी किनारे किसी भी इच्छित स्थान पर ले जाया जा सकता। चित्र 1.5 एक प्ररूपी मिनी ड्राफ्टर दिखाया गया है।

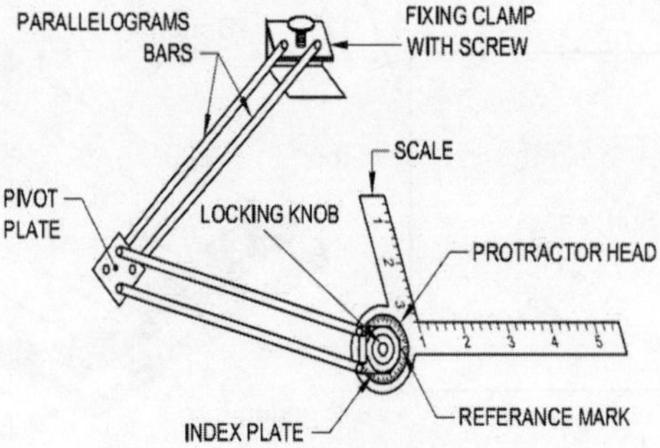

चित्र 1.5: मिनी ड्राफ्टर

मिनी ड्राफ्टर की क्लैंपिंग

आरेखण बोर्ड पर मिनी ड्राफ्टर को क्लैंप करने के लिए निम्नलिखित चरणों का उपयोग किया जाता है:

1. प्रोट्रैक्टर हेड को एक रेफरेंस मार्क इंडेक्सिंग जीरो डिग्री के साथ सेट करें।
2. फिर, ऊपरी बाएँ कोने पर मिनी ड्राफ्टर के क्लैंप को ठीक करें; या तो शीर्ष क्षैतिज किनारे या बोर्ड के बाएं लंबवत किनारे के साथ।
3. उसके बाद, आरेखण के लंबवत या क्षैतिज सीमा रेखाओं के साथ संरेखित मिनी ड्राफ्टर के पैमाना के साथ आरेखण को आरेखण बोर्ड पर ठीक करें।

मिनी ड्राफ्टर का उपयोग कैसे करें

मिनी ड्राफ्टर इसमें दो चल भाग और एक अ-चल भाग होता है। चल भाग, जिसे विकर्ण पैमाने के रूप में जाना जाता है, जो उपकरण का मध्य भाग है, किसी भी कोण से किसी भी आकार में समानांतर रेखाएँ खींचने में मदद करता है। डिवाइस(यंत्र) के अंत में गोल आकार के पैड पर एक विशिष्ट बिंदु होता है, डिवाइस के उस बिंदु के साथ स्केल में दी गई चिह्नित डिग्री के मिलान के बाद एक समानांतर रेखा या कोणीय रेखा खींची जाती है।

1.1.4 टी-स्क्वायर

एक टी-स्क्वायर एक छोटा, मोटा क्रॉस पीस वाला एक सीधे सिरे का है जो एक आरेखण बोर्ड के किनारे पर फिट होता है जैसा कि चित्र 1.6 में दिखाया गया है। इसका उपयोग क्षैतिज रेखाएँ खींचने और ऊर्ध्वाधर और झुकी हुई रेखाएँ खीचने के लिए त्रिभुजों की सहायता से किया जाता है। जब तक ब्लेड आवश्यक स्थिति में न हो तब तक बोर्ड के बाएं किनारे के साथ सिर के कार्यकारी सिरे (आंतरिक भाग) को खिसका कर सही स्थिती में लाया जाता है।

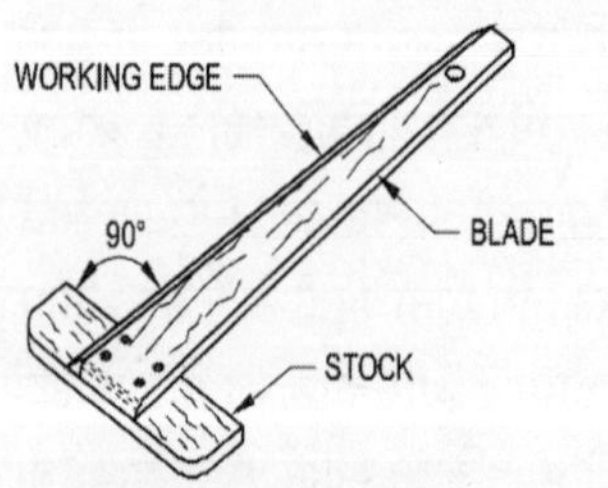

चित्र 1.6: टी - स्क्वायर

तालिका 1.3 में भारतीय मानक ब्यूरो द्वारा अनुशंसित 'टी' स्क्वायर के मानक आकार दिए गए हैं।

तालिका 1.3: 'टी' वर्ग के मानक आकार

क्रमांक	पद	ब्लेड की लंबाई (मिमी)
1	T0	1500
2	T1	1000
3	T2	700
4	T3	500

1.1.5 फ्रेंच कर्व्स

फ्रेंच कर्व्स प्लास्टिक(या लकड़ी) के खाके होते हैं, जिनमें कई अलग-अलग कर्व्स होते हैं। फ्रेंच कर्व्स का उपयोग लगभग किसी भी अनियमित आकार के सुगम वक्रों को खींचने के लिए किया जाता है जो गोलाकार न हो, जैसा कि चित्र 1.7 में दिखाया गया है।

चित्र 1.7: फ्रेंच कर्व्स

1.1.6 आरेखण पेंसिल

इंजीनियरिंग आरेखण में पेंसिल या लेड स्टिक एक प्राथमिक उपकरण है। विभिन्न प्रयोजनों के लिए विभिन्न ग्रेड की पेंसिलों का उपयोग किया जाता है। पेंसिल लेड विभिन्न ग्रेड के अनुसार कठोर लेखन करने के लिए मिट्टी के मिश्रिण और ग्रेफाइट के अनुपात के अनुसार बना होता है। अवरोही कठोरता के क्रम में पेंसिल के 18 ग्रेड हैं: 9H, 8H, 7H, 6H, 5H, 4H, 3H, 2H, H, F, HB, B, 2B, 3B, 4B, 5B, 6B, 7B, 8B, 9B जहां 9H सबसे कठोर है और 9B सबसे मृदु है जैसा कि चित्र 1.8 में दिखाया गया है।

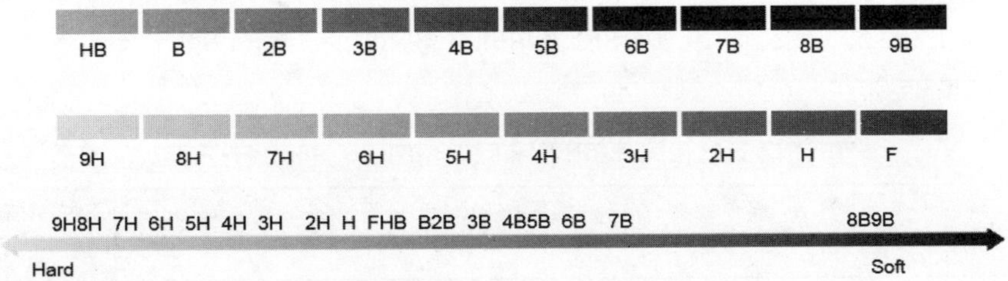

चित्र 1.8: पेंसिल लीड का ग्रेड

1.1.7 उपकरण बॉक्स

साफ और सटीक चित्र तैयार करने के लिए इंस्ट्रूमेंट बॉक्स का उपयोग किया जाता है और आरेखण की सटीकता उन्हें तैयार करने के लिए उपयोग किए जाने वाले उपकरणों की गुणवत्ता पर निर्भर करती है। इंस्ट्रूमेंट बॉक्स में विशिष्ट कार्य के लिए विभिन्न उपकरण होते हैं।

एक प्रारूपि उपकरण बॉक्स में पाए जाने वाले महत्वपूर्ण उपकरण निम्नलिखित हैं:

1. गुनिया
2. परकार
3. डिवाइडर
4. प्रोटेक्टर

1.2 अक्षरांकन

अक्षरांकन का उपयोग किसी चित्र पर शीर्षक, उप-शीर्षक, विमाओ और अन्य विवरण लिखने के लिए किया जाता है। अक्षरांकन की मुख्य विशेषताएं पठनीयता, एकरूपता और क्रियान्वयन की तीव्रता हैं। चित्र 1.9 में प्रारूपि अक्षरों की विशेषताएं इंजीनियरिंग आरेखण के लिए इस्तेमाल किया गया चित्र 1.9 में दिखाया गया है।

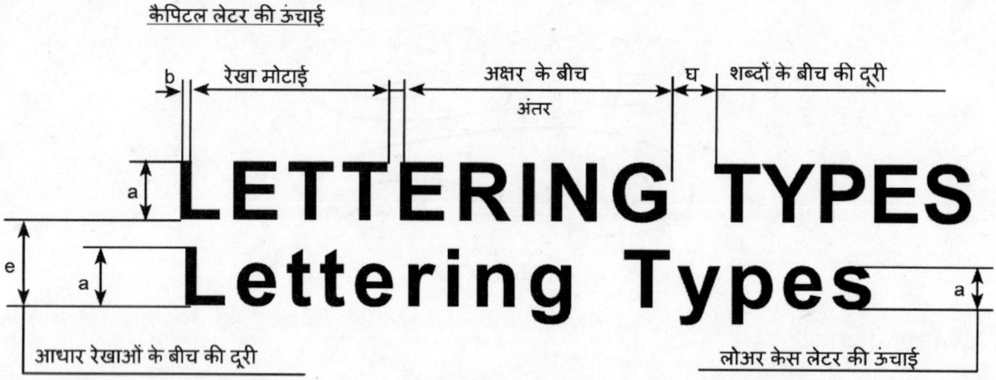

चित्र 1.9: इंजीनियरिंग आरेखण में उपयोग की जाने वाली अभिलेख/अक्षरांकन विशेषताएं

1.2.1 अक्षरों का आकार

अक्षरों का आकार अक्षरों के साथ-साथ अंकों की ऊंचाई (h) से मापा जाता है। के लिए मानक ऊंचाई पत्र और बी.आई.एस. (एसपी-46) द्वारा अनुशंसित अंक 1.8, 2.5, 3.5, 5, 6, 10, 14 और 20 मिमी हैं। आमतौर पर विभिन्न मदों के लिए अनुशंसित अक्षर आकार तालिका 1.4 में दिखाए गए हैं।

तालिका 1.4: विभिन्न विषयो के लिए अनुशंसित अक्षरों का आकार

क्रमांक	विषय	आकार (मिमी)
1.	संगठन का नाम	10, 14, 20
2.	आरेखण संख्याएं, परिच्छेद तल को दर्शाने वाला पत्र	10, 14
3.	आरेखण का शीर्षक	7, 10
4.	उपशीर्षक और शीर्षक	5, 7
5.	आयाम, नोट्स, अनुसूचियां, सामग्री सूचियां	3.5, 7
6.	वैकल्पिक प्रविष्टियां और टोलरेंस	3.5

1.2.2 सिंगल स्ट्रोक अभिलेख

सिंगल स्ट्रोक अभिलेख अक्षरों का सबसे सुगम रूप है और आमतौर पर अधिकांश इंजीनियरिंग ड्रॉइंग में नियोजित होता है। सिंगल-स्ट्रोक शब्द का अर्थ है कि पत्र की रेखा की मोटाई पेंसिल के एक स्ट्रोक में प्राप्त की जानी चाहिए। सिंगल स्ट्रोक अभिलेख को ऊर्ध्वाधर अभिलेख और झुकी हुई अभिलेख के रूप में वर्गीकृत किया गया है।

लम्बवत (वर्टीकल) अभिलेख

एक पेंसिल वर्णमाला या अंकों की प्रत्येक पंक्ति की मोटाई वाले लंबवत अक्षर एकल स्ट्रोक के समान होते हैं एक पेंसिल का चित्र 1.10 लम्बवत अक्षरों को दर्शाता है।

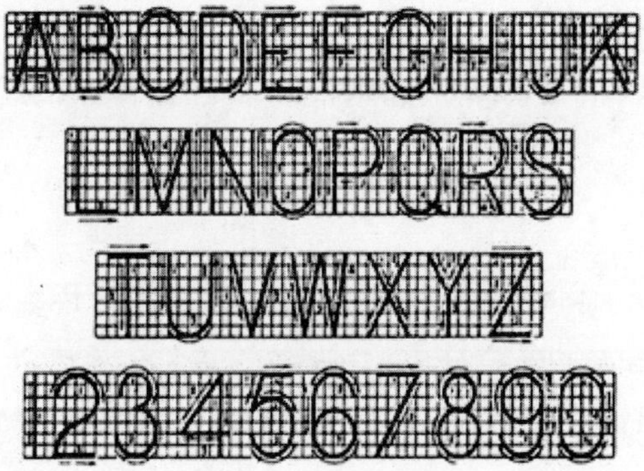

चित्र 1.10: लम्बवत अक्षर

झुकी हुई (इन्क्लाइन्ड) अभिलेख

झुकी हुई अक्षर जिसमें वर्णमाला या अंकों की प्रत्येक पंक्ति की मोटाई होती है, वह पेंसिल के एकल स्ट्रोक के समान होता है और इन अक्षरों को 750 पर क्षैतिज रूप से झुकाया गया है जैसा कि चित्र 1.11 में दिखाया गया है।

चित्र 1.11: झुकी हुई या इटैलिक अक्षर

1.2.3 रोमन अभिलेख

वह अक्षर जिसमें सभी अक्षर मोटे और पतले अवयव से बनते हैं, रोमन अक्षर कहलाते हैं। यह लंबवत या झुका हुआ हो सकता है। इसे छेनी नुकीली पेंसिल या कलम D-3 टाइप स्पीड बॉल से लिखा जा सकता है जैसा कि चित्र 1.12 में दिखाया गया है।

चित्र 1.12: रोमन अक्षर

1.3 पैमाना

पैमाना किसी वस्तु के रैखिक माप के अनुपात के रूप में परिभाषित किया जाता है जो कि मूल आरेखण में उसी वस्तु के वास्तविक रैखिक माप में निरूपण किया गया है।

निरूपक अनुपात (आर. एफ.)

मानक आकार आरेखण पर समायोजित करने के लिए बड़ी वस्तुओं के आयामों को कम किया जाता है। किसी वास्तु का परिमाप एवम उसके वास्तविक आकार के आरेखण के अनुपात को निरूपक भिन्न (आर.एफ.) कहा जाता है।

निरूपक अनुपात = (आरेखण में लाइन की लंबाई)/(वस्तु पर रेखा की वास्तविक लंबाई)

पैमाना के प्रकार

पैमाना को निम्नलिखित श्रेणियों में विभाजित किया जा सकता है:

i. प्लेन पैमाना
ii. विकर्ण पैमाना
iii. वर्नियर स्केल
iv. तुलनात्मक पैमाना
v. जीवाओं का पैमाना

1.3.1 सरल पैमाना (प्लेन स्केल)

सरल पैमाने पर समान भागों या इकाइयों की उपयुक्त संख्या में विभाजित एक लाइन होती है, जिसमें पहले भाग को छोटे भागों में विभाजित किया जाता है जैसा कि चित्र 1.13 में दिखाया गया है।

सरल पैमाने की विशेषताएं:

1. शून्य को पहले मुख्य विभाजन के अंत में रखा जाता है, अर्थात इकाइयों और उसकी उप इकाइयों के बीच।
2. शून्य चिह्न से, इकाइयों को दाईं ओर और इसके उप-विभाजन को बाईं ओर गिना जाता है।
3. भागों और उप-भागों की इकाइयों को संबंधित सिरों पर नीचे बताया गया है।
4. पैमाने की लंबाई निम्न सूत्र द्वारा प्राप्त की जाती है: स्केल की लंबाई = आर. एफ. x स्केल द्वारा मापी जाने वाली अधिकतम लंबाई

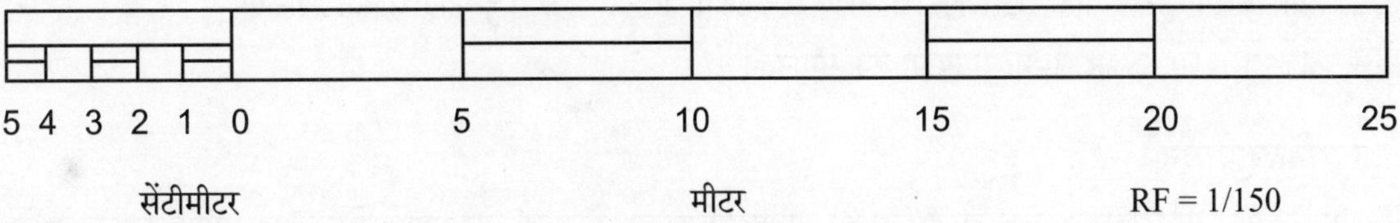

चित्र 1.13: सरल पैमाना

सरल पैमाने के निर्माण की प्रक्रिया:

1. सूत्र का उपयोग करके निरूपक अनुपात का पता लगाएं
   आर.एफ.= (आरेखण में रेखा की लंबाई)/(वस्तु पर रेखा की वास्तविक लंबाई)
2. पैमाने की लंबाई के बराबर एक सीधी रेखा खींचिए।
3. इसे बराबर भागों में बाँट लें और प्रथम मुख्य भाग के अंत में शून्य अंकित करें।
4. प्रथम मुख्य भाग पर आवश्यकता अनुसार उपभाग बनायें।
5. इकाइयों को दाईं ओर और उप-विभाजनों को शून्य चिह्न से बाईं ओर संख्या दें।
6. इकाइयों और उप-भागों के नाम संबंधित अंत पर लिखिए।

1.3.2 विकर्ण पैमाना (डायगोनल स्केल)

एक विकर्ण पैमाने में समानांतर रेखाओं का एक समूह होता है जो अन्य रेखाओं के साथ तिरछे पार होते है जैसे कि उनके चौकोर उपभाग बनाते हैं। इसका उपयोग मुख्य रूप से तब किया जाता है जब तीन इकाइयों जैसे सेमी, मी और किमी में माप की आवश्यकता होती है। पैमाने के दो भाग होते हैं: निचला भाग जो एक प्लेन पैमाना होता है और ऊपरी भाग जिसमें तिरछी रेखाएँ होती हैं जैसा कि चित्र 1.14 में दिखाया गया है। इस पैमाने पर मीटर का 1/100वां भाग तक पढ़ना संभव है जो प्लेन पैमाने पर संभव नहीं है।

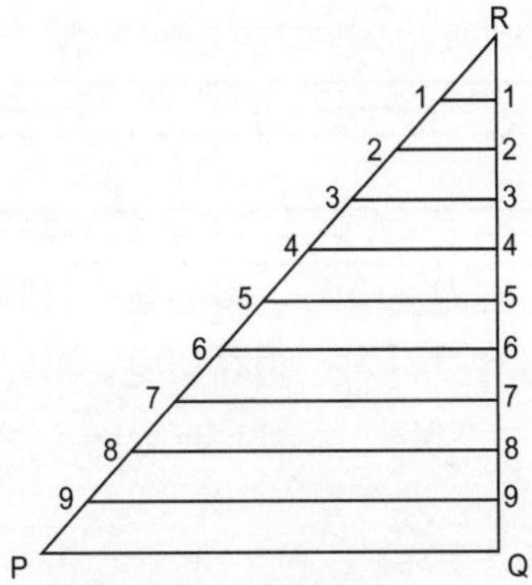

चित्र 1.14: विकर्ण पैमाना

विकर्ण पैमाने के निर्माण की प्रक्रिया:

1. पहले PQ लंबाई की एक रेखा खींचिए।
2. Q के अंत में, PQ पर लम्बवत एक रेखा खींचिए और दस भाग (समान दूरी) अंकित कीजिए (किसी भी लम्बाई का) इसके साथ Q से R तक शुरू होता है।

3. PR और PQ के समांतर रेखाओं को मिलाइए और उन पर 1-1, 2-2, 3-3 इत्यादि अंकित कीजिए।
4. त्रिभुज 1-1R, 2-2R, 3-3R से PQR तक समान हैं।

1.3.3 वर्नियर पैमाने

वर्नियर पैमाने विकर्ण पैमाने का संशोधित रूप है, जिसका उपयोग मुख्य पैमाने के सबसे छोटे भाग के भिन्नात्मक भागों को मापने के लिए किया जाता है। वर्नियर स्केल को दो भागों में बांटा गया है: प्राथमिक या मुख्य पैमाना जो एक निश्चित पैमाना है और एक वर्नियर पैमाना जो एक क्रमश: गतिमान पैमाना है। वर्नियर क्रमश: प्राथमिक पैमाने से प्राप्त होते हैं जो यह लंबे निश्चित पैमाने (मुख्य पैमाने) के किनारे पर सरकते हैं। ये बहुत छोटी इकाइयों को पढ़ने के लिए बहुत सटीक हैं। चित्र 1.15 वर्नियर स्केल को दर्शाया गया है।

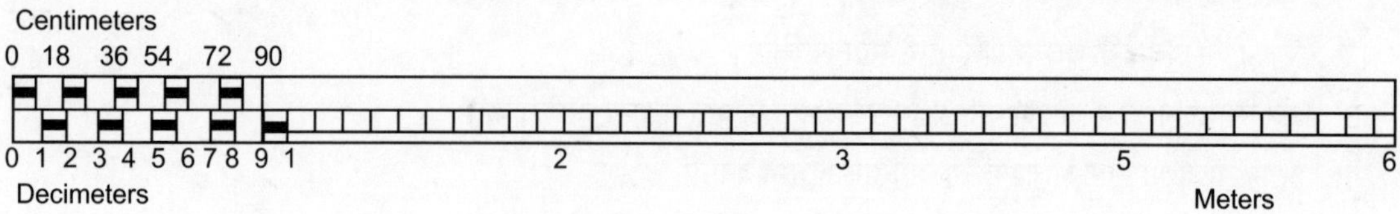

चित्र 1.15: वर्नियर स्केल

1.3.4 तुलनात्मक पैमाना (कम्पेरेटिव स्केल)

तुलनात्मक पैमाने या समरूपी पैमाने में एक ही निरूपक अनुपात (आर.एफ.) के दो पैमाने होते हैं लेकिन विभिन्न इकाइयों को पढ़ने के लिए क्रमशः उपयोग किया जाता है। वे प्लेन पैमाना या विकर्ण पैमाना या वर्नियर पैमाना या अलग से निर्मित पैमाना एक के ऊपर एक हो सकते हैं। उनका उपयोग विभिन्न प्रणालियों जैसे किलोमीटर और मील में व्यक्त की गई दूरियों की तुलना करने के लिए किया जाता है। चित्र 1.16 तुलनात्मक पैमाने को दर्शाता है।

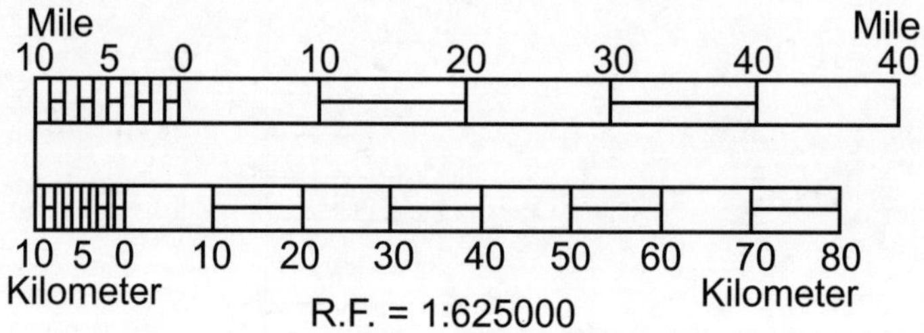

चित्र 1.16: तुलनात्मक पैमाना

1.3.5 जीवाओं का पैमाना (स्केल ऑफ़ कॉर्ड)

यह रैखिक पैमाने का उपयोग करके कोणों के निर्माण और मापने की एक विधि है या जब प्रोट्रैक्टर(चांदा) उपलब्ध नहीं होता है। कोणों को चाप के केंद्र पर एक चाप की जीवाओं द्वारा अंतरित कोणों की तुलना करके मापा जाता है।

जीवाओं का पैमाना के निर्माण की प्रक्रिया:

1. किसी भी लम्बाई की रेखा RS खींचिए।
2. S को केंद मान कर एक लंबवत ST खींचिए।

3. S को केंद्र और ST को त्रिज्या लेकर एक चाप RT खींचिए।
4. चाप को 100 के प्रत्येक भाग के 9 बराबर भागों में विभाजित करें और उन्हें 10,20,30,40 के रूप में चिह्नित करें। यह किया जा सकता है:

   a. चाप RT को केंद्र R और T और त्रिज्या RS के साथ चाप बनाकर तीन बराबर भागों में विभाजित करे।

   b. इन भागों में से प्रत्येक को परीक्षण और त्रुटि विधि द्वारा तीन बराबर भागों में विभाजित करे।
5. नौ बराबर भागों में से प्रत्येक केंद्र S पर 10° का कोण अंतरित करे।
6. R को केंद्र मानकर और त्रिज्या लेकर प्रत्येक विभाजित बिन्दुओ को चाप R-10, R-20 इत्यादी को RS सीधी रेखा में स्थानांतिरत करें।
7. आयत खींचकर रैखिक पैमाने की रचना करें और R के नीचे शून्य से विभाजनों को चिह्नित करें और बाद में विभाजनों को 10°, 20°, 30° इत्यादि के रूप में अंकित करें जैसा कि चित्र 1.17 में दिखाया गया है।

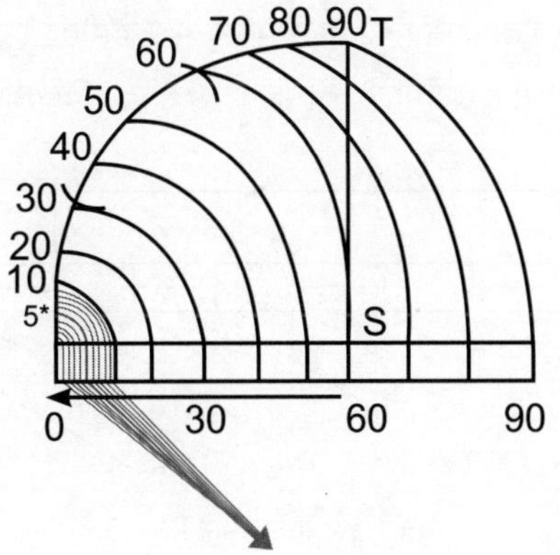

चित्र 1.17: जीवाओं का पैमाना

जीवाओं के पैमाने का उपयोग करके एक कोण (330) बनाने की प्रक्रिया:

1. RS के बराबर एक रेखा PQ खींचिए
2. p को केंद्र मान कर और त्रिज्या a ले कर चाप QM खींचिए।
3. चाप QM पर बिंदु K से बराबर दूरी पर Q से b को 33o के समतुल्य दूरी पर अंकित करें। चित्र 1.18 में दर्शाए अनुसार
4. P और K को मिलाइए और कोण KPQ जो 33o के बराबर है।

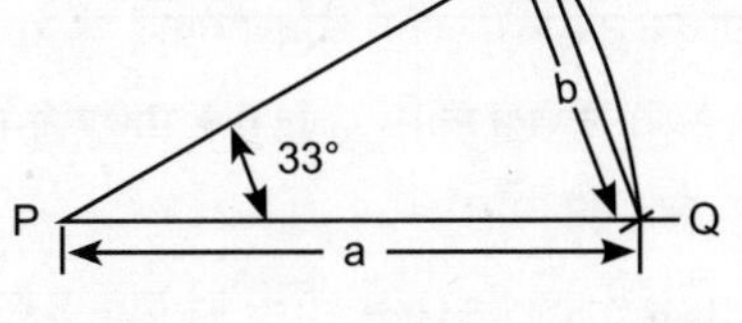

चित्र 1.18: जीवाओं के पैमाने द्वारा कोण की रचना

हल किए गए उदाहरण

उदाहरण 1.1: सेंटीमीटर और डेसीमीटर दिखाने के लिए निरूपक भिन्न (आर.एफ.) = 1/5 का एक प्लेन पैमाना बनाइए।

समाधान:

1. पैमाने की लंबाई की गणना करें।

   पैमाने की लंबाई = R F × पैमाने की अधिकतम लंबाई

   L = 1/5 × 10 × 10 (1m=10dm, 1dm=10cm) = 20cm (पर खींची जाने वाली रेखा की लंबाई)
2. 20 सेंटीमीटर की एक रेखा खींचिए और इसे 10 बराबर भागों में बाँटिए, जिनमें से प्रत्येक 1 डेसीमीटर के सदृश है।
3. पहले के अंत में शून्य रखे मुख्य भाग के दाईं ओर विभाजन करे और प्रत्येक पर 1, 2, 3, 4, 5, 6, 7, 8 और 9 अंकित करें।
4. पहले भाग को 10 बराबर भागों में बाँटें, जिनमें से प्रत्येक 1 सेंटीमीटर सदृश है।
5. बाईं ओर सेंटीमीटर और दाईं ओर डेसीमीटर लिखें।
6. 7.6 डेसीमीटर की दूरी को चिह्नित करने के लिए मुख्य पैमाने से 7 डेसीमीटर लें और 6 डेसीमीटर के बराबर 6 उपखंड या शून्य चिह्न के बाईं ओर बने पैमाने से 6 सेंटीमीटर लें।चित्र 1.19 में दिखाया गया है।

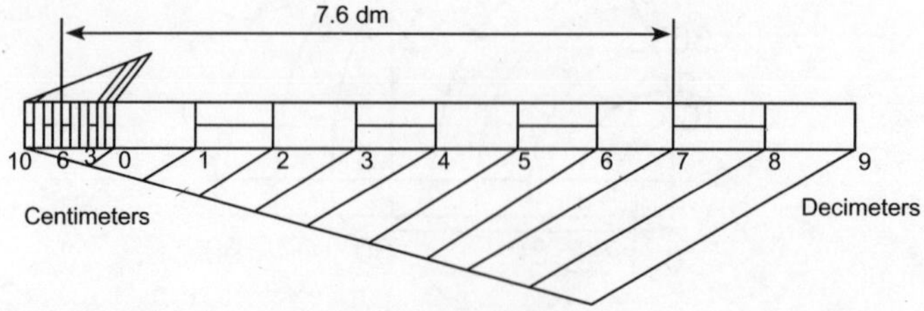

चित्र 1.19: सरल पैमाने RF 1/5

उदाहरण 1.2: मीटर, डेसीमीटर और सेंटीमीटर दिखाने के लिए एक विकर्ण पैमाने की रचना करें। RF = 3: 100 लें और पैमाने का माप 5 मीटर लें। पैमाने पर 3.69 मी की लंबाई भी दर्शाइए।

समाधान:

1. पैमाने की लंबाई की गणना करें:
2. पैमाने की लंबाई = RF x अधिकतम लंबाई = 3/100 × 5 × 100 (1 मीटर = 100 सेमी) = 15 सेमी
3. 15 सेमी लंबाई की एक रेखा खींचिए और इसे 5 बराबर भागों में विभाजित कीजिए जो प्रत्येक 1 मीटर के सदृश हैं।
4. पहले भाग को 10 बराबर उप-विभाजनों में बाँटें। प्रत्येक उप भाग 1 डेसीमीटर के सदृश्य है।
5. प्रारंभिक बिंदु पर, उपयुक्त लंबाई लम्बवत्त रेखा खीचे और आयत को पूरा करें।खींची गई रेखा को 10 बराबर भागों में विभाजित करें और पूरे आयत में प्रत्येक उप-विभाजन में क्षैतिज रेखाएँ खींचें।
6. मीटर के भाग 0, 1, 2, 3 और 4 पर लम्बवत रेखा खींचिए बिंदु 9 के साथ सबसे ऊपरी बाएं बिंदु को मिलाएं (बाईं ओर क्षैतिज पैमाने पर पहला उप विभाजन शून्य चिह्न की ओर।
7. शेष बिंदुओं 8, 7, 6, 5, 4, 3, 2, 1, 0 से पहले चरण में खींची गई रेखा के समानांतर रेखाएँ खींचिए।
8. पैमाने पर 3 मीटर 6 डेसीमीटर और 9 सेंटीमीटर की दूरी अंकित करें। जैसा कि चित्र 1.20 में दिखाया गया है।

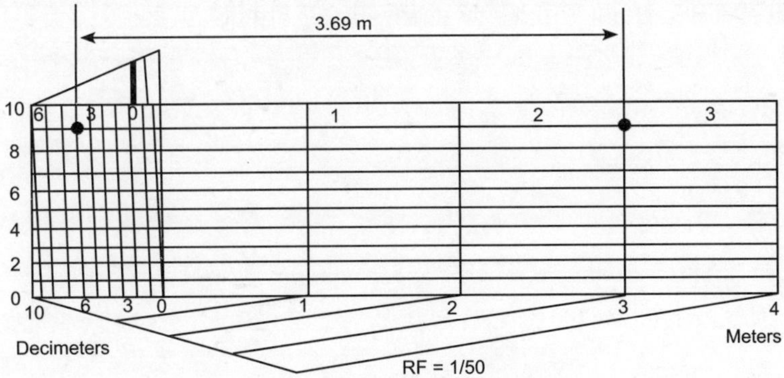

चित्र 1.20: विकर्ण पैमाने RF 1/300

उदाहरण 1.3: RF =1/25 के साथ एक वर्नियर स्केल बनाएं जो 4 मीटर तक पढ़ सकता है और डेसीमीटर, सेंटीमीटर और मिलीमीटर दिखा सकता हो। पैमाने पर2.33 मीटर की लंबाई दर्शाइए।

समाधान:

1. पैमाने की लंबाई की गणना करें: पैमाने की लंबाई = 1/25 × 4 × 100 = 16 सेमी (1 मीटर = 100 सेमी)
2. 16 सेमी की एक रेखा खींचे और इसे 4 बराबर भागों में विभाजित करें जहाँ प्रत्येक भाग 1 मीटर के बराबर हो।
3. डेसीमीटर दिखाने के लिए इन 4 भागों में से प्रत्येक को 10 बराबर भागों में विभाजित करें।
4. शून्य के बायीं ओर 1 सेमी के बराबर डेसीमीटर लंबाई के 11 भाग लें और उन्हें विभाजित करें 10 बराबर भागों में।
5. प्रत्येक भाग 11 सेमी या 1.1 डेसीमीटर की लंबाई दिखाता है।
6. पैमाने को पूरा करें और 2.33 मीटर को चिह्नित करें जैसा कि चित्र 1.21 में दिखाया गया है।
7. सेंटीमीटर

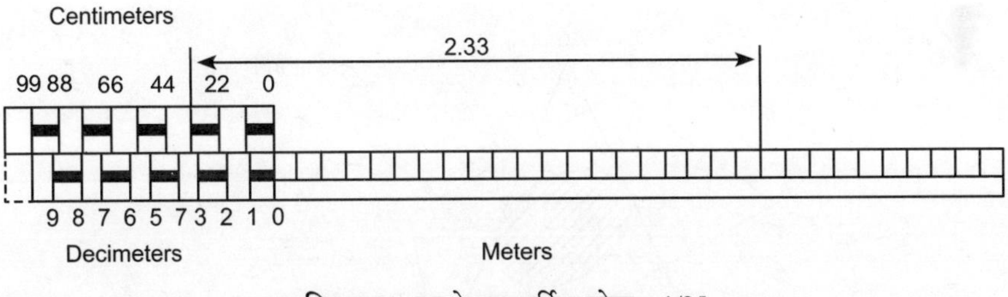

चित्र 1.21: RF के साथ वर्नियर स्केल = 1/25

1.4 वक्र और शंकु परिच्छेद

वक्र छोटे रेखाखंडों के प्राकृतिक योग होते हैं और इनमें वक्रता त्रिज्या होती है। वक्र को प्रचलित रूप में $x = x\ (t)$, $y = y\ (t)$ में लिखा जा सकता है।

शंकु वर्गों को एक समतल में गतिमान बिंदु के स्थान के रूप में परिभाषित किया जाता है जैसे कि एक निश्चित बिंदु और एक निश्चित सीधी रेखा से इसकी दूरी का अनुपात हमेशा नियत रहता है। विभिन्न स्थान में काल्पनिक काट समतल एक सही गोलाकार शंकु को काटकर वक्र प्राप्त किया जाता है।

आमतौर पर इंजीनियरिंग अभ्यास में उपयोगी विभिन्न प्रकार के वक्र और शंकु नीचे दिये गए है:

i. दीर्घवृत
ii. परवलय
iii. अतिपरवलय
iv. चक्राभ
v. अधिचक्रज
vi. अंतश्चक्रज
vii. प्रतिकेंद्राज

Curves and Conic Sections

1.4.1 दीर्घवृत (इलिपस)

जब एक काट वाले समतल जो अक्ष की ओर झुकता है एक दीर्घवृत्त प्राप्त होता है शंकु के सभी जनित्र को शीर्ष के एक तरफ काटता है जैसा कि चित्र 1.24 में दिखाया गया है। इसे एक बिंदु द्वारा अनुरेखित वक्र के रूप में भी परिभाषित किया जाता है, जो एक समतल में इस तरह गति करता है कि दो निश्चित बिंदुओं से इसकी दूरी का योग हमेशा समान होता है। दीर्घवृत वक्रों का उपयोग शिल्प, पुलों, बांधों, स्मारकों, मैनहोलों, ग्रंथियों और स्टफिंग-बॉक्स में किया जाता है। चित्र 1.22 एक दीर्घवृत्त की उत्पत्ति को दर्शाता है।

दीर्घवृत्त निर्माण करने के तरीके

आमतौर पर दीर्घवृत्त निर्माण करने के लिए उपयोग की जाने वाली विधियाँ:

1. **फोकस-डायरेक्टिक्स या एक्सेंट्रिकिटी विधि:** दीर्घवृत्त के निर्माण की सामान्य विधि जब नियता से फोकस की दूरी और उसकी उत्केन्द्रता दी गई हो।
2. **संकेंद्रित विधि:** यह विधि तब लागू होती है जब दीर्घ अक्ष और लघु अक्षदीर्घवृत्त दिया गया है।
3. **आयताकार विधि:** यह विधि तब लागू होती है जब दीर्घ अक्ष और लघु अक्ष या उनके बीच के कोण के साथ संयुग्मी अक्ष के कोण दिया गया हो।

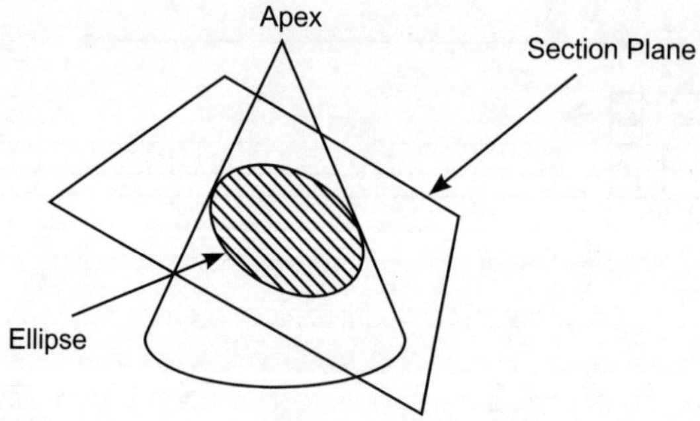

चित्र 1.22: दीर्घवृत्त

फोकस-डायरेक्टिक्स या एक्सेंट्रिकिटी विधि का उपयोग करके दीर्घवृत्त का निर्माण

फोकस (केंद्र बिंदु)-डायरेक्टिक्स (नियता) विधि का उपयोग करके दीर्घवृत्त निर्माण करने की प्रक्रिया:

1. नियता DD' खींचिए और किसी बिंदु A पर एक लंब खींचिए।
2. दी गई दूरी CF पर फोकस बिंदु F अंकित करें।

3. C उत्केन्द्रता 3/4 को ध्यान में रखते हुए कोणबिंदु V को 4वें भाग पर चिह्नित करें CF को 7 बराबर भागों में विभाजित करें I
4. V से एक लंब खींचिए, VF = VA
5. एक रेखा CA इस प्रकार खींचिए कि CVA एक त्रिभुज हो।
6. एक बिंदु 1 चिह्नित करें और CA को 1' पर मिलने के लिए लंबवत खींचें।
7. F को केंद्र मानकर और 1-1' त्रिज्या लेकर, चाप खींचिए जिससे लम्बवत 1 से कट जाए और बिंदुओं को P1, P1' से चिह्नित करें।
8. इस प्रक्रिया को 2, 3 और दोहराएं।
9. सुगम वक्र प्राप्त करने के लिए P1, P2, P3 इत्यादि को मिलाए जैसा चित्र 1.23 में दिखाए गए।

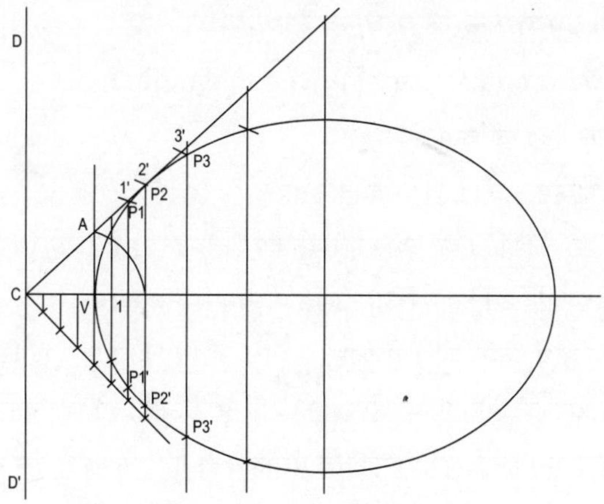

चित्र 1.23: दीर्घवृत्त निर्मानीकरण

1.4.2 परवलय (पैराबोला)

एक परवलय तब प्राप्त होता है जब एक काट समतल जो अक्ष की ओर झुकता है और शंकु के जनित्र में से एक के समानांतर शंकु को काटता है। एक परवलय को एक बिंदुपथ किसी समतल पे गतिमान है रूप में भी परिभाषित किया जाता है, जैसे कि एक निश्चित बिंदु और एक निश्चित सीधी रेखा से इसकी दूरी का अनुपात स्थिर और बराबर होता है। परवलयिक वक्रों का प्रयोग शिल्पकृति, पुलों, ध्वनि परावर्तकों, प्रकाश परावर्तकों में किया जाता है। चित्र 1.24 परवलय की निर्माण को दर्शाता है।

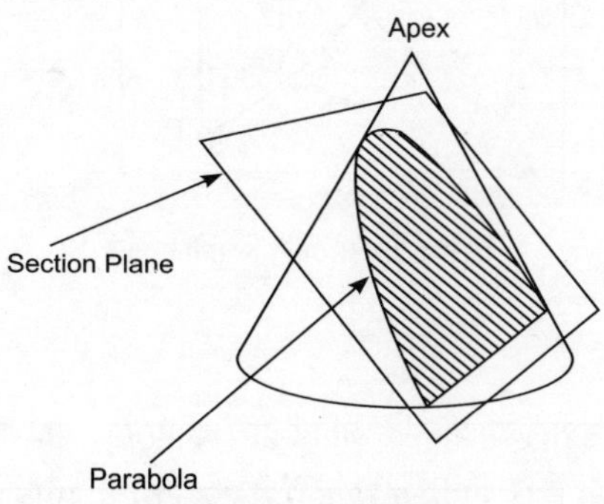

चित्र 1.24: परवलय निर्मानीकरण

परवलय निर्माण करने की विधियाँ:

परवलय निर्माण करने के लिए आमतौर पर उपयोग की जाने वाली विधियाँ:

1. **फोकस-डायरेक्टिक्स या एक्सेंट्रिकिटी विधि:** परवलय के निर्माण की सामान्य विधि जब नियता से फोकस की दूरी दी जाती है।
2. **आयत विधि और समांतर चतुर्भुज विधि:** यह विधि तब लागू होती है जब किसी परवलय का अक्ष (या ऊर्ध्वाधर) और आधार (या द्विनिर्देशांक) दिया जाता है या उनके बीच के कोण के साथ संयुग्मी अक्ष दी गई हैं।
3. **स्पर्शरिखा विधि:** यह विधि तब लागू होती है जब स्पशरिखा का आधार और झुकावआधार के साथ परवलय के खुले सिरों पर दिए गए हैं।

फोकस-डायरेक्टिक्स पद्धति का उपयोग करके परवलय का निर्माण

फोकस-डायरेक्टिक्स विधि का उपयोग करके परवलय निर्माण करने की प्रक्रिया:

1. डायरेक्ट्रिक्स AB और अक्ष CD खींचिए।
2. C से एक निश्चित दूरी पर फोकस F को CD पर अंकित करें।
3. CF को विभाजित करें V पर, कोणबिंदु को ध्यान में रखते हुए उत्केन्द्रता 1 है (VF/VC = 1)
4. अक्ष पर कई बिंदु 1, 2, 3 इत्यादि अंकित करें और उनके माध्यम से लंब खींचे।
5. केंद्र F और त्रिज्या C-1 के साथ, लम्ब को 1 से काटते हुए P1 और P'1 पर चाप खींचिए
6. इसी प्रकार, अक्ष के दोनों ओर बिंदुओं P2 और P'2, P3 और P'3 आदि को स्थापित करे।
7. इन बिंदुओं के माध्यम से एक सुगम वक्र बनाएं। यह वक्र परवलय है। यह एक खुला वक्र जैसा कि चित्र 1.25 में दिखाया गया है।

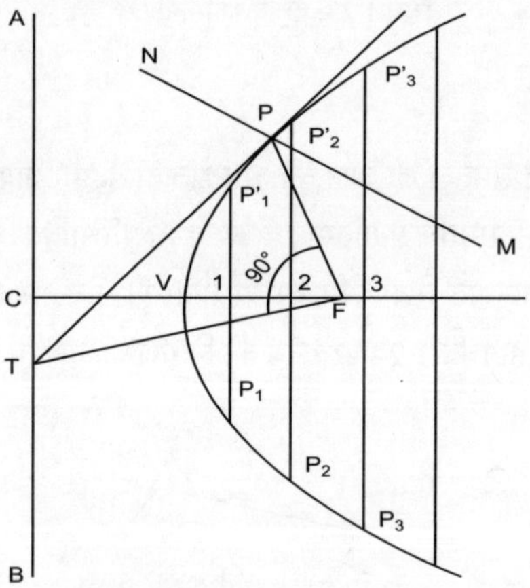

चित्र 1.25: परवलय निर्मानीकरण

1.4.3 अतिपरवलय (ह्यपेरबोला)

कोई अतिपरवलय तब होता है जब एक काट तल जो शंकु के जनित्र द्वारा बनाए गए अक्ष के साथ एक छोटा कोण बनाता है। यह एक वक्र है जो किसी बिंदु द्वारा इस तरह से चलता है कि दो स्थिर रेखाओं से एक दूसरे के समकोण पर इसकी दूरी का गुणनफल एक नियत

है। स्थाई रेखाओं को अनंतस्पर्शी कहा जाता है। एक आयताकार अतिपरवलय जिसके लिए अनंतस्पर्शी लंबवत होते हैं,जिसे समबाहु अतिपरवलय या सम अतिपरवलय भी कहा जाता है। यह तब होता है जब अर्धमुख्य और अर्धलघु अक्ष बराबर होती हैं। चित्र 1.26 अतिपरवलय की उत्पत्ति को दर्शाता है।

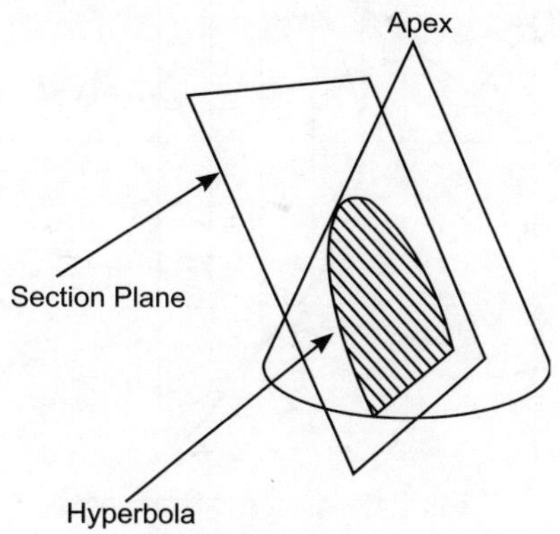

चित्र 1.26: अतिपरवलय

अतिपरवलय निर्माण करने के तरीके

अतिपरवलय निर्माणकरने के लिए आमतौर पर उपयोग की जाने वाली विधियाँ:

1. **फोकस-डायरेक्टिक्स या एक्सेंट्रिकिटी विधि:** हाइपरबोला के निर्माण की सामान्य विधि जब डायरेक्ट्रिक्स से फोकस की दूरी दी जाती है
2. **आयत या ऑर्डिनेट(द्विनिर्देशांक) -एब्सिसा(ऊर्ध्वाधर)- विधि:** यह विधि तब लागू होती है जब अतिपरवलय का अक्ष (या ऊर्ध्वाधर) और आधार (या द्विकोटि) दिया गया हो I

फोकस-दिशा पद्धति का उपयोग करके अतिपरवलय का निर्माण

फोकस-डायरेक्टिक्स विधि का उपयोग करके अतिपरवलय निर्माण करने की प्रक्रिया:

1. डायरेक्ट्रिक्स AB और अक्ष CD खींचिए।
2. C से दी गई दूरी पर फोकस F को CD पर अंकित करें।
3. CF को 5 बराबर भागों में विभाजित करें और कोणबिंदु V पर C से दूसरे भाग को चिह्नित करें
   a) अत: उत्केंद्रता = VF / VC = 3 /2
   b) 3/2 के अनुपात का पैमाना बनाने के लिए CD पर लम्बवत एक रेखा VE इस प्रकार खींचिए कि VE = VF। C को E से मिलाइए। इस प्रकार, त्रिभुज CVE में, VE/VC = VF/VC =3/2
4. अक्ष पर कोई भी बिंदु 1 चिह्नित करें और इसके द्वारा CE के रेखा पर मिलने के लिए एक लंबवत खींचें जोकि 1 है।
5. केंद्र F और त्रिज्या 1-1' के साथ, चाप खींचिए जो 1 के लंब को काटता है P1 और P'1 है।
6. इसी प्रकार, बिन्दुओ के अंक 2, 3 इत्यादि अंकित करें और बिंदु P2 और P'2, P3 और P'3 प्राप्त करें।
7. इन बिंदुओं से होकर अतिपरवलय खींचिए जैसा कि चित्र 1.27 में दिखाया गया है।

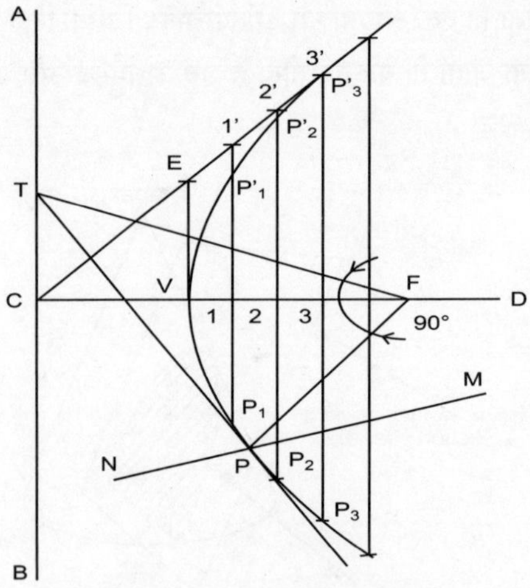

चित्र 1.27: अतिपरवलय निर्मानीकरण

1.4.4 चक्राभ (साइक्लोइड्स)

साइक्लोइड्स एक वक्र है जो वृत्त की परिधि पर एक निश्चित बिंदु द्वारा निर्माण होता है जेसा की वृत्त बिना सरके एक सीधी रेखा के साथ लुढ़कता है। चलते हुए वृत्त को "जनरेटिंग सर्कल" कहा जाता है और सीधी रेखा को "प्रत्यक्ष रेख" या "आधार रेखा" कहा जाता है। निर्माण वृत्त पर बिंदु जो वक्र निर्मित करते है उसे "जनित्र बिंदु" कहा जाता है।

व्यास D का एक जनित्र वृत्त और जनित्र वृत्त की परिधि के बराबर वक्र निर्माण करता है, "जनित्र बिंदु कहलाता है।

जेनरेटिंग सर्कल के दिए गए व्यास (D) के लिए साइक्लॉयड

1. एक आधार रेखा खींचिए।
2. वृत्त और आधार रेखा को बराबर भागों में बाँट लें।
3. वृत्त पर विभाजनों के माध्यम से रेखा O-C12 को C1, C2 और पर प्रतिच्छेद करने के लिए लंब खींचे।
4. प्रोटेक्टर से वृत्त और केंद्रों की त्रिज्या निर्धारित करें C1, C2, C3-C12 के रूप में सर्कल से 1, 2, 3 इत्यादि की रेखाओं पर चाप काटे।
5. चित्र 1.28 में दर्शाए अनुसार साइक्लोइड बनाने के लिए सभी बिंदुओं को मिलाएं।

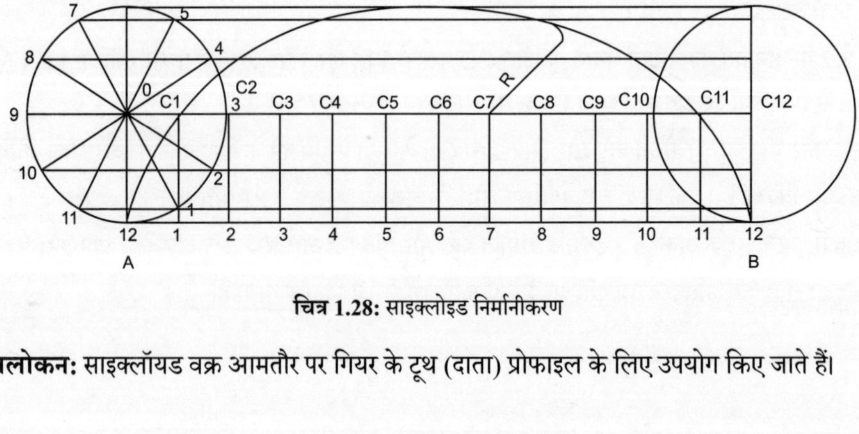

चित्र 1.28: साइक्लोइड निर्मानीकरण

महत्वपूर्ण अवलोकन: साइक्लॉयड वक्र आमतौर पर गियर के टूथ (दाता) प्रोफाइल के लिए उपयोग किए जाते हैं।

1.4.5 अधिचक्रज (एपिसाइक्लोइड)

जनरेटिंग सर्कल(जनित्र वृत्त)किसी दूसरे वृत्त की परिधि के बाहर की ओर लुढ़कती है इस वक्र को अधिचक्रज कहा जाता है

जब जनरेटिंग सर्कल की त्रिज्या (r) और डिरेक्टिंग सर्कल की त्रिज्या (R) के द्वारा एक अधिचक्रज निर्माण करने की प्रक्रिया:

1. O को केंद्र मानकर OP त्रिज्या (आधार वृत्त त्रिज्या), एक चाप PQ खींचिए, जिसका कोण $\theta = (r/R) \times 360°$ है।
2. O को केंद्र और OC को त्रिज्या लेकर एक चाप खींचिए जो केंद्र के बिंदुपथ को दर्शाता है। PQ को 12 बराबर भागों में विभाजित करें और उन्हें 1', 2', 12' नाम दें।
3. O1', O2',… को मिलाइए और C1, C2,….C12 बिन्दुपथ के स्थान की प्रस्तुति को काटिए
4. C1 को केंद्र मानकर और त्रिज्या r के बराबर का चाप काटने हुए 1 से P1 पर एक चाप खींचिए।
5. C2 को केंद्र मानकर और उसी त्रिज्या के साथ, चाप को 2 से P2 . पर काटते हुए एक चाप खींचिए, इसी प्रकार अंक P3, P3, …., P12 प्राप्त करें।
6. P1, P2….., P12 से होकर गुजरने वाला एक सुगम वक्र बनाएं, जो कि अपेक्षित एपिसाइक्लोइड है जैसा कि चित्र 1.27 में दिखाया गया है।

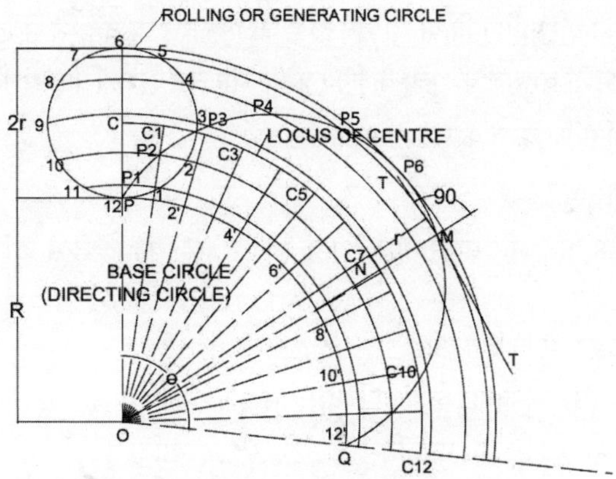

चित्र 1.29: अधिचक्रज निर्मानीकरण

1.4.6 अंतश्चक्रज (हाइपोसाइक्लोइड)

अंतश्चक्रज तब प्राप्त होता है जब जनित्र वृत्त दूसरे वृत्त की परिधि के साथ लेकिन इसके अंदर लुढ़कता है।

जनरेटिंग सर्कल की त्रिज्या r और निर्देशन/डिरेक्टिंग वृत्त त्रिज्या R के अंतश्चक्रज के निर्माण की प्रक्रिया है।

1. त्रिज्या r का एक वृत्त खींचिए और वृत्त को 12 बराबर भागों में बांटिए।
2. गणना $\theta = r/R \times 360^o$
3. एक बिंदु O' को केंद्र के रूप में लें और त्रिज्या R मिमी लें; एक चाप PQ खींचिए जो को O' पर अंतरित कोण θ है।
4. O'P पर रोलिंग सर्कल के PC1 त्रिज्या को चिह्नित करें। O' को केंद्र मानकर और त्रिज्या r लेकर दोलन वृत्त खींचे।
5. रोलिंग और जनरेटिंग सर्कल को 12 बराबर भागों में विभाजित करें।
6. C1, C2 आदि को केंद्र मानकर और त्रिज्या r के बराबर रखते हुए, O को केंद मानकर चापों को खींचकर बनाए गए 7-12 चापों को काटे।
7. आकृति 1.30 में दर्शाए अनुसार बिंदुओं को जोड़कर एक सुगम वक्र बनाएं।

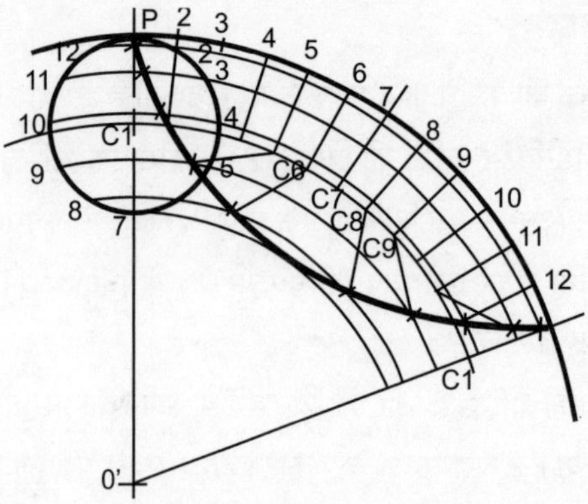

चित्र 1.30 अंतश्चक्रज निर्मानीकरण

1.4.7 प्रतिकेंद्रज(इन्वलूट)

एक प्रतिकेंद्राज सीधी रेखा पर एक बिंदु के पथ के रूप में परिभाषित किया गया है जो एक सिलेंडर की परिधि के साथ फिसले बिना लुढ़कती है। इसे एक वक्र के रूप में भी परिभाषित किया जा सकता है जो एक वृत्त या बहुभुज से खुले धागे के मुक्त सिरे से इस तरह से अनुरखित किया जाता है कि धागा हमेशा बहुभुज के भुजा के लिए कसा और वृत्त के के लिए स्पशरिखा हो।

व्यास D के एक वृत्त का प्रतिकेंद्राज निर्माण करने के चरण निम्नलिखित हैं:

1. व्यास D का एक वृत्त खींचिए।
2. वृत्त को 12 बराबर भागों में बाँटें और सबसे नीचे के एक बिंदु से घड़ी की दिशा से प्रारंभ करते हुए 1,2,3, इत्यादि अंकित करें।
3. वृत्त के केंद्र बिंदु को O के रूप में चिह्नित करें।
4. L =π d, (d - वृत्त का व्यास) की लंबाई के लिए बिंदु 12 से एक स्पशरिखा AC खींचिए।
5. AC को 12 बराबर बिन्दुओं में बाँटें और नाम बिन्दु 1', 2', 3'... इत्यादि,
6. जैसा कि चित्र में दिखाया गया है, 1, 2, 3 इत्यादि से स्पर्श रेखाएँ खींचिए।
7. 11-11' त्रिज्या के साथ 11 केंद्र के रूप में11 से खींची गई स्पशरिखा पर एक चाप को काटें और उस बिंदु को P11 नाम दें, इसी प्रकार अन्य बिंदु P9, P10, ..इत्यादि प्राप्त करें।
8. सभी बिंदुओं को एक सुगम वक्र से जोड़कर एक प्रतिकेंद्राज प्राप्त करें जैसा कि चित्र 1.31 में दिखाया गया है

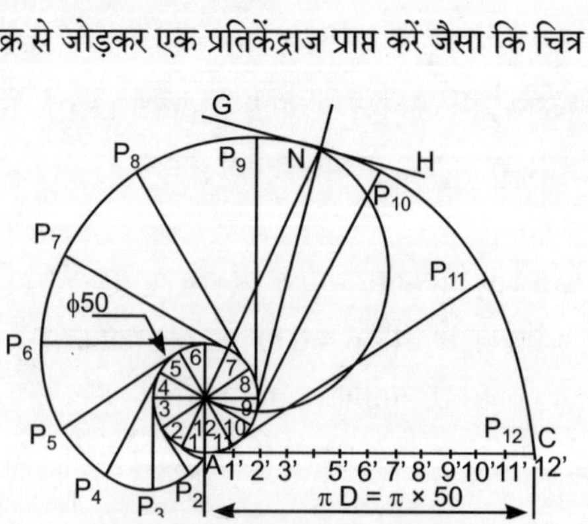

चित्र 1.31: प्रतिकेंद्राज निर्मानीकरण

इकाई सारांश

- इंजीनियरिंग आरेखण बहुत सारी सूचनाओं को दर्शाते हैं जैसे कि किसी वस्तु का आकृति और आकार, उसका आयाम, पैमाना, सामग्री/उपकरण विवरण, तिथि और उस व्यक्ति का नाम जिसने चित्र बनाया है।
- संदेश को चिह्नित करके चित्र का उपयोग संचार के प्रमुख साधन के रूप में गुफाओं की चट्टानी दीवारों पर जानवरों, पेड़ों और लोगों के रेत या खरोंच के चित्र पर किया गया है।
- कंप्यूटर एडेड ड्राफ्टिंग के विकास में पहला महत्वपूर्ण कदम मैसाचुसेट्स इंस्टीट्यूट ऑफ टेक्नोलॉजी (ऍम आई टी) में 1963 में बनाया गया था, जहां स्केचपैड नामक एक प्रणाली थी। जहा पर विकसित और प्रदर्शित किया गया था।
- आरेखण वह माध्यम है जिस पर पेंसिल या कलम द्वारा चित्र तैयार किए जाते हैं।
- इंजीनियरिंग के विद्यार्थी आमतौर पर A2 या A3 आकार की आरेखण का उपयोग करते हैं।
- एक इंजीनियरिंग आरेखण बोर्ड अच्छी तरह से संशुष्क नरम लकड़ी के चार से छह स्ट्रिप्स से बना होता है जैसे पाइन की लकड़ी,देवदार की लकड़ी,या शाह्बतुल की लकड़ी जो लगभग 25 मिमी मोटाई की होती है।
- मिनी ड्राफ्टर एक उपकरण है जिसका उपयोग समानांतर या झुकी/तिरछी रेखाओं को बहुत प्रभावी ढंग से आसानी से खींचने के लिए किया जाता है।
- टी-स्क्वायर एक छोटा, मोटा क्रॉसपीस वाला सीधा किनारा है जो मुख्य रूप से क्षैतिज रेखाएं खींचने के लिए उपयोग किए जाने वाले आरेखण बोर्ड के किनारे पर फिट बैठता है।
- अभिलेख का उपयोग रेखाचित्र में शीर्षक, उप-शीर्षक, आयाम/परिमाप, स्केल/पैमाना और अन्य विवरण लिखने के लिए किया जाता है।
- सिंगल-स्ट्रोक लंबवत अभिलेख में बनाए गए अक्षर समान मोटाई के होते हैं। झुके हुए या इटैलिक अक्षर क्षैतिज से 750 पर झुके होते हैं।
- वह अक्षर जिसमें सभी अक्षर मोटे और पतले अवयव से बनते हैं, रोमन अभिलेख कहलाते हैं।
- निरूपक भिन्न (आर. एफ.) चित्र पर दर्शाई गई वस्तु के परीमाप का उसके वास्तविक आकार से अनुपात कहलाता है
- एक सरल पैमाना या तो दो इकाइयों या केवल एक इकाई और उसके उप-इकाई का निरूपकत्व करता है।
- एक विकर्ण पैमाने में समानांतर रेखाओं का एक समूह होता है जो अन्य रेखाओं के साथ तिरछे पार होते है जैसे कि उनके चौकोर उपखंड बनाते हैं।। यह मुख्य रूप से उपयोग किया जाता है जब माप तीन इकाइयों जैसे सेमी, मी और किमी में आवश्यक हो।
- वर्नियर स्केल का उपयोग मुख्य पैमाना के सबसे छोटे भाग के भिन्नात्मक भागों को मापने के लिए किया जाता है।
- तुलनात्मक पैमाने या संबंधित पैमाने में एक ही आर एफ (आर. एफ.) के दो पैमाने होते हैं लेकिन विभिन्न इकाइयों को पढ़ने के लिए प्रयुक्त होते है।
- शंकु को एक समतल में गतिमान बिंदु के बिंदुपथ के रूप में इस प्रकार परिभाषित किया जाता है कि एक निश्चित बिंदु और एक निश्चित सीधी रेखा से इसकी दूरी का अनुपात हमेशा नियत रहता है।

अभ्यास

अभ्यास 1.1: बहुविकल्पीय प्रश्न

1. निम्न लिखित का उपयोग उन वक्रों को खींचने के लिए किया जाता है जो गोलाकार नहीं होते हैं।

   (a) दिशा सूचक यंत्र (b) चांदा

   (c) फ्रेंच वक्र (d) प्रो सर्कल

2. आरेखण के बाद के दो आकारों के क्षेत्रफल अनुपात में हैं

   (a) 1: 5 (b) 1: 4

   (c) 1: 2 (d) 1: 10

3. आरेखण के टाइटल ब्लॉक में निम्नलिखित शामिल नहीं है।

   (a) पत्रक संख्या (b) स्केल

   (c) प्रक्षेपण की विधि (d) आकार का

4. निरूपक भिन्न है

   (a) आरेखण में लंबाई का वास्तविक लंबाई से अनुपात

   (b) आरेखण में वास्तविक लंबाई और लंबाई का अनुपात

   (c) वास्तविक लंबाई का व्युत्क्रम

   (d) आरेखण में लंबाई का वर्ग

5. आरेखण में वस्तु की लंबाई 50 मिमी है; पैमाना 1: 5 के रूप में दिया गया है। वास्तविक लंबाई ज्ञात कीजिएवस्तु का।

   (a) 50 सेमी (b) 10 सेमी

   (c) 25 सेमी (d) 20 सेमी

6. विलक्षणता है,

   (a) परवलय एक के बराबर है (b) अतिपरवलय एक से बड़ा होता है

   (c) दीर्घवृत्त एक से कम है (d) ऊपर के सभी

7. किस प्रकार का पैमाना है जिसमें निरूपक भिन्न 1: 1 है?

   (a) बढ़ा हुआ पैमाना (b) कम किया हुआ पैमाना

   (c) पूर्ण आकार का पैमाना (d) ग्राफिकल स्केल

8. किस पैमाने के स्नातक प्राथमिक पैमाने से लिए गए हैं?

   (a) तुलनात्मक पैमाना (b) वर्नियर स्केल

   (c) सरल (प्लेन) पैमाने (d) विकर्ण स्केल

9. स्केल की लंबाई क्या है पैमाने, निरूपक अनुपात 1: 50000 है और पैमाने को 25 किमी तक मापना चाहिए?

   (a) 5 x 10-4 सेमी-4 (b) 50 सेमी

   (c) 5 सेमी (d) 0.5 से। मी

10. जब प्रोट्रैक्टर उपलब्ध नहीं होता है तो कोणों को सेट करने या मापने के लिए निम्न में से किसका उपयोग किया जाता है?

    (a) सरल (प्लेन) पैमाना (b) विकर्ण स्केल

    (c) जीवाओं का पैमाना (d) तुलनात्मक पैमाना

11. जब लगातार तीन इकाइयों में माप की आवश्यकता होती है, तो उपयुक्त पैमाना होता है:

    (a) प्लेन स्केल (b) विकर्ण स्केल

    (c) आइसोमेट्रिक स्केल (d) का पैमानाकॉर्ड्स

12. शंकु की भुजा के समांतर प्लेनके प्रतिच्छेदन से किस प्रकार का वक्र बनता है?

    (a) परवलय (b) अतिपरवलय

    (c) दीर्घवृत (d) साइक्लोइड्स

13. एक वृत्त की परिधि पर एक बिंदु द्वारा निर्माण वक्र, जो बिना खिसके लुढ़कता हैदूसरे सर्कल के बाहर के रूप में जाना जाता है:

    (a) हाइपोसाइक्लोइड (b) एपिसाइक्लोइड

    (c) साइक्लोइड (d) ट्रोकॉइड

14. लीड ग्रेड के किस सेट में ग्रेड आउट ऑफ सीक्वेंस होता है?

    (a) एच, एचबी, बी, 3बी (b) 7बी, एच, एफ, 3 एच

    (c) 6 बी, बी, एच, 4 एच (d) 9एच, एचबी, बी, 2बी

15. निम्नलिखित में से कौन सा निर्माण परवलयिक वक्रों का उपयोग करता है?

    (a) जल शीतलक मीनार (b) जल चैनल

    (c) प्रकाश परावर्तक (d) मैन-होल

उत्तर कुंजी (अभ्यास 1.1)

1 (c), 2 (c), 3 (d), 4 (a), 5 (c), 6 (d), 7 (c), 8 (b), 9 (b), 10 (c), 11 (b), 12 (a), 13 (b), 14 (b), 15 (c)

प्रश्नावली 1.2 लघु और दीर्घ उत्तरीय प्रश्न

श्रेणी I

1. इंजीनियरिंग आरेखण को परिभाषित करें और इसे इंजीनियरों की सार्वभौमिक भाषा क्यों कहा जाता है?
2. विभिन्न प्रकार के रेखाचित्रों की विवेचना कीजिए।
3. विभिन्न आरेखण उपकरणों के नाम बताएं
4. बी आई एस के अनुसार आरेखण के मानक आकार क्या हैं?
5. आरेखण के लेआउट को परिभाषित करें।
6. एक शीर्षक ब्लॉक की सामग्री को सूचीबद्ध करें।
7. अभिलेख क्या है? अभिलेख की मुख्य आवश्यकताएं क्या हैं?
8. इंजीनियरिंग आरेखण में प्रयुक्त अक्षरों की विभिन्न शैलियों की व्याख्या करें।
9. निम्नलिखित को सिंगल स्ट्रोक वर्टिकल कैपिटल लेटर्स में 20 मिमी ऊंचाई में लिखें।

(a) आरेखण इंजीनियरों की भाषा है

(b) अखिल भारतीय तकनीकी शिक्षा परिषद

10. पैमाना क्या है? इंजीनियरिंग आरेखण में इनका उपयोग क्यों किया जाता है?
11. विभिन्न प्रकार के पैमाने क्या हैं?
12. निरूपक अनुपात की व्याख्या करें?
13. सरल पैमाने और विकर्ण पैमाने के बीच अंतर?
14. प्रतिकेंद्राज और चक्रभ को परिभाषित कीजिए।
15. अधिचक्रज और अंतश्चक्रज में अंतर करें।

श्रेणी II

1. स्वच्छ रेखाचित्र की सहायता से विकर्ण पैमाने की रचना के सिद्धांत को समझाइए।
2. स्वच्छ रेखाचित्र की सहायता से वर्नियर स्केल के निर्माण के सिद्धांत को समझाइए।
3. जनित्र वृत्त के दिए गए त्रिज्या (r) और डायरेक्टिंग सर्कल के त्रिज्या (R) के लिए एक एपिसाइक्लोइड बनाएं और बनाएं:
4. जनित्र वृत्त के दिए गए व्यास (d) के लिए एक चक्रभ निर्माण करें और ड्रा करें:
5. व्यास D के एक वृत्त का एक व्युत्क्रम निर्माण करें और ड्रा करें:

अभ्यास 1.3: प्रायोगिक कठिनाईयां

1. 500 मीटर की वास्तविक लंबाई को एक रेखाचित्र पर 15 सेमी की रेखा द्वारा दर्शाया जाता है। 600 मीटर तक पढ़ने के लिए एक वर्नियर स्केल की रचना कीजिए। 549 मीटर की लंबाई के पैमाने पर चिह्नित करें।
2. एक कार 50 किमी/घण्टा की चाल से चल रही है। 1 किमी x 3 सेमी दिखाने के लिए और 6 किमी तक मापने के लिए एक विकर्ण पैमाने की रचना करें। पैमाने पर कार द्वारा 5 मिनट 28 सेकेंड में तय की गई दूरी को में भी अंकित करें
3. जीवाओं के पैमाने का उपयोग करके 45° और 120° के कोणों की रचना कीजिए।
4. एक दीर्घवृत्त की रचना करें जब नियतांक से फोकस की दूरी 60 मिमी हो और उत्केंद्रता हो 3/4.
5. एक परवलय की रचना करें, जब डायरेक्ट्रिक्स से फोकस की दूरी 50 मिमी हो।
6. एक अतिपरवलय की रचना कीजिए, जब नियतांक से फोकस की दूरी 55 मिमी हो।
7. एक हाइपोसाइक्लोइड बनाएं,यदि जनक वृत्त की त्रिज्या 20 मिमी है और दिशात्मक वृत्त 70 मिमी है, तो
8. यदि रोलिंग सर्कल का व्यास 30 मिमी है तो एक चक्रभ बनाएं।
9. 40 मिमी व्यास के एक वृत्त के इन्वोलुट का आरेखन करें।
10. 60 मिमी व्यास की एक पतली गोलाकार डिस्क को ढलान वाले तख़्त के ऊपरी किनारे से खिसके बिना लुढ़कने की अनुमति है जो क्षैतिज तल के साथ 18° पर झुकी हुई है। डिस्क की परिधि पर बिंदु से वक्र ट्रेस किया गया रेखांकित करें।

अधिक जानिए

इंजीनियरिंग आरेखण में प्रयुक्त लाइनों के प्रकार

सामान्य इंजीनियरिंग आरेखण के लिए, भारतीय मानक ब्यूरो अनुशंसित लाइनों के प्रकार का उपयोग किया जाना चाहिए। तालिका 1.5 इंजीनियरिंग आरेखण में विभिन्न प्रकार की रेखाओं और उनके अनुप्रयोग को दर्शाती है:

तालिका 1.5: रेखाओं के प्रकार

रेखाएँ	विवरण	अनुप्रयोग
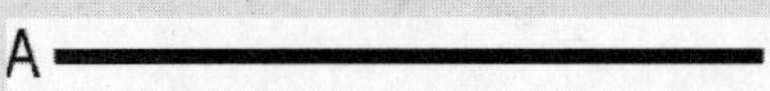	लगातार मोटा	दृश्यमान रूपरेखा, दृश्यमान किनारे
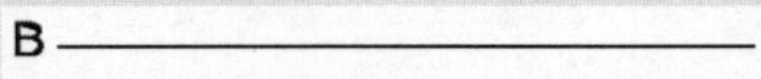	लगातार पतला	मापन की रेखाएं, प्रक्षेपण रेखा, प्रमुख रेखा, प्रतिच्छेदन की काल्पनिक रेखाएं, रेखा छाया, परिक्रमण के अनुच्छेद की बहरी रूपरेखा
	लगातार पतला, फ्री-हैंड	सीमाएं के आंशिक या बाधित दृश्य
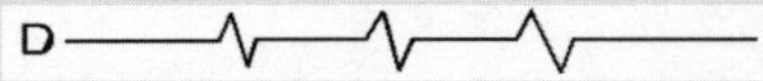	लगातार पतला ज़िग-ज़ैग	लंबी टूटी लाइनें
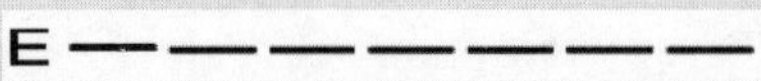	बिन्दिवार मोटी	छिपी हुई रूपरेखा, छिपे हुए किनारे
	लगातार पतली	कर्तन तल
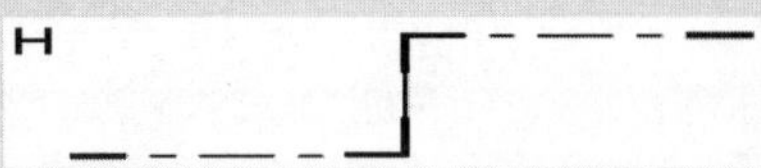	श्रृंखला के अंत की पतली और मोटी और दिशा में परिवर्तित	
	लगातार मोटी	सांकेतिक रेखाएं या सतहें जिन पर विशेष आवश्यकता लागू होती है
	चेन थिन डबल डैश	आसन्न भागों की रूपरेखा,चल भागों की वैकल्पिक और पराकाष्ठा स्थिति,प्रारंभिक रूपरेखा, गठन के पूर्व

डिजाइन परियोजना/गतिविधियाँ

गतिविधि: मुक्त हाथ (फ्री हैंड) से रेखाचित्र क्षैतिज मोटी और पतली रेखाएँ:

अवधारणा: फ्री हैंड स्केचिंग एक ऐसी आरेखण है जो बिना माप के उपकरणों के खींची जाती है। यह आरेखण केवल पेंसिल और इरेज़र की सहायता से बनाई गई है।

प्रक्रिया:

1. दो लंबवत पतली गाइड लाइन AB और CD को स्केच करें।
2. लंबवत रेखाओं AB और CD पर अंक अंकित करें, लगभग 5 मिमी अंतराल पर।
3. वैकल्पिक रूप से मोटे और पतले दो बिंदुओं के बीच मुक्त हाथ से रेखाएँ खींचें

तकनीक:

4. लंबी रेखाएँ अग्र-भुजाओं की गति से खींची जा सकती हैं और छोटी रेखाएँ द्वारा खींची जाती हैं कलाई की गति।
5. स्केचिंग करते समय एक समान दबाव बनाए रखें।
6. क्षैतिज रेखाएँ बाएँ से दाएँ खींची जाती हैं जैसा कि नीचे चित्र में दिखाया गया है।
7. दो बिंदुओं के बीच सीधी रेखाएँ खींचते समय अपनी नज़र पेंसिल के बिंदु के बजायउस बिंदु पर रखें जिस पर रेखा जाना है।
8. एक ही झटके में पूरी लंबाई की रेखा खींचने से बचें।
9. बार-बार इरेज़र का उपयोग करने से रोकें।

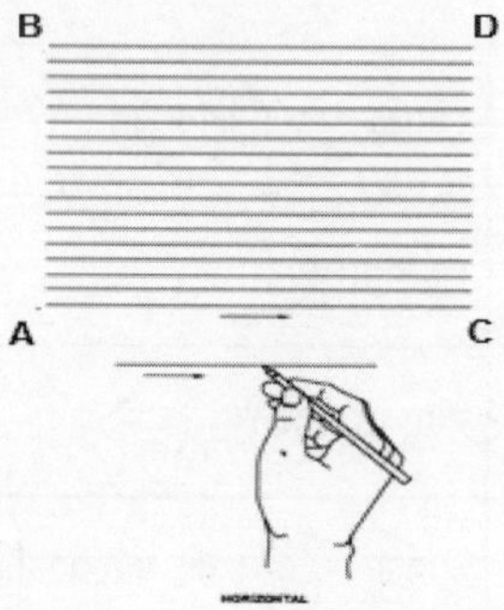

रोचक तथ्य

- पुनर्जागरण काल (1300-1500) में जटिल तकनीकी चित्र बनाए गए थे, जैसे किलियोनार्डो दा विंची (Leonardo da Vinci) के चित्र।
- आधुनिक इंजीनियरिंग आरेखण, ऑर्थोग्राफिक प्रोजेक्शन के अपने सटीक सम्मेलनों के साथऔद्योगिक क्रांति (1770-1850) के दौरान फ्रांस में विकसित हुआ।
- 1960 में, इवान सदरलैंड ऍम आई टी की लिंकन प्रयोगशाला ने स्केचपैड बनाया, जिसने कंप्यूटर तकनीकी आरेखण के बुनियादी सिद्धांतों और व्यवहार्यता का प्रदर्शन किया।

अनुप्रयोग (वास्तविक जीवन / औद्योगिक)

इंजीनियरिंग आरेखण सभी इंजीनियरिंग क्षेत्रों में आलेखन तैयार करने का अभिमानित तरीका है, जिसमें सिविल इंजीनियरिंग, इलेक्ट्रिकल इंजीनियरिंग, मैकेनिकल इंजीनियरिंग और आर्किटेक्चर शामिल हैं, लेकिन इन्हीं तक सीमित नहीं है।

कई अलग-अलग अनुप्रयोगों में तकनीकी चित्रों का उपयोग किया जाता है। किसी भी सेटअप में उनकी आवश्यकता होती है, जिसमें डिज़ाइन शामिल है, और रूपांतरण प्रक्रिया के किसी भी बाद के रूप में। तकनीकी आरेखण के सबसे आम अनुप्रयोग निर्माण, इंजीनियरिंग और निर्माण के क्षेत्र में पाए जा सकते हैं।

खोज और जिज्ञासा विषय

- **कलात्मक आरेखण:** एक कलात्मक रेखाचित्र सुगमतम रेखा रेखाचित्र से लेकर सबसे प्रसिद्ध चित्रों तक होता है। उनकी जटिलता के बावजूद, कलात्मक चित्रों का उपयोग कलाकार की भावनाओं, विश्वासों, दर्शन और विचारों को व्यक्त करने के लिए किया जाता है। कलाकार अक्सर अपने चित्रों के माध्यम से संवाद करने में एक अमूर्त दृष्टिकोण अपनाते हैं, जो बदले में विभिन्न व्याख्याओं को जन्म देता है।
- **टेक्निकल आरेखण:** एक तकनीकी आरेखण स्पष्ट रूप से और संक्षिप्त रूप से एक विचार या वास्तविकता में एक अवधारणा को बदलने के लिए आवश्यक जानकारी के सभी संवाद का एक साधन है। इसलिए, प्राय: तकनीकी आरेखण किसी भी विषय का ग्राफिक प्रस्तुतिकरण है इसमें आयाम, नोट्स और अन्य विशिष्टताएं भी शामिल हैं। के डिजाइन और पुल परियोजनाओं। इस प्रकार, हम स्वीकार कर सकते हैं कि "अंधेरे युग" ने तकनीकी को रोशन किया हैड्राइंग अध्ययन। आजकल, यह कल्पना करना थोड़ा मुश्किल है कि उन्होंने ड्राइंग उपकरणों का उपयोग करके हाथ से बने उत्पादन द्वारा ये काम कैसे किया, जो शासक, सेट स्क्वायर, कंपास और प्रोट्रैक्टर के शुरुआती संस्करण थे।

केस स्टडी: पर्यावरण / स्थिरता / सामाजिक / नैतिक मुद्दे

लियोनार्डो दा विंची द्वारा फ्लाइंग मशीन डिजाइन

लियोनार्डो दा विंसी एक सच्चे प्रतिभाशाली थे जिन्होंने 15 अप्रैल, 1452 से 2 मई, 1519 तक अपनी उपस्थिति से इस दुनिया को सुशोभित किया। वह इतिहास के सबसे प्रभावशाली कलाकारों में से एक महत्वपूर्ण योगदान दिया है। विरासत न केवल कला के क्षेत्र में बल्कि विज्ञान में भी, प्रत्येक अनुशासन दूसरे की अपनी महारत को सूचित करता है। दा विंची राफेल और माइकल एंजेलो जैसे समकालीन लोगों के बीच रचनात्मकता के स्वर्ण युग में रहते थे, और उन्होंने अपनी अनूठी प्रतिभा को लगभग हर उस चीज़ में योगदान दिया जिसे उन्होंने अनुप्रयोग किया था। आज,लियोनार्डो दा विंची से बेहतर कोई नाम पुनर्जागरण युग का प्रतीक नहीं लगता।

दा विंची ने अपनी शिक्षुता के दौरान न केवल ड्राइंग, पेंटिंग और मूर्तिकला में अपना कौशल विकसित किया, बल्कि स्टूडियो में और उसके आसपास काम करने वाले अन्य लोगों के माध्यम से, उन्होंने इस तरह के विविध क्षेत्रों में ज्ञान प्राप्त किया। यांत्रिकी, बढ़ईगीरी, धातु विज्ञान, वास्तु प्रारूपण और रसायन विज्ञान के रूप में क्षेत्र। उनके शोध उपकरण लगभग अनन्य रूप से उनकी आंखें हैं। लियोनार्डो की नोटबुक में कई युद्ध मशीनें हैं,जैसे कि क्रैंकशाफ्ट के माध्यम से दो व्यक्तियों द्वारा चलाया जाने वाला वाहन साथ ही, उड़ने वाली मशीन भी थीं डिजाइन और पुल परियोजनाओं। इस प्रकार, हम स्वीकार कर सकते हैं कि "अंधेरे युग" ने तकनीकी को रोशन किया हैड्राइंग अध्ययन। आजकल, यह कल्पना करना थोड़ा मुश्किल है कि उन्होंने ड्राइंग उपकरणों का उपयोग करके हाथ से बने उत्पादन द्वारा ये काम कैसे किया, जो शासक, सेट स्क्वायर, कंपास और प्रोट्रैक्टर के शुरुआती संस्करण थे।

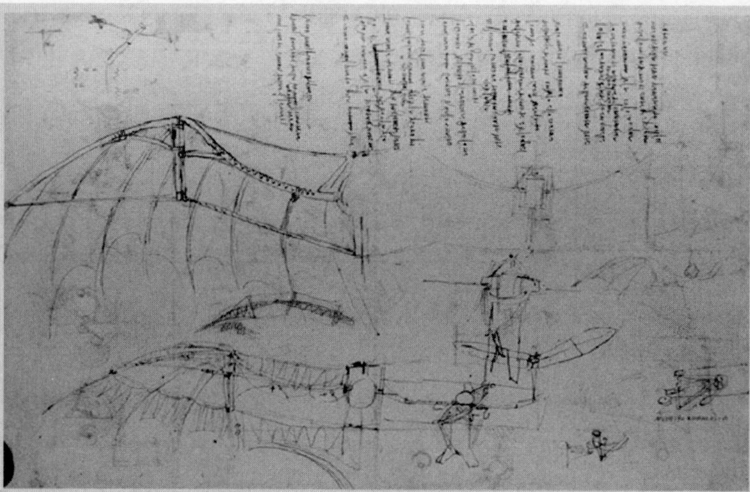

leonardoDaVinci.net. के सौजन्य से

संदर्भ एवं अध्ययन हेतु सुझाव

1. Engineering Drawing Practice for Schools and Colleges, Bureau Of Indian standards Manak Bhavan, 9 Bahadur Shah Zafar Marg New Delhi 110002.
2. Engineering Drawing, National Instructional Media Institute, Chennai, Directorate General of Training Ministry of Skill Development & Entrepreneurship government of india.
3. https://nptel.ac.in/courses/112/105/112105294/
4. https://www.youtube.com/watch?v=_M4U0d56dr8
5. https://youtu.be/qkPZgVbtiHE
6. https://youtu.be/bOtL_H3ma7I
7. https://youtu.be/_PHul1YFxrI

2 लम्बकोणीय प्रक्षेपण

पाठ्यक्रम विशिष्ट

यह इकाई "लम्बकोणीय प्रक्षेपण" समाविष्ट करता है, लम्बकोणीय के सिद्धांत- बिंदुओं का प्रक्षेपण और दोनों समतलों से रेखाओं का झुकाव; तल का प्रक्षेपण और सहायक तल।

भूमिका

लम्बकोणीय प्रक्षेपण सीखने से विद्यार्थियों और इंजीनियरों को कार्यकारी आरेखण बनाने और पढ़ने में मदद मिलती है। विभिन्न निर्माण घटकों और इमारतों को डिजाइन करने के लिए लम्बकोणीय प्रक्षेपण के सिद्धांत का उपयोग किया जाता है।

पूर्व अपेक्षित ज्ञान

इंजीनियरिंग आरेख तैयार करने का बुनियादी ज्ञान प्रचलित आरेख मानकों और उपकरणों का उपयोग करना है।

यूनिट आउटकम्स (UO)

इस इकाई के सफल समापन पर, विद्यार्थी निम्न में दक्ष होंगे:

1. मूलभूत वस्तुओं के लम्बकोणीय प्रक्षेपण निर्माण करेंगे।
2. प्रक्षेपण के तरीकों को समझेंगे।
3. रेखाओं का प्रक्षेपण निर्माण करेंगे।
4. समतलों के प्रक्षेपण निर्माण करेंगे।
5. सहायक दृश्य का निर्माण करें।

कोर्स आउटकम्स (COs) के साथ यूनिट आउटकम्स (UOs) का परस्पर सम्बंध :

यूनिट -2 आउटकम्स	कोर्स आउटकम्स (CO) के साथ अपेक्षित संबंध (1- कमजोर सहसंबंध; 2- मध्यम सहसंबंध; 3- मजबूत सहसंबंध)				
	CO-1	CO-2	CO-3	CO-4	CO-5
U2-O1	2	3			2
U2-O2	2	3			2
U2-O3	2	3			2
U2-O4	2	3			2
U2-O5	2	3			2

2.1 प्रक्षेपण का सिद्धांत

किसी वस्तु की छवि को किसी प्रक्षेपण तल पर प्रक्षेपित करना प्रक्षेपण कहा जाता है। किसी वस्तु को निरूपित करने के लिए वस्तु के समोच्च सतह पर स्थित सभी बिन्दुओं से सीधी रेखाएँ कागज पर खींची जाती हैं और बिन्दुओं को सही क्रम में मिलाने से बनने वाला प्रतिबिम्ब वस्तु का प्रक्षेपणी कहलाता है।

पर्यवेक्षक और वस्तु के बीच प्रकाश की एक काल्पनिक किरण दृष्टि रेखा है। प्रक्षेपण तल एक काल्पनिक तल है जिस पर दृष्टि रेखाओं द्वारा बनाई गई छवि को प्रक्षेपित किया जाता है। चित्र 2.1 प्रक्षेपण के सिद्धांत को दर्शाता है।

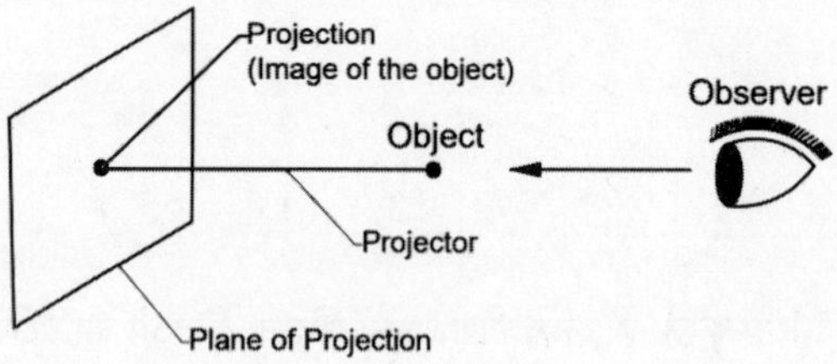

चित्र 2.1: प्रक्षेपण का सिद्धांत

2.2 प्रक्षेपण के प्रकार

दो मुख्य प्रकार के प्रक्षेपण, समानांतर प्रक्षेपण और परिप्रेक्ष्य प्रक्षेपण दोनों के कई उप वर्गीकरण के साथ हैं जैसा कि चित्र 2.2 में दिखाया गया है।

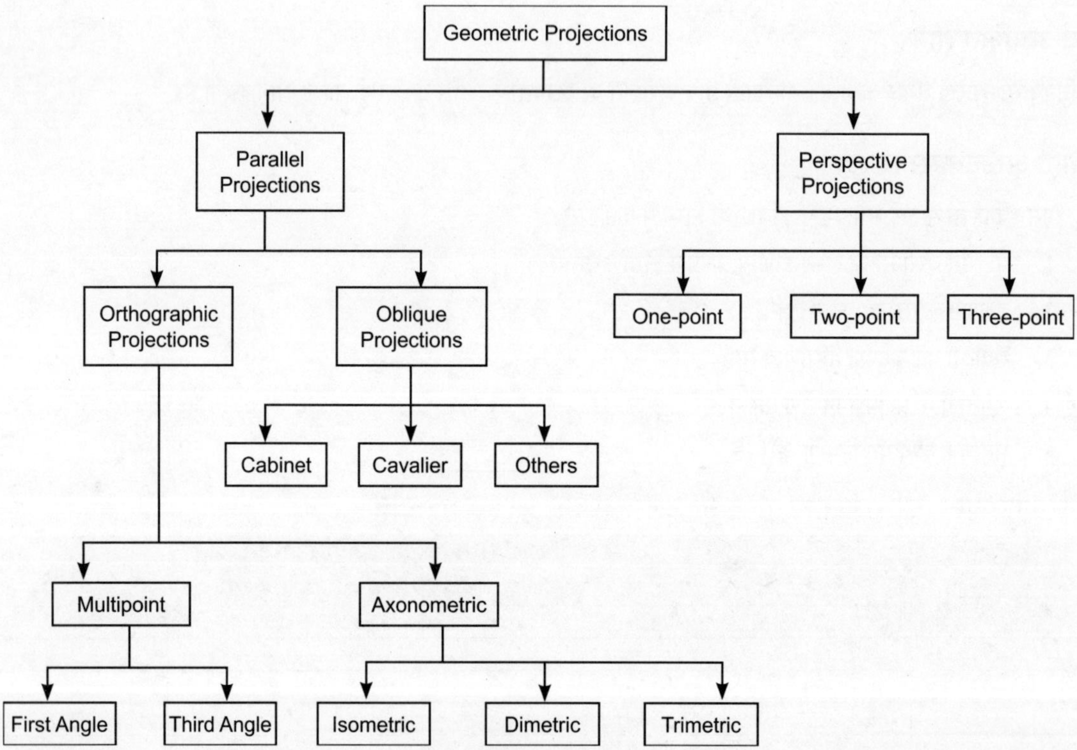

चित्र 2.2: प्रक्षेपण के प्रकार

2.3 समानांतर प्रक्षेपण

समानांतर प्रक्षेपण एक प्रकार का प्रक्षेपण है जहां दृष्टि-रेखा प्रक्षेपण के तल के समानांतर और लंबवत प्रक्षेपक होते हैं। समानांतर प्रक्षेपण को निम्नलिखित दो श्रेणियों में विभाजित किया गया है:

Orthographic Projections

1. लंबकोणीय प्रक्षेपण
2. तिर्यक् प्रक्षेपण

2.3.1 लंबकोणीय प्रक्षेपण

लम्बकोणीय प्रक्षेपण किसी वस्तु की दो या दो से अधिक दृश्यों को कागज की शीट पर सटीक या सही आकार को प्रस्तुत करने की एक विधि है। लम्बकोणीय प्रक्षेपण को निम्नानुसार वर्गीकृत किया गया है:

1. **बहुदृश्य प्रक्षेपण:** इसे एक लम्बकोणीय प्रक्षेपण विधि के रूप में परिभाषित किया जाता है जिसमें वास्तु प्रक्षेपण तल के पीछे होता है और इस तरह से उन्मुख होता है कि इसके केवल दो आयाम दिखाई देते हैं।
2. **अक्षमितिक प्रक्षेपण:** इसे एक समानांतर प्रक्षेपण विधि के रूप में परिभाषित किया जाता है, जिसका उपयोग किसी वस्तु का चित्रीय आरेख बनाने के लिए किया जाता है, जो वस्तु को प्रक्षेपण तल के सापेक्ष उसके एक या अधिक अक्षों के साथ घुमाता है।

अक्षमितिक प्रक्षेपण तीन प्रकार के होते हैं: सममितीय, द्विमितीय और त्रिमितीय प्रक्षेपण को निम्नानुसार परिभाषित किया गया है:

a. **सममितीय प्रक्षेपणण:** यह इंजीनियरिंग आरेख में अक्षमितिक प्रक्षेपण का सबसे अधिक इस्तेमाल किया जाने वाला रूप है। यहाँ तीनों कोण समान हैं जैसा कि चित्र 2.3 (a) में दिखाया गया है। सममितीय प्रक्षेपणण आंख को सबसे कम भाता है, लेकिन इसे खींचना सबसे आसान है।

b. **द्विमितीय प्रक्षेपण:** जैसा कि चित्र 2.3 (b) में दिखाया गया है, जब तीन में से दो कोण बराबर होते हैं, तो प्रक्षेपण को एक द्विमितीय प्रक्षेपण के रूप में वर्गीकृत किया जाता है। द्विमितीय प्रक्षेपण आंख को कम भाता है, लेकिन त्रिमितीय प्रक्षेपण की तुलना में इसे खींचना आसान है।

c. **त्रिमितीय प्रक्षेपण:** इस प्रकार के प्रक्षेपण में देखने की दिशा ऐसी होती है कि आयाम के सभी तीन अक्ष असमान रूप से दिखाई देते हैं जैसा कि चित्र 2.3 (c) में दिखाया गया है। प्रत्येक तीनों अक्षों के माप और उनके बीच के कोण अलग-अलग तय किए जाते हैं जैसा कि दृश्य कोण द्वारा निर्धारित किया जाता है। त्रिमितीय प्रक्षेपण को खींचना मुश्किल है और शायद ही कभी उपयोग किया जाता है।

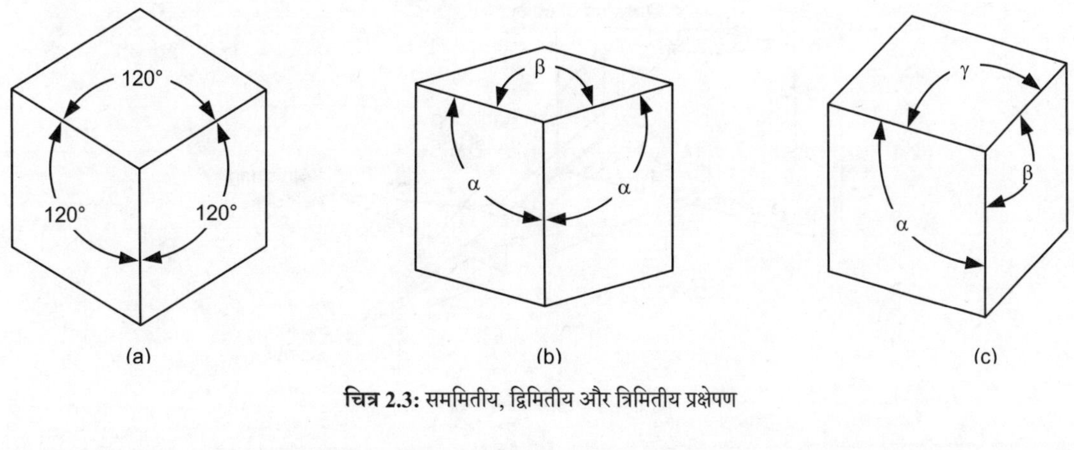

चित्र 2.3: सममितीय, द्विमितीय और त्रिमितीय प्रक्षेपण

2.3.2 तिर्यक् प्रक्षेपण

तिर्यक् प्रक्षेपण तब प्राप्त किया जाता है जब वस्तु का एक पृष्ठ समानांतर होता है और एक निकटस्थ पृष्ठ प्रक्षेपण के तल पर 45° झुका होता है। तिर्यक् प्रक्षेपण को कैवेलियर और कैबिनेट प्रक्षेपण के रूप में वर्गीकृत किया गया है:

a. **कैवेलियर प्रक्षेपण :** इस प्रक्षेपण विधि में प्रक्षेपण लाइन या प्रक्षेपक प्रक्षेपण तल के साथ 45° का कोण बनाते हैं और सभी रेखाएँ (कम होने वाली रेखा सहित) उनकी वास्तविक लंबाई (TL) के अनुसार बनाई जाती हैं जैसा कि चित्र 2.4 (a) में दिखाया गया है।

b. **कैबिनेट प्रक्षेपण :** इस प्रक्षेपण पद्धति में विरूपण की क्षतिपूर्ति करने के लिए और मानव आंख जो देखती है, उसके करीब आने के लिए आवर्ती रेखाओं को उनके वास्तविक (TL) के आधे से छोटा कर दिया जाता है, जैसा कि चित्र 2.4 (b) में दिखाया गया है।

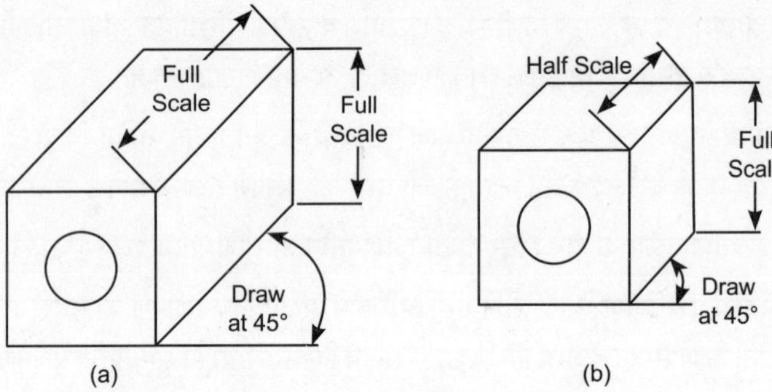

चित्र 2.4: कैवेलियर एवं कैबिनेट प्रक्षेपण

2.4 परिप्रेक्ष्य प्रक्षेपण

परिप्रेक्ष्य प्रक्षेपण ऐसे आरेख हैं जो किसी वस्तु को देखने पर मानव आँख वास्तव में जो देखता है उसे दोहराने का प्रयास करते हैं। परिप्रेक्ष्य प्रक्षेपण में, प्रेक्षक को वस्तु से एक निश्चित स्थान पर स्थित माना जाता है। चित्र 2.5 चित्र तल पर किसी वस्तु के परिप्रेक्ष्य प्रक्षेपण के सिद्धांत को दर्शाता है।

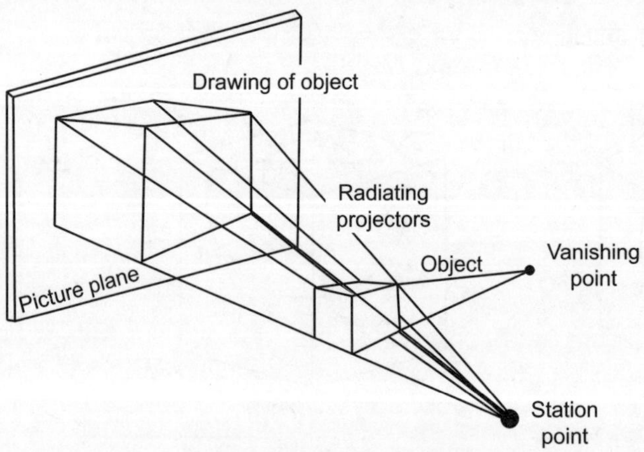

चित्र 2.5: परिप्रेक्ष्य प्रक्षेपण का सिद्धांत

2.5 समानांतर और परिप्रेक्ष्य प्रक्षेपण के बीच अंतर

समानांतर और परिप्रेक्ष्य प्रक्षेपण के बीच का अंतर तालिका 2.1 में दिया गया है:

तालिका 2.1: समानांतर और परिप्रेक्ष्य प्रक्षेपण के बीच अंतर

क्रमांक	समानांतर प्रक्षेपण	परिप्रेक्ष्य प्रक्षेपण
1	प्रक्षेपण के केंद्र से वस्तु की दूरी अनंत है।	प्रक्षेपण के केंद्र से वस्तु की दूरी परिमित है।
2	समानांतर प्रक्षेपण वस्तु का वास्तविक दृश्य नहीं बनाता है।	परिप्रेक्ष्य प्रक्षेपण वस्तु का एक वास्तविक दृश्य चित्र बनाता है।
3	समानांतर प्रक्षेपण वस्तु का सटीक दृश्य दे सकता है।	समानांतर प्रक्षेपण के रूप में परिप्रेक्ष्य प्रक्षेपण सटीक नहीं है।
4	प्रक्षेपणि समानांतर है।	प्रक्षेपणि समानांतर नहीं है।
5	समानांतर प्रक्षेपण किसी वस्तु के सापेक्ष अनुपात को संरक्षित कर सकता है।	परिप्रेक्ष्य प्रक्षेपण किसी वस्तु के सापेक्ष अनुपात को संरक्षित नहीं कर सकता है।

2.6 लंबकोणीय का बहु दृश्य प्रक्षेपण

लम्बकोणीय बहु दृश्य प्रक्षेपण को प्रक्षेपण की एक विधि के रूप में परिभाषित किया जाता है जिसमें किसी वस्तु के विभिन्न दृश्यों को अलग-अलग संदर्भ तलो पर प्रक्षेपित किया जाता है, जबकि संबंधित तल के लंबवत रहना सुनिश्चित होता है। चित्र 2.6 में किसी वस्तु के तीन दृश्य, शीर्ष दृश्य, सम्मुख दृश्य और पार्श्व दृश्य दिखाया गया है।

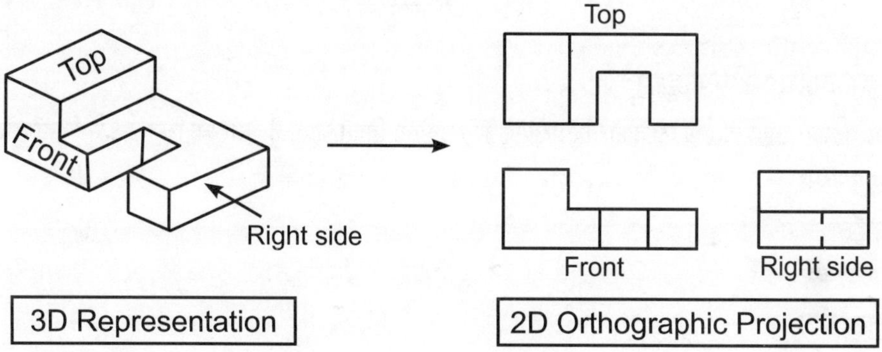

चित्र 2.6: लंबकोणीय का बहु दृश्य प्रक्षेपण

2.6.1: संदर्भ तल

एक फलक का प्रक्षेपण वस्तु का समग्र विवरण प्रदान नहीं करेगा; किसी वस्तु की सही ऊंचाई, चौड़ाई और गहराई को स्थापित करने के लिए सम्मुख, शीर्ष और पार्श्व दृश्यों की आवश्यकता होती है, और प्रक्षेपण के तलो को संदर्भ प्रक्षेपण तल कहा जाता है। क्षैतिज और उर्ध्वाधर तलो के बीच बने कोणों को पहला, दूसरा, तीसरा और चौथा कोण कहा जाता है जैसा कि चित्र 2.7 में दिखाया गया है। प्रक्षेपण के तीन संदर्भ तलो को उर्ध्वाधर, क्षैतिज और परिच्छेदिका तल के रूप में जाना जाता है, जिन्हें निम्नानुसार परिभाषित किया गया है:

1. ***ऊर्ध्वाधर तल:*** प्रक्षेपण का ऊर्ध्वाधर तल वह तल है जिस पर बहु दृश्य आरेख का सम्मुख दृश्य प्रक्षेपण किया जाता है। किसी वस्तु के सम्मुख दृश्य उसकी ऊंचाई और चौड़ाई को दर्शाता है।
2. ***क्षैतिज तल:*** प्रक्षेपण का क्षैतिज तल वह तल है जिस पर बहु दृश्य आरेख का शीर्ष दृश्य प्रक्षेपण किया जाता है। किसी वस्तु का शीर्ष दृश्य चौड़ाई और गहराई को दर्शाता है।

3. ***पार्श्व चित्र तल:*** प्रक्षेपण का सन्दर्भ तल वह तल है जिस पर बहु दृश्य आरेख का पार्श्व दृश्य प्रक्षेपण किया जाता है। किसी वस्तु का पार्श्व दृश्य गहराई और ऊँचाई को दर्शाता है।

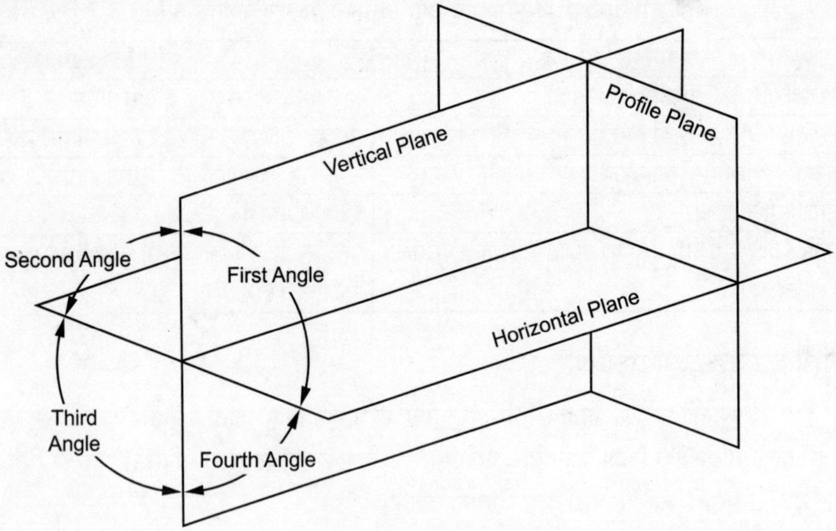

चित्र 2.7: संदर्भ तल

2.6.2: लम्बकोणीय प्रक्षेपण दृश्य:

इंजीनियरिंग आरेखन में छह प्रकार के लम्बकोणीय प्रक्षेपण दृश्य उपयोग किया जाता है जैसा कि चित्र 2.8 में दिखाया गया है।

1. सम्मुख दृश्य
2. पश्च दृश्य
3. शीर्ष दृश्य
4. निचला दृश्य
5. दायाँ दृश्य
6. बायाँ दृश्य

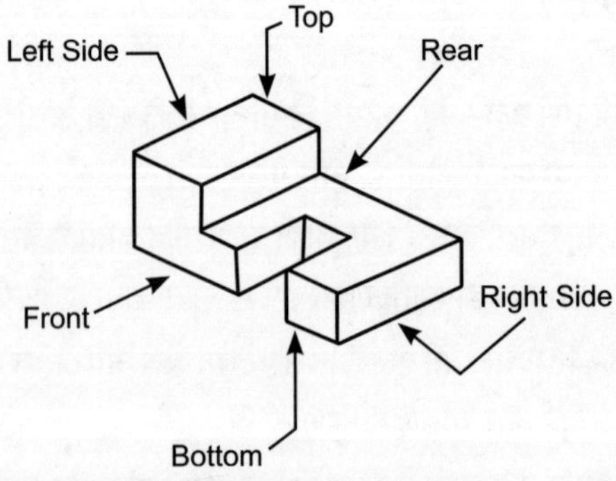

चित्र 2.8 : लम्बकोणीय प्रक्षेपण दृश्य

2.6.3 लम्बकोणीय प्रक्षेपण विधियाँ

लम्बकोणीय प्रक्षेपण दो आयामों में त्रि-आयामी वस्तुओं को प्रस्तुत करने की विधि है, जैसे कि वस्तु को समानांतर रेखाओं में देखा जाता है जो आरेख तल के लंबवत होती हैं। एकल त्रि-आयामी दृश्य के बजाय, यह एक ही वस्तु के कई द्वि-आयामी दृश्यों का उपयोग करता है।

लम्बकोणीय प्रक्षेपण में आरेख के दो तरीके हैं – **प्रथम कोणीय प्रक्षेपण** और **तृतीय कोणीय प्रक्षेपण** को निम्नानुसार परिभाषित किया गया है:

1. प्रथम कोणीय प्रक्षेपण

प्रथम कोणीय प्रक्षेपण में, वस्तु को प्रथम चतुर्थांश में स्थित माना जाता है। वस्तु के सम्मुख दृश्य, चतुर्थांश के दाईं ओर से वस्तु को देखकर और उसे सही क्रम में अनुरेखन करके और प्रक्षेपण तल और दृष्टिकिरणों के बीच प्रतिच्छेदन के बिंदुओं द्वारा प्राप्त किया जाता है। पारंपरिक प्रस्तुत के संदर्भ में, प्रथम कोण प्रक्षेपण को आमतौर पर चित्र 2.9 में दर्शाए गए प्रतीक द्वारा दर्शाया जाता है।

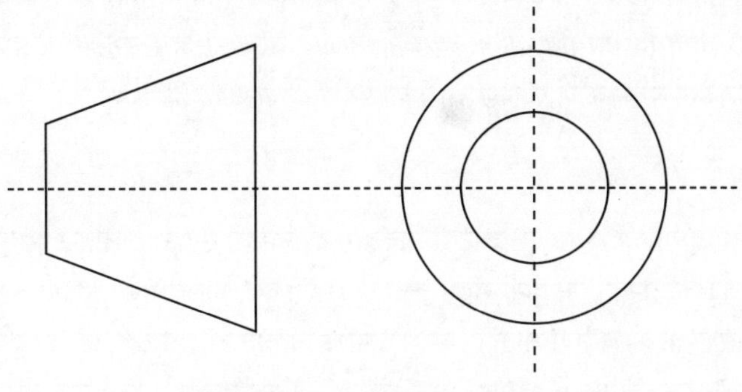

चित्र 2.9: प्रथम कोण प्रक्षेपण का प्रतीक

2. तृतीय कोणीय प्रक्षेपण

तृतीय कोणीय के प्रक्षेपण में, वस्तु को तृतीय चतुर्थांश में स्थित होने की कल्पना की जाती है। प्रेक्षक और वस्तु के बीच तल आता है। चूंकि प्रेक्षक और वस्तु के बीच तल होते हैं, इसलिए उन्हें पारदर्शी होने की कल्पना की जाती है और वस्तु उन्हें दिखाई देती है। एक सम्मुख दृश्य और शीर्ष दृश्य क्रमशः ऊर्ध्वाधर और क्षैतिज तलो पर प्रक्षेपित किया जाता है। पारंपरिक प्रस्तुति के संदर्भ में, तृतीय कोणीय प्रक्षेपण को चित्र 2.10 में दर्शाए गए प्रतीक द्वारा दर्शाया गया है।

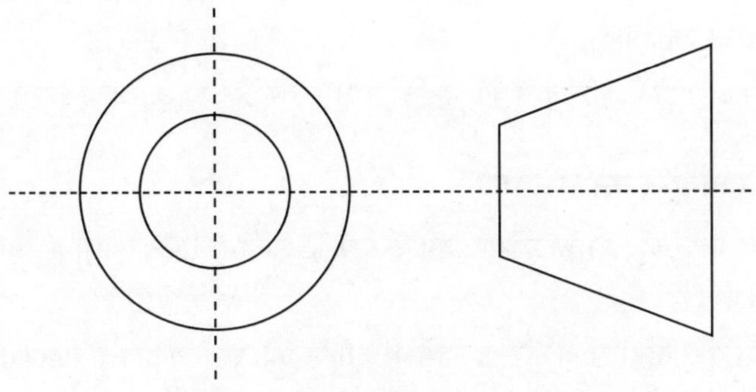

चित्र 2.10: तृतीय कोणीय प्रक्षेपण का प्रतीक

2.6.4: प्रथम कोण और तृतीय कोणीय के प्रक्षेपण के बीच अंतर

पहले कोण और तृतीय कोणीय के प्रक्षेपण के बीच का अंतर तालिका 2.2 में दिया गया है:

तालिका 2.2: प्रथम कोण और तृतीय कोणीय के प्रक्षेपण के बीच अंतर

क्रमांक	प्रथम कोण प्रक्षेपण	तृतीय कोणीय प्रक्षेपण
1	वस्तु को प्रथम चतुर्थांश में स्थित माना जाता है।	वस्तु को तृतीय चतुर्थांश में स्थित माना जाता है।
2	प्रेक्षक और तल के बीच वस्तु का स्थान है।	तल, पारदर्शी होते हैं और प्रेक्षक और वस्तु के बीच होते हैं।
3	नीचे का दृश्य सम्मुख दृश्य के ऊपर रखा गया है।	नीचे का दृश्य सामने के दृश्य के नीचे रखा गया है।
4	शीर्ष दृश्य को सम्मुख दृश्य के नीचे रखा गया है।	शीर्ष दृश्य को सम्मुख दृश्य के ऊपर रखा गया है।
5	बाईं ओर का दृश्य सम्मुख दृश्य के दाईं ओर रखा गया है	बाईं ओर का दृश्य सम्मुख दृश्य के बाईं ओर रखा गया है
6	दाईं ओर का दृश्य सामने के दृश्य के बाईं ओर रखा गया है	दाईं ओर का दृश्य सामने के दृश्य के दाईं ओर रखा गया है

महत्वपूर्ण अवलोकन: *प्रथम कोण प्रक्षेपण का उपयोग संयुक्त राज्य अमेरिका में किया जाता है, जबकि तृतीय कोणीय प्रक्षेपण का उपयोग यूरोपीय देशों में किया जाता है। भारतीय मानक ब्यूरो ने भारतीय संस्थानों और संगठनों में प्रथम कोण प्रक्षेपण पद्धति की सिफारिश की है। इस पूरे पाठ्यक्रम में प्रथम कोण प्रक्षेपण विधि का प्रयोग किया जाता है।*

2.7 बिन्दुओं का प्रक्षेपण

एक बिंदु को किसी भी स्थान पर आयाम में स्थित एक छोटे से बिंदु द्वारा दर्शाया जा सकता है लेकिन इसका कोई परिमाण नहीं होता है। इंजीनियरिंग आरेखन में एक बिंदु की स्थिति को तीनों संदर्भ तलो से इसकी दूरी के संबंध में परिभाषित किया गया है। किसी बिंदु के प्रक्षेपण को प्राप्त करने के लिए प्रक्षेपक को बढ़ाया जाता हैं; संदर्भ तलो के लंबवत और क्षैतिज तल को दक्षिणावर्त घुमाया जाता है जब तक कि लंबवत और क्षैतिज तल एक ही पंक्ति में नहीं आ जाते। लंबवत, क्षैतिज तल और पार्श्व चित्र तल पर प्रक्षेपण को क्रमशः शीर्ष दृश्य, सम्मुख दृश्य और पार्श्व दृश्य कहा जाता है। किसी बिंदु के प्रक्षेपण को प्रदर्शित करने के लिए निम्नलिखित परिपाटी का उपयोग किया जाता है:

- आयाम में वस्तुओं को प्रस्तुत करने के लिए बड़े अक्षरों A,B,C इत्यादि का उपयोग किया जाता है।
- शीर्ष दृश्यों को छोटे अक्षरों a,b,c इत्यादि द्वारा दर्शाया जाता है।
- सम्मुख दृश्यों को छोटे अक्षरों द्वारा a', b', c' आदि से दर्शाया जाता है।
- ऊपर और सामने के दृश्यों में अनुमानतः मोटी रेखाओं में खींचे जाते हैं, रचनात्मक रेखाएँ और प्रक्षेपित रेखाएँ पतली रेखाओं का उपयोग करके खींची जाती हैं।
- इंजीनियरिंग आरेखन अभ्यास में, शीर्ष दृश्य को अनुविक्षेप और सम्मुख दृश्य उत्सेध के रूप में जाना जाता है।

2.7.1 प्रथम चतुर्थांश में एक बिंदु का प्रक्षेपण

प्रथम चतुर्थांश में स्थित एक बिंदु (A) का प्रक्षेपण प्राप्त करने के लिए निम्नलिखित चरणों का उपयोग किया जाता है जैसा कि चित्र 2.11 में दिखाया गया है:

1. प्रथम चतुर्थांश में क्षैतिज तल के ऊपर h मिमी की दूरी पर और लंबवत तल के सामने d मिमी की दूरी पर स्थित एक बिंदु (A) पर विचार करें।
2. सम्मुख दृश्य (a') लंबवत तल पर प्रक्षेपित होता है और शीर्ष दृश्य (a) क्षैतिज तल पर प्रक्षेपित होता है।

3. लाइन XY के संदर्भ में क्षैतिज तल को 90^0 के लिए दक्षिणावर्त दिशा में घुमाया जाता है।

4. XY से ऊपर h मिमी की ऊँचाई पर एक बिंदु (a') और XY से नीचे d मिमी की दूरी पर एक बिंदु (a) को चिह्नित करें।

5. (a') और (a) को मिलाने वाला प्रक्षेपक हमेशा XY के लंबवत होता है।

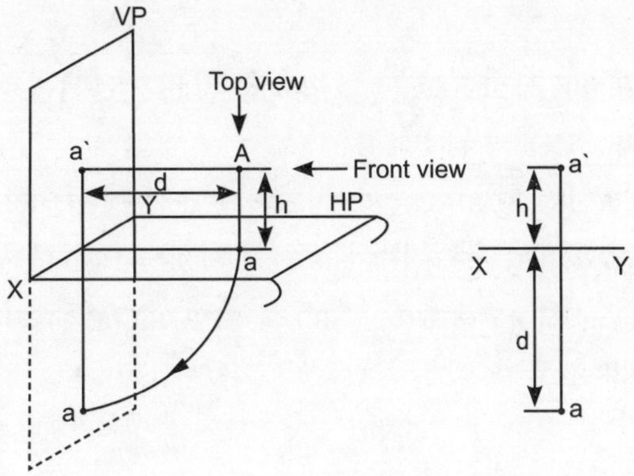

चित्र 2.11: प्रथम चतुर्थांश में एक बिंदु का प्रक्षेपण

2.7.2 तृतीय चतुर्थांश में एक बिंदु का प्रक्षेपण

तृतीय चतुर्थांश में स्थित एक बिंदु (C) का प्रक्षेपण प्राप्त करने के लिए निम्नलिखित चरणों का उपयोग किया जाता है जैसा कि चित्र 2.12 में दिखाया गया है:

1. तृतीय चतुर्थांश में एक बिंदु (C) पर विचार करें जो क्षैतिज तल के नीचे h मिमी और ऊर्ध्वाधर तल के पीछे d मिमी की दूरी पर स्थित है।
2. सम्मुख दृश्य (c') ऊर्ध्वाधर तल पर प्रक्षेपित होता है और शीर्ष दृश्य (c) क्षैतिज तल पर प्रक्षेपित होता है।
3. क्षैतिज तल को 90^0 के लिए दक्षिणावर्त दिशा में घुमाया जाता है और एक ऊर्ध्वाधर स्थिति में प्राप्त किया जाता है।
4. इसे रेखा को XY के संदर्भ में खींचा गया है। XY से h मिमी नीचे की दूरी पर बिंदु (c') को चिह्नित करें और XY से d मिमी ऊपर की दूरी पर (c) को चिह्नित करें।

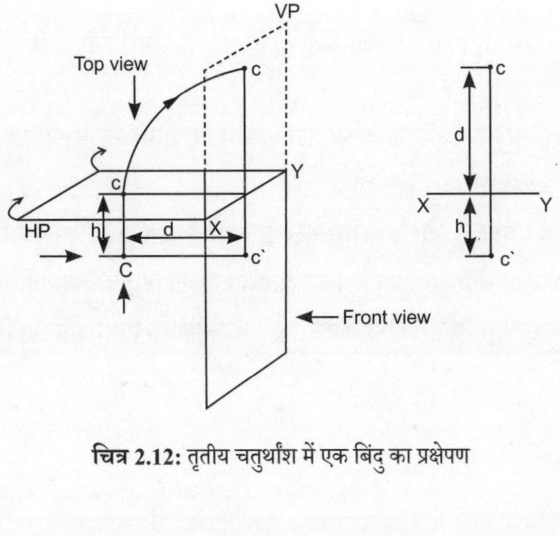

चित्र 2.12: तृतीय चतुर्थांश में एक बिंदु का प्रक्षेपण

हल किए गए उदाहरण

उदाहरण 2.1: क्षैतिज तल से 25 मिमी ऊपर और ऊर्ध्वाधर तल के सामने 35 मिमी एक बिंदु 'A' के प्रक्षेपण को बनाएं।

समाधान: दिए गए बिंदु 'A' का प्रक्षेपण आरेखित करने के लिए निम्नलिखित चरणों का उपयोग किया जाता है जैसा कि चित्र 2.13 में दिखाया गया है:

1. क्षैतिज तल से 25 मिमी और ऊर्ध्वाधर तल से 35 मिमी की दूरी पर एक बिंदु A बनाएं।
2. ऊपर और सामने से बिंदु के प्रक्षेपण को देखें।
3. शीर्ष दृश्य (a) क्षैतिज तल पर और सम्मुख दृश्य (a') ऊर्ध्वाधर तल पर देखा जाता है।
4. दोनों प्रक्षेपण को एक ही सतह पर लाने के लिए क्षैतिज तल को 90° दक्षिणावर्त दिशा में घुमाया जाता है।
5. संदर्भ अक्ष के साथ XY a' को XY के ऊपर 25 मिमी की दूरी पर और (a) को उसी पंक्ति में 35 मिमी की दूरी पर XY के नीचे प्लॉट किया गया है।

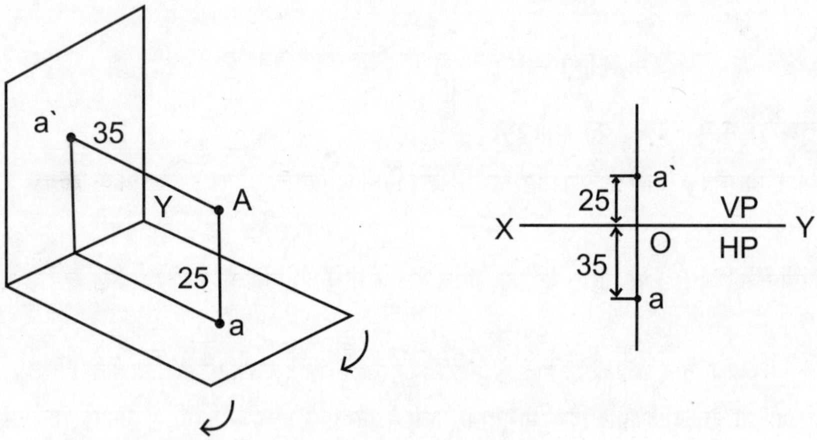

चित्र 2.13: बिंदु A का प्रक्षेपण

उदाहरण 2.2: क्षैतिज तल से 10 मिमी ऊपर और ऊर्ध्वाधर तल के पीछे 30 मिमी एक बिंदु 'P' के प्रक्षेपण को बनाएं

समाधान: दिए गए बिंदु 'P' के प्रक्षेपण के लिए निम्नलिखित चरणों का उपयोग किया जाता है जैसा कि चित्र 2.14 में दिखाया गया है:

1. क्षैतिज तल से 10 मिमी ऊपर और ऊर्ध्वाधर तल के पीछे 30 मिमी की दूरी पर एक बिंदु P बनाएं
2. ऊपर और सामने से बिंदु के प्रक्षेपक को देखें।
3. क्षैतिज तल पर शीर्ष दृश्य (p) और ऊर्ध्वाधर तल पर सम्मुख दृश्य (p') देखा जाता है
4. दोनों प्रक्षेपण को एक ही सतह पर लाने के लिए क्षैतिज तल को 90° दक्षिणावर्त घुमाया जाता है।
5. संदर्भ अक्ष XY के साथ p' और p दोनों क्रमशः XY के ऊपर 10 मिमी और 30 मिमी की दूरी पर आरेखित किए गए हैं।

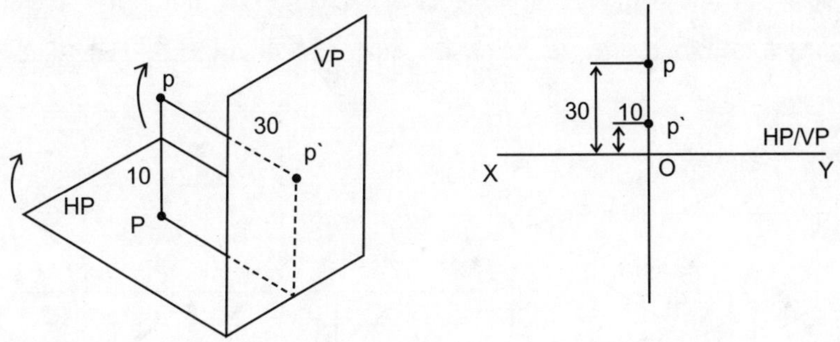

चित्र 2.14: बिंदु P का प्रक्षेपण

उदाहरण 2.3: क्षैतिज तल के नीचे 20 मिमी और ऊर्ध्वाधर तल के पीछे 40 मिमी के एक बिंदु 'B' के प्रक्षेपण की रचना करेंI

समाधान: दिए गए बिंदु 'B' के प्रक्षेपण के लिए निम्नलिखित चरणों का उपयोग किया जाता है जैसा कि चित्र 2.15 में दिखाया गया है:

1. क्षैतिज तल से 20 मिमी नीचे और ऊर्ध्वाधर तल के पीछे 40 मिमी की दूरी पर एक बिंदु B बनाएं
2. ऊपर और सामने से बिंदु के प्रक्षेपक को देखें।
3. क्षैतिज तल पर शीर्ष दृश्य और ऊर्ध्वाधर तल पर सम्मुख दृश्य देखा जाता है
4. दोनों प्रक्षेपण को एक ही सतह पर लाने के लिए क्षैतिज तल को 90° दक्षिणावर्त घुमाया जाता है।
5. संदर्भ अक्ष के साथ XY b' को XY के नीचे 20 मिमी की दूरी पर और b को XY के ऊपर 40 मिमी की दूरी पर उसी पंक्ति मे आरेखित किया गया है।

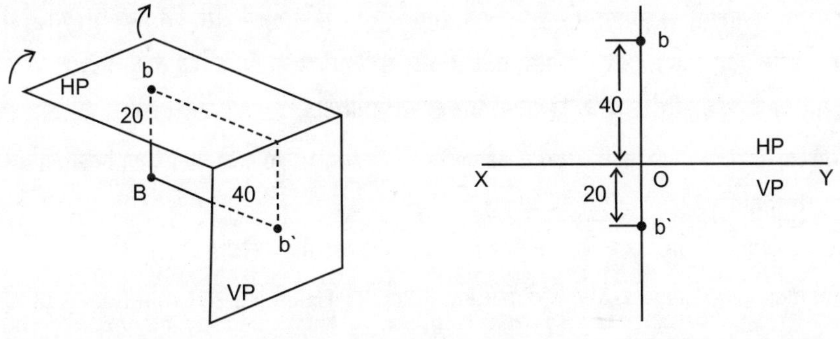

चित्र 2.15: बिंदु B का प्रक्षेपण

उदाहरण 2.4: क्षैतिज तल के नीचे 45 मिमी और ऊर्ध्वाधर तल के सामने 35 मिमी नीचे एक बिंदु 'C' के प्रक्षेपक को आरेखित करें

समाधान: दिए गए बिंदु 'C' का प्रक्षेपण) आरेखित करने के लिए निम्नलिखित चरणों का उपयोग किया जाता है जैसा कि चित्र 2.16 में दिखाया गया है:

1. क्षैतिज तल के नीचे 45 मिमी और ऊर्ध्वाधर तल के सामने 35 मिमी की दूरी पर एक बिंदु C बनाएं
2. ऊपर और सामने से बिंदु के प्रक्षेपक को देखें।
3. क्षैतिज तल पर शीर्ष दृश्य और ऊर्ध्वाधर तल पर सम्मुख दृश्य देखा जाता है।

4. दोनों प्रक्षेपण को एक ही सतह पर लाने के लिए क्षैतिज तल को 90° दक्षिणावर्त घुमाया जाता है।
5. संदर्भ अक्ष के साथ XY c' और c को XY के नीचे क्रमशः 45 मिमी और 35 मिमी की दूरी पर आरेखित किया जाता है।

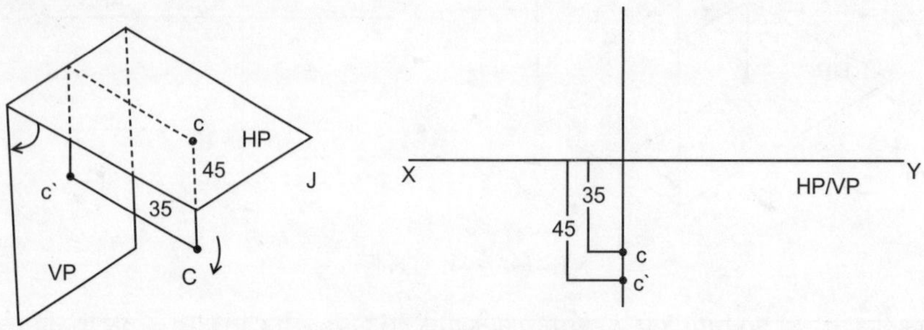

चित्र 2.16: बिंदु B का प्रक्षेपण

2.8 रेखाओं का प्रक्षेपण

किसी सीधी रेखा को दो बिंदुओं के बीच सबसे छोटी दूरी के रूप में परिभाषित किया जा सकता है। प्रक्षेपण के संदर्भ तलो पर अंत बिंदुओं को प्रक्षेपित करके और फिर इन प्रक्षेपित बिंदुओं को जोड़कर एक रेखा का लंबकोणीय प्रक्षेपण प्राप्त किया जा सकता है। आयाम में एक रेखा की स्थिति को विभिन्न संयोजनों द्वारा तय किया जा सकता है जैसे कि संदर्भ तलो से अंतिम बिंदुओं की दूरी, एक रेखा की वास्तविक लंबाई, संदर्भ तलो के साथ झुकाव और अंतिम प्रक्षेपक के बीच की दूरी।

2.8.1 दोनों तलों के समांतर एक रेखा का प्रक्षेपण

क्षैतिज तल और ऊर्ध्वाधर तल दोनों के समानांतर रखी गई एक रेखा AB पर विचार करें जैसा कि चित्र 2.17 (a) में दिखाया गया है। दोनों तलों पर इसके प्रक्षेपण संदर्भ अक्ष (XY) के समानांतर हैं और सही लंबाई के हैं। क्षैतिज तल को 90^0 के कोण के माध्यम से दक्षिणावर्त दिशा में घुमाया जाता है और ऊर्ध्वाधर स्थिति में प्राप्त किया जाता है।

चित्र 2.17 (b) में दिए गए अनुसार XY रेखा के संदर्भ में प्रक्षेपण के लिए उपयोग किए जाने वाले चरण निम्नलिखित हैं।

1. XY रेखा खींचिए।
2. सम्मुख दृश्य a'b' खीचें, XY के समानांतर एक रेखा और वास्तविक लंबाई (TL)
3. शीर्ष दृश्य ab को प्रक्षेपण करें जो कि वास्तविक लंबाई (TL) वाली XY के समानांतर एक रेखा भी है।

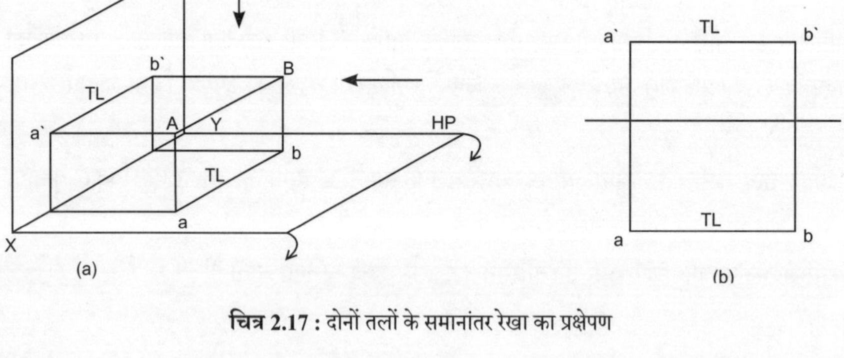

चित्र 2.17 : दोनों तलों के समानांतर रेखा का प्रक्षेपण

2.8.2 क्षैतिज तल के लंबवत और ऊर्ध्वाधर तल के समानांतर एक रेखा का प्रक्षेपण

चित्र 2.18 (a) में दर्शाए अनुसार एक सीधी रेखा AB पर विचार करें जो क्षैतिज तल के लंबवत और ऊर्ध्वाधर तल के समानांतर रखी गई है। इसका सम्मुख दृश्य ऊर्ध्वाधर तल पर प्रक्षेपित होता है जो कि वास्तविक लंबाई वाली रेखा है। शीर्ष दृश्य क्षैतिज तल पर प्रक्षेपित होता है जो एक बिंदु है जिसका एक छोर b दिखाई देता है जबकि दूसरा छोर अदृश्य है और ( ) के भीतर संलग्न है।

क्षैतिज तल को 90^0 के कोण के माध्यम से दक्षिणावर्त दिशा में घुमाया जाता है और ऊर्ध्वाधर स्थिति में प्राप्त किया जाता है।

चित्र 2.18 (b) में दिए गए अनुसार XY रेखा के संदर्भ में प्रक्षेपण बनाने के लिए निम्नलिखित चरणों का उपयोग किया जाता है।

1. XY रेखा खींचिए।
2. सम्मुख दृश्य a'b' खीचें, जो XY के लंबवत और वास्तविक लंबाई (TL) वाली रेखा है।
3. शीर्ष दृश्य ab प्रक्षेपित। अंत b दिखाई देता है और अदृश्य अंत a को अंदर ( ) के रूप में चिह्नित किया जाता है।

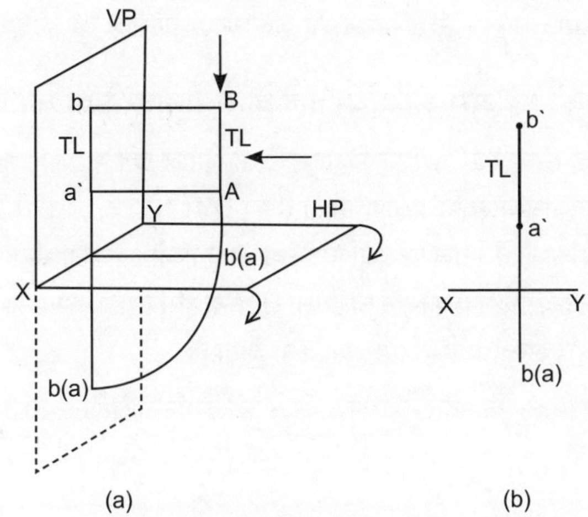

चित्र 2.18 : क्षैतिज तल के लंबवत और ऊर्ध्वाधर तल के समानांतर रेखा का प्रक्षेपण

2.8.3 ऊर्ध्वाधर तल के लंबवत और क्षैतिज तल के समानांतर एक रेखा का प्रक्षेपण

एक सीधी रेखा AB पर विचार करें जो ऊर्ध्वाधर तल के लंबवत और क्षैतिज तल के समानांतर है जैसा कि चित्र 2.19 (a) में दिखाया गया है। इसका शीर्ष दृश्य क्षैतिज तल पर प्रक्षेपित होता है जो कि वास्तविक लंबाई (TL) वाली रेखा है। सम्मुख दृश्य ऊर्ध्वाधर तल पर प्रक्षेपित होता है जो बिंदु है, जिसका अंत b' दिखाई देता है और दूसरा छोर a' अदृश्य है जिसे में संलग्न दिखाया गया है। क्षैतिज तल को 90^0 के कोण के माध्यम से दक्षिणावर्त दिशा में घुमाया जाता है और ऊर्ध्वाधर स्थिति में प्राप्त होता है। चित्र 2.19 (b) में दिए गए अनुसार XY रेखा के संदर्भ में प्रक्षेपण बनाने के लिए निम्नलिखित चरणों का उपयोग किया जाता है।

1. XY रेखा खींचिए।
2. शीर्ष दृश्य (ab), XY के लंबवत और वास्तविक लंबाई (TL) वाली एक रेखा खींचें।
3. सम्मुख दृश्य (a'b') प्रक्षेपित किया। अंत (b') दृश्यमान है और अदृश्य अंत (a') को अंदर ( ) चिह्नित है।

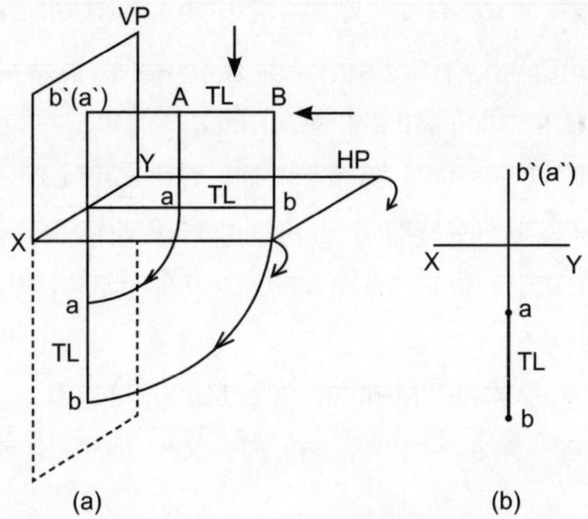

चित्र 2.19 : ऊर्ध्वाधर तल के लंबवत और क्षैतिज तल के समानांतर रेखा का प्रक्षेपण

2.8.4 क्षैतिज तल की ओर झुकी हुई और ऊर्ध्वाधर तल के समानांतर रेखा का प्रक्षेपण

चित्र 2.20 (a) में दर्शाए अनुसार एक सीधी रेखा AB पर विचार करें जो क्षैतिज तल की ओर झुकी हुई हो और ऊर्ध्वाधर तल के समानांतर हो। इसका सम्मुख दृश्य ऊर्ध्वाधर तल पर प्रक्षेपित होता है जो θ से XY के कोण पर एक झुकी हुई रेखा है और इसकी वास्तविक लंबाई (TL) है। शीर्ष दृश्य को क्षैतिज तल पर प्रक्षेपित किया जाता है जो एक रेखा भी है लेकिन वास्तविक लंबाई से छोटी और XY के समानांतर है। क्षैतिज तल के साथ रेखा का झुकाव हमेशा θ चिन्ह द्वारा दर्शाया जाता है। क्षैतिज तल को 90^0 के माध्यम से दक्षिणावर्त दिशा में घुमाया जाता है और ऊर्ध्वाधर स्थिति में प्राप्त किया जाता है।

चित्र 2.20 (b) में दिए गए अनुसार रेखा XY के संदर्भ में प्रक्षेपण बनाने के लिए निम्नलिखित चरणों का उपयोग किया जाता है: लाइन के संदर्भ में जैसा कि में दिया गया है

1. XY रेखा खींचिए।
2. सम्मुख दृश्य (a' b') खींचिए, जो रेखा से XY के θ कोण पर झुकी हुई है, जिसकी वास्तविक लंबाई (TL) है।
3. शीर्ष दृश्य (ab) को प्रक्षेपित करें जो XY के समानांतर एक रेखा भी है और वास्तविक लंबाई से छोटी है।

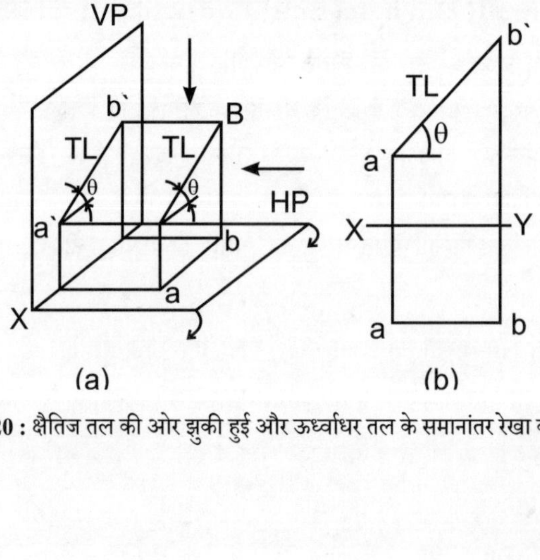

चित्र 2.20 : क्षैतिज तल की ओर झुकी हुई और ऊर्ध्वाधर तल के समानांतर रेखा का प्रक्षेपण

2.8.5 ऊर्ध्वाधर तल की ओर झुकी हुई और क्षैतिज तल के समानांतर रेखा का प्रक्षेपण

एक सीधी रेखा AB पर विचार करें जो ऊर्ध्वाधर तल की ओर झुकी हो और क्षैतिज तल के समानांतर हो जैसा कि चित्र 2.21 (a) में दिखाया गया है। इसका शीर्ष दृश्य क्षैतिज तल पर प्रक्षेपित होता है जो ϕ से XY के कोण पर झुकी हुई रेखा है और वास्तविक लंबाई (TL) है। सम्मुख दृश्य ऊर्ध्वाधर तल पर प्रक्षेपित होता है जो एक रेखा भी है लेकिन वास्तविक लंबाई से छोटी है और XY के समानांतर है। ऊर्ध्वाधर तल के साथ रेखा का झुकाव हमेशा प्रतीक द्वारा दर्शाया जाता है। क्षैतिज तल को 90^0 के कोण के माध्यम से दक्षिणावर्त दिशा में घुमाया जाता है और ऊर्ध्वाधर स्थिति में प्राप्त किया जाता है।

चित्र 2.21 (b) में दिए गए अनुसार रेखा XY के संदर्भ में प्रक्षेपण बनाने के लिए निम्नलिखित चरणों का उपयोग किया जाता है:

1. XY रेखा खींचे
2. शीर्ष दृश्य (ab) खीचें, एक रेखा जो से XY के कोण पर झुकी हो और जिसकी वास्तविक लंबाई (TL) हो।
3. सम्मुख दृश्य (a' b') प्रक्षेपण करें, जो XY के समानांतर एक रेखा भी है लेकिन वास्तविक लंबाई से छोटी है।

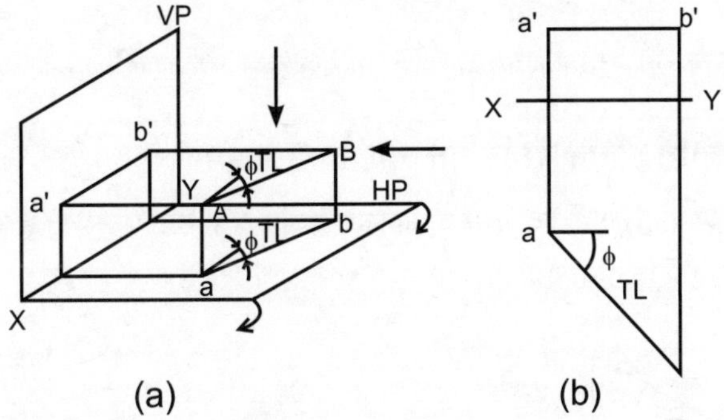

चित्र 2.21 : ऊर्ध्वाधर तल की ओर झुकी हुई और क्षैतिज तल के समानांतर रेखा का प्रक्षेपण

2.8.6 क्षैतिज तल पर निहित और ऊर्ध्वाधर तल के समानांतर रेखा का प्रक्षेपण

जब लाइन CD ऊर्ध्वाधर तल के समानांतर होती है और क्षैतिज तल में होती है तो इसका सम्मुख दृश्य CD ऊर्ध्वाधर तल के समानांतर एक रेखा होती है और सम्मुख दृश्य c'd' XY लाइन पर होता है जैसा कि चित्र 2.22 में दिखाया गया है। दोनों रेखा की वास्तविक लंबाई को प्रस्तुत करते हैं।

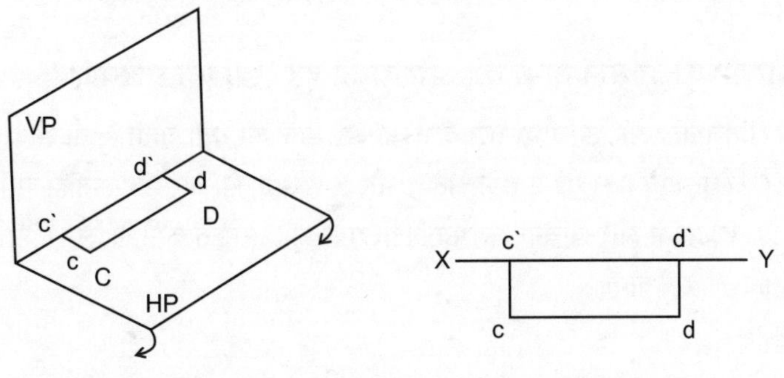

चित्र 2.22 : क्षैतिज तल पर निहित और ऊर्ध्वाधर तल के समानांतर रेखा का प्रक्षेपण

2.8.7 ऊर्ध्वाधर तल पर निहित और क्षैतिज तल के समानांतर रेखा का प्रक्षेपण

जब एक रेखा AB, क्षैतिज तल के समानांतर होती है और ऊर्ध्वाधर तल में होती है, तो इसका शीर्ष दृश्य ab XY पर एक रेखा होती है और सम्मुख दृश्य (a'b') क्षैतिज तल के समानांतर होता है जैसा कि चित्र 2.23 में दिखाया गया है। दोनों रेखा की वास्तविक लंबाई को प्रस्तुत करते हैं।

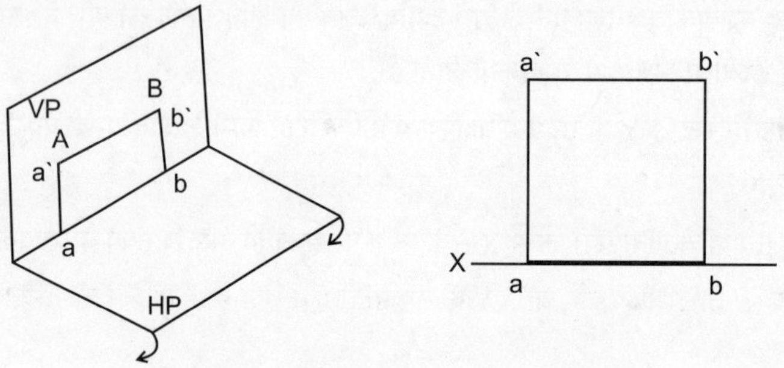

चित्र 2.23 : ऊर्ध्वाधर तल पर निहित और क्षैतिज तल के समानांतर रेखा का प्रक्षेपण

2.8.8 ऊर्ध्वाधर तल और क्षैतिज तल पर निहित लाइन का प्रक्षेपण

सम्मुख दृश्य (a'b') और शीर्ष दृश्य (ab) दोनों एक दूसरे के अनुरूप हैं और XY रेखा पर स्थित हैं और रेखा AB की सही लंबाई को प्रस्तुत करते हैं जैसा कि चित्र 2.24 में दिखाया गया है।

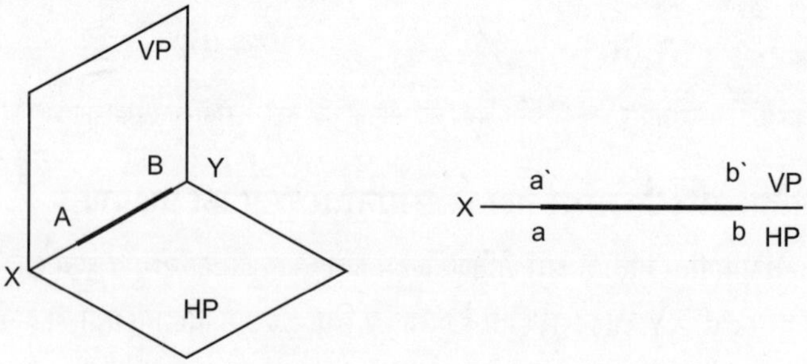

चित्र 2.24 : ऊर्ध्वाधर तल और क्षैतिज तल द्वारा निहित रेखा का प्रक्षेपण

2.8.9 क्षैतिज तल और ऊर्ध्वाधर तल दोनों की ओर झुकी हुई रेखा का प्रक्षेपण

जब एक रेखा को क्षैतिज तल और ऊर्ध्वाधर तल दोनों की ओर झुकाकर रखा जाता है, तो शीर्ष और सामने के दृश्यों में प्राप्त इसके प्रक्षेपक रेखा की वास्तविक लंबाई से छोटे होते हैं और XY रेखा की ओर झुके होते हैं। इसलिए रेखा के शीर्ष या सामने के दृश्य को सीधे प्रक्षेपण करना और खींचना असंभव है। प्रक्षेपक को आरेखित करने के लिए निम्नलिखित विधियों में से किसी एक का उपयोग किया जा सकता है।

1. घूर्णन रेखा विधि
2. घूर्णन समलम्बाकार तल विधि
3. अतिरिक्त तल विधि

1. घूर्णन रेखा विधि

एक रेखा AB पर विचार करें जो क्षैतिज तल से θ और ऊर्ध्वाधर तल से ϕ पर झुकी हुई है। प्रक्षेपक का आरेखन यह मानते हुए कि रेखा प्रथम चतुर्थांश में स्थित है।

शीर्ष दृश्य (अनुविक्षेप) और सम्मुख दृश्य (उत्सेध) की लंबाई प्राप्ति के लिए निम्नलिखित चरणों को सूचीबद्ध किया गया है, और फिर उन्हें दी गई स्थिति में रेखा के प्रक्षेपक को प्रस्तुत करने के लिए आवश्यक स्थिति में घुमाया जाता है। छोर A के प्रक्षेपक को चिह्नित करें इसे एक बिंदु के रूप में मानते हुए। इसका सम्मुख दृश्य (a') XY के ऊपर और शीर्ष दृश्य (a) लाइन XY के नीचे मिलेगा।

चरण 1: मान लें कि रेखा क्षैतिज तल की ओर झुकी हुई है और ऊर्ध्वाधर तल के समानांतर है। सम्मुख दृश्य (a'b'1) बनाएं, यह से XY पर झुकी हुई रेखा है और इसकी सही लंबाई (TL) है। प्रक्षेपण करें और शीर्ष दृश्य (ab1) लंबाई प्राप्त करें जो कि XY लाइन के समानांतर है जैसा कि चित्र 2.25 (a) में दिखाया गया है। फिर इसे आवश्यक स्थिति में घुमाया जाएगा।

Projection of lines inclined to both the planes

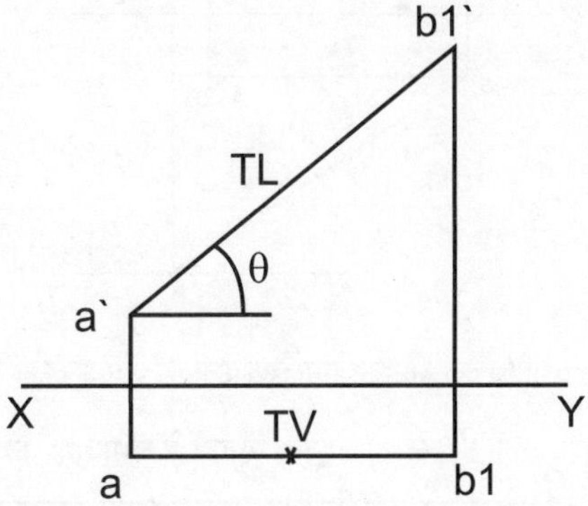

चित्र 2.25 (a) : क्षैतिज तल और ऊर्ध्वाधर तल दोनों की ओर झुकी हुई रेखा का प्रक्षेपण

चरण 2: मान लें कि रेखा ऊर्ध्वाधर तल की ओर झुकी हुई है और क्षैतिज तल के समानांतर है। शीर्ष दृश्य ab2 बनाएं, यह से XY पर झुकी हुई रेखा है और इसकी सही लंबाई (TL) है। प्रक्षेपित करें और सम्मुख दृश्य (ab'2) लंबाई प्राप्त करें जो कि XY लाइन के समानांतर है जैसा कि चित्र 2.25 (b) में दिखाया गया है। फिर इसे आवश्यक स्थिति में घुमाया जाएगा।

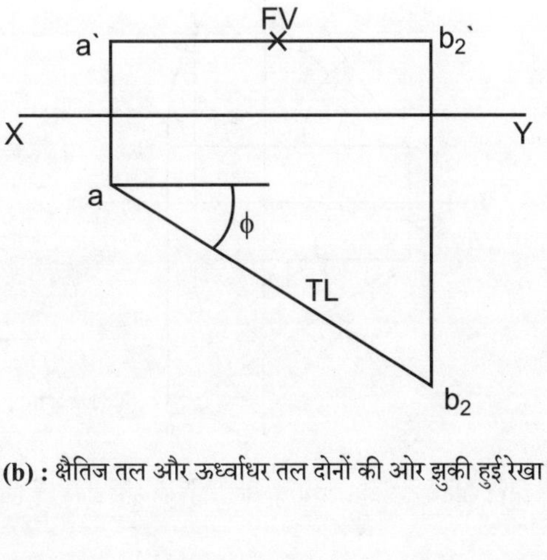

चित्र 2.25 (b) : क्षैतिज तल और ऊर्ध्वाधर तल दोनों की ओर झुकी हुई रेखा का प्रक्षेपण

चरण 3: शीर्ष और सामने के दृश्यों में रेखा के दूसरे छोर B का स्थान बनाएं। सामने के दृश्य (b') का बिन्दुपथ (b'1) से गुजरने वाली और XY रेखा के समांतर रेखा के रूप में खींचिए। चित्र 2.25 (c) में दर्शाए अनुसार शीर्ष दृश्य (b) का बिन्दुपथ (b) से गुजरने वाली और XY रेखा के समांतर रेखा के रूप में खींचिए।

ध्यान दें : चरण 1 और चरण 2 को एक साथ दिखाया गया है।

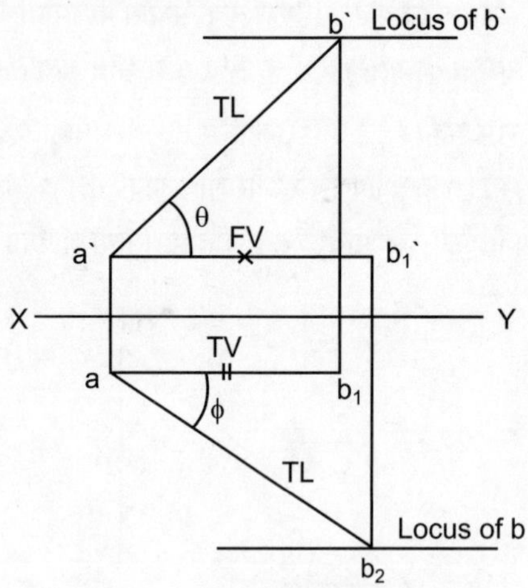

चित्र 2.25 (c) : क्षैतिज तल और ऊर्ध्वाधर तल दोनों की ओर झुकी हुई रेखा का प्रक्षेपण

चरण 4: शीर्ष दृश्य ab1 और सामने के दृश्य (a'b2') को आवश्यक स्थिति में घुमाएँ। a को केंद्र के रूप में लें, शीर्ष दृश्य लंबाई ab को त्रिज्या के रूप में लें, b के स्थान को b पर प्रतिच्छेद करने के लिए एक चाप बनाएं। आवश्यक स्थिति में लाइन के शीर्ष दृश्य (ab) को प्राप्त करने के लिए a और b को मिलाएं। a' को केंद्र के रूप में, सामने के दृश्य (a'b2') को त्रिज्या के रूप में लेते हुए, b' के स्थान को b' पर प्रतिच्छेद करने के लिए एक चाप खींचिए। रेखा के सामने के दृश्य a'b' को आवश्यक स्थिति में प्राप्त करने के लिए a' और b' को मिलाएं जैसा कि चित्र 2.25 (d) में दिखाया गया है।

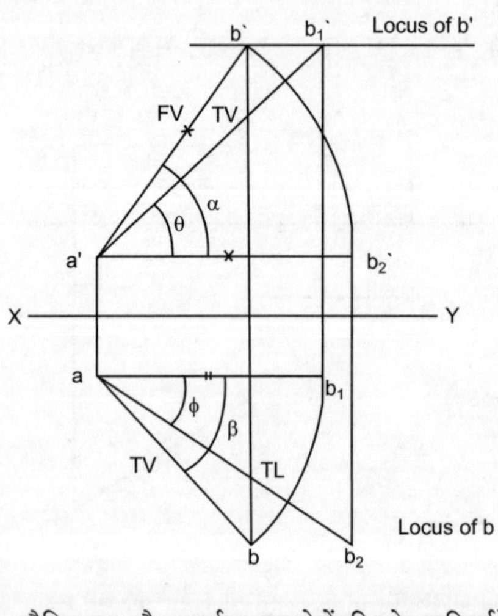

चित्र 2.25 (d) : क्षैतिज तल और ऊर्ध्वाधर तल दोनों की ओर झुकी हुई रेखा का प्रक्षेपण

2.8.10 एक या दोनों तलों पर समाहित रेखा का प्रक्षेपण

चित्र 2.26 में दिखाए गए अनुसार एक या दोनों तल में निहित रेखा के प्रक्षेपण के लिए निम्नलिखित चरणों का उपयोग किया जाता है।

1. रेखा AB, क्षैतिज तल में है इसका शीर्ष दृश्य ab, AB के बराबर है; इसका सम्मुख दृश्य a' b' xy में है।
2. लाइनCD ऊर्ध्वाधर तल में है इसका सम्मुख दृश्य c'd' CD के बराबर है; इसका शीर्ष दृश्य CD xy में है।
3. रेखा EF दोनों तलों में है। इसका सम्मुख दृश्य e'f' और शीर्ष दृश्य ef एक दूसरे के साथ xy एक जैसा है।
4. इसलिए, जब एक रेखा एक तल पर समाहित की जाती है, तो उस तल पर उसका प्रक्षेपण उसकी वास्तविक लंबाई के बराबर होता है; जबकि दूसरे तल पर इसका प्रक्षेपण संदर्भ रेखा में होता है।

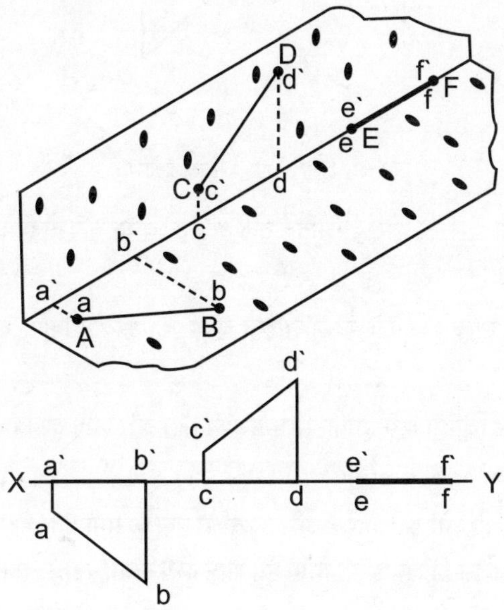

चित्र 2.26: एक या दोनों तलो पर समाहित एक रेखा का प्रक्षेपण

हल किए गए उदाहरण

उदाहरण 2.5: 75 मिमी लंबी लाइन AB के सम्मुख दृश्य 55 मिमी मापता है। रेखा क्षैतिज तल के समानांतर है और इसका एक सिरा ऊर्ध्वाधर तल में है और क्षैतिज तल से 25 मिमी ऊपर है। रेखा के प्रक्षेपक को बनाएं और ऊर्ध्वाधर तल के साथ इसके झुकाव का निर्धारण करें।

समाधान : चूंकि रेखा क्षैतिज तल के समानांतर है, इसका सम्मुख दृश्य xy के समानांतर होगा। चित्र 2.27 . में दिखाए गए के अनुसार दी गई रेखा PQ के प्रक्षेपण को खींचने के लिए निम्नलिखित चरणों का उपयोग किया जाता है

1. a, xy में एक सिरे का शीर्ष दृश्य, और a', इसके सम्मुख दृश्य, xy से 25 मिमी ऊपर चिह्नित करें।
2. 55 मिमी लंबा और xy के समानांतर सम्मुख दृश्य a'b' बनाएं।
3. a को केंद्र के रूप में और त्रिज्या 75 मिमी के साथ, प्रक्षेपक को b' से b पर काटते हुए एक चाप बनाएं।
4. a को b के साथ मिलाएं। ab रेखा का शीर्ष दृश्य है। xy के साथ इसका झुकाव, अर्थात ϕ ऊर्ध्वाधर तल . के साथ रेखा का झुकाव है

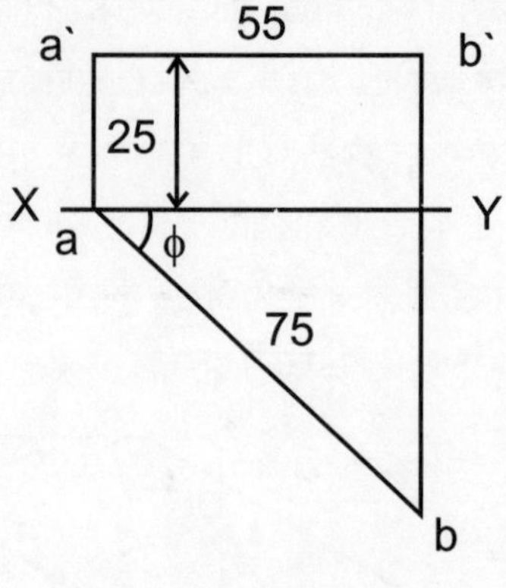

चित्र 2.27 : रेखा AB का प्रक्षेपण

उदाहरण 2.6: 75 मिमी लंबी एक रेखा AB का छोर A, क्षैतिज तल और ऊर्ध्वाधर तल दोनों में होता है। लाइन को 45^0 से क्षैतिज तल और 30^0 से ऊर्ध्वाधर तल पर झुका रखा गया है।

समाधान : एक रेखा AB का प्रक्षेपण खींचने के लिए निम्नलिखित चरणों का उपयोग किया जाता है जैसा कि चित्र 2.28 में दिखाया गया है:

छोर A के प्रक्षेपण को एक बिंदु मानकर चिह्नित करें। इसका सम्मुख दृश्य (a') और शीर्ष दृश्य (a) को XY रेखा पर एक उभयनिष्ठ बिंदु के रूप में चिह्नित किया गया है।

1. मान लें कि रेखा क्षैतिज तल की ओर झुकी हुई है और ऊर्ध्वाधर तल के समानांतर है। सम्मुख दृश्य (a'b1') बनाएं, जो 45^0 से XY की ओर झुका हो और जिसकी लंबाई 75 मिमी हो। शीर्ष दृश्य लंबाई (ab1) को XY रेखा पर प्रक्षेपित और प्राप्त किया जाता है।
2. मान लें कि रेखा ऊर्ध्वाधर तल की ओर झुकी हुई है और क्षैतिज तल के समानांतर है। शीर्ष दृश्य ab2 आरेखित करें, जो 30^0 से XY की ओर झुका हुआ है और जिसकी लंबाई 75 मिमी है। सामने के दृश्य की लंबाई a'b2' को XY लाइन पर प्रक्षेपित और प्राप्त किया जाता है।
3. b1' से गुजरते हुए और XY रेखा के समांतर b' का बिन्दुपथ खींचिए। साथ ही b2 से गुजरने वाली और XY रेखा के समांतर b का बिन्दुपथ भी खींचिए।
4. "a" को केंद्र मानकर शीर्ष दृश्य ab1 को घुमाएँ, बिंदु b' के बिन्दुपथ के साथ ab1 को त्रिज्या के रूप में लेकर प्रतिच्छेदन बिंदु b प्राप्त करें।
5. रेखा में शीर्ष दृश्य ab को पूरा करने के लिए a और b को मिलाएं।
6. a' को केंद्र के रूप में, a'b2' को त्रिज्या के रूप में लेते हुए सम्मुख दृश्य (a'b2') को घुमाएँ ताकि प्रतिच्छेदन बिंदु b' को b' के बिन्दुपथ के साथ प्राप्त किया जा सके।
7. सम्मुख दृश्य a'b' के लाइन को प्राप्त करने के लिए a' और b' को मिलाएं।

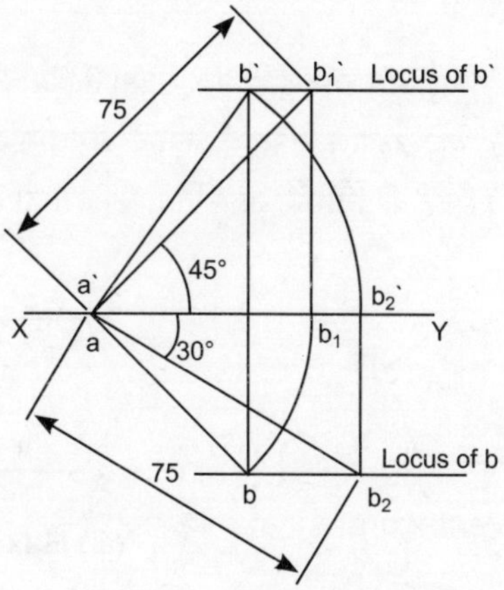

चित्र 2.28 : दोनों तलों की ओर झुकी हुई रेखा AB का प्रक्षेपण

उदाहरण 2.7 : रेखा AB का FV 50^0 xy की ओर झुका हुआ है और 55 मिमी लंबा है, जबकि इसका TV 60^0 xy रेखा की ओर झुका है। यदि छोर A क्षैतिज तल से 10 मिमी ऊपर और ऊर्ध्वाधर तल के सामने 15 मिमी है, तो इसका प्रक्षेपण आरेखन करें, पता लगाएं : TL, क्षैतिज तल और ऊर्ध्वाधर तल के साथ रेखा का झुकाव।

समाधान : चित्र 2.29 में दर्शाए अनुसार किसी दी गई रेखा का प्रक्षेपण बनाने के लिए निम्नलिखित चरणों का उपयोग किया जाता है:

1. xy रेखा और एक प्रक्षेपक खींचिए।
2. xy से ऊपर 10 मिमी और xy रेखा के नीचे 15 मिमी का पता लगाएँ।
3. इन बिंदुओं से बिन्दुपथ खींचिए।
4. A' से FV 50^0 से xy तक आरेखित करें और उस पर 55 मिमी काटकर b चिह्नित करें।
5. इसी प्रकार a से TV 60^0 को xy की ओर खींचे और b' से प्रक्षेपक खींचे और बिंदु b का पता लगाएँ और a को मिलाएँ।
6. फिर दिखाए गए दृश्यों को घुमाते हुए, वास्तविक लंबाई ab1 और a'b1 'और उनके कोणों को क्षैतिज तल और ऊर्ध्वाधर तल के साथ खोजें।

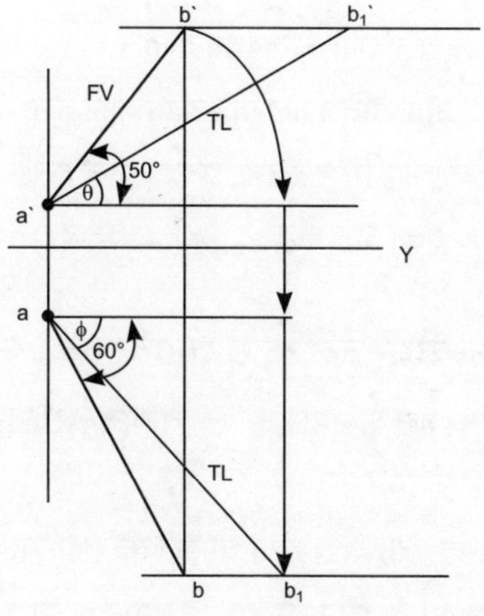

चित्र 2.29 : दिए गए सम्मुख दृश्य और शीर्ष दृश्य के लिए रेखा का प्रक्षेपण

2.9 तलो का प्रक्षेपण

एक तल एक दो आयामी आकृति है जिसकी लंबाई और चौड़ाई है। एक सतहों की आकृति को एक तल पर समाहित माना जा सकता है, और इसके प्रक्षेपक को खींचा जा सकता है, यदि प्रक्षेपण के संदर्भ तलो के संबंध में उस सतह की स्थिति ज्ञात हो। चित्र 2.30 वर्ग, आयत, चतुर्भुज, वृत्त, पंचभुज, षट्भुज इत्यादि सतह की विभिन्न आकृतियों को दर्शाता है।

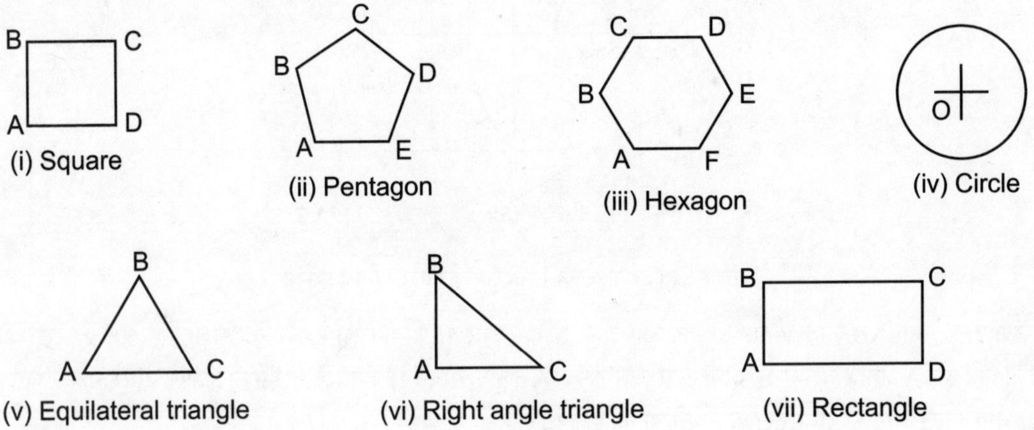

चित्र 2.30 : सतह के विभिन्न आकार

2.9.1 प्रक्षेपण तलो के प्रकार

इंजीनियरिंग आरेखन में दो प्रकार के प्रक्षेपण तल (प्रक्षेपण तल) का उपयोग किया जाता है:

(1) लंबवत तल: एक या दोनों संदर्भ तलों के लंबवत तलों अर्थात क्षैतिज तल और ऊर्ध्वाधर तल को लंब तल कहा जाता है। इन तलों को निम्नलिखित प्रकारों में विभाजित किया जा सकता है:

- (i) क्षैतिज तल के लंबवत और ऊर्ध्वाधर तल के समानांतर तल
- (ii) ऊर्ध्वाधर तल के लंबवत और क्षैतिज तल के समानांतर तल
- (iii) ऊर्ध्वाधर तल और क्षैतिज तल दोनों के लंबवत तल।
- (iv) ऊर्ध्वाधर तल के लंबवत और क्षैतिज तल के झुकाव वाले तल
- (v) क्षैतिज तल के लंबवत और ऊर्ध्वाधर तल के झुकाव वाले तल

(2) तिर्यक् तल: वे तल जो दोनों संदर्भ तलों की ओर झुके हों, तिर्यक् तल कहलाते हैं।

2.9.2 क्षैतिज तल के लंबवत और ऊर्ध्वाधर तल के समानांतर तलो का प्रक्षेपण

चित्र 2.31 क्षैतिज तल के लंबवत और ऊर्ध्वाधर तल के समानांतर एक चतुर्भुज ABCD दिखाता है, चतुर्भुज के प्रक्षेपण की विशेषताएं इस प्रकार हैं:

1. इसका सम्मुख दृश्य एक आयत (a'b'c'd') होगा जो तल का सही आकृति और आकार दिखाएगा।
2. इसका शीर्ष दृश्य एक रेखा (ad-bd) होगा जो XY के समानांतर है।

3. इसमें केवल एक क्षैतिज अनुरेख है और कोई लंबवत अनुरेख नहीं है।

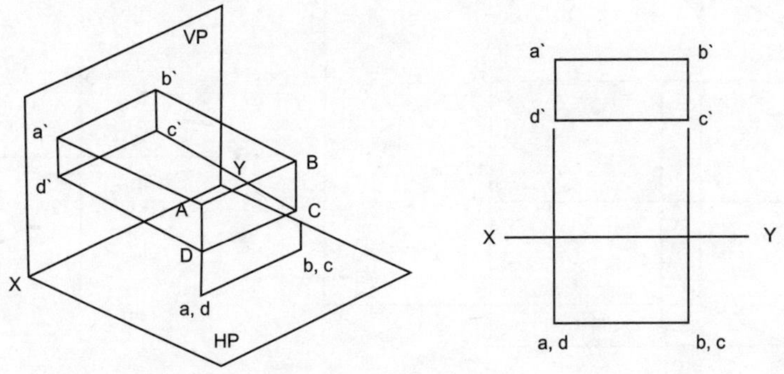

चित्र 2.31: क्षैतिज तल के लंबवत और ऊर्ध्वाधर तल के समानांतर तलो का प्रक्षेपण

2.9.3 ऊर्ध्वाधर तल के लंबवत और क्षैतिज तल के समानांतर तलो का प्रक्षेपण

चित्र 2.32 ऊर्ध्वाधर तल के लंबवत आयाम और क्षैतिज तल के समानांतर में एक चतुर्भुज ABCD दिखाता है, चतुर्भुज के प्रक्षेपण की विशेषताएं इस प्रकार हैं:

1. शीर्ष दृश्य (abcd) वस्तु का वास्तविक आकृति और आकार देता है।
2. सम्मुख दृश्य XY के समानांतर एक सीधी रेखा है।
3. इसमें केवल लंबवत अनुरेख है और कोई क्षैतिज अनुरेख नहीं है।

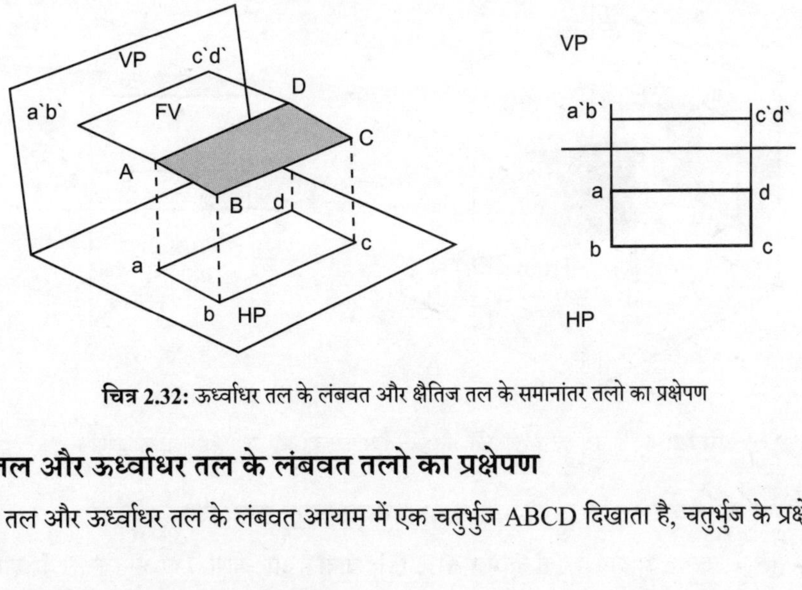

चित्र 2.32: ऊर्ध्वाधर तल के लंबवत और क्षैतिज तल के समानांतर तलो का प्रक्षेपण

2.9.4 क्षैतिज तल और ऊर्ध्वाधर तल के लंबवत तलो का प्रक्षेपण

चित्र 2.33 क्षैतिज तल और ऊर्ध्वाधर तल के लंबवत आयाम में एक चतुर्भुज ABCD दिखाता है, चतुर्भुज के प्रक्षेपण की विशेषताएं इस प्रकार हैं:

1. इसमें लंबवत और क्षैतिज दोनों अनुरेखाये हैं।
2. सम्मुख दृश्य (सीधी रेखा) के साथ a'b'-c'd' V.T. (लंबवत अनुरेख) के अनुरूप है
3. शीर्ष दृश्य (सीधी रेखा) के साथ ad-cb H.T. (क्षैतिज अनुरेख) के अनुरूप है।

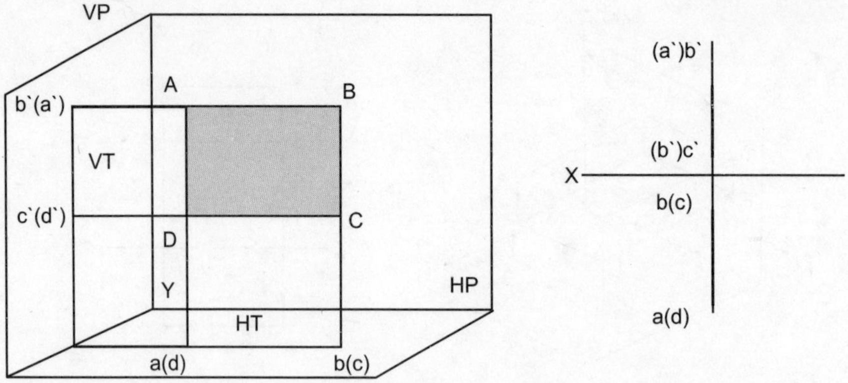

चित्र 2.33 : क्षैतिज तल और ऊर्ध्वाधर तल के लंबवत तलो का प्रक्षेपण

2.9.5 क्षैतिज तल के लंबवत और ऊर्ध्वाधर तल के झुकाव वाले तलो का प्रक्षेपण

चित्र 2.34 क्षैतिज तल के लंबवत आयाम में एक आयत ABCD और ϕ कोण पर झुके हुए ऊर्ध्वाधर तल को दर्शाता है, चतुर्भुज के प्रक्षेपण की विशेषताएं इस प्रकार हैं:

1. इसमें क्षैतिज अनुरेख ϕ कोण से XY और लंबवत अनुरेख XY रेखा के लंबवत है।
2. सम्मुख दृश्य वास्तविक चतुर्भुज के परिमाप से छोटा और कम है।

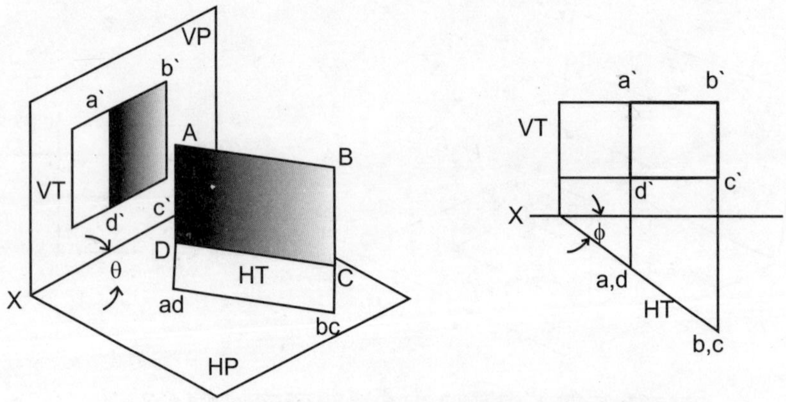

चित्र 2.34 : क्षैतिज तल के लंबवत और ऊर्ध्वाधर तल की ओर झुकी हुई तलो का प्रक्षेपण

2.9.6 ऊर्ध्वाधर तल के लंबवत और क्षैतिज तल के झुकाव वाले तलो का प्रक्षेपण

चित्र 2.35 ऊर्ध्वाधर तल के लंबवत आयाम में एक चतुर्भुज ABCD दिखाता है और कोण θ पर क्षैतिज तल की ओर झुकता है, आयत के की विशेषताएं इस प्रकार हैं:

1. इसमें से XY कोण θ पर लंबवत अनुरेख झुका हुआ है और XY रेखा के लंबवत क्षैतिज अनुरेख है
2. शीर्ष दृश्य छोटा और वास्तविक आकार से कम है।

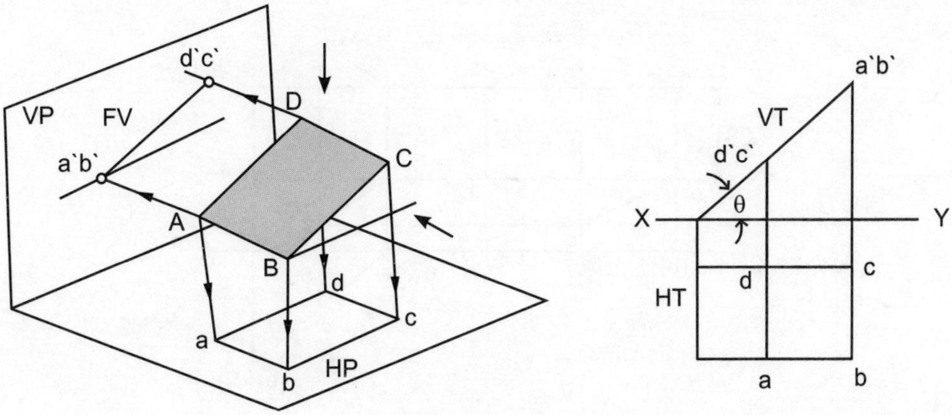

चित्र 2.35 : ऊर्ध्वाधर तल के लंबवत और क्षैतिज तल की ओर झुके हुए तलो का प्रक्षेपण

महत्वपूर्ण अवलोकन:

- *जब एक तल क्षैतिज तल के लंबवत और ऊर्ध्वाधर तल के समानांतर होता है, तो इसमें केवल एक अनुरेख होता है, यानी क्षैतिज अनुरेख और जब एक तल ऊर्ध्वाधर तल के लंबवत और क्षैतिज तल के समानांतर होता है, तो इसमें केवल एक अनुरेख होता है जो लंबवत अनुरेख होता है।*
- *ऐसे मामलों में जब तल क्षैतिज तल और ऊर्ध्वाधर तल दोनों तलो के लंबवत होता है, इसमें लंबवत और क्षैतिज दोनों अनुरेख होते हैं।*
- *जब एक तल क्षैतिज तल के लंबवत होता है और ऊर्ध्वाधर तल की ओर झुकता है तो इसमें लंबवत और क्षैतिज दोनों अनुरेख होते हैं। सम्मुख दृश्य तल का आकार कम करता है और शीर्ष दृश्य ऊर्ध्वाधर तल के साथ वास्तविक कोण बनाता है*
- *जब एक तल ऊर्ध्वाधर तल के लंबवत होता है और क्षैतिज तल की ओर झुकता है, तो इसमें लंबवत और क्षैतिज दोनों निशान होते हैं। शीर्ष दृश्य तल के आकार को कम करता है और सम्मुख दृश्य क्षैतिज तल के साथ वास्तविक कोण बनाता है*
- *जब एक तल क्षैतिज तल और ऊर्ध्वाधर तल दोनों के लंबवत होता है, तो सम्मुख दृश्य और शीर्ष दृश्य दोनों ही तल का छोटा आकार देते हैं।*

हल किए गए उदाहरण

उदाहरण 2.8: 30 मिमी की भुजाओं वाली एक षट्कोणीय की भुजा ऊर्ध्वाधर तल पर स्थित है और सतह 50o पर ऊर्ध्वाधर तल पर झुकी हुई है और क्षैतिज तल से लंबवत है। प्रक्षेपण आरेखित करें।

समाधान : दिए गए षट्कोणीय सतह का प्रक्षेपण आरेखित करने के लिए निम्नलिखित चरणों का उपयोग किया जाता है जैसा कि चित्र 2.36 में दिखाया गया है:

1. एक नियमित षट्भुज a'b'c'd'e'f' भुजा 30mm का आरेखित करें जिसमें एक भुजा ऊर्ध्वाधर तल पर टिकी हो, यह मानते हुए कि तल ऊर्ध्वाधर तल के समानांतर और क्षैतिज तल के लंबवत है
2. शीर्ष दृश्य को 50° के कोण पर झुकाएं और सम्मुख दृश्य को प्रक्षेपित करेगी।

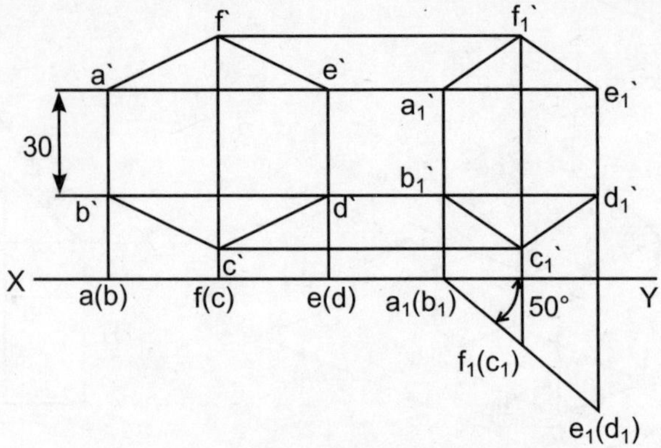

चित्र 2.36: षट्कोणीय सतह का प्रक्षेपण

उदाहरण 2.9: 5 सेमी व्यास के एक वृत्त का प्रक्षेपण आरेखित कीजिये जिसका सतह/तल लंबवत और 30° पर झुका हुआ है। इसका केंद्र क्षैतिज तल से 3 सेमी ऊपर और ऊर्ध्वाधर तल के सामने 2 सेमी है।

समाधान : चित्र 2.37 में दिखाए गए अनुसार 5 सेमी व्यास के दिए गए वृत्त के प्रक्षेपण को आरेखित करने के लिए निम्नलिखित चरणों का उपयोग किया जाता है:

1. XY रेखा से 3 सेमी ऊपर केंद्र के साथ व्यास 5 सेमी का एक वृत्त बनाएं।
2. इसे 12 बराबर भागों में विभाजित करें और XY लाइन पर शीर्ष दृश्य प्रक्षेपित करें
3. V.P. से 30° का कोण बनाते हुए, एक नए शीर्ष दृश्य को अलग-अलग पुन: प्रस्तुत करें।
4. नए शीर्ष दृश्य और आरंभिक शीर्ष दृश्य की सहायता से नए सम्मुख दृश्य को आगे की ओर प्रक्षेपित करें। नया सम्मुख दृश्य एक दीर्घवृत्त (ellipse) है।

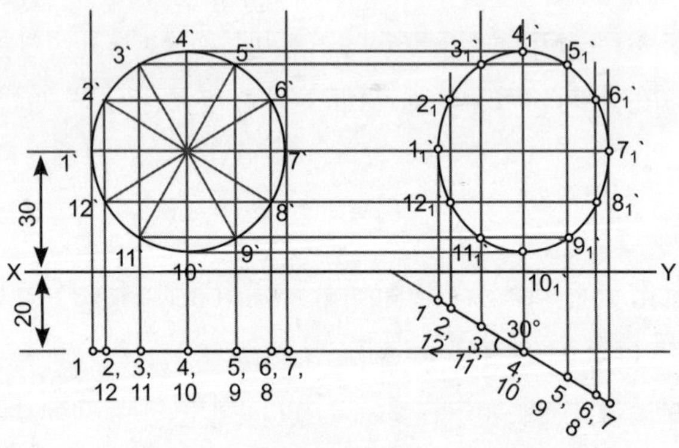

चित्र 2.37 : 5 सेमी व्यास के एक वृत्त का प्रक्षेपण

उदाहरण 2.10 : 100 मिमी और 40 मिमी लंबे विकर्णों के साथ एक समचतुर्भुज के प्रक्षेपक को आरेखित करें। छोटा विकर्ण दोनों सन्दर्भ तलो के समानांतर है और बड़ा विकर्ण क्षैतिज तल के लिए 35^0 झुका हुआ है।

समाधान : समचतुर्भुज के प्रक्षेपण को खींचने के लिए निम्नलिखित चरणों का उपयोग किया जाता है जैसा कि चित्र 2.38 में दिखाया गया है:

1. समचतुर्भुज का शीर्ष दृश्य वास्तविक आकार abcd में इस प्रकार बनाएं कि ac XY रेखा के समानांतर हो। संगत शीर्ष दृश्य को प्रक्षेपण करें जो एक सीधी रेखा है।
2. क्षैतिज तल प्रक्षेपण के दूसरे शीर्ष दृश्य a1b1c1d1 से 35° कोण पर a'c' को निचे करें और झुकाएं।
3. अन्य शीर्ष दृश्य को पुन: प्रस्तुत करें जैसे कि छोटे विकर्ण b1d1 दोनों तलो के समानांतर है और तदनुसार अंतिम सम्मुख दृश्य का प्रक्षेपण आरेखित करें।

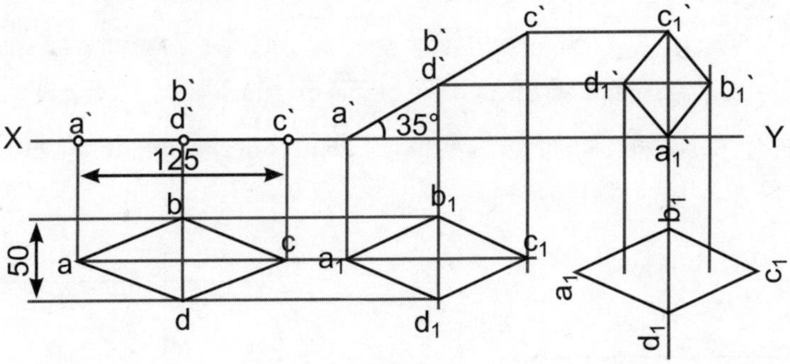

चित्र 2.38: एक समचतुर्भुज का प्रक्षेपण

उदाहरण 2.11 : 25 मिमी भुजा का एक पंच कोणीय तल क्षैतिज तल में अपनी एक भुजा पर टिका हुआ है जो ऊर्ध्वाधर तल के साथ 60° का कोण बनाता है और तल की सतह H.P.के साथ प्रक्षेपक को 30° का कोण बनाती है।

समाधान : चित्र 2.39 में दर्शाए अनुसार 25 मिमी भुजा वाले किसी दिए गए पंचकोण का प्रक्षेपण खींचने के लिए निम्नलिखित चरणों का उपयोग किया जाता है:

1. मान लें कि पंचभुज क्षैतिज तल पर ऊर्ध्वाधर तल के लंबवत किनारे पर स्थित है, XY लाइन पर शीर्ष दृश्य (पेंटागन) abcde और सामने का दृश्य a'b'c'd'e' (रेखा) बनाएं।
2. दूसरा शीर्ष दृश्य a'e'b'd'c' बनाएं जो क्षैतिज तल पर 30° झुकी हुई रेखा है और इसे दूसरा शीर्ष दृश्य बनाने के लिए प्रक्षेपण करें।
3. दूसरे शीर्ष दृश्य को इस तरह मोड़ें कि किनारा ae ऊर्ध्वाधर तल के साथ 60° का कोण बनाए और तीसरे और अंतिम सम्मुख दृश्य को तीसरे शीर्ष दृश्य से ऊपर की ओर और दूसरे सामने के दृश्य से क्षैतिज रूप से प्रक्षेपण करें।

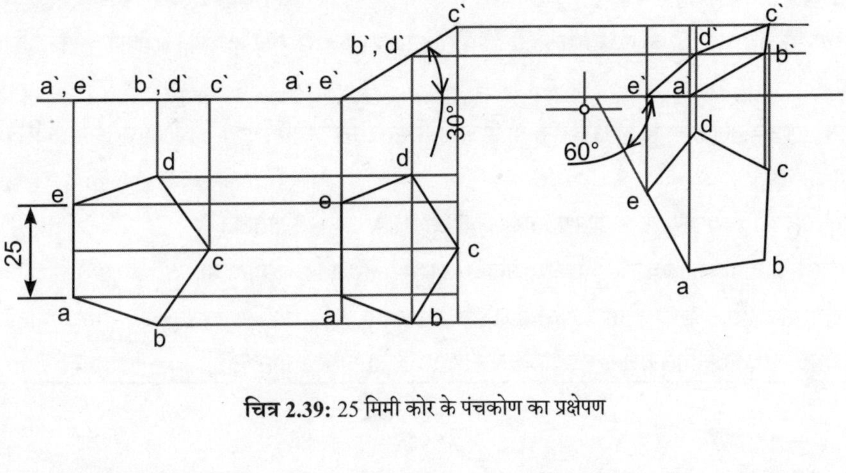

चित्र 2.39: 25 मिमी कोर के पंचकोण का प्रक्षेपण

उदाहरण 2.12 : एक आयताकार सतह 30 मिमी × 50 मिमी एक छोटी भुजा तरफ क्षैतिज तल पर टिकी हुई है जो 30^0 से ऊर्ध्वाधर तल के कोण पर है, जबकि तल की सतह क्षैतिज तल के साथ 45^0 का कोण बनाती है।

समाधान : चित्र 2.40 में दर्शाए अनुसार दिए गए आयताकार सतह के प्रक्षेपण को खींचने के लिए निम्नलिखित चरणों का उपयोग किया जाता है:

1. शीर्ष दृश्य abcd (आयताकार) और सम्मुख दृश्य a'd'-c'd' (रेखा) इस प्रकार बनाएं कि छोटी भुजा ऊर्ध्वाधर तल के लंबवत हो
2. दूसरे शीर्ष दृश्य a1b1c1d1 को 30 मिमी (छोटी भुजा) के वर्ग के रूप में आरेखित करें और दूसरे सामने के दृश्य को ऊर्ध्वाधर (vertical) प्रक्षेपक को खींचकर 45° के कोण पर प्रक्षेपण करें।
3. a1b1c1d1 को इस प्रकार झुकाएं कि किनारा a1b1 ऊर्ध्वाधर तल के साथ 30° का कोण बना ले सम्मुख दृश्य a1 'b1 'c1 ' d1 ' प्रक्षेपण करें।

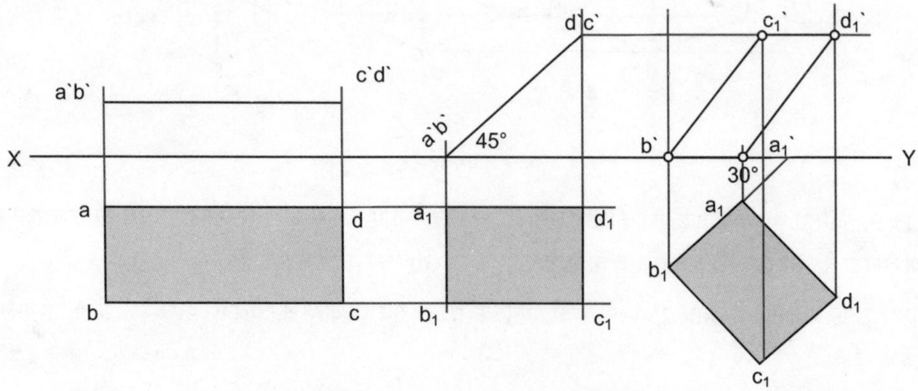

चित्र 2.40 : आयताकार सतह का प्रक्षेपण

इकाई सारांश

- लम्बकोणीय प्रक्षेपण दो या दो से अधिक दृश्यों में 2D शीट पर एक 3D वस्तु के सटीक या सही आकार को प्रस्तुत करने की एक विधि है
- पार्श्व चित्र तल तब बनता है जब दो तल एक दूसरे से समकोण पर प्रतिच्छेद करते हुए प्रक्षेपण के लिए उपयोग किए जाते हैं।
- ऊर्ध्वाधर तल वह तल है जो ऊर्ध्वाधर होता है और किसी वस्तु के सम्मुख दृश्य को प्रक्षेपण करने के लिए उपयोग किया जाता है।
- क्षैतिज तल वह तल होता है जो क्षैतिज होता है और किसी वास्तु के शीर्ष दृश्य को प्रक्षेपण करने के लिए इस्तेमाल किया जाता है।
- किसी वस्तु का सम्मुख दृश्य या उत्सेध और ऊर्ध्वाधर तल पर प्रक्षेपित होता है।
- शीर्ष दृश्य या अनुविक्षेप एक वस्तु है जिसे क्षैतिज तल पर प्रक्षेपित किया जाता है।
- ऊर्ध्वाधर तल हमेशा स्थिर होता है जबकि क्षैतिज तल को XY के से दक्षिणावर्त (90°) घुमाया जाता है, जब तक कि ऊर्ध्वाधर तल और क्षैतिज तल एक ही पंक्ति में नहीं आ जाते।

- झुकाव एक पार्श्व चित्र तल के लिए एक सीधी रेखा का वह कोण है जो रेखा तल के साथ बनाती है।
- रेखा की वास्तविक लंबाई को यथार्थ लंबाई कहते हैं।
- एक तल एक दो आयामी आकृति है जिसकी लंबाई और चौड़ाई है। इसकी मोटाई की हमेशा नगण्य मन जाता है।
- एक या दोनों संदर्भ तलों अर्थात क्षैतिज तल और ऊर्ध्वाधर तल के लंबवत तलों को लंब तल कहा जाता है।
- एक रेखा जब क्षैतिज तल और ऊर्ध्वाधर तल दोनों तलो के समानांतर होती है, तो रेखा की सम्मुख और शीर्ष दोनों दृश्यों की यथार्थ लंबाई होती है।
- यदि रेखा केवल क्षैतिज तल की ओर झुकी हुई है तो सम्मुख दृश्य यथार्थ लंबाई (TL) और यथार्थ झुकाव वाली रेखा है
- यदि रेखा केवल ऊर्ध्वाधर तल की ओर झुकी हुई है तो शीर्ष दृश्य एक ऐसी रेखा है जिसकी यथार्थ लंबाई (TL) और यथार्थ झुकाव है
- प्रथम कोण प्रक्षेपण विधि में वस्तुओं को प्रथम चतुर्थांश (xy रेखा के ऊपर FV और xy रेखा के नीचे TV) में रखा जाता है जो क्षैतिज तल के ऊपर और ऊर्ध्वाधर तल के सामने होता है।
- तृतीय कोणीय प्रक्षेपण विधि में वस्तु को तीसरे चतुर्थांश (xy लाइन के नीचे FV और xy लाइन के ऊपर TV) में रखा जाता है जो क्षैतिज तल के नीचे और ऊर्ध्वाधर तल के पीछे होता है।

अभ्यास 2.1 : बहुविकल्पीय प्रश्न

1. निम्नलिखित में से कौन सा शब्द-चित्र प्रक्षेपण के सिद्धांत का वर्णन करता है?
   (a) प्रक्षेपक एक दूसरे के समानांतर और प्रक्षेपण के तल के लंबवत
   (b) प्रक्षेपक एक दूसरे के समानांतर और प्रक्षेपण के तल के समानांतर
   (c) प्रक्षेपक एक दूसरे के समानांतर और प्रक्षेपण के तल के तिर्यक्
   (d) प्रक्षेपक एक दूसरे के लंबवत और प्रक्षेपण के तल के समानांतर
2. किसी वस्तु के तीन दृश्यों द्वारा दिखाए गए प्रक्षेपण को कहते हैं
   (a) परिप्रेक्ष्य
   (b) सममितीय
   (c) तिर्यक्
   (d) लंबकोणीय
3. प्रथम कोण प्रक्षेपण विधि में, वस्तु, तल और प्रेक्षकों की सापेक्ष स्थितियाँ होती हैं
   (a) वस्तु को बीच में रखा गया है
   (b) तल को बीच में रखा गया है
   (c) दृष्टा को बीच में रखा गया है
   (d) किसी भी क्रम में रखा जा सकता है
4. जो वस्तु हम अपने आस-पास आमतौर पर बिना आरेखित को देखते हैं, वह किस प्रक्षेपण के अंतर्गत आती है?
   (a) परिप्रेक्ष्य प्रक्षेपण
   (b) तिर्यक् प्रक्षेपण

(c) सममितीय प्रक्षेपणण

(d) लम्बकोणीय प्रक्षेपण

5. सांकेतिक प्रक्षेपक के लिए, B.I.S. निम्नलिखित विधि की अनुशंसा करता है?

(a) प्रथम कोण प्रक्षेपण

(b) द्वितीय कोण प्रक्षेपण

(c) तृतीय कोणीय प्रक्षेपण

(d) चतुर्थ कोण प्रक्षेपण

6. एक बिंदु P क्षैतिज तल के ऊपर और लंबवत तल के सामने है। वह बिंदु है

(a) प्रथम चतुर्थांश

(b) ्वितीय चतुर्थांश

(c) तृतीय चतुर्थांश

(d) चतुर्थ चतुर्थांश

7. प्रथम चतुर्थांश में एक बिंदु का प्रक्षेपण होगा

(a) ऊर्ध्वाधर तल में सम्मुख दृश्य

(b) क्षैतिज तल में सम्मुख दृश्य

(c) PP में सम्मुख दृश्य

(d) इनमें से कोई भी नहीं

8. किसी वस्तु का पार्श्व दृश्य में खींचा जाता है

(a) ऊर्ध्वाधर तल

(b) क्षैतिज तल

(c) पार्श्व तल

(d) ऊपर का कोई भी

9. क्षैतिज तल में स्थित एक बिंदु का शीर्ष दृश्य XY रेखा के ऊपर होता है। इसका सम्मुख दृश्य होगा

(a) XY लाइन पर

(b) XY लाइन के ऊपर

(c) XY लाइन के नीचे

(d) इनमें से कोई भी

10. एक बिंदु जिसका उत्सेध और अनुविक्षेप XY से ऊपर है, स्थित है

(a) प्रथम कोण

(b) द्वितीय कोण

(c) तृतीय कोणीय

(d) चतुर्थ कोण

11. एक रेखा के प्रक्षेपण में निम्नलिखित में से कौन-सी स्थिति संभव नहीं है?
    (a) क्षैतिज तल के लंबवत रेखा, ऊर्ध्वाधर तल के समानांतर
    (b) ऊर्ध्वाधर तल के लंबवत रेखा, क्षैतिज तल के समानांतर
    (c) ऊर्ध्वाधर तल और क्षैतिज तल दोनों के समानांतर रेखा
    (d) ऊर्ध्वाधर तल और क्षैतिज तल दोनों के लिए लंबवत रेखा
12. जब रेखा ऊर्ध्वाधर तल और क्षैतिज तल दोनों के समानांतर होती है, तो हम इसकी वास्तविक लंबाई प्राप्त कर सकते हैं
    (a) शीर्ष दृश्य
    (b) सम्मुख दृश्य
    (c) (A) और (B) दोनों
    (d) पार्श्व दृश्य
13. जब रेखा क्षैतिज तल की ओर झुकी होती है और ऊर्ध्वाधर तल के समानांतर होती है, तो हमें इसकी वास्तविक लंबाई प्राप्त होती है
    (a) सम्मुख दृश्य
    (b) शीर्ष दृश्य
    (c) पार्श्व दृश्य (SV)
    (d) इनमें से कोई भी नहीं
14. एक सीधी रेखा की सही लंबाई ज्ञात करने के लिए निम्नलिखित विधियों का उपयोग किया जाता है
    (a) आवर्तन विधि
    (b) समलम्बाकार विधि
    (c) (A) और (B) दोनों
    (d) इनमें से कोई भी नहीं
15. जब किसी वस्तु की सतह प्रक्षेपण के एक तल की ओर झुकी होती है, तो वह दृश्य में दिखाई देगी
    (a) संक्षिप्त
    (b) वास्तविक अकृती और आकार
    (c) रेखा
    (d) बिंदु

अभ्यास 2.2: लघु और दीर्घ उत्तरीय प्रश्न

श्रेणी I

1. प्रक्षेपण के सिद्धांत क्या है?
2. प्रथम कोण और तृतीय कोणीय के प्रक्षेपण में क्या अंतर है?
3. भारतीय मानक ब्यूरो (B.I.S.) द्वारा भारत में किस कोण के प्रक्षेपण की अनुशंसा की जाती है?

4. दूसरे और चौथे चतुर्थांश में किसी वस्तु का प्रक्षेपण क्यों नहीं खींचा जाता है?
5. उन चतुर्थांश का उल्लेख कीजिए जिनमें निम्नलिखित बिंदु स्थित हैं:
   a) एक बिंदु P, इसका शीर्ष दृश्य XY से 20 मिमी नीचे और XY में सम्मुख दृश्य है।
   b) एक बिंदु Q, इसका शीर्ष दृश्य XY से 25 मिमी ऊपर है और सम्मुख दृश्य XY से 40 मिमी नीचे है।
6. एक सीधी रेखा की सही लंबाई और सही झुकाव निर्धारित करने की विधि का नाम बताइए।
7. इंजीनियरिंग आरेखित में किस प्रकार के प्रक्षेपण का उपयोग किया जाता है?
8. बहुदृश्य प्रक्षेपण उद्देश्य और सिद्धांत की व्याख्या करें।
9. सीधी रेखाओं और रेखा के निशान को परिभाषित करें।
10. प्रक्षेपण के संदर्भ तलों को नाम दें और परिभाषित करें।

श्रेणी II

11. विभिन्न चरणों को लिखिए और दोनों संदर्भ तलों की ओर झुकी हुई रेखा का प्रक्षेपण खींचिए।
12. संदर्भ तलों से संबंधित विभिन्न तलों की स्थिति के प्रक्षेपण की व्याख्या कीजिए।
13. विभिन्न प्रकार के प्रक्षेपक का वर्गीकरण एवं व्याख्या कीजिए।
14. लम्बकोणीय,सममितीय और परिप्रेक्ष्य प्रक्षेपक, उदाहरणों के साथ तुलना करें।
15. औद्योगिक उद्योग में लम्बकोणीय प्रक्षेपण क्यों महत्वपूर्ण है?

प्रायोगिक अभ्यास

1. बिंदु का प्रक्षेपक C और D के 40 मिमी अलग हैं। C और D का प्रक्षेपण आरेखित करें यदि C, क्षैतिज तल से 15 मिमी ऊपर और उर्ध्वाधर तल से 30 मिमी सामने है और बिंदु D, क्षैतिज तल से 25 मिमी नीचे और उर्ध्वाधर तल . से 30 मिमी पीछे है
2. एक बिंदु R का प्रक्षेपण आरेखित करें जो उर्ध्वाधर तल पर 20 मिमी और क्षैतिज तल से 15 मिमी नीचे स्थित है। R किस चतुर्थांश में स्थित है?
3. एक बिंदु F है जो क्षैतिज तल से 20 मिमी ऊपर है और XY से इसकी न्यूनतम दूरी 45 मिमी है। बिंदु प्रथम चतुर्थांश में है। इसकी अनुविक्षेप और उत्सेध दिखाएं।
4. एक रेखा AB 60 मिमी लंबी है जो उर्ध्वाधर तल और क्षैतिज तल दोनों के समानांतर है। छोर A, क्षैतिज तल से 30 मिमी ऊपर और उर्ध्वाधर तल के सामने 40 मिमी है, रेखा AB का प्रक्षेपण बनाएं।
5. एक रेखा AB 75 मिमी लंबी है और यह क्षैतिज तल और उर्ध्वाधर तल की ओर झुकी हुई क्रमशः 30° और 40° है। अंतिम बिंदु A, क्षैतिज तल से 12 मिमी ऊपर और उर्ध्वाधर तल आरेखित प्रक्षेपक के सामने 10 मिमी है, प्रक्षेपण आरेखित करें यह देखते हुए कि रेखा प्रथम चतुर्थांश में है।
6. क्षैतिज तल में एक तरफ 35 मिमी के साथ एक पंचभुज के प्रक्षेपक को आरेखित करें जिसका तल 30 डिग्री पर क्षैतिज तल पर झुका हुआ है और जिस पक्ष के साथ वह आराम करता है वह क्षैतिज तल के साथ 50 डिग्री का कोण बनाता है
7. एक आयत 40 मिमी और 70 मिमी पक्ष क्षैतिज तल पर एक छोटी सी तरफ आराम कर रहे हैं जो उर्ध्वाधर तल के लिए 40डिग्री झुका हुआ है, जबकि तल की सतह क्षैतिज तल के साथ 45 डिग्री झुकाव बनाती है। इसके प्रक्षेपण आरेखित करें।
8. 30 मिमी भुजाओं वाला एक नियमित पंचभुज एक तरफ क्षैतिज तल पर रखी हुआ है जबकि इसका विपरीत शीर्ष क्षैतिज तल

से 30 मिमी ऊपर है। जब क्षैतिज तल में भुजा उर्ध्वाधर तल की ओर 30° झुकी हो, इसके प्रक्षेपण आरेखित करें।

9. 60 मिमी व्यास वाली एक गोलाकार सतह सतह अपने परिधि के बिंदु A पर क्षैतिज तल पर रखी हुई है। तल 45 डिग्री क्षैतिज तल पर झुका हुआ है और (i) व्यास का शीर्ष दृश्य उर्ध्वाधर तल के साथ 30° का कोण बनाता है (ii) व्यास उर्ध्वाधर तल. से 30° का कोण बनाता है
10. एक रेखा AB, 60 मिमी लंबी और जमीन पर 30° झुकी हुई है, इसका अंत A जमीन पर उर्ध्वाधर तल के पीछे 15 मिमी पर है इसका सम्मुख दृश्य 45 मिमी है। रेखा AB का शीर्ष दृश्य बनाएं और उर्ध्वाधर तल के साथ इसके झुकाव का निर्धारण करें जबकि क्षैतिज तल जमीन से 45 मिमी ऊपर है।
11. 300 से उर्ध्वाधर तल पर झुकी हुई रेखा का सम्मुख दृश्य 65 मिमी लंबा है। एक रेखा का प्रक्षेपण तब करें जब वह क्षैतिज तल के समानांतर और 40 मिमी ऊपर हो और एक छोर उर्ध्वाधर तल के सामने 20 मिमी हो
12. निम्नलिखित बिंदुओं के प्रक्षेपण बनाएं:

    (a) बिंदु A, क्षैतिज तल में है और उर्ध्वाधर तल . से 40 मिमी पीछे है

    (b) बिंदु B क्षैतिज तल में है और उर्ध्वाधर तल के सामने 40 मिमी

    (c) बिंदु C उर्ध्वाधर तल में है और क्षैतिज तल से 40 मिमी ऊपर है

    (d) बिंदु D क्षैतिज तल और उर्ध्वाधर तल दोनों में है

    (e) बिंदु E, क्षैतिज तल से 20 मिमी ऊपर और उर्ध्वाधर तल से 40 मिमी पीछे है

    (f) उर्ध्वाधर तल में बिंदु F और क्षैतिज तल के नीचे 50 मिमी

रोचक तथ्य

- मार्कस विट्रुवियस पोलियो (Marcus Vitruvius Pollio), (पहली शताब्दी ईसा पूर्व शताब्दी), रोमन वास्तुकार ने लम्बकोणीय (ग्रीक शब्द से) शब्द तैयार किया, ऑर्थोस (= "सीधे") और ग्राफ (= "आरेखित") प्रक्षेपण के लिए।
- एक लम्बकोणीय प्रक्षेपण में, वस्तु की प्रकृति को समझने के लिए दो विचारों की आवश्यकता होती है। कभी-कभी दो उपलब्ध दृश्यों से तीसरा दृश्य बनाना आवश्यक होता है ताकि वस्तु के सभी विवरण प्राप्त हो सकें। इस प्रकार लुप्त दृश्य बनाना लम्बकोणीय प्रक्षेपण में महत्वपूर्ण है।

अधिक जानिए

विस्तृत आरेखन

विस्तृत आरेखण किसी वस्तु के एक भाग के ज्यामितीय रूप का एक विस्तृत विवरण प्रदान करते हैं जैसा कि इमारत,पुल,सुरंग, मशीन,पौधा, और इसी तरह। वे बड़े पैमाने पर चित्र होते हैं जो विस्तार से भागों में दिखाते हैं जिन्हें सामान्य व्यवस्था चित्रों पर कम विस्तार में शामिल किया जा सकता है।

विस्तृत आरेखण का उपयोग विनियमों और अन्य आवश्यकताओं के अनुपालन को प्रदर्शित करने, घटकों के बीच असेंबली और जंक्शनों के बारे में जानकारी प्रदान करने, निर्माण विवरण, विस्तृत रूप आदि दिखाने के लिए किया जा सकता है, जो अधिक सामान्य चित्रों पर शामिल करना संभव नहीं होगा।

विस्तृत आरेखण में समाहित होते है 2-आयामी लम्बकोणीय प्रक्षेपण,परिच्छेद उत्सेध और हाथ से पैमाने पर तैयार किया जा सकता है, या कंप्यूटर एडेड डिजाइन सॉफ़्टवेयर का उपयोग करके तैयार किया जा सकता है, हालांकि, तेजी से, इमारतों और उनके घटकों के विस्तृत

त्रि-आयामी अभ्यावेदन बनाने के लिए बिल्डिंग इन्फार्मेशन मॉडलिंग का उपयोग किया जा रहा है।

अनुप्रयोग

लम्बकोणीय प्रक्षेपण की प्राथमिक भूमिका या कार्य डिजाइन डेटा को निर्माण जानकारी में परिवर्तित करना और उद्योग,नियमावली प्रमाण उत्पाद निर्माताओं, आपूर्ति कर्ताओं और फैब्रिकेटरों के निर्माण के लिए उस जानकारी को स्पष्ट रूप से संवाद करना है। लम्बकोणीय प्रक्षेपण के कुछ अनुप्रयोग इस प्रकार हैं:

- किसी वस्तु के विवरण को चित्रित करने के लिए इंजीनियर और आर्किटेक्ट (शिल्पकार) विभिन्न विचारों का उपयोग करते हैं।
- रियल एस्टेट एजेंट घरों के संभावित खरीददारों को दिखाने के लिए भवन के फर्श की योजना का उपयोग करते हैं।
- डिजाइनर प्रोटोटाइप और निर्माण के लिए काम कर रहे चित्र तैयार करते हैं।

गतिविधि

आरेखित लम्बकोणीय प्रक्षेपण

ब्लॉकों (शिलाखंड) का उपयोग करके त्रि-आयामी (3D) वस्तुओं के आकार के दो-आयामी (2D) प्रस्तुत बनाएं और फिर उन आकृतियों के लम्बकोणीय प्रक्षेपक को बनाएं।

आकलन योजना:

- प्रत्येक टेबल पर एक ही वस्तु रखें और विद्यार्थियों को इसे लम्बकोणीय प्रक्षेपण में बनाने के लिए कहें।
- बोर्ड पर एक वस्तु को सममितीय में आरेखित करें, उचित परिमाप दें, और विद्यार्थियों को लम्बकोणीय प्रक्षेपण में वास्तु को आरेखित करें।

वृत्त अध्ययन

अभिकल्पक और लंबकोणीय आरेख

एक लंबकोणीय आरेख जिसे कभी-कभी वर्किंग आरेख कहा जाता है, आमतौर पर एक डिजाइनर (अभिकल्पक) द्वारा निर्मित अंतिम आरेख होती है। इसमें आम तौर पर किसी उत्पाद के तीन सटीक दृश्य होते हैं, एक सम्मुख दृश्य, पार्श्व दृश्य और अनुविक्षेप दृश्य। प्रत्येक दृश्य पर परिमाप भी तैयार किए जाते हैं, यह सुनिश्चित करते हुए कि निर्माता उत्पाद को सटीक आकार और डिजाइनरों की आवश्यकताओं के अनुसार बना सकता है। भागों की सूची भी शामिल है। इसमें उत्पाद के हर हिस्से के लिए सटीक माप है और इसमें सामग्री और परिसज्जा जैसे विवरण शामिल हैं।

लागत कम रखने के प्रयास में डिजाइनर अक्सर सुदूरवर्ती उत्पादन का उपयोग करते हैं। डिजाइनर कार्यकारी आरेख भी तैयार करते हैं ताकि नमूना का निर्माण किया जा सके, और फिर परीक्षण किया जा सके। इससे उत्पाद में सुधार हो रहा है। कार्यकारी आरेख आमतौर पर CAD का उपयोग करके तैयार किए जाते हैं, हालांकि कुशल डिजाइनर अभी भी उन्हें हाथ से खींचते हैं, कम से कम डिजाइनिंग प्रक्रिया के शुरुआती चरण में। डिजाइनरों को लम्बकोणीय प्रक्षेपण में रेखा चित्रण बहुत उपयोगी रहता है।

कार्यकारी आरेख/लम्बकोणीय आरेख पर मिली जानकारी:

- विनिर्माण के लिए आवश्यक सभी आवश्यक विचार।
- सभी आवश्यक माप (जिन्हें परिमाप कहा जाता है)।

- कार्यकारी आरेख के लिए एक मानक प्रारूप।
- उत्पाद के भागो की सूची जिसमे उत्पाद के प्रत्येक भाग को बनाने के लिए आवश्यक सभी जानकारी शामिल होती है।

अध्ययन हेतु वीडियो संसाधन / शैक्षिक वेबसाइट का सुझाव

https: //youtu.be/cQHDAfrptUc

https: //youtu.be/ytwEDvX-l44

https: //youtu.be/TsTCaHYl9oo

https: //technologystudent.com/index.htm

3 ठोस का प्रक्षेपण

पाठ्यक्रम विशिष्ट

इस इकाई में, विद्यार्थी ठोस और उनके वर्गीकरण, विभिन्न स्थितियों जैसे कि जब अक्ष लंबवत, समानांतर और संदर्भ तलों की ओर झुकी हो तो ठोसों के प्रक्षेपण और अभिविन्यास के बारे में जानेंगे।

भूमिका

"ठोसों का प्रक्षेपण" विषय का उद्देश्य वस्तु के विभिन्न फलको के दृश्य प्रस्तुत करके ठोस वस्तुओं के प्रक्षेपण को खींचने और पढ़ने की क्षमता विकसित करना है। यह विषय कल्पनाएँ और कार्यशाला उत्पादन के लिए कार्यकारी आरेख बनाने हेतु बहुत उपयोगी है; यह भी कि ठोस पदार्थों के प्रक्षेपण से संबंधित आगे के विषयों के लिए नींव है।

पूर्व अपेक्षित ज्ञान

लम्बकोणीय प्रक्षेपण के सिध्दांत और कार्यप्रणाली का ज्ञान और समझना।

यूनिट आउटकम्स (UO)

इस यूनिट के पूर्ण अध्ययन करने के बाद, विधार्थी निम्न में सक्षम होंगे:

1. विभिन्न प्रकार के ठोसों को समझेंगे।
2. विभिन्न स्थितियों में साधारण ठोसों के प्रक्षेपों की रचना करेंगे।
3. ठोस की विभिन्न फलको की विभिन्न स्थितियों में दृश्यता तय करेंगे।

कोर्स आउटकम्स (COs) के साथ यूनिट आउटकम्स (UOs) का परस्पर सम्बंध :

यूनिट -3 आउटकम्स	कोर्स आउटकम्स (CO) के साथ अपेक्षित संबंध *(1- कमजोर सहसंबंध; 2- मध्यम सहसंबंध; 3- मजबूत सहसंबंध)*				
	CO-1	CO-2	CO-3	CO-4	CO-5
U3-O1	2	1			2
U3-O2		3			2
U3-O3		3			2

प्रस्तावना

कोई ठोस एक त्रि-आयामी वस्तु है, जिसकी लंबाई, चौड़ाई और मोटाई होती है, जो सतहों से बंधी होती है, और समतल या वेक्राकार हो सकती है। ठोस के प्रक्षेपण को लंबकोणीय दृश्य द्वारा दर्शाया जा सकता है, जिसकी संख्या प्रक्षेपण के तलों के संबंध में ठोस के प्रकार और उसके अभिविन्यास पर निर्भर करती है।

3.1 ठोस का वर्गीकरण

ठोस को दो प्रमुख समूहों में वर्गीकृत किया जा सकता है:

(i) पॉलीहेड्रल(पृष्ठबहुल), और

(ii) परिक्रमण से उत्पन्न ठोस

3.1.1 बहुफलकीय(पॉलीहेड्रल)

एक पॉलीहेड्रॉन को समतल सतहों से ठोस परिसीमा के रूप में परिभाषित किया गया है। जब सभी सतहें समान,बराबर और नियमित होती हैं, तो पॉलीहेड्रॉन को नियमित पॉलीहेड्रॉन कहा जाता है। नियमित पॉलीहेड्रान को आगे वर्गीकृत किया जा सकता है:

(i) टेट्राहेड्रोन(चतुष्फलक): टेट्राहेड्रोन में चार समान फलक, छह सीधे किनारे और चार शीर्ष कोने होते हैं। प्रत्येक फलक में एक समबाहु त्रिभुज होता है जैसा कि चित्र 3.1 में दिखाया गया है।

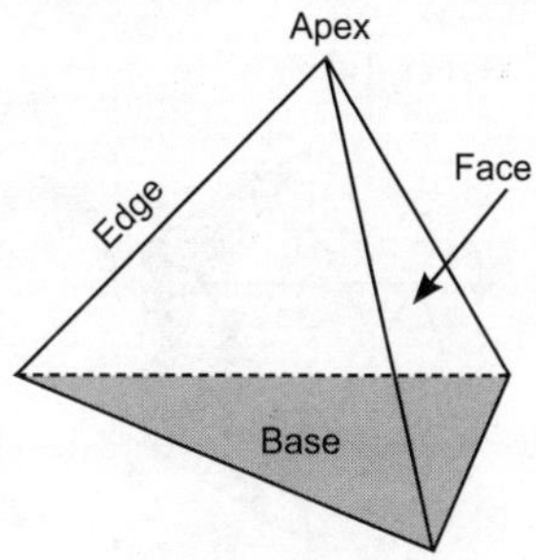

चित्र 3.1: टेट्राहेड्रोन

(ii) घन या हेक्साहेड्रोन (षट्कोणीय): घन या हेक्साहेड्रोन एक पॉलीहेड्रल ठोस है जिसमें छह समान फलक, आठ कोने और 12 शीर्ष होते हैं जैसा कि चित्र 3.2 में दिखाया गया है

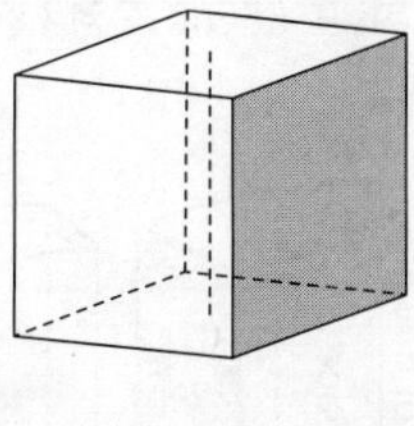

चित्र 3.2: घन या हेक्साहेड्रोन

(iii) ऑक्टाहेड्रोन(अष्टफलक): अष्टफलक एक बहुफलकीय ठोस है जिसमें छह शीर्ष, बारह किनारे और आठ समान समबाहु त्रिभुजाकार फलक होते हैं जैसा कि चित्र 3.3 में दिखाया गया है।

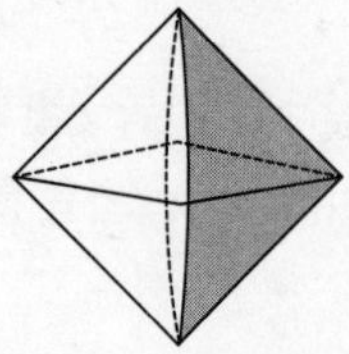

चित्र 3.3 : अष्टफलक

(iv) डोडेकेहेड्रॉन(द्वादशफलक):डोडेकाहेड्रोन एक बहुफलकीय ठोस है जिसमें बीस कोने, तीस किनारे और बारह समान और नियमित पंचकोणीय फलक होते हैं जैसा कि चित्र 3.4 में दिखाया गया है।

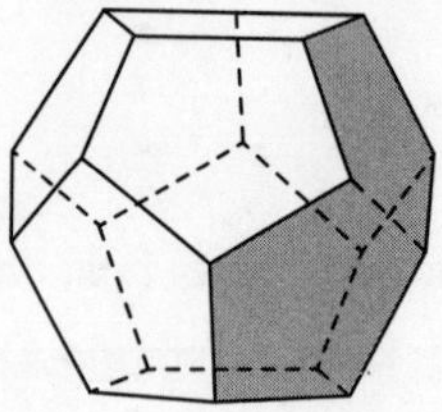

चित्र 3.4 : द्वादशफ़लक

(v) इकोसाहेड्रोन(विंशतिफलक):इकोसाहेड्रोन एक बहुफलकीय ठोस है जिसमें बारह शीर्ष, तीस किनारे और बीस समान और नियमित त्रिभुजाकार फलक हैं जैसा कि चित्र 3.5 में दिखाया गया है।

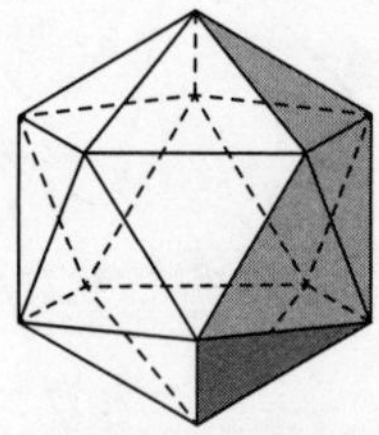

चित्र 3.5 : विंशतिफलक

(vi) प्रिज्म: प्रिज्म एक बहुफलकीय आकृति होती है जिसके दो बराबर और समान फलक होते हैं जिन्हें इसके आधार कहते हैं, जो एक दूसरे के समानांतर होते हैं और अन्य फलकों से जुड़े होते हैं जो समांतर चतुर्भुज होते हैं। आधारों के केंद्रों को मिलाने वाली काल्पनिक रेखा अक्ष कहलाती है। एक प्रिज्म समलंब और नियमित प्रिज्म कहलाता है जब इसकी अक्ष आधारों के लंबवत होती है और सभी फलक समान आयत होते हैं जैसा कि चित्र 3.6 में दिखाया गया है.

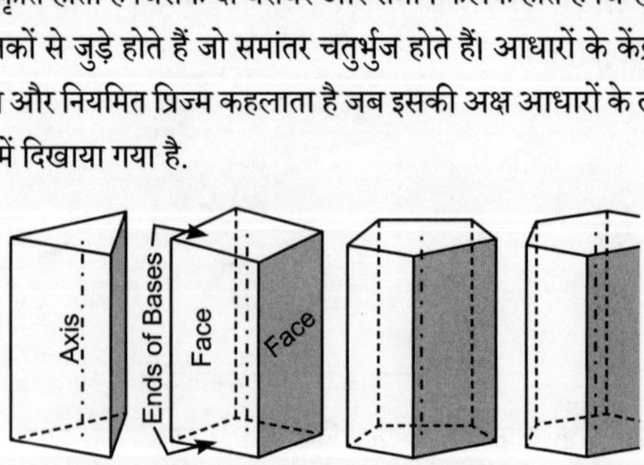

चित्र 3.6 : नियमित प्रिज्म

(vii) पिरामिड : एक पिरामिड एक बहुफलक है जो एक समतल सतह द्वारा इसके आधार के रूप में बनता है और कई समद्विबाहु त्रिभुज इसकी भुजाओं के रूप में होते हैं, सभी एक बिंदु पर मिलते हैं जिसे शिखर(शीर्ष) कहा जाता है। शीर्ष और आधार के केंद्र को जोड़ने वाली काल्पनिक रेखा को अक्ष कहा जाता है। झुके हुए या तिरछे फलक झुके हुए त्रिभुजाकार फलक कहलाते हैं।

एक समलंब पिरामिड वह होता है जिसमें पिरामिड की अक्ष उसके आधार के लंबवत होती है। पिरामिड का नाम आधार के अनुसार रखा जाता है, उदाहरण के लिए एक वर्गाकार आधार वाले पिरामिड को वर्गाकार पिरामिड या पंचकोणीय आधार वाले पिरामिड को पंचकोणीय पिरामिड कहा जाता है। चित्र 3.7 में दिखाया गया है।

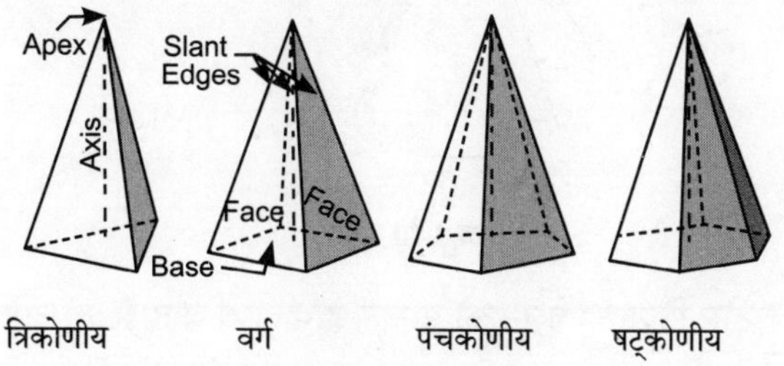

चित्र 3.7 : लंब पिरामिड

3.1.2 परिक्रमण से उत्पन्न ठोस (सॉलिड ऑफ़ रेवोलुशन)

ठोस के परिक्रमण तब उत्पन्न होते हैं जब कुछ समतल आकृतियों को उनकी एक भुजा के चारों ओर घुमाया जाता है। ठोसों के परिक्रमण को इस प्रकार वर्गीकृत किया गया है:

(i) बेलन (सिलेंडर): वह ठोस जो किसी आयत को उसकी एक भुजा के चारों ओर घुमाने पर उत्पन्न होता है, बेलन कहलाता है। इसके दो समान और वृत्ताकार आधार हैं, वृत्ताकार आधारों के केंद्र को मिलाने वाली स्थिर रेखा बेलन की अक्ष कहलाती है जैसा कि चित्र 3.8 में दिखाया गया है।

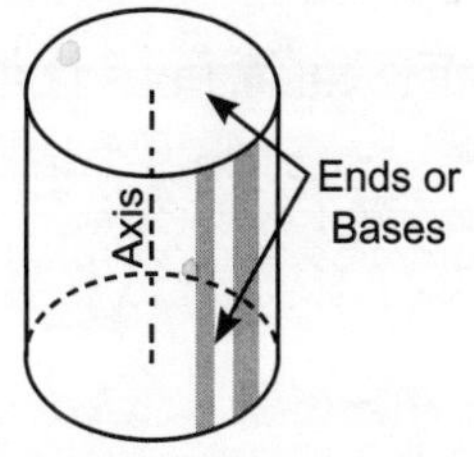

चित्र 3.8 : बेलन (सिलेंडर)

(ii) गोला(स्फीयर): एक गोला एक ठोस होता है जो एक अर्धवृत्त को उसके व्यास के परितः घुमाने पर उत्पन्न होता है जो चित्र 3.9 में दर्शाए अनुसार स्थिर रहता है। व्यास का मध्य-बिंदु गोले का केंद्र है।

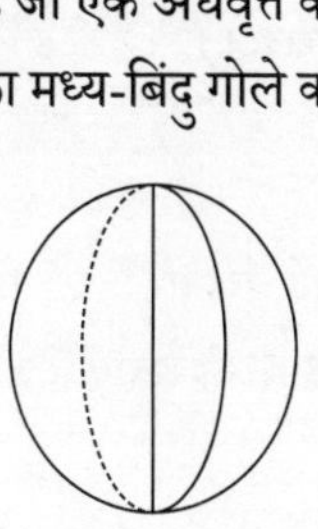

चित्र 3.9 : गोला

(iii) शंकु(कोन): एक शंकु एक ठोस होता है जो तब उत्पन्न होता है जब एक समकोण त्रिभुज को उसकी एक लंब भुजा के चारों ओर घुमाया जाता है। वह स्थिर रेखा जिसके चारों ओर त्रिभुज घूमता है, अक्ष कहलाती है और दूसरी भुजा द्वारा वर्णित वृत्त आधार कहलाता है जैसा कि आकृति 3.10 में दिखाया गया है।

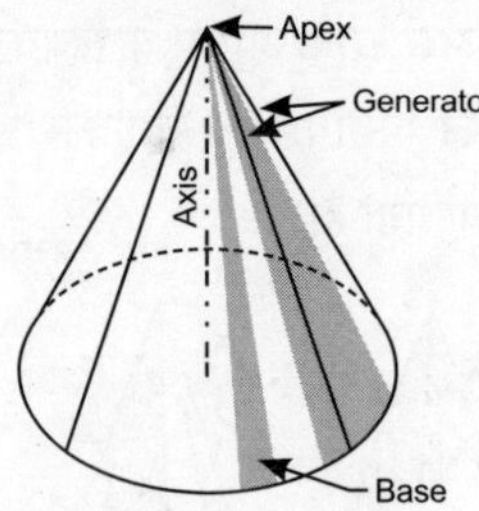

चित्र 3.10 : शंकु

(iv) छिन्नक(फ्रूस्टम): जब एक ठोस प्रिज्म या बेलन को समतल द्वारा काटा जाता है, तो उसके आधार के समानांतर और शीर्ष भाग को हटा दिया जाता है, ठोस के शेष भाग को छिन्नक कहा जाता है जैसा कि चित्र 3.11 में दिखाया गया है।

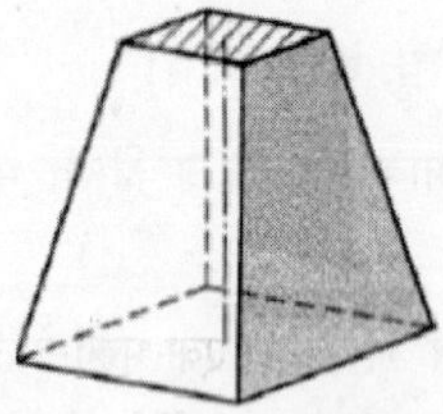

चित्र 3.11 : छिन्नक

(v) ट्रंकेटेड: जब एक ठोस प्रिज्म या बेलन को आधार की ओर झुके हुए तल से काटा जाता है और शीर्ष भाग को हटा दिया जाता है, तो ठोस के शेष r भाग को काट दिया जाता है जैसा कि चित्र 3.12 में दिखाया गया है।

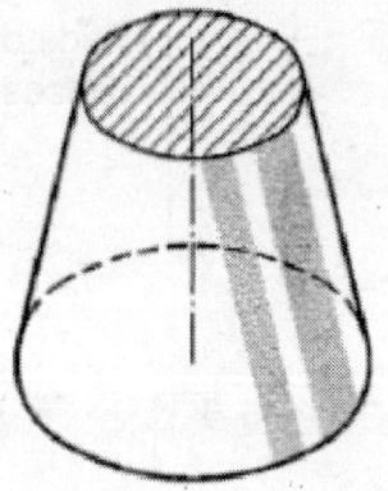

चित्र 3.12 : ट्रंकेटेड

3.2 शब्दावली

1. **किनारा या जनित्र:** पिरामिड और प्रिज्म के लिए, किनारे त्रिकोणीय फलक या आयताकार फलक को एक दूसरे से अलग करने वाली रेखाएं हैं। सिलिंडरों के लिए, जनित्र वे सीधी रेखाएँ हैं जो आधारों की परिधि पर विभिन्न बिंदुओं को एक दूसरे से मिलाती हैं।
2. **शीर्ष :** एक शंकु और एक पिरामिड के लिए, शीर्ष वह बिंदु है जहां सभी जनित्र या किनारा मिलते हैं।

3. **ठोस का अक्ष:** एक शंकु और एक पिरामिड के लिए, अक्ष आधार के केंद्र को शीर्ष से मिलाने वाली एक काल्पनिक रेखा है। एक बेलन और एक प्रिज्म के लिए, अक्ष सिरों या आधारों के केंद्रों को मिलाने वाली एक काल्पनिक रेखा है।
4. **आधार:** एक ठोस के आधार को निचली सतह के रूप में परिभाषित किया जाता है जिस पर कोई वस्तु खड़ी होती है। किसी आकृति की निचली रेखा जैसे त्रिभुज या आयत।
5. **समलंब ठोस:** एक ठोस को एक सही ठोस कहा जाता है जब इसकी अक्ष उसके आधार के लंबवत होती है।
6. **तिर्यक ठोस:** एक ठोस को तिरछा ठोस कहा जाता है यदि इसकी अक्ष का झुकाव इसके आधार से 90° से भिन्न कोण पर होता है।
7. **नियमित ठोस:** एक ठोस को एक नियमित ठोस कहा जाता है यदि किसी ठोस के आधार के सभी किनारे या अंतिम फलक लंबाई में समान हों और नियमित समतल आकृतियाँ बनाते हों।

3.3 विभिन्न स्थितियों में ठोस का प्रक्षेपण

आयाम में ठोस पदार्थों की स्थिति को प्रक्षेपण के प्रमुख तलों के साथ अक्ष, आधार, किनारे, विकर्ण या फलक के स्थान से निर्दिष्ट किया जा सकता है।

प्रक्षेपण के लिए ठोसों की निम्नलिखित सामान्य स्थितियों पर विचार किया जाता है:

1. अक्ष H.P. के लंबवत है।
2. अक्ष V.P. के लंबवत है।
3. अक्ष H.P. और V.P. दोनों के समानांतर है।
4. अक्ष का झुकाव V.P. की ओर और H.P. के समानांतर है।
5. अक्ष का झुकाव H.P. की ओर और V.P. के समानांतर है।
6. अक्ष का झुकाव दोनों तलों (V.P. और H.P.) की ओर है।

मुख्य तलों के संदर्भ में एक ठोस की स्थिति को भी निम्नानुसार वर्गीकृत किया जा सकता है:

1. इसके आधार पर एक ठोस टिका हुआ है।
2. इसके किसी भी फलक, फलक के किनारों, आधारों के किनारों, जनित्र और तिरछी किनारों पर एक ठोस टिका हुआ है।
3. इसके एक कोने से स्वतंत्र रूप से लटका हुआ एक ठोस।

3.3.1 H.P. के लंबवत अक्ष के साथ एक ठोस का प्रक्षेपण

एक ठोस जब H.P. पर अपनी अक्ष के लंबवत रखा जाता है, तो उसका आधार H.P. पर होगा। शीर्ष दृश्य जो वास्तविक आकार को दर्शाता है, पहले खींचा जाता है और उससे सम्मुख दृश्य प्रक्षेपित किया जाता है।

उदाहरण: त्रिज्या r और ऊँचाई h के एक बेलन(सिलेंडर) का प्रक्षेपण, जो H.P. पर टिका हुआ है। इसकी अक्ष H.P. के लंबवत और V.P. के समानांतर है।

ये वे चरण हैं जिनका उपयोग दिए गए सिलेंडर के प्रक्षेपण को खींचने के लिए किया जाता है, जो H.P. पर टिका होता है और इसकी अक्ष H.P. के लंबवत होती है। चित्र 3.13 देखिए।

1. मान लें कि एक सिलेंडर को उसके आधार के साथ H.P. पर रखा गया है।

2. पहले इसका शीर्ष दृश्य बनाएं, जो इसका वास्तविक आकार दिखाता है, क्योंकि अक्ष H.P. के लंबवत है।
3. वृत्त केंद्र 'o' को चिह्नित करें और इसे 8 बराबर भागों में विभाजित करें।
4. सामने के दृश्य को XY पर प्रक्षेपण करें, जो चौड़ाई 2r और ऊँचाई h का एक आयत होगा।

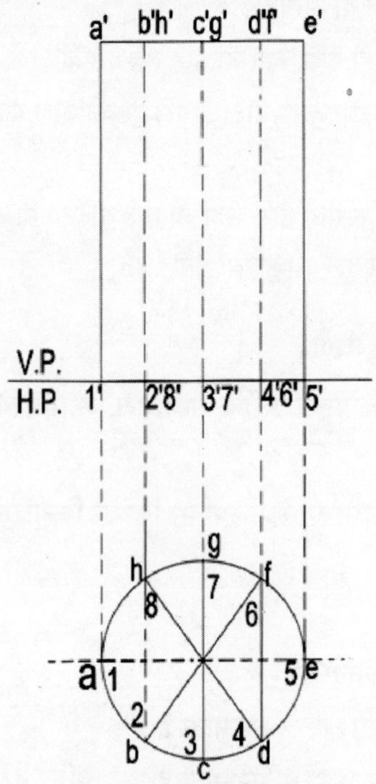

चित्र 3.13 : H.P. के लंबवत अक्ष के साथ सिलेंडर का प्रक्षेपण

3.3.2 V.P. के लंबवत अक्ष के साथ एक ठोस का प्रक्षेपण

जब एक ठोस को V.P. के लंबवत अक्ष के साथ रखा जाता है, तो ठोस का आधार हमेशा H.P. के लंबवत और V.P. के समानांतर होगा। सम्मुख दृश्य में, आधार को वास्तविक आकार में प्रक्षेपित किया जाएगा। इसलिए, पहले सम्मुख दृश्य खींचा जाता है और फिर उससे शीर्ष दृश्य को प्रक्षेपित किया जाता है।

उदाहरण: त्रिज्या r और ऊँचाई h के एक बेलन का प्रक्षेपण, इसकी अक्ष V.P. के लंबवत और H.P. के समानांतर

ये ऐसे चरण हैं जिनका उपयोग किसी दिए गए सिलेंडर का प्रक्षेपण V.P. के लंबवत और H.P. के समानांतर अक्ष के साथ किया जाता है। चित्र 3.14 देखें।

1. सबसे पहले इसका सम्मुख दृश्य बनाएं, जो इसका वास्तविक आकार दिखाता है, क्योंकि एक सिलेंडर की अक्ष V.P. के लंबवत होती है।
2. वृत्त केंद्र 'o' को चिह्नित करें और इसे 8 बराबर भागों में विभाजित करें।
3. XY रेखा के नीचे शीर्ष दृश्य को प्रक्षेपण करें, जो चौड़ाई 2r और ऊंचाई h का आयत होगा।

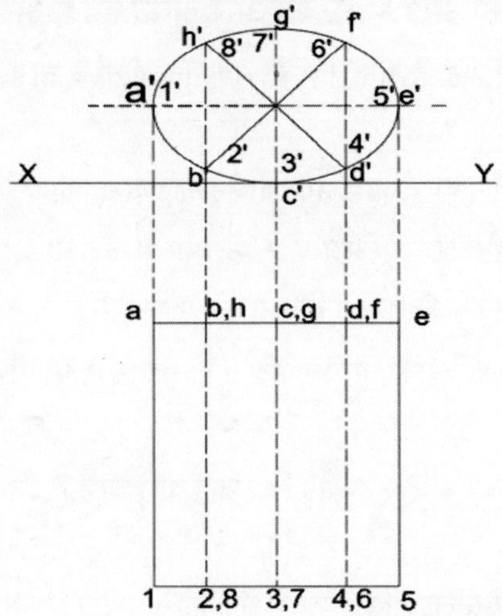

चित्र 3.14 : V.P. के लंबवत अक्ष के साथ बेलन का प्रक्षेपण

3.3.3 H.P. और V.P. दोनों के समानांतर अपनी अक्ष के साथ एक ठोस का प्रक्षेपण

चूँकि किसी ठोस वस्तु की अक्ष दोनों समतल H.P. और V.P. के समानांतर होती है, और पार्श्व तल के लंबवत होती है, इसलिए पहले पार्श्व दृश्य खींचा जाता है।

उदाहरण: आधार, त्रिज्या r और अक्ष h के एक शंकु के प्रक्षेपण, इसके एक फलक पर H.P. पर टिके हुए हैं। अक्ष दोनों संदर्भ तलों के समानांतर है

ये एक शंकु का प्रक्षेपण खींचने के लिए उपयोग किए जाने वाले चरण हैं, जब इसकी अक्ष H.P. और V.P. दोनों के समानांतर होती है। चित्र 3.15 देखें।

1. रेखा XY पर वृत्त का एक बिंदु रखते हुए पहले एक वृत्त खींचिए जो पार्श्व दृश्य को निरूपित करता है।
2. वृत्त के केंद्र को 'o' चिह्नित करें और वृत्त को 8 बराबर भागों में विभाजित करें।
3. शंकु के पार्श्व दृश्य से सामने के दृश्य को क्षैतिज रूप से प्रक्षेपण करें।
4. सामने के दृश्य और पार्श्व दृश्य से शीर्ष दृश्य को नीचे प्रक्षेपण करें।

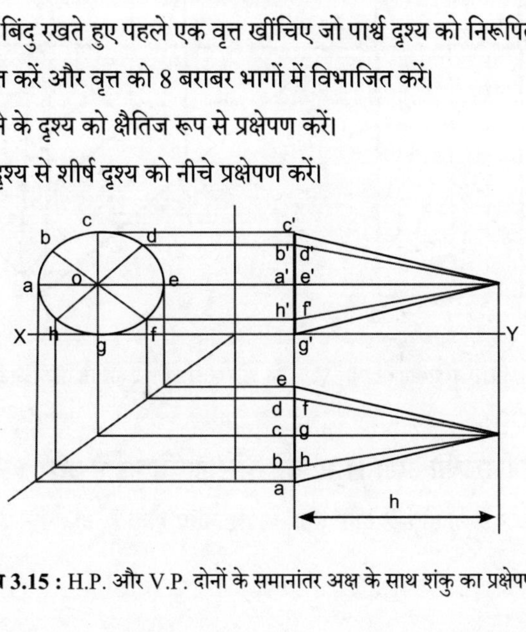

चित्र 3.15 : H.P. और V.P. दोनों के समानांतर अक्ष के साथ शंकु का प्रक्षेपण

3.3.4 एक ठोस का प्रक्षेपण जिसकी अक्ष V.P. की ओर झुकी हुई है और H.P. के समानांतर है

जब एक ठोस की अक्ष V.P. की ओर झुकी होती है और H.P. के समानांतर होती है, तो इसके प्रक्षेपण निम्नलिखित चरणों के माध्यम से खींचे जाते हैं।

1. ठोस को उसकी सरल स्थिति में देखते हुए सामने और शीर्ष दृश्य दृश्य बनाएं।
2. शीर्ष दृश्य को दिए गए कोण ϕ द्वारा झुकाएं (अक्ष V.P. की ओर झुका हुआ है)।
3. फिर अंतिम सम्मुख दृश्य प्राप्त करने के लिए सभी बिंदुओं को प्रक्षेपण करें।

उदाहरण: एक पंचकोणीय प्रिज्म का प्रक्षेपण जिसका आधार अक्ष h है। यह H.P. पर अपने एक आयताकार फलक पर टिकी हुई है और अक्ष से V.P. पर झुकी हुई है

ये एक पंचकोणीय प्रिज्म के प्रक्षेपण को खींचने के लिए उपयोग किए जाने वाले चरण हैं, जिसकी अक्ष H.P. के समानांतर है और V.P. की ओर झुकी हुई है। चित्र 3.16 देखें।

1. अक्ष V.P. की ओर झुकी हुई है इसलिए पहले दृश्य में अक्ष को V.P. के लंबवत रखा जाता है और सामने के दृश्य में सही आकार खींचा जाता है।
2. सम्मुख दृश्य, एक पंचभुज इस प्रकार खींचिए कि उसका किनारा रेखा XY पर स्थित हो।
3. शीर्ष दृश्य को प्रक्षेपण करें, रेखा XY के नीचे।
4. शीर्ष दृश्य की स्थिति बदलें, अर्थात इसे पुन: पेश करें ताकि अक्ष से xy पर झुके।
5. इस शीर्ष दृश्य से सभी बिंदुओं को ऊपर की ओर और पहले सामने के दृश्य से क्षैतिज रूप से प्रक्षेपित करके अंतिम सम्मुख दृश्य बनाएं।

Projection of solids with axis inclined to one and parallel to another reference plane

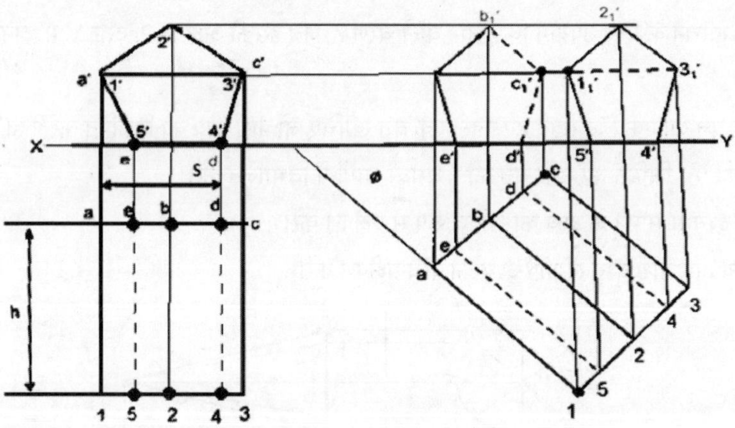

चित्र 3.16 : HP के समानांतर और V.P. की ओर झुकी हुई पंचकोणीय प्रिज्म अक्ष का प्रक्षेपण

3.3.5 एक ठोस का प्रक्षेपण जिसकी अक्ष H.P. की ओर झुकी हुई है और V.P. के समानांतर है

जब एक ठोस की अक्ष H.P. की ओर झुकी होती है और V.P. के समानांतर होती है, तो इसके प्रक्षेपण निम्नलिखित चरणों के माध्यम से खींचे जाते हैं।

1. ठोस को उसकी सरल स्थिति में देखते हुए सामने और शीर्ष दृश्य बनाएं।
2. सामने के दृश्य को दिए गए कोण θ (H.P. की ओर झुकी हुई अक्ष) द्वारा झुकाएं।
3. फिर अंतिम शीर्ष दृश्य प्राप्त करने के लिए सभी बिंदुओं को प्रक्षेपण करें।

उदाहरण: किनारे का दृढ़ अक्ष h के एक षट्कोणीय पिरामिड के प्रोजेक्शन H.P. पर इसके आधार के किनारों में से एक के साथ टिका हुआ है और H.P. के साथ θ का कोण बनाता है और जो V.P. के समानांतर है

मान लें कि एक षट्कोणीय पिरामिड H.P. पर इसके आधार के साथ रखा गया है और इसकी अक्ष H.P. के लंबवत है।

निम्नलिखित चरणों का उपयोग एक षट्कोणीय पिरामिड के प्रक्षेपण को खींचने के लिए किया जाता है, जिसकी अक्ष V.P. के समानांतर होती है और H.P. की ओर झुकी होती है। चित्र 3.17 देखें।

1. दाहिने हाथ की cd को XY के लंबवत रखते हुए, एक नियमित षट्कोणीय abcdef का शीर्ष दृश्य बनाएं।
2. सामने के दृश्य को रेखा XY पर प्रक्षेपण करें।
3. सामने के दृश्य को इस प्रकार पुन: प्रस्तुत करें कि आधार किनारा c'd' H.P. के साथ H.P. कोण बनाते हुए रेखा XY को स्पर्श करे।
4. दूसरा और अंतिम शीर्ष दृश्य बनाने के लिए सभी बिंदुओं को नीचे की ओर प्रक्षेपण करें।

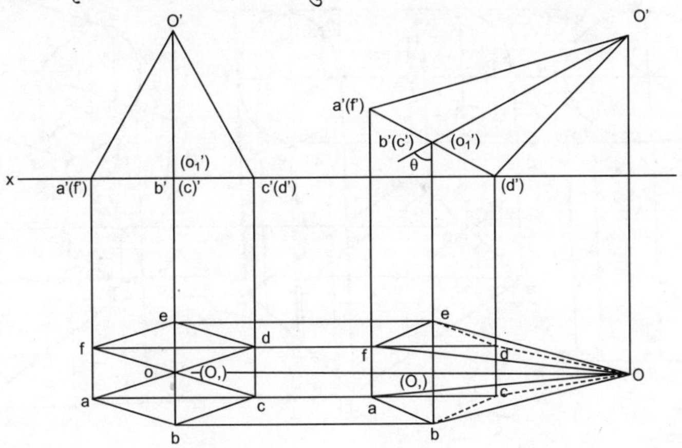

चित्र 3.17 : H.P. की ओर झुकी हुई और V.P. समानांतर षट्कोणीय पिरामिड अक्ष का प्रक्षेपण

3.3.6 H.P. और V.P. की ओर झुकी हुई अक्ष के साथ एक ठोस का प्रक्षेपण

एक ठोस को दोनों तलों की ओर झुका हुआ कहा जाता है जब:

(i) अक्ष दोनों तलों की ओर झुकी हुई है

(ii) अक्ष एक तल की ओर झुका हुआ है और आधार का एक किनारा दूसरे तल की ओर झुका हुआ है।

ठोसों के प्रक्षेपण को खींचने की दो विधियाँ हैं:

1. स्थिति विधि में परिवर्तन द्वारा ठोसों का प्रक्षेपण

इस विधि में ठोस को पहले सरल स्थिति में रखा जाता है और फिर अंतिम स्थिति प्राप्त करने के लिए एक या अधिक चरणों में क्रमिक रूप से झुकाया जाता है।

2. सहायक समतल विधि द्वारा ठोसों का प्रक्षेपण

इस पद्धति में, ठोस को शुरू में सरल स्थिति में रखा जाता है और फिर अंतिम स्थिति में प्रक्षेपण प्राप्त करने के लिए एक या एक से अधिक सहायक तल स्थापित किए जाते हैं।

उदाहरण: त्रिज्या 'r' और अक्ष 'h' के एक लंब वृत्तीय बेलन का प्रक्षेपण आधार वृत्त के एक बिंदु पर V.P. पर टिका हुआ है और इसकी अक्ष V.P. के साथ ϕ का कोण बनाती है। अक्ष के सम्मुख दृश्य से H.P. पर झुका हुआ है। त्रिज्या 'r' और अक्ष 'h' के एक लंब वृत्तीय बेलन का प्रक्षेपण आरेखित करने के लिए निम्नलिखित चरणों का उपयोग किया जाता है। चित्र 3.18 देखें।

1. अपनी प्रारंभिक स्थिति में सम्मुख दृश्य और शीर्ष दृश्य बनाएं।
2. शीर्ष दृश्य ऊँचाई h का एक आयत है और सम्मुख दृश्य त्रिज्या r का एक वृत्त है।
3. शीर्ष दृश्य को रेखा XY के साथ ϕ के कोण पर झुकाएं।
4. रेखा XY के बारे में दूसरा सम्मुख दृश्य प्रक्षेपण करें।
5. दूसरे सामने के दृश्य को पुन: प्रस्तुत करें, से H.P. का कोण बनाएं।
6. तदनुसार शीर्ष दृश्य प्रक्षेपण करें।

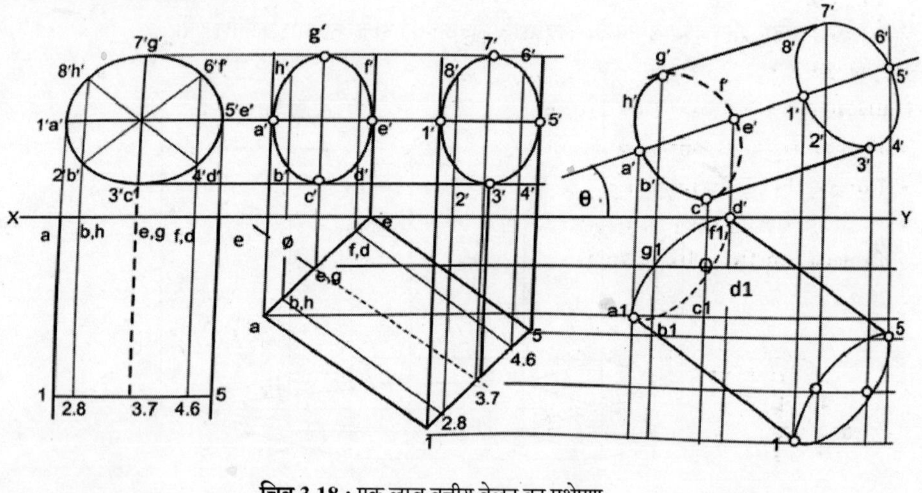

चित्र 3.18 : एक लम्ब वृत्तीय बेलन का प्रक्षेपण

हल किए गए उदाहरण

उदाहरण 3.1: 30 मिमी की ओर और 60 मिमी अक्ष का एक पंचकोणीय प्रिज्म H.P. पर अपने आधार के किनारों में से एक के साथ टिका हुआ है और H.P. के साथ 30^0 का कोण बनाता है और V.P. के समानांतर है। इसके प्रक्षेपण को खींचिए।

समाधान: दिए गए पंचकोण के प्रक्षेपण को आकर्षित करने के लिए निम्नलिखित चरणों का उपयोग किया जाता है। चित्र 3.19 देखें।

1. दाहिने हाथ की cd को XY के लंबवत रखते हुए, एक नियमित पेंटागन abcd का शीर्ष दृश्य बनाएं। मान लें कि एक पंचकोणीय प्रिज्म का आधार H.P. पर है।
2. सामने के दृश्य को रेखा XY के ऊपर प्रक्षेपण करें।
3. सामने के दृश्य को इस प्रकार पुन: प्रस्तुत करें कि आधार किनारा c'd' रेखा XY को स्पर्श करे, जिससे H.P. के साथ 30° का कोण बनता है।

4. दूसरा और अंतिम शीर्ष दृश्य बनाने के लिए सभी बिंदुओं को नीचे की ओर प्रक्षेपण करें।

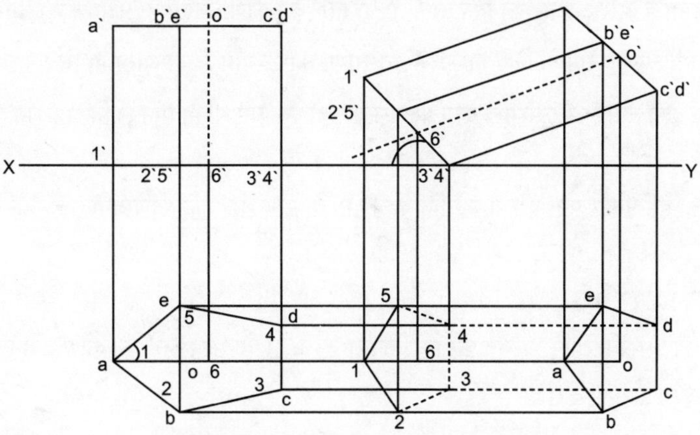

चित्र 3.19 : एक पंचकोणीय प्रिज्म का प्रक्षेपण

उदाहरण 3.2: सिलेंडर के प्रक्षेपण आरेख जो 35 मिमी व्यास और अक्ष 50 मिमी लंबे, वृत्त के आधार के किसी बिंदु पर H.P. पर टिके हुए है और V.P. के समानांतर 45^0 का कोण बनाएं हुए है।

समाधान: दिए गए बेलन का प्रक्षेपण आरेखित करने के लिए निम्नलिखित चरणों का उपयोग किया जाता है। चित्र 3.20 देखें।

1. एक बेलन का शीर्ष दृश्य खींचिए जो 35 मिमी त्रिज्या का एक वृत्त है। मान लें कि सिलेंडर को उसके आधार के साथ H.P. पर रखा गया है।
2. शीर्ष दृश्य को सम्मुख दृश्य बनाने के लिए प्रक्षेपण करें, जो 50 मिमी ऊँचाई का एक आयत है।
3. सामने के दृश्य को रेखा XY के साथ 45° के कोण पर झुकाएं।
4. अंतिम शीर्ष दृश्य प्रक्षेपण करें।

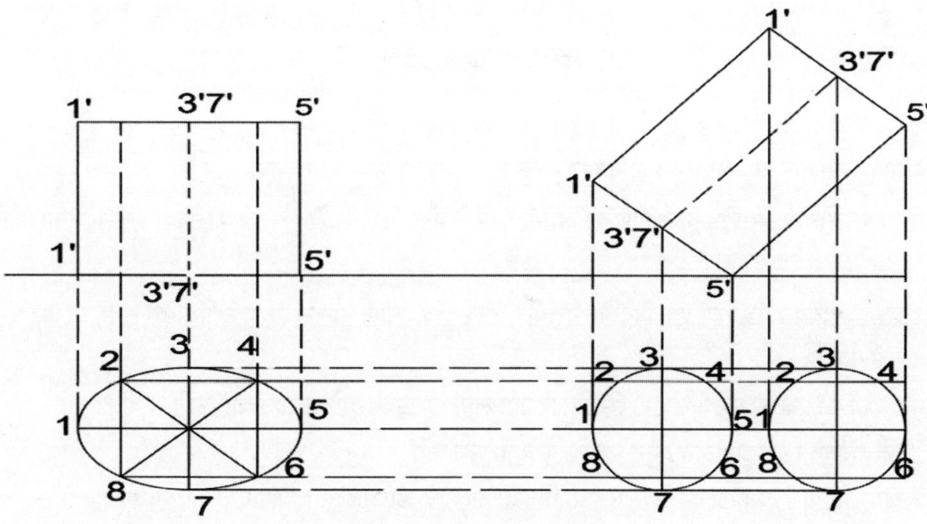

चित्र 3.20 : एक सिलेंडर का प्रक्षेपण

उदाहरण 3.3: 35 मिमी की भुजा वाले घन का एक किनारा H.P. पर इस प्रकार होता है कि उस किनारे वाला एक वर्गाकार फलक H.P. से 35° का कोण बनाता है और आधार का किनारा V.P. से 60° का कोण बनाता है। प्रक्षेपण का आरेख करें।

समाधान: दिए गए घन का प्रक्षेपण बनाने के लिए निम्नलिखित चरणों का उपयोग किया जाता है। चित्र 3.21 देखें।

1. एक वर्ग का शीर्ष दृश्य बनाएं और सम्मुख दृश्य प्रक्षेपण करें जो एक वर्ग भी है। मान लें कि एक घन को उसके आधार पर H.P. पर रखा गया है।
2. सामने के दृश्य को इस प्रकार पुन: प्रस्तुत करें कि यह H.P. के साथ 35° का कोण बनाता है और रेखा XY पर 2'3' रखता है।
3. अगला शीर्ष दृश्य प्रक्षेपण करें।
4. दूसरे शीर्ष दृश्य को इस प्रकार पुन: प्रस्तुत करें कि किनारा 23 V.P. के साथ 60° का कोण बना ले।
5. अंतिम सम्मुख दृश्य प्रक्षेपण करें।

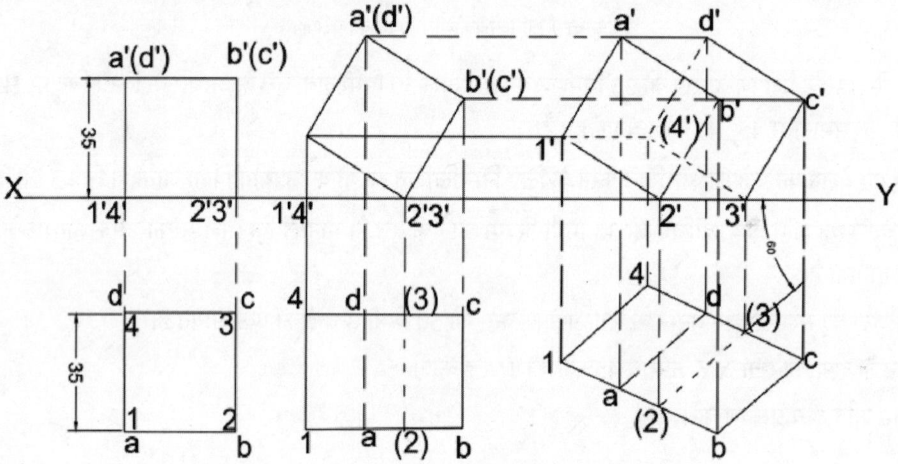

चित्र 3.21 : घन का प्रक्षेपण

उदाहरण 3.4: एक पंचकोणीय पिरामिड, 35 मिमी आधार और 60 मिमी लंबी अक्ष को इसके आधार के एक कोने से स्वतंत्र रूप से लटका हुआ है ताकि जिस तल पर अक्ष स्थित हो वह V.P. के समानांतर हो। दृश्य आरेख करें।

समाधान: दिए गए पंचकोणीय पिरामिड के प्रक्षेपण को आरेख करने के लिए निम्नलिखित चरणों का उपयोग किया जाता है। चित्र 3.22 देखें।

1. रेखा XY के लंबवत रखते हुए एक नियमित पंचभुज, शीर्ष दृश्य बनाएं। मान लें कि एक पिरामिड H.P. पर उसके आधार के साथ रखा गया है।
2. सम्मुख दृश्य को प्रक्षेपण करें और CG स्थिति का पता लगाएं जिसका आधार से ऊंचाई का 1/4 वां है।
3. g'd' को लंबवत रखते हुए, अब दूसरा सम्मुख दृश्य प्रक्षेपण करें।
4. शीर्ष दृश्य और पार्श्व दृश्य खींचने के लिए सभी बिंदुओं को नीचे की ओर और किनारे की ओर प्रक्षेपण करें।

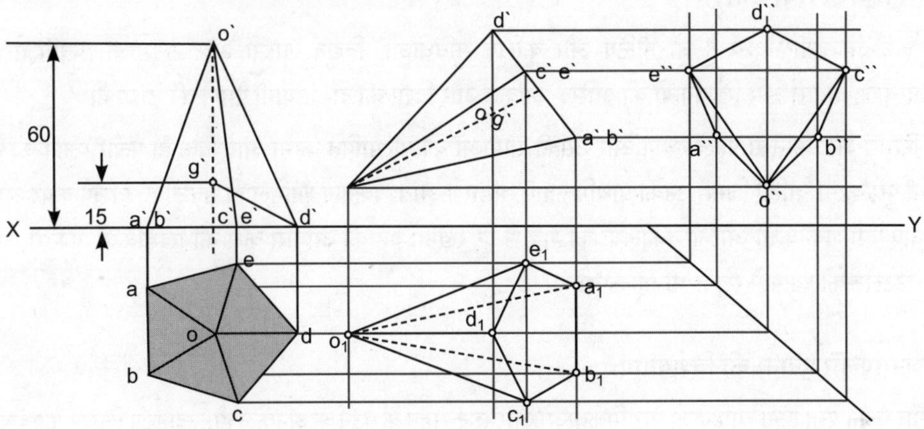

चित्र 3.22 : एक पंचकोणीय पिरामिड का प्रक्षेपण

उदाहरण 3.5: 40 मिमी आधार का किनारे का एक वर्ग पिरामिड और 60 मिमी लंबाई का अक्ष इसके शीर्ष पर H.P. पर टिकी हुई है। अगर एक तिरछा किनारा लंबवत है और इसके माध्यम से त्रिकोणीय फलक V.P. के लंबवत है, तो प्रक्षेपण रेख करें।

समाधान: किसी दिए गए वर्ग पिरामिड के प्रक्षेपण को आकर्षित करने के लिए निम्नलिखित चरणों का उपयोग किया जाता है। चित्र 3.23 देखें।

1. शीर्ष दृश्य बनाएं, वह वर्ग जो TL दिखाता है।
2. सम्मुख दृश्य खींचने के लिए प्रक्षेपण को आरेख करें। पिरामिड अपने शीर्ष पर टिका हुआ है, इसलिए दृश्य एक प्रतिलोमित (उल्टा) त्रिकोण होगा।
3. दूसरे सम्मुख दृश्य को लंबवत रखते हुए पुन: प्रस्तुत करें। शीर्ष दृश्य बनाने के लिए प्रक्षेपण को बनाएं।
4. p1s1 को V.P. के लंबवत रखते हुए दूसरा शीर्ष दृश्य पुन: प्रस्तुत करें।
5. अंतिम सम्मुख दृश्य प्रक्षेपण करें।

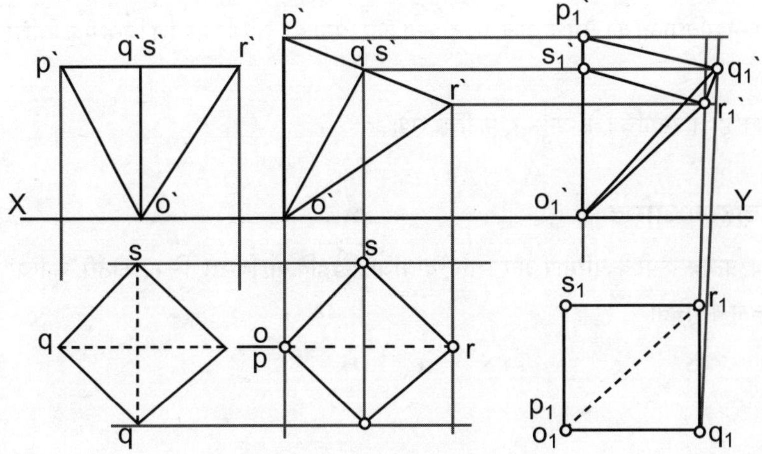

चित्र 3.23 : एक वर्ग पिरामिड का प्रक्षेपण

3.4 फ्लोर प्लान(तल योजना)

फ्लोर प्लान एक आकाशीय दृश्य है जो हीटिंग और कूलिंग सुविधाओं, विद्युत लाइनों और नलसाजी (प्लाम्ब्रिंग) के स्थान सहित कमरे, दरवाजे, दीवारों और खिड़कियों की आरेख, आकार और दिशा की दो-आयामी पैमाने की ड्राइंग है।

योजना और निर्माण शुरू करने से पहले स्थान और उसकी सीमाओं को परिभाषित करना आवश्यक है। फ्लोर प्लान को परिवार की जरूरतों को भी पूरा करना चाहिए जिसमें उनकी प्राथमिकताएं, भंडारण आवश्यकताएं शामिल हो सकती हैं; विशेष कमरे आदि के लिए विशिष्ट सुविधाएँ जैसे शयनकक्षों और पुस्तकालयों को शोर से दूर रखना। यह की आवास कक्ष की खिड़कियां, कोठरी, दरवाजे और बिजली के आउटलेट को ध्यान में रखना भी महत्वपूर्ण है।

एक तल योजना(फ्लोर प्लान) की विशेषताएं:

(i) फ्लोर प्लान ऐसा होना चाहिए जो प्राथमिकताओं और रहन-सहन के पैटर्न के अनुकूल हो। उदाहरण किचन को डाइनिंग एरिया के पास रखना।

(ii) फ्लोर प्लान में लचीलापन होना चाहिए ताकि कोई भी बदलाव आसानी से किया जा सके।

(iii) अधिक लोगों और फर्नीचर को समायोजित करने के लिए कमरे, दालान आदि जैसे क्षेत्रों की बहुमुखी प्रतिभा और उचित आकार आवश्यक है।

(iv) सुरक्षा और आराम सुनिश्चित करने के लिए व्यावहारिक विचारों और वास्तुशिल्प डिजाइनों के बीच संतुलन रखते हुए एक आदर्श लेआउट।

फ्लोर प्लान बनाने के लिए निम्नलिखित चरणों का उपयोग किया जाता है:

1. पहले परिमाणों सहित रेखाचित्र तैयार करने के लिए एक क्षेत्र का चुनाव करे।
2. सटीक फ्लोर प्लान तैयार करने के लिए दीवारों, दरवाजों और फर्नीचर की माप लें। सुनिश्चित करें कि कुल क्षेत्रफल डिजाइन में उपयुक्त है।
3. भवन में प्रत्येक कमरे के लिए दीवारें जोड़ें और उन्हें ठीक से मापें।
4. स्थल में विभिन्न सुविधाओं को जैसे दरवाजे, खिड़कियां और अन्य महत्वपूर्ण उपकरण जिन्हें एक विशिष्ट स्थान पर रखा जाना चाहिए।
5. यदि आवश्यक हो तो रेखाचित्र के अनुसार, फर्नीचर रखे।

फ्लोर प्लान का उदाहरण आरेख

निम्नलिखित चित्र 3.24, प्रत्येक कमरे के परिमाप और स्थान, दरवाजों, खिड़कियों, बिस्तर, सिंक, कोठरी, फर्नीचर की स्थिति आदि को दर्शाने वाली भूतल योजना का चित्र।

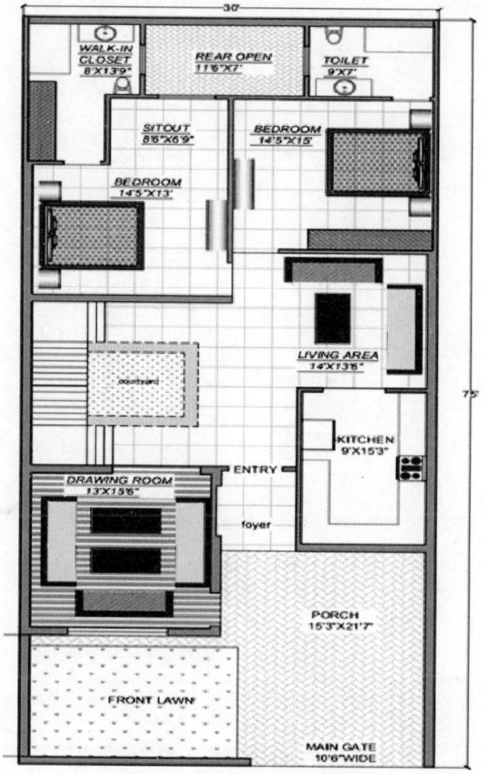

चित्र 3.24 : तल योजना का आरेखण

इकाई सारांश

- एक ठोस के तीन आयाम होते हैं, अर्थात। लंबाई, चौड़ाई और मोटाई। केवल लंबाई और चौड़ाई वाली समतल सतह पर एक ठोस का प्रतिनिधित्व करने के लिए, कम से कम दो ऑर्थोग्राफ़िक (लंबकोणीय) दृश्य आवश्यक हैं।
- एक पॉलीहेड्रॉन को एक ठोस बाध्य तलों के रूप में परिभाषित किया जाता है जिसे फलक कहा जाता है। जब सभी फलक समान और नियमित हों, तो बहुफलक को नियमित कहा जाता है।
- एक समतल सतह को उसके एक पक्ष के चारों ओर घुमाकर ठोस उत्पन्न होते हैं।
- एक ठोस को एक सही ठोस कहा जाता है जब इसकी अक्ष उसके आधार के लंबवत होती है।
- एक ठोस को तिरछा तब कहा जाता है जब उसकी अक्ष का झुकाव उसके आधार से 90° से भिन्न कोण पर होता है।
- जब ठोस को H.P. स्थिति पर आधार के साथ रखा जाता है, तो शीर्ष दृश्य में, आधार को उसके वास्तविक आकार में प्रक्षेपित किया जाएगा।
- जब ठोस की अक्ष V.P. के लंबवत होती है, तो पहले सम्मुख दृश्य खींचा जाता है और फिर उससे शीर्ष और पाशर्व के दृश्य खींचे जाते हैं।
- यदि किसी ठोस वस्तु की अक्ष H.P. और V.P. दोनों के समानांतर है और संदर्भ तल के लंबवत है, तो पहले पार्श्व दृश्य खींचा जाता है।

अभ्यास 3.1 : बहुविकल्पीय प्रश्न

1. निम्नलिखित में से किस ठोस का अक्ष उनके आधारों के लंबवत है?
   (a) तिर्यक ठोस
   (b) लंब ठोस
   (c) दोनों (a) और (b)
   (d) उपरोक्त में से कोई नहीं
2. निम्नलिखित हैं (हैं) ठोस के परिक्रमण।
   (a) गोला
   (b) शंकु
   (c) सिलेंडर
   (d) उपरोक्त सभी
3. जब ठोस को उसके आधार की ओर झुके हुए तल द्वारा काटा जाता है तो इसे कहते हैं
   (a) पूर्ण ठोस
   (b) काटे गए ठोस
   (c) ठोस का छिन्नक
   (d) अर्ध ठोस
4. ___एक प्रकार का बहुफलक है जिसमें दो समान्तर समान फलक या आधार होते हैं।
   (a) पिरामिड
   (b) प्रिज्म
   (c) ठोस के परिक्रमण
   (d) उपरोक्त में से कोई नहीं
5. A ___ एक प्रकार का बहुफलक है जिसमें एक आधार और एक शीर्ष होता है।
   (a) प्रिज्म
   (b) क्रांति के ठोस
   (c) पिरामिड
   (d) उपरोक्त में से कोई नहीं
6. निम्नलिखित में से कौन सी स्थिति ठोस में संभव नहीं है
   (a) H.P. के समानांतर एक ठोस की अक्ष, V.P. के लंबवत
   (b) V.P. के समानांतर एक ठोस की अक्ष, H.P. के लंबवत
   (c) H.P. और V.P. दोनों के समानांतर एक ठोस की अक्ष
   (d) H.P. और V.P. दोनों के लिए एक ठोस लंबवत की अक्ष

7. समतल सतह पर किसी ठोस को निरूपित करने के लिए आवश्यक लम्बकोणीय दृश्य की न्यूनतम संख्या _______ है।
   (a) 1
   (b) 2
   (c) 3
   (d) 4
8. यदि किसी ठोस का अक्ष किसी संदर्भ तल के लंबवत है तो उसी तल पर ठोस का प्रक्षेपण उसके __________ का सही आकार और आकार देता है।
   (a) पार्श्व ज्यामिति
   (b) आधार
   (c) अनुप्रस्थ काट(क्रॉस-सेक्शन)
   (d) सतह
9. जब ठोस की अक्ष H.P. के लंबवत हो, तो पहले _________ दृश्य खींचा जाना चाहिए और _____ दृश्य फिर उससे **प्रक्षेपित** किया जाना चाहिए।
   (a) सम्मुख, शीर्ष
   (b) शीर्ष, पक्ष
   (c) पाशर्व, सम्मुख
   (d) शीर्ष,सम्मुख
10. जब ठोस की अक्ष H.P. &V.P के समानांतर होती है, तो पहले _________ दृश्य खींचा जाना चाहिए और _____ और _______ को फिर से प्रक्षेपित किया जाना चाहिए।
    (a) सामने, ऊपर, तरफ
    (b) शीर्ष, पक्ष, सामने
    (c) पक्ष, सामने, शीर्ष
    (d) शीर्ष, सामने, पक्ष
11. एक क्षैतिज समतल आधार पर खड़े सिलेंडर का सम्मुख दृश्य, पार्श्व दृश्य और शीर्ष दृश्य क्षैतिज समक्षेत्र।
    (a) सर्कल, आयत और आयत
    (b) आयत, आयत और वृत्त
    (c) आयत, वृत्त और आयत
    (d) सर्कल, त्रिकोण और त्रिकोण
12. जब ठोस की अक्ष H.P. और V.P. दोनों के समानांतर होती है तो आधार के सही आकार को प्रकट करने वाला दृश्य है
    (a) सम्मुख दृश्य
    (b) शीर्ष दृश्य
    (c) पार्श्व दृश्य
    (d) दोनों शीर्ष और पार्श्व दृश्य

13. दोनों संदर्भ तलों के झुकाव वाले ठोस के लंबकोणीय विचारों को प्राप्त करने के लिए आवश्यक चरणों की संख्या।
   (a) 1
   (b) 2
   (c) 3
   (d) 4
14. H.P. पर उसके एक फलक पर और V.P. के समानांतर दूसरे फलक पर टिके घन का सम्मुख दृश्य है
   (a) आयत
   (b) वर्ग
   (c) चतुर्भुज
   (d) विषमकोण
15. यदि किसी शंकु के छिन्नक को उसके आधार पर H.P. पर रखा जाता है, तो इसका शीर्ष दृश्य होगा
   (a) एक बिंदु
   (b) एक क्षेत्र में
   (c) दो वृत्त
   (d) एक दीर्घवृत्त और एक वृत्त

उत्तर कुंजी (अभ्यास :3.1)

1-(b), 2-(d), 3-(b), 4-(b), 5-(c), 6-(d), 7-(b), 8-(b), 9-(d), 10-(c), 11-(b), 12-(c), 13-(c), 14-(b), 15-(c)

अभ्यास 3.2 : लघु और दीर्घ उत्तरीय प्रश्न

श्रेणी I

1. ठोस को परिभाषित कीजिए और उसका वर्गीकरण कीजिए।
2. बहुफलकीय और उसके वर्गीकरण को परिभाषित कीजिए।
3. ठोस के परिक्रमण और उसके प्रकारों को परिभाषित करें।
4. प्रिज्म और पिरामिड में क्या अंतर है?
5. फ्रस्टम और ट्रंकेटेड में क्या अंतर है?
6. जब किसी ठोस वस्तु की अक्ष H.P. के लंबवत हो तो उसका प्रक्षेपण खींचने के लिए उपयोग किए जाने वाले चरणों को लिखें
7. जब किसी ठोस वस्तु की अक्ष V.P. के लंबवत हो तो उसका प्रक्षेपण खींचने के लिए उपयोग किए जाने वाले चरणों को लिखें
8. एक पंचकोणीय प्रिज्म के प्रक्षेपण को आकर्षित करने के लिए उपयोग किए जाने वाले चरणों को लिखें, जब इसकी अक्ष H.P. और V.P. के समानांतर हो
9. जब किसी बेलन की अक्ष H.P. और V.P. दोनों की ओर झुकी हो तो उसका प्रक्षेपण करने के लिए प्रयुक्त चरणों को लिखिए

10. रिक्त स्थान भरें:

(i) तीन विमाओं वाली वस्तु को ……….. कहते हैं।

(ii) एक आयत को उसकी एक भुजा के चारों ओर घुमाने पर जो ठोस बनता है वह ………..

(iii) चार समान समबाहु त्रिभुज वाले फलक वाले ठोस को ………………

श्रेणी II

11. इंजीनियरिंग ड्राइंग में आमतौर पर इस्तेमाल होने वाले विभिन्न प्रकार के ठोस पदार्थों को वर्गीकृत करें
12. फ्लोर प्लान क्या है? फ्लोर प्लान ड्रॉइंग कैसे बनाएं?
13. फ्लोर प्लान ड्रॉइंग की विशेषताओं की व्याख्या करें।
14. उद्योगों में ठोसों के प्रक्षेपण के अनुप्रयोगों के बारे में विस्तार से बताएं।
15. ठोसों के प्रक्षेपण की शब्दावली की व्याख्या कीजिए।

अभ्यास 3.3: प्रायोगिक अभ्यास

1. एक पंचकोणीय प्रिज्म का प्रक्षेपण खीचें जिसका आधार 30 मिमी और अक्ष 60 मिमी लंबा है। यह H.P. पर अपने एक आयताकार फलक पर टिका हुआ है और अक्ष 45° से V.P. पर झुका हुआ है
2. 30 मिमी की ओर और 60 मिमी अक्ष का षट्कोणीय पिरामिड H.P. पर अपने आधार के किनारे के साथ टिकी हुई है और H.P. के साथ 35 डिग्री का कोण बनाता है और V.P. के समानांतर है इसके प्रक्षेपण को बनाएं।
3. V.P. पर आधार वृत्त के एक बिंदु पर टिके हुए 25 मिमी त्रिज्या और 60 मिमी अक्ष के एक लम्ब वृत्तीय बेलन का प्रक्षेपण खीचें और इसकी अक्ष V.P. के साथ 50° का कोण बनाती है अक्ष का सम्मुख दृश्य H.P. पर 30° से झुका हुआ है I
4. आधार त्रिज्या 25 मिमी और 60 मिमी अक्ष का एक शंकु इसके एक फलक पर H.P. पर टिका हुआ है। अक्ष दोनों संदर्भ तलों के समानांतर है। प्रक्षेपण का आरेख करें।
5. आधार व्यास 40 मिमी और अक्ष ऊंचाई 60 मिमी का एक शंकु अपने आधार वृत्त के एक बिंदु पर सतह पर टिका हुआ है, जैसे कि शंकु की अक्ष 40^0 H.P. और 30^0 V.P. पर झुकी हुई है। इसके सम्मुख और शीर्ष के दृश्य बनाएं।
6. आधार 30 मिमी और अक्ष 60 मिमी लंबे एक षट्कोणीय पिरामिड के प्रक्षेपण को H.P. में इसके आधार किनारों में से एक पर 30^0 से H.P. पर झुका हुआ है। और अक्ष का शीर्ष दृश्य 45^0 से V.P. है।
7. एक पंचकोणीय प्रिज्म, आधार 25 मिमी पक्ष और 50 मिमी लंबे अक्ष के प्रक्षेपणणों को H.P. पर इसके एक आयताकार फलक पर रखें, जिसमें अक्ष 45^0 से V.P. तक झुका हो।
8. एक समबाहु त्रिभुजाकार प्रिज्म आधार का 20 मिमी का पक्ष और 50 मिमी लंबा H.P. पर इसके छोटे किनारों में से एक के साथ टिकी हुई है, जैसे कि आयताकार फलक जिस पर प्रिज्म टिकी हुई है वह 30^0 से H.P. पर झुकी हुई है। प्रिज्म जिस किनारे पर टिका है, वह 60^0 से V.P. पर झुका हुआ है। इसके प्रक्षेपण को खींचिए।
9. आधार 40x50 मिमी और ऊंचाई 70 मिमी के पक्षों के आयताकार पिरामिड के शीर्ष और सामने के दृश्य बनाएं, जब यह H.P.

पर अपने बड़े त्रिकोणीय फलक में से एक पर स्थित हो। H.P. पर पड़े त्रिकोणीय फलक के आधार का लंबा किनारा शीर्ष दृश्य में 60^0 से V.P. पर झुका हुआ है, जिसमें पिरामिड का शीर्ष V.P. के निकट है।

10. 25 मिमी पार्श्व आधार और 65 मिमी ऊँचाई वाले एक पंचकोणीय पिरामिड का एक तिरछा फलक क्षैतिज तल पर होता है और उस तिरछे फलक द्वारा समाहित आधार का किनारा V.P. से 25^0 का कोण बनाता है पिरामिड के प्रक्षेपण का आरेख करें।

अधिक जानिए

फ्लोर प्लान ऑनरेखा ऐप: रूम स्केचर

रूमस्केचर ऐप का उपयोग करके ऑनरेखा फ्लोर प्लान बनाएं, रूमस्केचर ऐप के साथ, फ्लोर प्लान बनाना आसान है। रूमस्केचर पीसी(PC), मैक और टैबलेट पर काम करता है और प्रोजेक्ट्स सभी डिवाइसों में तालमेल (सिंक्रोनाइज़) करता है ताकि यूजर फ्लोर प्लान को कहीं भी एक्सेस(अभिगमन) कर सके। एक फ्लोर प्लान बनाएं, जिसमे फर्नीचर और फिक्स्चर जोड़ें, और फिर प्रिंट करें और पैमाने पर डाउनलोड करें।

जब फ्लोर प्लान पूरा हो जाए, तो हाई-रिज़ॉल्यूशन 2D और 3D फ्लोर प्लान बनाएं, जिन्हें जेपीजी(JPG), पीएनजी(PNG) और पीडीएफ(PDF) में प्रिंट करके डाउनलोड किया जा सकता है। फ्लोर प्लान बनाने के अलावा, ऐप शानदार 360^0 व्यू, डिज़ाइन की खूबसूरत 3D तस्वीरें और इंटरेक्टिव लाइव 3D फ्लोर प्लान भी बना सकता है जो उपयोगकर्ताओं को फ्लोर प्लान का 3D वॉकथ्रू लेने की अनुमति देता है।

डिजाइन गतिविधि

कार्डबोर्ड/मोटे कागज की सहायता से निम्नलिखित ठोसों का विकास(ड़ेवोलप्मेंट) करना और फिर उन आकृतियों के लम्बकोणीय दृश्य बनाना- जो कि ऊपर, सामने और पार्श्व जैसे दृश्य हैं।

1. घन और घनाभ
2. प्रिज्म और पिरामिड (त्रिकोणीय, वर्गाकार, पंचकोणीय और षट्कोणीय)
3. लम्ब गोलाकार सिलेंडर और शंकु

रोचक तथ्य

- परिप्रेक्ष्य प्रक्षेपण में कैमरे की फोकल लंबाई और दूरी को अनंत तक बढ़ाने से लंबकोणीय प्रक्षेपण होता है।
- टेट्राहेड्रोन पिरामिड के प्रकारों में से एक है, जो एक पॉलीहेड्रॉन है जिसमें त्रिकोणीय फलक होते हैं जो आधार को एक सामान्य बिंदु और एक समतल बहुभुज आधार से जोड़ते हैं। एक चतुष्फलक का एक त्रिभुजाकार आधार होता है, इसलिए इसे त्रिभुजाकार पिरामिड भी कहा जाता है।

अनुप्रयोग

एक ठोस के आकार को इसके दो लंबकोणीय प्रक्षेपण को चित्रित करके, आमतौर पर प्रक्षेपण के दो प्रमुख तलों यानी H.P. और V.P. पर चित्रित करके वर्णित किया जाता है।

डिजाइन और विकास में तीसरे पक्ष को डिजाइन बनाने में सक्षम बनाने के लिए काम करने वाले चित्र और भागों की सूची बनाना शामिल है। निर्माताओं को उत्पादन की योजना बनाने में मदद करने के लिए उनका उपयोग हर कोण से एक वस्तु को दिखाने के लिए किया जाता है।

वृत्त अध्ययन

लंबकोणीय प्रक्षेपण के जनक:

गैसपार्ड मोंगे (1746 -1818) एक फ्रांसीसी गणितज्ञ और वर्णनात्मक ज्यामिति के जनक थे। उन्हें एक ऐसी प्रणाली तैयार की गई थी जिसका इस्तेमाल दुनिया भर में किसी को भी किसी वस्तु को संप्रेषित करने के लिए किया जा सकता था। इस प्रणाली को लंबकोणीय प्रक्षेपण कहा जाता है और इसे सेना के इंजीनियरों द्वारा जल्दी से अपनाया गया था। हालाँकि फ्रांस युद्ध में था और मोंगे की प्रणाली को गुप्त रखा गया था। कई साल बाद तक मोंगे को अपनी प्रणाली को प्रकाशित करने और सिखाने की अनुमति नहीं दी गई थी। शीघ्र ही यह प्रणाली पूरे विश्व में फैल गई और विश्व उद्योग में क्रांति आ गई।

वीडियो साधन / शैक्षिक वेबसाइट्स हेतु सुझाव

1. https://youtu.be/4mxUshGia-s
2. https://youtu.be/Cw1qTI2f2nY
3. https://youtu.be/r4Ok0F41oM4?t=181
4. https://youtu.be/rgsD3C4uQoM

4 ठोस का परिच्छेद दृश्य

पाठ्यक्रम विशिष्ट

यह इकाई, " ठोस का परिच्छेद दृश्य ", विद्यार्थियों को प्रिज्म, बेलन, पिरामिड और शंकु जैसे ठोस पदार्थों की सतहों के परिच्छेदन, परिच्छेद दृश्य और सतह का परिवर्धन के विभिन्न तरीकों को सीखने और समझने की अनुमति देगा। विभिन्न उद्योगों में उपयोग की जाने वाली वस्तुओं के परिच्छेद लंबकोणीय दृश्यों को भी शामिल किया गया है।

भूमिका

गढ़े हुए चादर धातु भागों और प्रौद्योगिकी और उद्योग में उनके व्यावहारिक अनुप्रयोग की स्पष्ट समझ पैदा करने के लिए ठोस का परिच्छेद और उनके परिवर्धन का ज्ञान बहुत आवश्यक है।

पूर्व अपेक्षित ज्ञान

बुनियादी ज्यामितीय ठोसों और उनके लंबकोणीय प्रक्षेपण का ज्ञान।

यूनिट आउटकम्स(UO)

इस यूनिट के पूर्ण अध्ययन करने के बाद, विधार्थी निम्न में सक्षम होंगे:

1. ठोस का परिच्छेद बनाएँ।
2. प्रिज्म, पिरामिड, बेलन और शंकु जैसे ठोस पदार्थों के परिच्छेद दृश्य बनाएं।
3. पार्श्वक तलों में ठोस परिच्छेद बनाएँ।
4. औद्योगिक वस्तुओं के लिए तकनीक लागू करें।

कोर्स आउटकम्स (COs) के साथ यूनिट आउटकम्स (UOs) का परस्पर सम्बंध :

यूनिट -4 आउटकम्स	कोर्स आउटकम्स (CO) के साथ अपेक्षित संबंध *(1- कमजोर सहसंबंध; 2- मध्यम सहसंबंध; 3- मजबूत सहसंबंध)*				
	CO-1	**CO-2**	**CO-3**	**CO-4**	**CO-5**
U4-O1	2	1	-	-	-
U4-O2	2	2	-	-	-
U4-O3	1	2	-	-	-
U4-O4	-	2	-	-	3

4.1 ठोस के परिच्छेद का परिचय

लंबकोणीय दृश्यों में दृश्य विशेषताओं की रूपरेखा गहरी और निरंतर रेखाओं में खींची जाती है, जबकि जिन विशेषताओं को नहीं देखा जाता है उन्हें डैश रेखा (लुप्त रेखा) का उपयोग करके वर्णित किया जाता है। मान लेते है की प्रक्षेपणक और कर्तन तल के बीच का हिस्सा हटा दिया गया है और जिससे आंतरिक विवरण दिखाई देता है। काल्पनिक तल को परिच्छेद तल या कर्तन तल कहा जाता है। परिच्छेद तल द्वारा वास्तु को काटकर बनाई गई सतह को परिच्छेद कहा जाता है। वस्तु के शेष भाग के साथ परिच्छेद के प्रक्षेपणण को परिच्छेद दृश्य कहा जाता है। कभी-कभी, परिच्छेद दृश्य को दर्शाने के लिए केवल परिच्छेद शब्द का भी उपयोग किया जाता है।

4.2 परिच्छेद दृश्य के प्रकार

परिच्छेद दृश्य एक इंजीनियरिंग आरेख में छिपे हुए विवरणों को प्रकट करते हैं, ये दृश्य प्रदर्शित करते हैं कि एक कर्तन तल, आरेख द्वारा दर्शाए गए वस्तु के हिस्से को हटा दिया है, जो आंतरिक के उपयुक्त परिच्छेद को प्रदर्शित करता है। इस प्रक्रिया में विभिन्न प्रकार के परिच्छेद दृश्य उनकी सहायता करते हैं।

4.2.1 पूर्ण परिच्छेद (फुल सेक्शन)

जब एक कर्तन वाला तल AA पूरी तरह से किसी वस्तु से होकर गुजरता है, तो परिणामी परिच्छेद को पूर्ण परिच्छेद कहा जाता है जैसा कि चित्र 4.1 में दिखाया गया है।

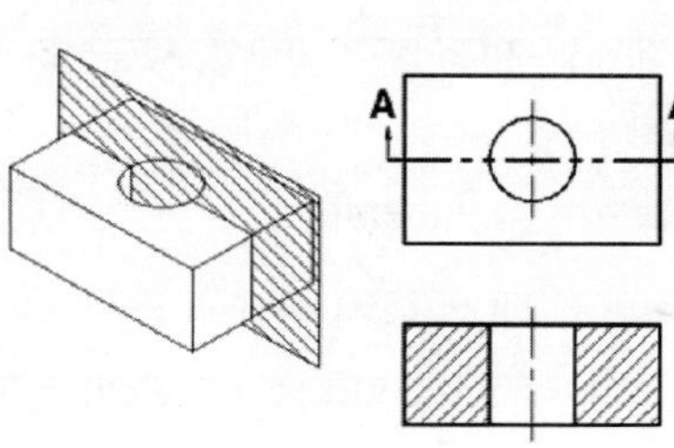

Section Views

चित्र 4.1: पूर्ण परिच्छेद दृश्य

विशेषताएं:

a. कर्तन तल रेखा के अंत में तीर परिच्छेद दृश्य के दृष्टि की दिशा को इंगित करते हैं।

b. यदि दृश्य लंबकोणीय स्थिति में है तो कर्तन तल रेखा को छोड़ा जा सकता है।

c. कर्तन तल के पीछे सभी दृश्यमान किनारों और आकृति को खींचा जाना चाहिए; अन्यथा, एक परिच्छेद बिना जुड़े या असंबंधित भागों से बना दिखाई देगा।

d. परिच्छेद दृश्य में लुप्त पंक्तियों को छोड़ देना चाहिए। ज्यादातर मामलों में, वे एक आरेखइंग पर भ्रम पैदा करते हैं। हालाँकि, यदि स्पष्टता के लिए आवश्यक हो, या अतिरिक्त दृश्य की आवश्यकता को कम करने के लिए लुप्त रेखाओं का उपयोग किया जा सकता है।

e. परिच्छेद-रेखाओ के क्षेत्रों को पूरी तरह से दृश्यमान रेखाओं से होना चाहिए-कभी भी लुप्त रेखा से नहीं।

f. किसी दृश्यमान रेखा को परिच्छेद-रेखा वाले क्षेत्र में कभी भी पार न करने दें।

4.2.2 अर्ध परिच्छेद (हाफ सेक्शन)

यदि काटने वाला तल केवल किसी वस्तु के मध्य से गुजरता है, और वस्तु का एक चौथाई भाग हटा दिया जाता है, तो परिणामी परिच्छेद अर्ध परिच्छेद होता है जैसा कि चित्र 4.2 में दिखाया गया है।

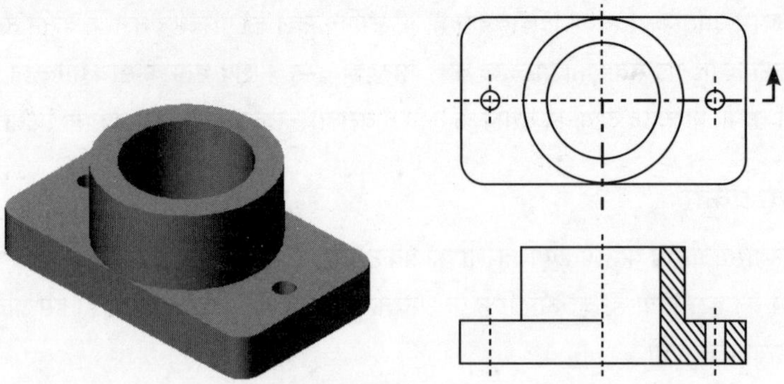

चित्र 4.2: अर्ध परिच्छेद दृश्य

विशेषताएं:

a. आंतरिक और बाहरी विशेषताओं को एक ही दृश्य में दिखाता है।

b. दो कर्तन तलों को एक दूसरे के समकोण पर पारित किया जाता है, जिसमें कर्तन तल केवल मध्य से गुजरते हैं और वस्तु का एक चौथाई हिस्सा हटा दिया जाता है।

c. इसका उपयोग तब किया जाता है जब वस्तु सममित होती है।

d. लुप्त रेखाओं को बिना परिच्छेद के आधे से केंद्र रेखा द्वारा छोड़ा जा सकता है।

e. अर्धपरिच्छेद को बिना परिच्छेद के आधे से केंद्र रेखा द्वारा आधे से अलग किया जाता है।

4.2.3 सम्बवत् परिच्छेद(ओफ़्सेट सेक्शन)

ऑफसेट परिच्छेद में किसी वस्तु की कई विशेषताएं जो एक सीधी रेखा में नहीं होती हैं, उन्हें एक परिच्छेद में शामिल किया जा सकता है। कर्तन तल- रेखा मुड़ी हुई है या "सम्बवत्" भाग की विशेषताओं से गुजरने के लिए है (जिसे शामिल करने की आवश्यकता है) जैसा कि चित्र 4.3 में दिखाया गया है।

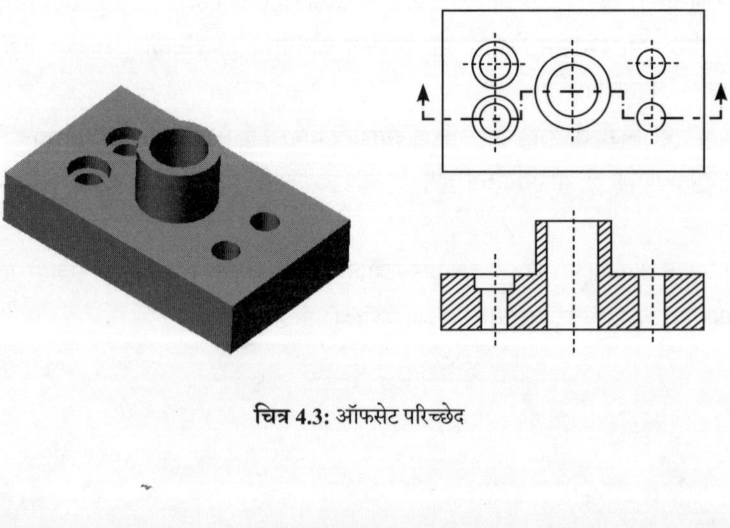

चित्र 4.3: ऑफसेट परिच्छेद

विशेषताएं:

a. अनियमित वस्तुओं के माध्यम से सेक्शनिंग करते समय, अक्सर उन विशेषताओं को दिखाना वांछनीय होता है जो "ऑफसेटिंग" या कर्तन तल को मोड़कर सीधी रेखा में प्रस्तुत नहीं करता हैं। ऐसे परिच्छेद को ऑफ़सेट परिच्छेद कहा जाता है।

b. कर्तन तल एक या अधिक 90-डिग्री कोणों पर मुड़ा हुआ है ताकि यह महत्वपूर्ण विशेषताओं से गुजरे।

c. तल का परिवर्तन जो तब होता है जब काटने वाला तल 90 डिग्री मुड़ा हुआ होता है, परिच्छेद दृश्य में रेखाओं के साथ प्रदर्शित नहीं होता है।

4.2.4 परिक्रामी परिच्छेद (रिवाल्व सेक्शन)

एक घुमाया हुआ परिच्छेद किसी वस्तु के आकार को दिखाता है, दर्शक का सम्मुख परिच्छेद को 90 डिग्री घुमाता है। चित्र 4.4 परिक्रमित परिच्छेद को दर्शाता है।

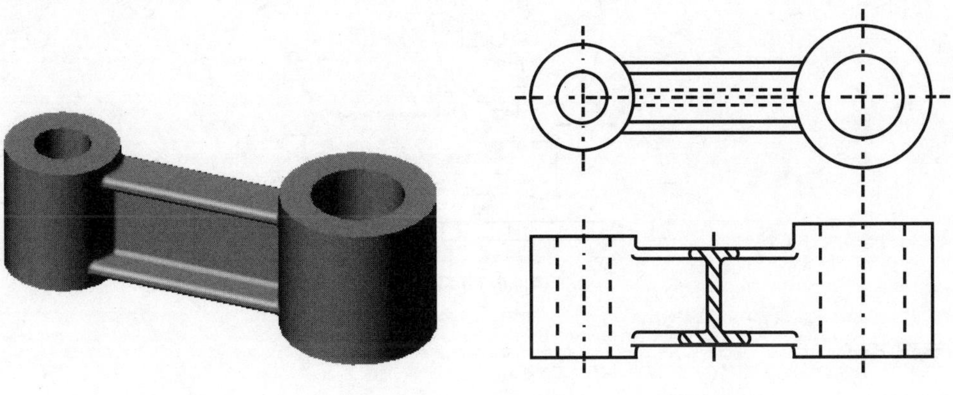

चित्र 4.4: परिक्रामी परिच्छेद

विशेषताएं:

a. एक हैंडल, स्पोक या अन्य लम्बी विशेषताओं के क्रॉस परिच्छेदल आकार का प्रतिनिधित्व करने के लिए उपयोग किया जाता है।

b. लंबकोणीय दृश्य पर परिच्छेद दृश्य कोअध्यारोपित करना करें।

c. छोटी ब्रेक लाइनों का उपयोग करके दृश्य को "अलग से दिखाना" या लंबकोणीय लाइनों को परिच्छेद आरेखण को छूना है।

d. क्रॉस परिच्छेद को फिट करने के लिए विकृत नहीं किया जाता है, बल्कि इसे सही आकृति और आकार में खींचा जाता है जब तक कि इसे भी हटाया न जाए।

4.2.5 हटाए गए परिच्छेद

दृश्यों की मानक व्यवस्था में अपनी सामान्य अनुमानित स्थिति से हटाए गए परिच्छेद को "हटाया गया" परिच्छेद कहा जाता है जैसा कि चित्र 4.5 में दिखाया गया है। इस तरह के परिच्छेदों को परिच्छेद A-A, परिच्छेद B-B, आदि अंकितक किया जाता है, जो कर्तन तल रेखा के सिरों पर निर्दिष्ट अक्षर के अनुरूप होता है।

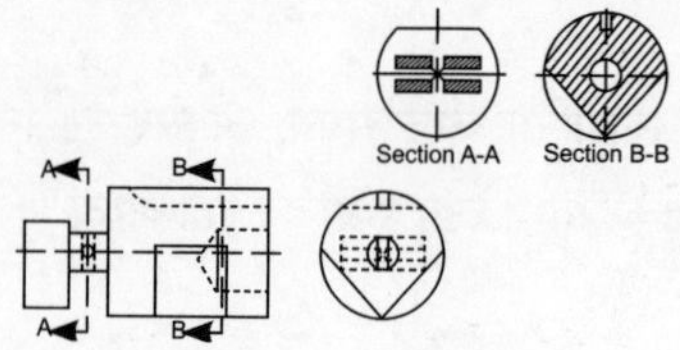

चित्र 4.5: हटाया गया परिच्छेद

4.2.6 खंडित परिच्छेद (ब्रोकन आउट सेक्शन)

एक खंडित परिच्छेद मौजूदा आरेखण दृश्य का हिस्सा है न कि एक अलग दृश्य का। आंतरिक विवरण को उजागर करने के लिए सामग्री को एक निर्दिष्ट गहराई तक हटा दिया जाता है। चित्र 4.6 में, खंडित परिच्छेद को एक मुक्त हस्त खंडित रेखा द्वारा हटा दिया जाता है।

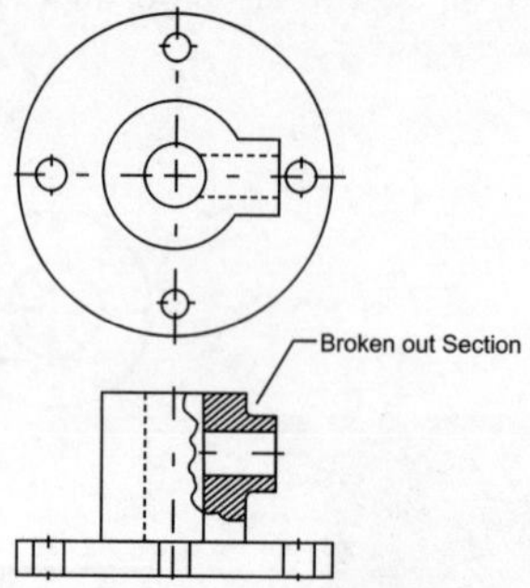

चित्र 4.6: खंडित परिच्छेद

4.3 परिच्छेद तले

लंबकोणीय दृश्यों में परिच्छेद तल को उनके अनुरेख द्वारा दर्शाया जाता है। इन परिच्छेद तलों को इस प्रकार चुना जाता है कि वे संदर्भ तलों में से एक के लंबवत होते हैं और दूसरे की ओर झुके होते हैं, इस प्रकार उस परिच्छेद के अनुरेख का संकेत देते हैं जो उस दृश्य में वस्तु को काटा जायेगा। यह ध्यान रखना महत्वपूर्ण है कि एक परिच्छेद तल का प्रक्षेपणण, जिस तल पर यह लंबवत है, एक सीधी रेखा है। यह रेखा संदर्भ रेखा के समानांतर, लंबवत या झुकी हुई होगी।

4.3.1 परिच्छेद तल का निरूपण

चित्र 4.7 में दिखाए गए अनुसार तीरों के साथ समाप्त एक भारी लंबी-छोटी-छोटी-लंबी रेखा द्वारा एक परिच्छेद तल को एक आरेखण पर दर्शाया गया है। तीर की दिशा दृष्टि की रेखा को इंगित करती है। कर्तन तल के अंत में दृष्टि तीर हमेशा कर्तन तल के लंबवत होते हैं।

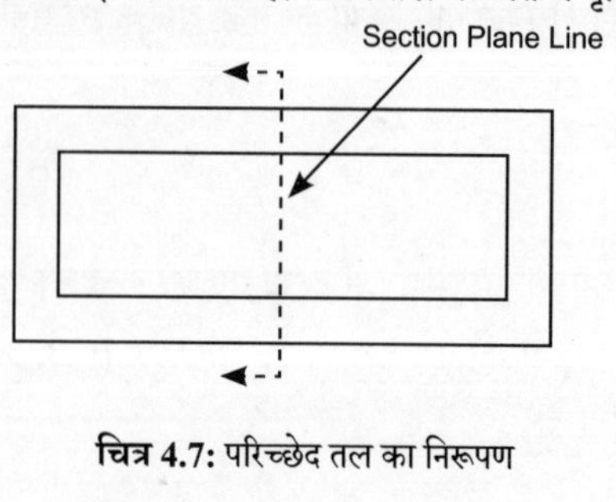

चित्र 4.7: परिच्छेद तल का निरूपण

4.3.2 परिच्छेद रेखाएं

परिच्छेद रेखाएं यह इंगित करने के लिए उपयोग किया जाता है कि कर्तन तल पदार्थ को कहाँ काटता है। परिच्छेद रेखाएँ पतली होती हैं और प्रतीकों (रेखाओं के प्रकार) को वस्तु की पदार्थ के अनुसार चुना जाता है जैसा कि चित्र 4.8 में दिखाया गया है। परिच्छेद रेखाएँ सामान्यतः 45° के कोण पर खींची जाती हैं।

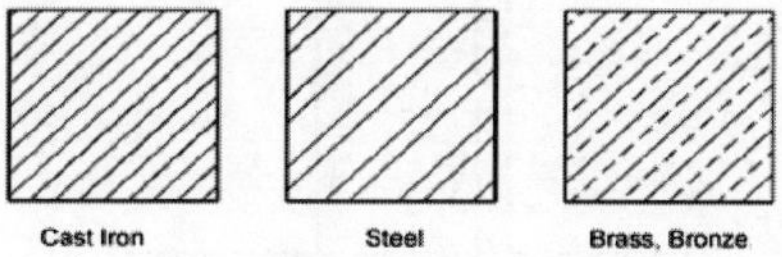

चित्र 4.8: परिच्छेद संरेखण

4.3.3 परिच्छेद तल के प्रकार

परिच्छेद तल मुख्य रूप से चार प्रकार के होते हैं, जो इस बात पर निर्भर करता है कि परिच्छेद तल समानांतर, लंबवत है या दूसरे सन्दर्भ तल की ओर झुका हुआ है।

1. परिच्छेद तल V.P. के लंबवत और H.P. के समानांतर

इस वस्तुस्थिति में परिच्छेद तल एक ऊर्ध्वाधर अनुरेख है और यह एक सीधी रेखा समानांतर और रेखा XY के ऊपर होगी जैसा कि चित्र 4.9 में दिखाया गया है।

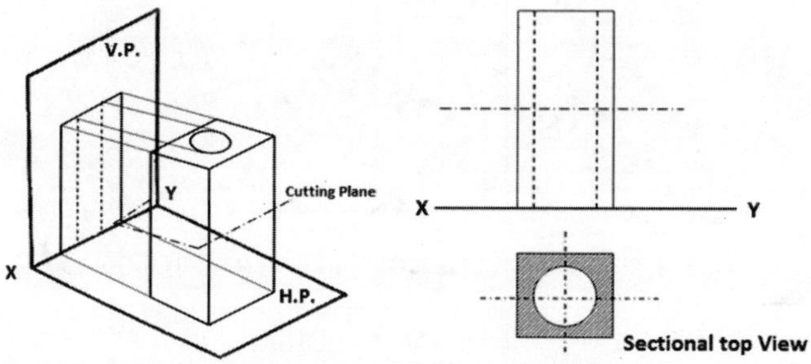

चित्र 4.9: V.P. के लंबवत और H.P. के समानांतर परिच्छेद तल

2. परिच्छेद तल H.P. के लंबवत V.P. के समानांतर

इस वस्तुस्थिति में परिच्छेद तल एक क्षैतिज अनुरेख है और रेखा XY के समानांतर और नीचे एक सीधी रेखा है जैसा कि चित्र 4.10 में दिखाया गया है।

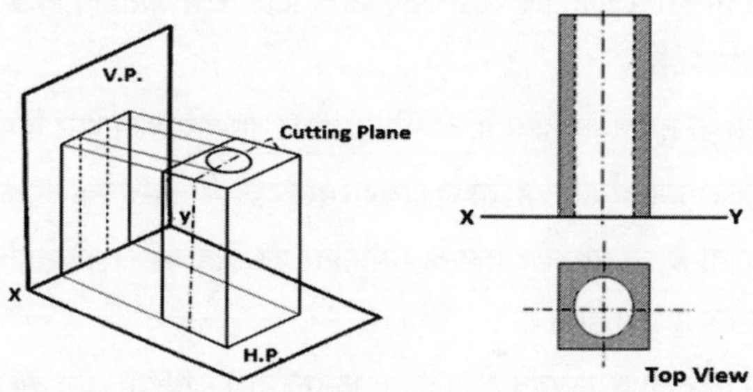

चित्र 4.10: H.P. के लंबवत और V.P. के समानांतर परिच्छेद तल

3. परिच्छेद तल H.P. के लंबवत है और V.P. की ओर झुका हुआ है

इस वस्तुस्थिति में परिच्छेद तल एक क्षैतिज निशान है और रेखा XY की ओर झुकी हुई एक सीधी रेखा होगी और रेखा XY के नीचे स्थित होगी जैसा कि चित्र 4.11 में दिखाया गया है।

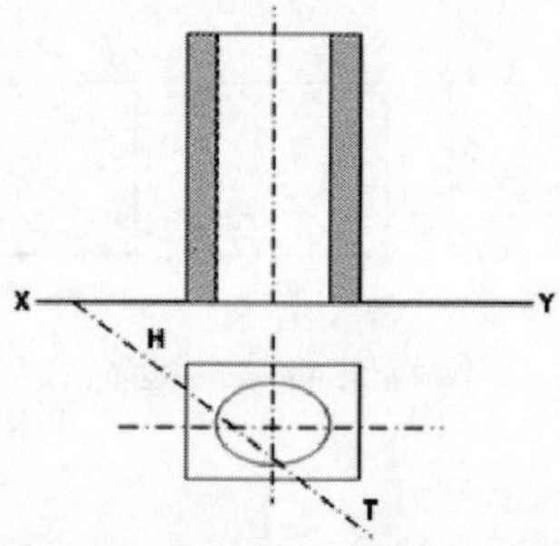

चित्र 4.11: H.P. के लंबवत और V.P. की ओर झुकी हुई परिच्छेद तल

4. परिच्छेद तल V.P. के लंबवत है और H.P. की ओर झुका हुआ है

इस स्थिति में परिच्छेद तल एक ऊर्ध्वाधर अनुरेखण है और रेखा XY की ओर झुकी हुई एक सीधी रेखा होगी और रेखा XY के ऊपर स्थित होगी जैसा कि चित्र 4.12 में दिखाया गया है।

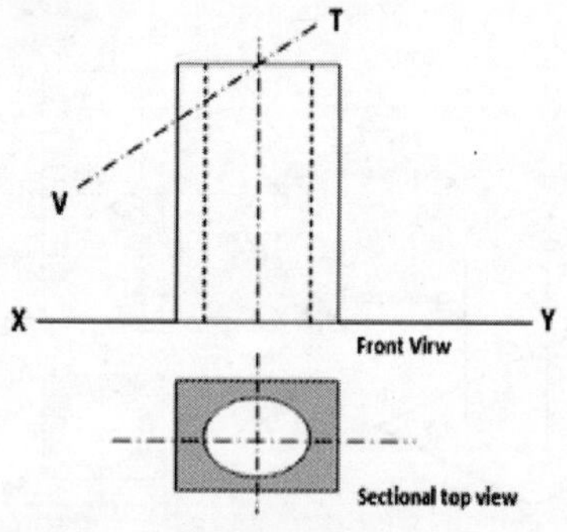

चित्र 4.12: V.P. के लंबवत है और H.P. की ओर झुकी हुई परिच्छेद तल

4.4 परिच्छेद का वास्तविक आकार

परिच्छेद तल के समानांतर एक तल पर परिच्छेद का प्रक्षेपण परिच्छेद का वास्तविक आकार दिखाएगा। यह कटी हुई सतह पर वस्तु को सामान्य देखने और परिच्छेद तल के समानांतर एक तल पर प्रक्षेपण करके प्राप्त किया जाता है। किसी परिच्छेद का सही आकार खोजने के लिए उपयोग की जाने वाली ये विधियाँ हैं:

1. जब परिच्छेद तल H.P. या के समानांतर होता है, तो परिच्छेद का वास्तविक आकार खंडीय शीर्ष दृश्य में देखा जाएगा।
2. जब परिच्छेद तल V.P. के समानांतर होता है, तो खंडीय सम्मुख दृश्य में वास्तविक आकार दिखाई देगा।
3. जब परिच्छेद तल झुका होता है, तो परिच्छेद तल के समानांतर एक सहायक तल पर परिच्छेद को प्रक्षेपण करना पड़ता है, ताकि उसका वास्तविक आकार प्राप्त हो सके।
4. जब परिच्छेद तल दोनों संदर्भ तलों के लंबवत होता है, तो खंडीय पार्श्व दृश्य परिच्छेद का वास्तविक आकार दिखाएगा।

4.5 परिच्छेदन की तकनीक

1. पहले अनुविक्षेप और उत्सेध बनाएं, और यदि आवश्यक हो तो अंत उत्सेध भी बनाएं।
2. तय करें कि किस दृश्य में परिच्छेद तल को रेखा दृश्य के रूप में देखा जाएगा।
3. वांछित स्थिति और झुकाव पर परिच्छेद दृश्य बनाएं।
4. ठोस के किनारों को चिह्नित करें जो परिच्छेद तल द्वारा काटे जाते हैं। दृश्यमान किनारों के बिंदु पहले इन किनारों पर और फिर किनारों पर छिपे हुए हैं उनको।
5. क्रम को ध्यान में रखते हुए बिंदुओं को मिलाएं।
6. वस्तु का वह भाग जो परिच्छेद के तल और प्रेक्षक के बीच आता है, हटाया हुआ माना जाता है; इसलिए इसे हल्की रेखाओं द्वारा दर्शाया जाता है।

हल किए गए उदाहरण

उदाहरण 4.1: आधार 30 मिमी और अक्ष 50 मिमी लंबा एक त्रिकोणीय प्रिज्म के किनारे H.P. पर इसके एक आयताकार फलक पर पड़ा है, जिसकी अक्ष 30° से V.P. पर झुकी हुई है। इसे H.P. से ऊपर 12 मिमी की दूरी पर एक H.P. द्वारा काटा जाता है। इसकी अनुविक्षेप और उत्सेध बनाएं।

दिए गए त्रिभुजाकार प्रिज्म की अनुविक्षेप और उत्सेध बनाने के लिए निम्नलिखित चरणों का उपयोग किया जाता है जैसा कि चित्र 4.13 में दर्शाया गया है:

1. सबसे पहले त्रिभुजाकार प्रिज्म को सरल स्थिति में प्रिज्म मानकर लंबकोणीय दृश्य बनाएं।
2. अनुविक्षेप को 30° झुकाकर, प्रक्षेपणण आरेख करें।
3. परिच्छेद तल H.P. से 12 मिमी ऊपर है, इसलिए झुकी हुई ऊंचाई में 12 मिमी की दूरी पर XY के ऊपर परिच्छेद तल रेखा बनाएं
4. परिच्छेद तल ठोस को किनारों पर 4 बिंदुओं पर काटता है a1'c1', b1'c1', 11'31' और 21'31'
5. a1'c1', b1'c1', 11'31' और 21'31' से प्रक्षेपणर आरेख करें और झुकी हुई अनुविक्षेप में संबंधित बिंदु प्राप्त करें।
6. बिंदुओं को उचित रूप से मिलाएं और परिच्छेद अनुविक्षेप को छायांकित करें

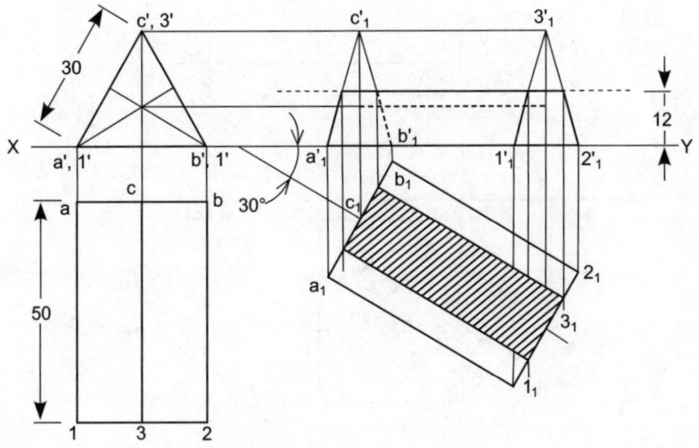

चित्र 4.13: प्रिज्म के परिच्छेद दृश्य

उदाहरण 4.2: एक वर्गाकार पिरामिड का आधार 40 मिमी किनारा और अक्ष 65 मिमी लंबा है जिसका आधार H.P. पर है और आधार के सभी किनारे समान रूप से V.P. की ओर झुके हुए हैं। इसे V.P. के लंबवत एक परिच्छेद तल द्वारा काटा जाता है और 45^0 पर H.P. पर झुका होता है और अक्ष को द्विभाजित करता है। इसकी परिच्छेद अनुविक्षेप, परिच्छेद अंत ऊंचाई और परिच्छेद का वास्तविक आकार बनाएं।

वर्ग पिरामिड के परिच्छेद दृश्य और वास्तविक आकार को खींचने के लिए निम्नलिखित चरणों का उपयोग किया जाता है, चित्र जो 4.14 में वर्णित किया गया है:

1. सबसे पहले वर्गाकार पिरामिड को सरल स्थिति में मानकर उसका लंबकोणीय दृश्य बनाइए।
2. 45^0 के कोण पर झुके हुए परिच्छेद तल को आरेख करें XY तक और अक्ष के केंद्र से गुजरते हुए (यानी, XY से 32.5 मिमी)।
3. परिच्छेद तल ठोस को किनारे AV में चार बिंदुओं s1, BV पर s2, CV पर s3 और DV पर s4 पर काटता है
4. s1,s2,s3,& s4 से प्रक्षेपण आरेख करें और संबंधित किनारों में संबंधित बिंदुओं को प्राप्त करें जैसे s1,s2,s3,& s4
5. परिच्छेद बिंदु s2 और s4 XY के लंबवत रेखा में हैं। उन्हें स्थानांतरित करने के लिए उन बिंदुओं को किसी एक बहरी किनारे पर ले जाएं "c'v' " (या a'v') और इसे "cv" (या av) पर प्रक्षेपण करें और इसे संबंधित किनारों पर स्थानांतरित करें "bv" और "dv"
6. बिंदुओं s1,s2,s3,& s4 को चक्रीय क्रम में मिलाएं और इसे परिच्छेद अनुविक्षेप के रूप में दिखाने के लिए भाग को हैच(रेखा छाया) करें
7. परिच्छेद का वास्तविक आकार:

   (a) एक उपयुक्त दूरी पर सामने की ऊंचाई में परिच्छेद तल के समानांतर एक रेखा खींचे

   (b) प्रक्षेपण s1, s2, s3, और s4 X1Y1 . के लंबवत बनाएं

   (c) अनुविक्षेप में XY से s1,s2,s3, और s4 की दूरी को मापें और उस दूरी को X1Y1 के लंबवत खींचे गए संबंधित प्रक्षेपण में चिह्नित करें और अंक s1, s2, s3, और s4 प्राप्त करें।

   (d) बिंदुओं को चक्रीय क्रम में मिलाइए और उन भाग को रेखाछाया बनाए।

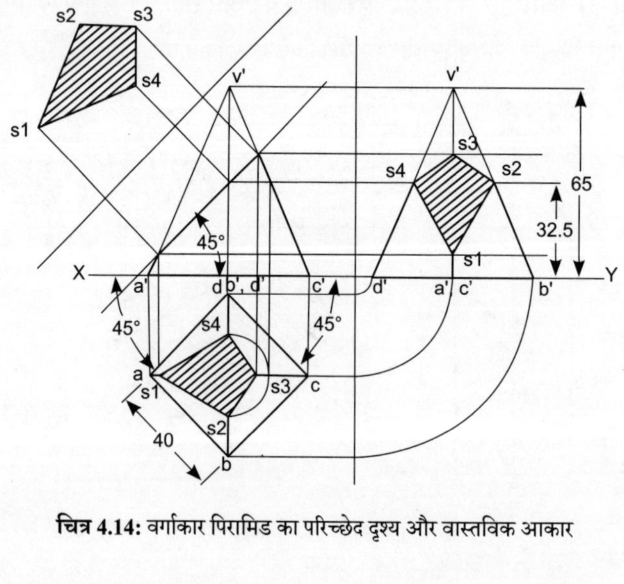

चित्र 4.14: वर्गाकार पिरामिड का परिच्छेद दृश्य और वास्तविक आकार

उदाहरण 4.3: आधार के 40 मिमी व्यास और 60 मिमी ऊंचाई का एक लम्ब गोलाकार शंकु H.P. पर खड़ा है। H.P. के लिए सामान्य और V.P. से 45^0 पर झुका हुआ एक तल अपनी अक्ष से 10 मिमी की दूरी पर शंकु को काटता है। परिच्छेद उत्सेध और परिच्छेद का वास्तविक आकार बनाएं।

लम्ब वृत्तीय शंकु की ऊंचाई और वास्तविक आकार खींचने के लिए निम्नलिखित चरणों का उपयोग किया जाता है, चित्र 4.15 में चित्रित करें:

1. पहले इसे साधारण स्थिति में मानते हुए लम्बकोणीय दृश्या बनाएं।
2. वृत्त के केंद्र से 10 मिमी की दूरी से गुजरते हुए XY से 45^0 के कोण पर झुके हुए परिच्छेद तल को खींचिए। केंद्र के रूप में शीर्ष v और त्रिज्या के रूप में 10 मिमी के साथ एक वृत्त बनाएं और परिच्छेद तल को वृत्त के स्पशरिखा के रूप में खींचा जाना चाहिए।
3. परिच्छेद तल शंकु के आधार और जनित्र को बिंदु s1, s2, s3, s4, और s5 पर काटेगा जैसा कि चित्र में दिखाया गया है।
4. पिछले उदाहरण (4.2) में बताए अनुसार परिच्छेद अनुविक्षेप और परिच्छेद का सही आकार प्राप्त करें।

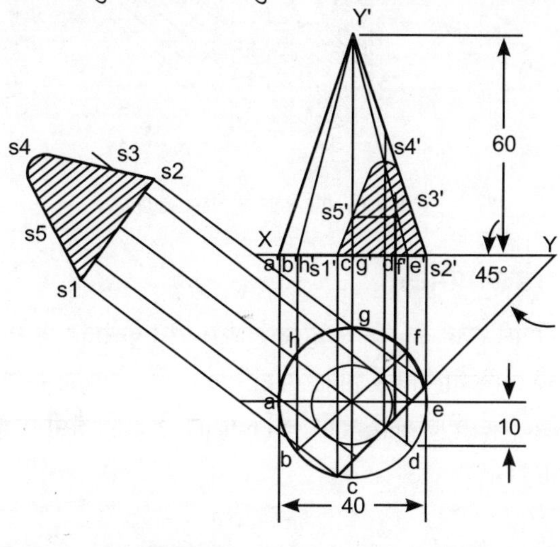

चित्र 4.15: परिच्छेद दृश्य और लंब गोलाकार शंकु का वास्तविक आकार

उदाहरण 4.4: बेलन A का 40 मिमी व्यास, 60 मिमी ऊंचाई और इसकी अक्ष लंबवत होने पर, V.P. के लंबवत एक परिच्छेद तल द्वारा काटा जाता है, जो H.P. से 45 डिग्री पर झुका होता है और आधार से 32 मिमी ऊपर अक्ष को काटता है। इसका सम्मुख दृश्य, परिच्छेदल शीर्षदृश्य, परिच्छेदल पार्श्वदृश्य और परिच्छेद का वास्तविक आकार बनाएं।

दिए गए बेलन के परिच्छेद दृश्य खींचने के लिए निम्नलिखित चरणों का उपयोग किया जाता है जैसा कि चित्र 4.16 में दिखाया गया है:

1. चूंकि बेलन में कोई किनारा नहीं होता है, इसलिए वृत्तआधार को 12 बराबर भागों में विभाजित करके जनित्र का प्रतिनिधित्व करने वाली कई रेखाएं इसकी वक्र सतह पर मानी जा सकती हैं।
2. उन बिंदुओं के नाम दीजिए जिन पर VT द्वारा इन रेखाओं को काटा जाता है। शीर्ष दृश्य में, ये बिंदु वृत्त पर स्थित होते हैं और इसलिए, वही वृत्त परिच्छेद का शीर्ष दृश्य है। किसी भी बिंदु पर परिच्छेद की चौड़ाई, मान लीजिए c', शीर्ष दृश्य में कॉर्ड cc1 की लंबाई के बराबर होगी।
3. परिच्छेद का वास्तविक आकार VT के समानांतर खींची गई केंद्र रेखा ag के चारों ओर खींचा जा सकता है जैसा कि दिखाया

गया है। यह एक दीर्घवृत्त है जिसका प्रमुख अक्ष परिच्छेद तल की लंबाई के बराबर है अर्थात। a'g', और लघु अक्ष dd1 बेलन के व्यास के बराबर है।

4. दिखाए गए अनुसार परिच्छेदल पार्श्व दृश्य को प्रक्षेपण करें। परिच्छेद को एक वृत्त के रूप में देखा जाएगा क्योंकि परिच्छेद तल xy के साथ 45° का कोण बनाता है।

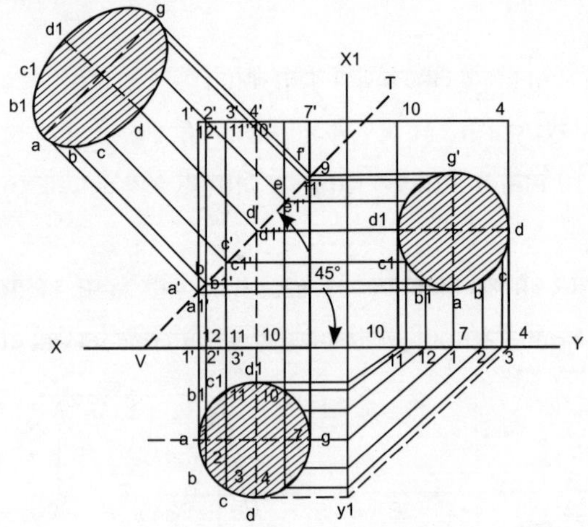

चित्र 4.16: एक बेलन के परिच्छेद दृश्य

4.6 ठोस सतहों का परिवर्धन (डेव्लोपमेंट)

एक समतल पर किसी ठोस वस्तु की पूरी सतह का एक लेआउट(ख़ाका) वस्तु के सतह या सपाट पैटर्न का परिवर्धन कहलाता है। परिवर्धन में वस्तु की क्रमिक सतहों को उसके वास्तविक आकार में खींचना शामिल है। शीट मेटल से बनी वस्तुओं के निर्माण में सतहों का परिवर्धन बहुत महत्वपूर्ण है। कंटेनर, बॉक्स, बॉयलर, हॉपर, बर्तन, फ़नल, ट्रे आदि जैसी वस्तुएं सतहों के परिवर्धनके सिद्धांत का उपयोग करके शीट मेटल से बनी होती हैं।

Development of Surfaces - I

4.6.1 परिवर्धन का सिद्धांत

परिवर्धन की प्रत्येक रेखा को विकसित सतह पर संबंधित रेखा की सही लंबाई दिखानी चाहिए।

4.6.2 परिवर्धन के तरीके

किसी ठोस का परिवर्धन करने के लिए अपनाई जाने वाली विधि उसकी पार्श्व सतहों की प्रकृति पर निर्भर करती है। ठोसों के वर्गीकरण के आधार पर परिवर्धन की विधियाँ निम्नलिखित हैं।

1. समानांतर-रेखा विधि (पेरालर लाइन मेथड):

इसका उपयोग प्रिज्म और एकल वक्राकार सतहों जैसे सिलिंडर को विकसित करने के लिए किया जाता है, जिसमें पार्श्व सतहों के सभी किनारे/जनित्र एक दूसरे के समानांतर होते हैं।

2. त्रिज्यीय-रेखा विधि (रेडियल लाइन मेथड):

इसका उपयोग पिरामिडों और शंकु जैसी एकल वक्राकार सतहों के लिए किया जाता है जिसमें शीर्ष को केंद्र के रूप में लिया जाता है और इसके परिवर्धन की त्रिज्या के रूप में तिरछा किनारा या जनित्र किया जाता है।

3. त्रिभुजन विधि (ट्राइऐंगग्यलेशन लाइन मेथड):

इसका उपयोग ट्रांजिशन पीस विकसित करने के लिए किया जाता है।

4. अनुमानित विधि (अप्राक्समैट लाइन मेथड):

इसका उपयोग गोले जैसी दोहरी वक्राकार सतहों के लिए किया जाता है, क्योंकि सैद्धांतिक रूप से इनका परिवर्धन संभव नहीं है। गोले की सतह को अनुमानित विधि द्वारा परिवर्धन किया जाता है। जब सतह को काटने वाले तलों की एक श्रृंखला द्वारा काटा जाता है, तो कटी हुई सतहों को एक क्षेत्र कहा जाता है।

4.6.3 नियमित लंब ठोस का परिवर्धन

यदि किसी ठोस की सतह को समतल सतह पर बिछाया जाए तो इस प्रकार प्राप्त आकृति उस ठोस का परिवर्धन कहलाती है। दूसरे शब्दों में, एक ठोस का परिवर्धन एक सादे शीट का आकार है जिसे उचित तह द्वारा संबंधित ठोस के आकार में परिवर्तित किया जा सकता है। विभिन्न प्रकार के ठोसों का परिवर्धन इस प्रकार है:

1. एक लंब प्रिज्म का परिवर्धन:

एक दाहिने प्रिज्म में आयताकार फलक होते हैं जो पूरी तरह से साइड के चेहरों से जुड़े होते हैं। आयत की भुजाएँ आधार किनारे की लंबाई और प्रिज्म की ऊँचाई के बराबर होती हैं।

एक लंब नियमित प्रिज्म परिवर्धन करने के लिए, इन चरणों का पालन करें, जैसा कि चित्र 4.17 में दिखाया गया है:

1. आवश्यक स्थिति में प्रिज्म के सामने का दृश्य और शीर्ष दृश्य बनाएं।
2. आधार के परिमाप के बराबर क्षैतिज रेखा को खींचकर चार बराबर भागों में बाँट लें।
3. प्रत्येक भाग पर लंबवत खड़े करें, और उनकी ऊंचाई को प्रिज्म की ऊंचाई के बराबर चिह्नित करें।
4. बिंदुओं से जुड़ें और सही प्रिज्म का परिवर्धन प्राप्त करें

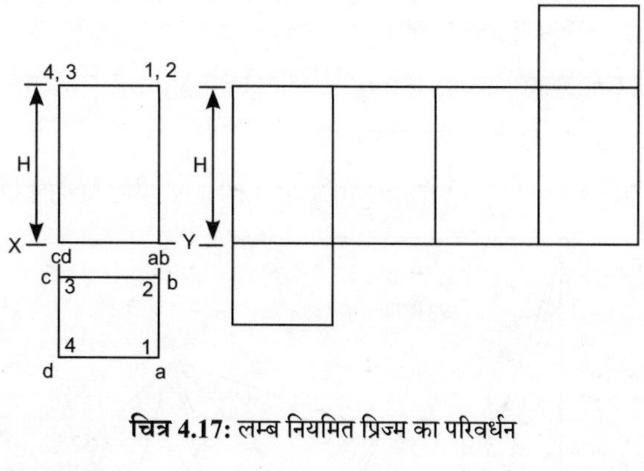

चित्र 4.17: लम्ब नियमित प्रिज्म का परिवर्धन

2. एक लंब नियमित बेलन का परिवर्धन

एक लंब नियमित बेलन के परिवर्धन में एक आयत होता है जिसकी एक भुजा आधार वृत्त की परिधि के बराबर होती है और दूसरी भुजा बेलन की ऊँचाई के बराबर होती है।

1. एक लंब नियमित बेलन परिवर्धन करने के लिए इन चरणों का पालन करें जैसा कि चित्र 4.18 में दिखाया गया है:

2. प्रिज्म के सम्मुख दृश्य और शीर्ष दृश्य को आवश्यक स्थिति में बनाएं और वृत्त को 12 बराबर भागों में विभाजित करें।
3. क्षैतिज रेखा को वृत्त के परिमाप के बराबर फैलाइए और उसकी ऊँचाई को बेलन की ऊँचाई के बराबर कीजिए।
4. परिधि को 12 बराबर भागों में बाँटकर जनित्रों को दिखाएँ।

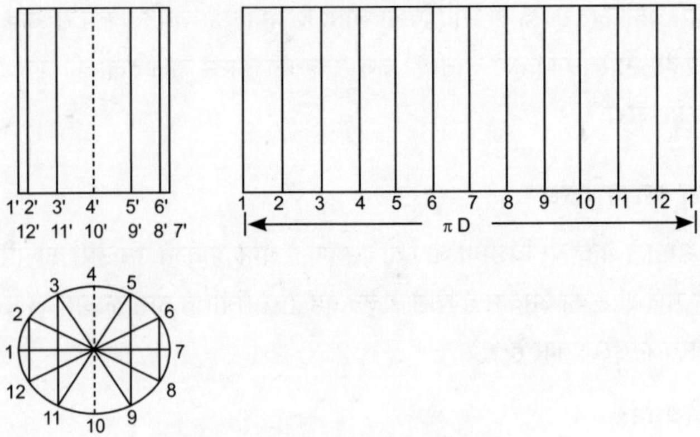

चित्र 4.18: लंब नियमित बेलन का परिवर्धन

3. लंब नियमित पिरामिड का परिवर्धन

निम्नलिखित चरणों का उपयोग H.P. पर आधार और आधार का किनारा V.P. के लंबवत, किसी वर्ग पिरामिड को परिवर्धन करने के लिए किया जाता होता है, जैसा कि चित्र 4.19 में दिखाया गया है:

1. पिरामिड का शीर्ष दृश्य और सामने का दृश्य बनाएं।
2. कोई भी दृश्य वास्तविक आकार नहीं देगा O को केंद्र मानकर और oc को त्रिज्या लेकर एक चाप खींचिए जो c से c1 पर कट जाए।
3. रेखा XY पर बिंदु को c1' के रूप में प्रक्षेपण करें।
4. o'c1' तिरछे किनारे की सही लंबाई देता है। अतः o'c1' को त्रिज्या और o को केंद्र मानकर अब एक चाप खींचिए।
5. चार विभाजनो A-B,B-C,C-D,D-A के रूप में चिह्नित करें।
6. उन्हें चार त्रिकोण बनाते हुए केंद्र से मिलाएँ। ये चार समद्विबाहु त्रिभुज पिरामिड के पार्श्व परिवर्धन को प्रस्तुत करते हैं।

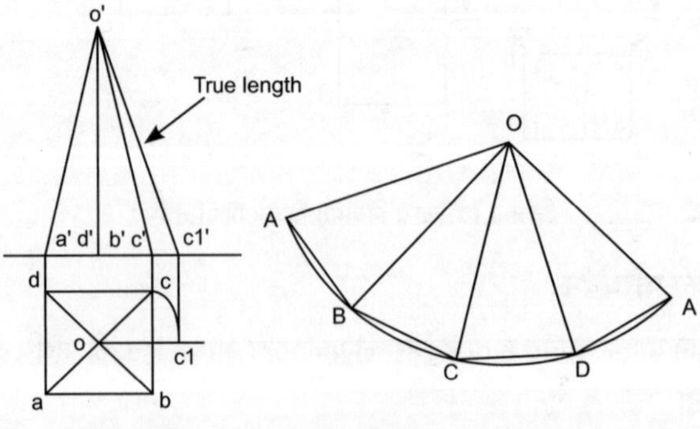

चित्र 4.19: लंब नियमित पिरामिड का परिवर्धन

4. लम्ब वृत्तीय शंकु का परिवर्धन

एक शंकु को विकसित करने के लिए निम्नलिखित चरणों का उपयोग किया जाता है, जिसका आधार त्रिज्या r और तिर्यक ऊंचाई l है, जो इसके आधार पर H.P. में स्थित है, जैसा कि चित्र 4.20 में दिखाया गया है:

1. त्रिभुजों के वास्तविक आकार पाए जाते हैं और फिर इन त्रिभुजों को एक-दूसरे से सटे क्रम में खींचा जाता है ताकि आवश्यक स्वरुप तैयार किया जा सके।
2. आधार त्रिज्या और शंकु की तिर्यक ऊंचाई के आधार पर त्रिज्य परिच्छेद के कोण की गणना करें।
3. मान लीजिए कि शंकु के आधार की त्रिज्या R है, शंकु की तिर्यक ऊँचाई L है, और परिवर्धन के केंद्र में कोण है। θ = (आधार वृत्त की त्रिज्या / सत्य तिरछी लंबाई) X 360 =(R / L) X 360

में परिवर्धन की इस पद्धति में, वस्तु की सतह को कई त्रिभुजों में विभाजित किया जाता है।

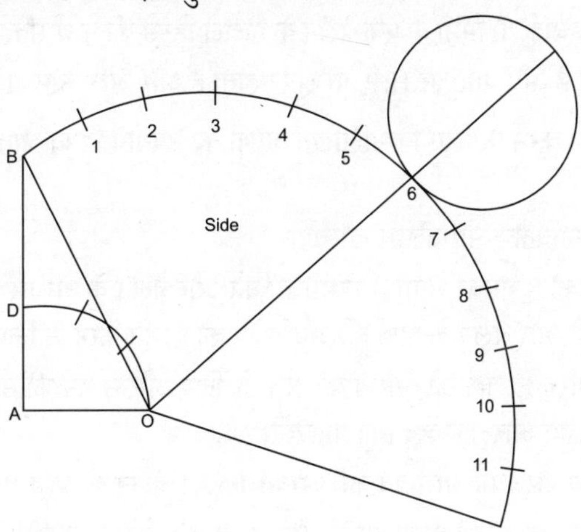

चित्र 4.20: लम्ब वृत्तीय शंकु का परिवर्धन

हल किए गए उदाहरण

उदाहरण 4.5: 25 मिमी आधार और 50 मिमी अक्ष का एक षट्कोणीय प्रिज्म आधार के साथ H.P. पर इस प्रकार टिका हुआ है कि आधार किनारा V.P. के समानांतर है। शेष भाग की सतह का परिवर्धन आरेखित करें।

समाधान: दिए गए षट्कोणीय को विकसित करने के लिए निम्नलिखित चरणों का उपयोग किया जाता है जैसा कि चित्र 4.21 में दिखाया गया है:

1. षट्कोणीय प्रिज्म का शीर्ष दृश्य और सामने का दृश्य बनाएं।
2. 50° पर झुके हुए परिच्छेद तल को H.P. पर आरेख करें और कटिंग पॉइंट्स को l', m', n',o' नाम दें।
3. 150 मिमी (आधार की परिधि के बराबर) की लंबाई 1-1 की एक खिंचाव रेखा खींचें और इसे छह बराबर भागों में विभाजित करें और 1-2-3-4-5-6-1 के रूप में चिह्नित करें।
4. प्रत्येक बिंदु से प्रिज्म की ऊँचाई के बराबर ऊँचाई के लम्ब खींचिए।
5. प्रिज्म सतह के परिवर्धन पर संबंधित रेखाओं के आधार के समानांतर l', m', n', o' से प्रक्षेपण बनाएं।
6. सभी बिंदुओं को मिलाइए और शेष प्रिज्म का परिवर्धन बन जाएगा।

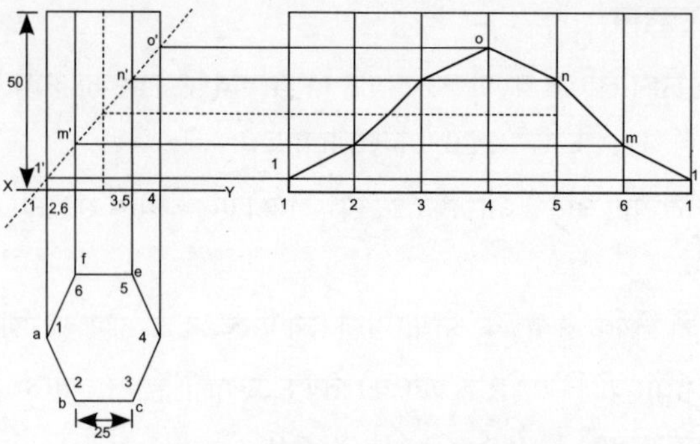

चित्र 4.21: षट्कोणीय प्रिज्म का परिवर्धन

उदाहरण 4.6: व्यास 50 मिमी और ऊंचाई 70 मिमी के एक बेलन के निचले हिस्से की पार्श्व सतह के परिवर्धन को आरेख करें जब इसे V.P. के लंबवत तल द्वारा काटा जाता है और 40o पर H.P. पर झुका होता है और अक्ष के मध्य बिंदु से गुजरता है।

समाधान: दिए गए बेलन को परिवेर्धन करने के लिए निम्नलिखित चरणों का उपयोग किया जाता है जैसा कि चित्र 4.22 में दिखाया गया है:

1. सरल स्थिति में बेलन की अनुविक्षेप और उत्सेध खींचिए।
2. वृत्त (बेलन की अनुविक्षेप) को 8 बराबर भागों में विभाजित करें और बेलन के आधार की अनुविक्षेप का प्रतिनिधित्व करने के लिए इसे "1 से 8" नाम दें और बेलन के शीर्ष की अनुविक्षेप को प्रस्तुत करने के लिए "a से h" का नाम दें।
3. 40° के कोण पर झुके हुए परिच्छेद तल को आरेख करें XY के लिए और सामने की ऊंचाई में XY (अक्ष के मध्य बिंदु) से 35 मिमी की दूरी पर गुजरते हुए और परिच्छेद बिंदु प्राप्त करें।
4. ऊंचाई के दाईं ओर बेलन का परिवर्धन आरेखित करें। आयत 1AA1 बेलन की पार्श्व सतह का परिवर्धन है।
5. 1A बेलन की अक्ष की लंबाई या ऊंचाई के बराबर है और 11 या AA बेलन की परिधि के बराबर है।
6. आयत (1AA1) को 8 बराबर भागों में विभाजित करें और जनित्र 1A, 2B, 3C… 1A बनाएं।
7. परिवर्धन में संबंधित जनित्र को प्रतिच्छेद करने के लिए ऊंचाई के प्रत्येक परिच्छेद बिंदुओं से XY के समानांतर रेखाएँ खींचते हैं।
8. परिवर्धन के सभी बिंदुओं को एक सुगम वक्र के साथ मिलाएं।

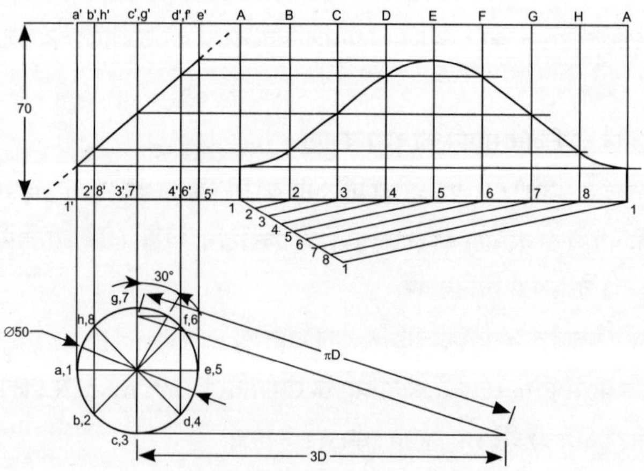

चित्र 4.22: बेलन का परिवर्धन

उदाहरण 4.7: आधार 30 मिमी और ऊंचाई 50 मिमी का एक पंचकोणीय पिरामिड किनारा V.P. के समानांतर आधार के किनारे के साथ H.P. पर इसके आधार पर खड़ा है। एक परिच्छेद तल पिरामिड को आधार से 30 मिमी ऊपर एक बिंदु पर काटता है और अक्ष के साथ 50° का कोण बनाता है। काटे गए पिरामिड का परिवर्धन आरेखित करें।

समाधान: चित्र 4.23 में दिखाए गए अनुसार पंचकोणीय पिरामिड को विकसित करने के लिए निम्नलिखित चरणों का उपयोग किया जाता है:

1. सबसे पहले पंचकोणीय पिरामिड को सरल स्थिति में बनाएं।
2. एक कोण पर झुके हुए परिच्छेद तल को आरेख करें 50^0 अक्ष के लिए और सामने की ऊंचाई में XY (आधार से) से 30 मिमी की दूरी पर गुजरते हुए और परिच्छेद बिंदु प्राप्त करें।
3. ऊंचाई के दायीं ओर पिरामिड का परिवर्धन आरेखित करें।
4. पिरामिड की तिरछी लंबाई के समानांतर और "v'c'" के बराबर एक रेखा "VA" बनाएं।
5. केंद्र के रूप में "V" और त्रिज्या के रूप में "VA" के साथ एक चाप खींचते हैं और बिंदु B,C,D,E,A प्राप्त करने के लिए बिंदु A से 5 बार 30 मिमी दूर जाते हैं। परिवर्धन में पिरामिड के तिरछे किनारों को प्राप्त करने के लिए सभी बिंदुओं को "V" से मिलाएं।
6. सभी परिच्छेद बिंदुओं को पट्टी के बहरी किनारे (v'c') पर ले जाएं और सभी बिंदुओं को परिवर्धन में संबंधित किनारों पर स्थानांतरित करें।
7. सभी बिंदुओं को मिलाएं और परिवर्धन को पूरा करें।

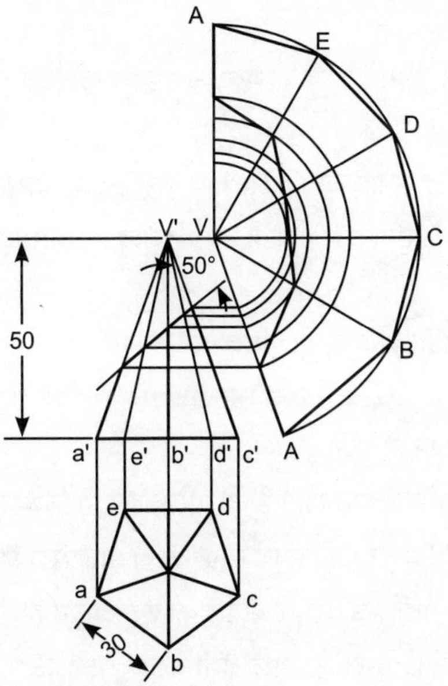

चित्र 4.23: पंचकोणीय पिरामिड का परिवर्धन

उदाहरण 4.8: आधार 50 मिमी व्यास और ऊंचाई 65 मिमी का एक शंकु H.P. पर इसके आधार के साथ टिकी हुई है। V.P. के लंबवत और H.P. से 30^0 पर झुके हुए एक परिच्छेद तल शंकु की अक्ष को समद्विभाजित करता है। काटे गए शंकु की पार्श्व सतह का परिवर्धन आरेखित करें।

समाधान: निम्नलिखित आकृति 4.24 में एक शंकु के परिवर्धन को दर्शाया गया है:

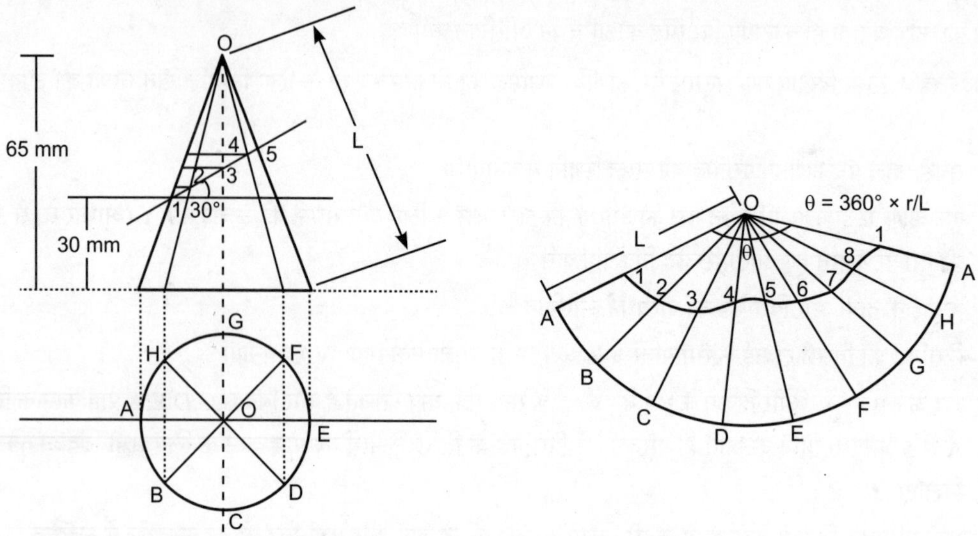

चित्र 4.24: काटे गए शंकु का परिवर्धन

इकाई सारांश

- एक परिच्छेद दृश्य खींचा जाता है, जिससे वस्तु को एक काल्पनिक परिच्छेद या कर्तन तल से काटता है, ताकि अंदरूनी प्रकट हो सके।
- परिच्छेद तल के समानांतर एक तल पर परिच्छेद का प्रक्षेपण परिच्छेद का वास्तविक आकार दिखाएगा।
- जब परिच्छेद तल H.P. या सतह के समानांतर होता है, तो परिच्छेद का वास्तविक आकार परिच्छेदल शीर्षदृश्य में दिखाई देगा।
- जब परिच्छेद तल V.P. के समानांतर होता है, तो परिच्छेदल सम्मुख दृश्य में सही आकार दिखाई देगा।
- जब परिच्छेद तल झुका होता है, तो परिच्छेद तल के समानांतर एक सहायक तल पर परिच्छेद को प्रक्षेपण करना पड़ता है, ताकि उसका वास्तविक आकार प्राप्त हो सके।
- जब परिच्छेद तल दोनों संदर्भ तल के लंबवत होता है, तो परिच्छेदल पार्श्वदृश्यपरिच्छेद का सही आकार दिखाएगा।
- एक समतल सतह पर किसी त्रिविमीय वस्तु की संपूर्ण सतह का लेआउट(ख़ाका) पैटर्न(स्वरुप) का परिवर्धन कहलाता है।
- लंब बेलन का परिवर्धन बेलन की परिधि के बराबर चौड़ाई का एक आयत है।
- कंटेनर, बॉक्स, बॉयलर, हॉपर, बर्तन, फ़नल, ट्रे आदि जैसी वस्तुएं सतहों के परिवर्धन के सिद्धांत का उपयोग करके शीट मेटल से बनी होती हैं।
- एक समानांतर रेखा पद्धति का उपयोग प्रिज्म और एकल वक्राकार सतहों जैसे सिलेंडरों को परिवेर्धन करने के लिए किया जाता है, जिसमें पार्श्व सतहों के सभी किनारे/जनित्र एक दूसरे के समानांतर होती हैं।

अभ्यास 4.1: बहुविकल्पीय प्रश्न

1. एक समतल शंकु को इस प्रकार काटता है कि काटने वाले भाग का वास्तविक आकार त्रिभुज के रूप में दिखाई देता है जब कर्तन तल को काटकर आधार को काट दिया जाता है।
   (a) अक्ष का मध्यबिंदु
   (b) शंकु का शीर्ष
   (c) शंकु का जनक
   (d) अक्ष पर कोई बिंदु
2. H.P. पर खड़े एक बेलन को अक्ष के समानांतर और उससे दूर एक ऊर्ध्वाधर तल द्वारा काटा जाता है। परिच्छेद का आकार होगा।
   (a) चतुर्भुज
   (b) वृत्त
   (c) देर्घ्वृत
   (d) अतिपरवलय
3. जब V.P. पर टिके शंकु के आधार को V.P. के समांतर समतल द्वारा काटा जाता है, तो वास्तविक आकार एक ……… होता है। और …………… में देखा जा सकता है। राय।
   (a) वृत्त,सम्मुख
   (b) दीर्घवृत्त, सम्मुख,
   (c) दीर्घवृत्त, शीर्ष,
   (d) वृत्त, शीर्ष
4. ठोस के परिच्छेद का सही आकार प्राप्त करने के लिए, एक सहायक तल स्थापित किया जाता है ……।
   (a) कर्तन तल में 45 के कोण पर झुका हुआ
   (b) H.P. से 45 के कोण पर झुका हुआ
   (c) कर्तन तल के समानांतर
   (d) तल काटने के लिए लंबवत
5. एक नियमित त्रिकोणीय प्रिज्म H.P. पर टिका हुआ है और परिच्छेद तल H.P. के समानांतर है और प्रिज्म को काटने वाला परिच्छेद ……………… होगा।
   (a) त्रिकोण
   (b) आयत
   (c) समलंब
   (d) चतुर्भुज
6. एक घन को उसके किसी एक आधार पर H.P. पर इस प्रकार रखा गया है कि आधार का विकर्ण V.P. के लंबवत है और परिच्छेद तल V.P. के साथ 45 डिग्री बना रहा है और H.P. के लंबवत परिच्छेद एक होगा
   (a) त्रिभुज

(b) आयत

(c) समलंब

(d) समांतर चतुर्भुज

7. H.P. और प्रिज्म की अक्ष पर अपने सबसे लंबे फलको में से एक पर टिका हुआ त्रिकोणीय प्रिज्म V.P. के समानांतर है, परिच्छेद तल V.P. और H.P. दोनों के लिए लंबवत है, यह परिच्छेद एक ___________ होगा

(a) त्रिभुज

(b) आयत

(c) समलंब

(d) समांतर चतुर्भुज

8. H.P. और प्रिज्म की अक्ष पर अपने सबसे लंबे चेहरों में से एक पर स्थित एक पंचकोणीय प्रिज्म V.P. के समानांतर है, परिच्छेद तल V.P. के लंबवत है और H.P. के लिए झुका हुआ परिच्छेद ___________ होगा।

(a) पेंटागनब

(b) अनियमित पेंटागन

(c) आयत

(d) ट्रेपेज़ियम

9. एक हेक्सागोनल प्रिज्म H.P. पर अपने सबसे लंबे फलक पर टिकी हुई है, अक्ष V.P. के लंबवत है परिच्छेद तल H.P. के लंबवत है और V.P. के लिए झुका हुआ है और लगभग बीच में ठोस काट रहा है। परिच्छेद एक ___________ की तरह होगा

(a) षट्भुज

(b) अनियमित षट्भुज

(c) आयत

(d) समलम्ब चतुर्भुज

10. एक षट्कोणीय प्रिज्म H.P. पर उसके सबसे लंबे फलकों में से एक पर टिका हुआ है, अक्ष V.P. के लंबवत है परिच्छेद तल V.P. के समानांतर और H.P. के लंबवत है परिच्छेद एक ___________ की तरह होगा

(a) षट्भुज

(b) अनियमित षट्भुज

(c) आयत

(d) ट्रेपेज़ियम

11. प्रिज्म के मामले में परिवर्धन की कौन सी विधि कार्यरत है?

(a) समानांतर-रेखा परिवर्धन

(b) सन्निकटन विधि

(c) त्रिभुज परिवर्धन

(d) रेडियल-रेखा परिवर्धन

12. शंकु के मामले में परिवर्धन की कौन-सी विधि अपनाई जाती है?

    (a) समानांतर-रेखा परिवर्धन

    (b) सन्निकटन विधि

    (c) त्रिभुज परिवर्धन

    (d) रेडियल-रेखा परिवर्धन

13. ट्रांजिशन पीस को विकसित करने के लिए किस विधि का उपयोग किया जाता है?

    (a) समानांतर-रेखा परिवर्धन

    (b) सन्निकटन विधि

    (c) त्रिभुज परिवर्धन

    (d) त्रिज्यक-रेखा परिवर्धन

14. एक बेलन की पार्श्व सतह का परिवर्धन एक आयत है जिसकी एक भुजा इसके आधार-वृत्त के _________ के बराबर होती है और दूसरी इसकी लंबाई के बराबर होती है।

    (a) परिधि

    (b) क्षेत्रफल

    (c) व्यास

    (d) त्रिज्या

15. एक शंकु के वक्र पृष्ठ का परिवर्धन एक __________ का ___________ होता है।

    (a) वृत्खंड, वृत्त

    (b) सेगमेंट, वृत्तसी

    (c) सेगमेंट, दीर्घवृत

    (d) चाप,परवलय

16. घन की सतह के परिवर्धन में ____ बराबर वर्ग होते हैं, वर्गों के किनारे की लंबाई घन के किनारे की लंबाई के बराबर होती है।

    (a) 4

    (b) 6

    (c) 12

    (d) 8

17. किसके निर्माण के लिए ठोसों की सतहों के परिवर्धन का ज्ञान आवश्यक है?................

    (a) पाइप का काम

    (b) नलिकाओं

    (c) कंटेनरों

    (d) ऊपर के सभी

18. प्रत्येक आधार किनारे के दाहिने नियमित पंचकोणीय प्रिज्म की पार्श्व सतह 20 मिमी और अक्ष की ऊंचाई 60 मिमी परिवेर्धन होती है, हम प्राप्त करते हैं?
    (a) प्रत्येक पक्ष का वर्ग 100 मिमी
    (b) प्रत्येक पक्ष का समचतुर्भुज 60 मिमी
    (c) लंबाई का आयत 100 मिमी और चौड़ाई 60 मिमी
    (d) इनमे से कोई भी नहीं
19. जब एक वर्गाकार प्रिज्म विकसित किया जाता है, तो एक आकार उपलब्ध होता है……
    (a) 1 आयत
    (b) श्रृंखला में 3 आयत
    (c) श्रृंखला में 5 आयत
    (d) कोई नहीं
20. किसी वस्तु का परिवर्धन उपयोग करता है………
    (a) प्रत्यक्ष लंबाई
    (b) वास्तविक लंबाई
    (c) प्रत्यक्ष और वास्तविक लंबाई
    (d) कोई नहीं

उत्तर कुंजी: अभ्यास 4.1

1.(b), 2(a), 3(a), 4(c), 5(b), 6(b), 7(a), 8(b), 9(b), 10(a), 11(a), 12(d), 13(c), 14(a), 15(a), 16(b), 17(d), 18(c), 19(d), 20(b)

अभ्यास 4.2: लघु और दीर्घ उत्तरीय प्रश्न

श्रेणी I

1. आप एक ठोस का परिच्छेद क्यों करते हैं?
2. परिच्छेद दृश्य को परिभाषित करें।
3. परिच्छेद तल के बारे में चर्चा करें।
4. परिच्छेद तल के प्रकारों को परिभाषित करें।
5. परिच्छेद के वास्तविक आकार को निर्धारित करने की क्या आवश्यकता है?
6. परिच्छेद रेखाएँ क्या हैं?
7. परिच्छेद का प्रत्यक्ष आकार क्या है?
8. समचतुर्भुज के रूप में परिच्छेद का सही आकार प्राप्त करने के लिए घन और कर्तन तल की स्थिति क्या होगी?
9. एक शंकु के परिच्छेद दृश्य खींचने की विधियों के नाम लिखिए।
10. सतहों के परिवर्धन से क्या तात्पर्य है?

11. सतहों के परिवर्धन के व्यावहारिक अनुप्रयोगों का उल्लेख कीजिए।
12. परिवर्धन की विधियों का उल्लेख कीजिए।
13. एक शंकु की पार्श्व सतह के परिवर्धन की आकृति क्या होगी?
14. आधार भुजा 'a' और तिर्यक ऊँचाई 'h' के वर्गाकार पिरामिड के पूर्ण परिवर्धन का आकार क्या होगा?
15. एक सीधी खड़ी शंकु को एक समतल द्वारा काटा जाता है जो अक्ष की ओर झुका होता है और वह जनित्र के समानांतर नहीं है। उस कर्तन तल ने सारे जनित्र काट दिए। परिच्छेद का आकार क्या है?

श्रेणी II

16. विभिन्न प्रकार के परिच्छेद विचारों और उनके अनुप्रयोगों की व्याख्या करें।
17. विभिन्न प्रकार के परिच्छेद तलों को स्वच्छ रेखाचित्रों द्वारा समझाइए।
18. सतहों के परिवर्धन में प्रयुक्त विभिन्न विधियों की व्याख्या कीजिए।
19. आधार भुजा A और ऊँचाई H वाले एक समबाहु त्रिभुजाकार प्रिज्म के परिवर्धन को दर्शाइए।
20. विभिन्न ठोस वस्तुओं का वास्तविक आकार कैसे ज्ञात करें, स्वच्छ आरेख के साथ प्रदर्शित करें।

प्रायोगिक अभ्यास

1. एक हेक्सागोनल प्रिज्म, आधार की भुजा 30 मिमी और अक्ष 60 मिमी लंबा H.P. पर इसके आधार के किनारों में से एक के साथ टिकी हुई है; इसकी अक्ष 45^0 पर H.P. और V.P. के समानांतर झुकी हुई है। H.P. के लंबवत और V.P. से 45^0 पर झुका हुआ एक परिच्छेद तल अपने एक छोर से 18 मिमी की दूरी पर अक्ष पर एक बिंदु से गुजरता है। परिच्छेद सामने का दृश्य और परिच्छेद का सही आकार बनाएं।
2. एक पंचकोणीय पिरामिड, आधार की भुजा 35 मिमी और अक्ष 70 मिमी लंबा है, जिसका एक त्रिभुजाकार फलक H.P. पर स्थित है और इसकी अक्ष V.P. के समानांतर है। H.P. के लंबवत और V.P. से 30^0 पर झुके हुए एक परिच्छेद तल अक्ष को समद्विभाजित करता है। परिच्छेद सम्मुख दृश्य बनाएं और शीर्ष वाले हिस्से को हटाकर परिच्छेद का सही आकार लें।
3. एक शंकु, आधार 60 मिमी व्यास और ऊंचाई 80 मिमी H.P. पर इसके गोलाकार आधार के साथ खड़ा है। एक परिच्छेद तल जिसका झुकाव 45 H.P. H.P. से और V.P. के लंबवत है, शंकु के अक्ष को समद्विभाजित करता है। सामने और परिच्छेद शीर्ष दृश्य प्राप्त करें।
4. पार्श्व आधार 30 मिमी का एक घन H.P. पर उसके एक फलक पर टिका होता है, जिसका लंबवत चेहरा V.P. से 45^0 पर झुका होता है। H.P. के लंबवत एक तल और V.P. के लिए 45 झुका हुआ घन को काटता है। शीर्ष दृश्य और परिच्छेद सामने का दृश्य बनाएं। परिच्छेद का सही आकार भी बनाएं।
5. आधार पक्ष 30 मिमी और ऊंचाई 75 मिमी का एक वर्ग प्रिज्म इसके एक छोर पर H.P. पर टिकी हुई है, जिसके दो आयताकार फलक समान रूप से V.P. के लिए झुके हुए हैं। यह V.P. के लंबवत एक तल द्वारा काटा जाता है और 50 पर H.P. की ओर झुकता है और ऊपर से 20 मिमी की अक्ष पर मिलता है। इसकी ऊंचाई, परिच्छेद अनुविक्षेप और उत्सेध का वास्तविक आकार बनाएं।
6. एक हेक्सागोनल प्रिज्म, आधार की भुजा 30 मिमी और अक्ष 70 मिमी लंबा H.P. पर इसके एक आयताकार फलक पर टिकी हुई है, जिसकी अक्ष V.P. के लंबवत है। इसे एक ऊर्ध्वाधर तल द्वारा काटा जाता है जिसका झुकाव V.P. से 30^0 पर होता है। शीर्ष दृश्य, परिच्छेद उत्सेध और परिवेर्धन का वास्तविक आकार बनाएं।

7. आधार 40 मिमी और लंबाई 80 मिमी का एक पंचकोणीय प्रिज्म H.P. पर इसके आधार किनारों में से एक पर टिका हुआ है, जिसकी अक्ष 45^0 H.P. पर झुकी हुई है और V.P. के समानांतर है। इसे V.P. के लंबवत समतल द्वारा काटा जाता है और H.P. की ओर 30^0 झुका हुआ होता है।कर्तन तल शीर्ष छोर से 30 मिमी पर अक्ष से मिलता है। सम्मुख दृश्य, परिच्छेद शीर्ष दृश्य और परिवेर्धन का सही आकार बनाएं।
8. एक हेक्सागोनल प्रिज्म, आधार 50 मिमी और अक्ष 80 मिमी की तरफ H.P. पर इसके आधार किनारों में से एक पर टिकी हुई है। उस किनारे वाला सिरा H.P. की ओर 30^0 झुका हुआ है और अक्ष V.P. के समानांतर है। यह V.P. के लंबवत और H.P. के समानांतर एक तल द्वारा काटा जाता है। कर्तन तल अक्ष को समद्विभाजित करता है। सम्मुख और परिच्छेद शीर्ष दृश्य बनाएं।
9. आधार 25 मिमी और ऊंचाई 60 मिमी का एक पंचकोणीय पिरामिड H.P. पर इसके आधार पर टिका हुआ है, जिसमें से एक आधार किनारे V.P. के लंबवत है। इसे आधार से 30^0 झुके हुए समतल द्वारा काटा जाता है। काटने वाला तल आधार से 15 मिमी ऊपर अक्ष से मिलता है। सामने का दृश्य, परिच्छेद शीर्ष दृश्य और परिवेर्धन का वास्तविक आकार बनाएं।
10. आधार 30 मिमी और ऊंचाई 45 मिमी का एक वर्ग पिरामिड इसके आधार पर H.P. पर टिकी हुई है, जिसमें आधार किनारों को समान रूप से V.P. की ओर झुका हुआ है। यह V.P. के लंबवत एक तल द्वारा काटा जाता है और H.P. के ऊपर 20 मिमी पर अक्ष को मिलाते हुए H.P. के लिए 30^0 पर झुका होता है। परिच्छेद अनुविक्षेप और परिवेर्धन का वास्तविक आकार बनाएं।
11. व्यास 40 मिमी और अक्ष लंबाई 65 मिमी का एक बेलन H.P. पर अपने एक जनित्र पर स्थित होता है, जिसकी अक्ष H.P. के समानांतर होती है और V.P. के लिए 30^0 पर झुकी होती है। इसे H.P. के लंबवत एक तल द्वारा काटा जाता है ताकि परिच्छेद का वास्तविक आकार प्रमुख अक्ष 55 मिमी का एक दीर्घवृत्त हो। परिच्छेद सामने का दृश्य और परिच्छेद का सही आकार बनाएं।
12. व्यास 60 मिमी और ऊंचाई 90 मिमी का एक बेलन H.P. पर पड़ा है, जिसकी अक्ष H.P. और V.P. दोनों के समानांतर है। एक ऊर्ध्वाधर तल 25^0 पर झुके हुए V.P. से बेलन को काटता है और अक्ष के मध्य-बिंदु से होकर गुजरता है। परिच्छेद सामने का दृश्य और परिच्छेद का सही आकार बनाएं।
13. आधार व्यास 50 मिमी और अक्ष लंबाई 60 मिमी का एक शंकु इसके एक जनित्र पर H.P. पर स्थित है। शंकु को एक ऊर्ध्वाधर तल द्वारा काटा जाता है जिसका झुकाव 75 V.P. V.P. पर होता है और अक्ष को अनुविक्षेप में शीर्ष से 27 मिमी पर मिलता है। शीर्ष दृश्य, परिच्छेद सामने का दृश्य और परिच्छेद का सही आकार बनाएं।
14. आधार व्यास 50 मिमी और ऊंचाई 60 मिमी का शंकु इसके आधार पर H.P. पर टिकी हुई है। यह V.P. के लंबवत एक परिच्छेद तल द्वारा काटा जाता है और शीर्ष से गुजरते हुए 80^0 H.P. पर झुका होता है। परिच्छेद अनुविक्षेप और परिच्छेद का सही आकार बनाएं।
15. आधार 20 मिमी और ऊंचाई 45 मिमी का एक हेक्सागोनल प्रिज्म H.P. पर इसके एक छोर पर टिका हुआ है, जिसके दो पार्श्व फलक V.P. के समानांतर हैं। इसे V.P. के लंबवत समतल द्वारा काटा जाता है और H.P. की ओर 30^0 झुका हुआ होता है। तल आधार से 20 मिमी की दूरी पर अक्ष से मिलता है। प्रिज्म के निचले हिस्से की पार्श्व सतहों का परिवर्धन आरेखित करें।
16. तिरछा परिच्छेद 30 x 50 मिमी और ऊंचाई 70 मिमी का एक आयताकार प्रिज्म H.P. पर इसके एक छोर पर टिका हुआ है, जिसके आधार के लंबे किनारों में से एक V.P. से 45^0 पर झुका हुआ है। यह V.P. के लंबवत एक तल द्वारा काटा जाता है

और 45^0 पर H.P. झुका हुआ है। तल शीर्ष छोर से 10 मिमी नीचे एक बिंदु पर अक्ष से मिलता है। प्रिज्म के काटे गए निचले हिस्से की सतहों का परिवर्धन आरेखित करें।

17. आधार 20 मिमी और ऊंचाई 50 मिमी का एक वर्ग पिरामिड इसके आधार पर H.P. पर इसके आधार पर V.P. के समानांतर आधार के दो किनारों के साथ टिकी हुई है। इसे अक्ष को समद्विभाजित करने वाले तल द्वारा काटा जाता है और आधार पर 40^0 झुका हुआ है। कटे हुए पिरामिड के निचले हिस्से की पार्श्व सतहों का परिवर्धन आरेखित करें।
18. आधार 40 मिमी और ऊंचाई 50 मिमी के व्यास का एक बेलन H.P. पर अपने आधार पर खड़ा है, बेलन की अक्ष पर 45^0 पर झुका हुआ एक काटने वाला तल शीर्ष आधार के बाएं बहरी बिंदु से गुजरता है। काटे गए बेलन की पार्श्व सतह विकसित करें।
19. आधार 60 मिमी और ऊंचाई 80 के व्यास का एक बेलन इसके आधार पर खड़ा है। यह V.P. के लंबवत एक तल द्वारा दो हिस्सों में काटा जाता है और H.P. के लिए 30^0 पर झुकता है, निचले अर्ध हिस्से के परिवर्धन को आरेख करें।
20. व्यास 40 मिमी और ऊंचाई 50 मिमी का एक बेलन H.P. पर इसके एक छोर पर लंबवत टिका हुआ है। इसे V.P. के लंबवत समतल द्वारा काटा जाता है और H.P. से $30°$ पर झुका होता है। तल आधार से 30 मिमी के बिंदु पर अक्ष से मिलता है। काटे गए बेलन के निचले हिस्से की पार्श्व सतह का परिवर्धन आरेखित करें।

अधिक जानिए

अवस्थांतर(ट्रैन्ज़िशन) के टुकड़ों का परिवर्धन

अवस्थांतर के टुकड़े आमतौर पर दो अलग-अलग रूपों को जोड़ने के लिए बनाए जाते हैं, जैसे गोल पाइप से वर्ग पाइप। ये अवस्थांतर टुकड़े आमतौर पर एक गैर-परिवर्धन योग्य सतह की परिभाषा में फिट होंगे जिसे सन्निकटन द्वारा विकसित किया जाना चाहिए। ट्रांजिशन पीस के परिवर्धन को प्राप्त करने के लिए नियोजित त्रिभुज परिवर्धन। इस पद्धति में, अवस्थांतर के टुकड़ों की पार्श्व सतहों को कई त्रिभुजों में विभाजित किया जाता है। प्रत्येक त्रिभुज की भुजाओं की सही लंबाई ज्ञात करके, प्रत्येक त्रिभुज को एक-दूसरे से सटे उनके वास्तविक आकार में रखकर परिवर्धन खींचा जाता है। आकृति 4.25 विभिन्न अवस्थांतर वस्तुओं को दर्शाती है।

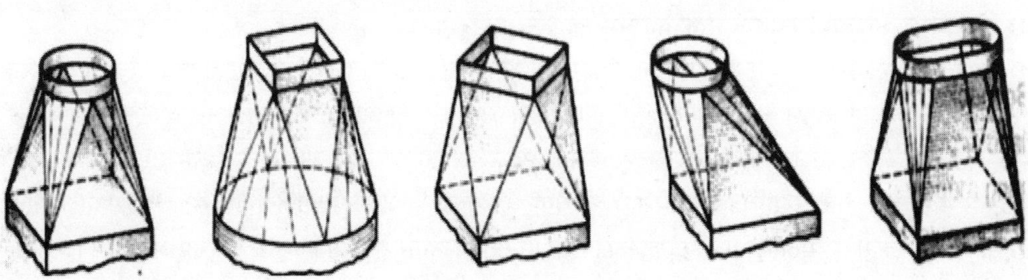

चित्र 4.25: अवस्थांतर के टुकड़े

डिजाइन परियोजना/ गतिविधियाँ

मिट्टी, साबुन, थर्मोकोल, प्लास्टिक, मोम या किसी अन्य सामग्री के साथ ठोस (प्रिज्म, पिरामिड, गोले, आदि) के निम्नलिखित वर्गों को कर्तन तल को देखते हुए आसानी से और आर्थिक रूप से उपलब्ध है: आधार के समानांतर, आधार के लंबवत और आधार के प्रति झुकाव।

रोचक तथ्य

- परिच्छेद दृश्य बनाने का एक प्राथमिक कारण लुप्त रेखाओं का उन्मूलन है, ताकि एक आरेखण को अधिक आसानी से समझा या देखा जा सके।
- इंजीनियरिंग डिजाइन में उपयोग की जाने वाली कई अलग-अलग सामग्रियां हैं कि सामान्य प्रतीक (यानी, कच्चा लोहा के लिए इस्तेमाल किया जाने वाला) इंजीनियरिंग आरेखइंग पर अधिकांश उद्देश्यों के लिए उपयोग किया जा सकता है।
- जिस कोण पर रेखाएँ खींची जाती हैं वह आमतौर पर क्षैतिज से 45 डिग्री होती है, लेकिन इसे उसी परिच्छेद में दिखाए गए आसन्न भागों के लिए बदला जा सकता है।

अनुप्रयोग (वास्तविक जीवन / औद्योगिक)

ऐसे बहुत से उत्पाद या वस्तुएँ हैं जिनका निर्माण उनके आकृति और आकार के कारण पारंपरिक निर्माण प्रक्रियाओं द्वारा करना मुश्किल है। वे परिवर्धन तकनीक का उपयोग करके शीट धातु उद्योग में गढ़े गए हैं, ऐसी वस्तुओं की एक विस्तृत श्रृंखला है।

सतहों के परिवर्धन के कुछ अनुप्रयोग इस प्रकार हैं:

1. बॉयलर के गोले और चिमनियां
2. दबाव पोत, फावड़े
3. ट्रे, बॉक्स और कार्टन
4. फीडिंग हॉपर
5. बड़े पाइप परिच्छेद
6. ऑटोमोबाइल
7. जहाजों
8. हवाई शिल्प

वृत्त अध्ययन

CAD सॉफ्टवेयर का उपयोग करके सतह को समतल करें

CAD सॉफ्टवेयर परिवर्धनशील और गैर-परिवर्धन योग्य सतहों और चेहरों को समतल कर सकता है। एक परिवर्धन योग्य सतह एक ऐसी सतह है जिसे बिना विरूपण के एक समतल पर सपाट किया जा सकता है। अविकसित सतहें और चपटे होने पर फलक विकृत हो जाते हैं। उपयोगकर्ता समतल करने के लिए सतह पर वक्र और रेखाचित्रों का चयन कर सकते हैं और राहत कटौती या विभाजन रेखा के रूप में सतह पर वक्र, रेखाचित्र और किनारों का चयन कर सकते हैं। जब उपयोगकर्ता एक सतह को समतल करता है, तो CAD सॉफ्टवेयर एक सपाट सतह शरीर स्पशरिखा को किनारे पर उत्पन्न करता है, जैसा कि नीचे दिए गए आंकड़े में दिखाया गया है।

मुड़ी हुई सतह   सपाट सतह पर मुड़ी हुई सतह की स्पशरिखा

उपयोगकर्ता सपाट सतह की सटीकता की जांच करने के लिए माप उपकरण का उपयोग कर सकता है और मुड़ी हुई और सपाट सुविधाओं के सतह क्षेत्र को माप सकता है। यदि सतह क्षेत्रों के बीच एक बड़ी विसंगति है, तो सपाट विशेषता सटीक नहीं हो सकती है, तो उपयोगकर्ता सटीकता की जांच के लिए विरूपण भूखंडों का भी उपयोग कर सकता है।

अध्ययन हेतु वीडियो संसाधन / शैक्षिक वेबसाइट का सुझाव

1. Bhatt N.D., Panchal V.M. & Ingle P.R., (2014), Engineering Drawing, Charotar Publishing House
2. https: //youtu.be/yrUIF09uYD4
3. https: //youtu.be/jzdUdQBk4Vo
4. http: //www.iitg.ac.in/rkbc/ME111/Lecture11%20Section%20of%20solids.pdf

5 सममितीय प्रक्षेपणण

पाठ्यक्रम विशिष्ट

इस इकाई, "सममितीय प्रक्षेपण" में विभिन्न विषयों को शामिल किया गया है जैसे, सममितीय प्रक्षेपण के सिद्धांत, सममितीय स्केल, सममितीय दृश्य, तल और ठोस के सममितीय दृश्य; सममितीय(अइसोमैट्रिक) दृश्य का लंबकोणीय(ऑर्थोग्राफ़िक) दृश्य में रूपांतरण और इसके विपरीत।

भूमिका

सममितीय प्रक्षेपण तकनीकी और इंजीनियरिंग ड्राइंग में त्रि-आयामों में दो आयामी वस्तुओं को दृष्टिगत रूप से प्रस्तुत करने की एक विधि है। सचित्र प्रक्षेप का उपयोग उन विचारों को प्रस्तुत करने के लिए किया जाता है जिन्हें तकनीकी ज्ञान और बहु-दृश्य ड्राइंग के प्रशिक्षण के बिना भी व्यक्तियों द्वारा आसानी से समझा जा सकता है।

पूर्व अपेक्षित ज्ञान

लंबकोणीय प्रक्षेपण का ज्ञान।

यूनिट आउटकम्स(UO)

इस यूनिट के पूर्ण अध्ययन करने के बाद, विधार्थी निम्न में सक्षम होंगे:

1. सममितीय प्रक्षेपण की अवधारणा को समझें।
2. तलों और ठोसों के सममितीय दृश्य बनाएँ।
3. दिए गए सांकेतिक दृश्यों से सममितीय दृश्य बनाइए।
4. 3D दृश्यों को लंबकोणीय दृश्यों में बदलें

कोर्स आउटकम्स (COs) के साथ यूनिट आउटकम्स (UOs) का परस्पर सम्बंध :

यूनिट -5 आउटकम्स	कोर्स आउटकम्स (CO) के साथ अपेक्षित संबंध *(1- कमजोर सहसंबंध; 2- मध्यम सहसंबंध; 3- मजबूत सहसंबंध)*				
	CO-1	CO-2	CO-3	CO-4	CO-5
U5-O1	2	3			2
U5-O2	2	3			2
U5-O3	2	3			2
U5-O4	2	3			2

परिचय

सममितीय प्रक्षेपण एक प्रकार का सचित्र प्रक्षेपण है जिसमें किसी ठोस वस्तु के तीन आयामों को न केवल एक दृश्य में दिखाया जाता है, बल्कि उनके वास्तविक आकार को सीधे इससे मापा जा सकता है। "अइसो" का अर्थ है "बराबरी का" और "मीट्रिक" का अर्थ है माप" इसलिए, सममितीय प्रक्षेपणण में, लंबाई, चौड़ाई और ऊंचाई समान रूप से कम हो जाती है (पूर्वाभास)।

बहु-दृश्य प्रक्षेप और सममितीय प्रक्षेपणण के बीच अंतर यह है कि, बहु-दृश्य प्रक्षेप में, प्रत्येक दृश्य में किसी वास्तु के केवल दो आयाम दिखाई देते हैं और वास्तु को परिभाषित करने के लिए एक से अधिक दृश्य की आवश्यकता होती है; जबकि, एक सममितीय प्रक्षेपणण में, सभी तीन आयामों को प्रदर्शित करने के लिए वस्तु को एक अक्ष के बारे में घुमाया जाता है, और केवल एक दृश्य की आवश्यकता होती है।

5.1 सममितीय प्रक्षेपणण के सिद्धांत

सममितीय प्रक्षेपण के सिद्धांत को एक घन के ऑर्थोग्राफिक प्रक्षेप को आरेख करके समझाया जा सकता है, जो VP के लिए ठोस विकर्ण लंबवत के साथ सतह पर इसके एक कोने पर रखा जाता है। यह देखा जाएगा कि इस तरह से प्राप्त सामने का दृश्य आवश्यक घन का सममितीय प्रक्षेपण देगा।

चित्र 5.1 में दर्शाए अनुसार सममितीय प्रक्षेपणण के निर्माण के चरण:

1. शीर्ष दृश्य में एक वर्ग (abcd) बनाएं जिसकी भुजाएँ 45^0 पर झुकी हों XY तक, XY के समांतर ठोस विकर्ण को निरूपित करने वाली रेखा (ac) है।
2. XY के ऊपर सामने का दृश्य (a'e' g' c') प्रोजेक्ट करें।
3. (g') के बारे में सामने के दृश्य को इस प्रकार झुकाएं कि रेखा (e' c') XY के समानांतर हो जाए।
4. दूसरा शीर्ष दृश्य प्रक्षेपण करें। ठोस विकर्ण (e'c') अब HP और VP दोनों के समानांतर है
5. दूसरे शीर्ष दृश्य को पुन: प्रस्तुत करें ताकि ठोस विकर्ण (e1c1) का शीर्ष दृश्य XY के लंबवत हो।
6. सामने के दृश्य को प्रक्षेपण करें, जो घन का आवश्यक सममितीय प्रक्षेपण है।

Isometric projection - Introduction

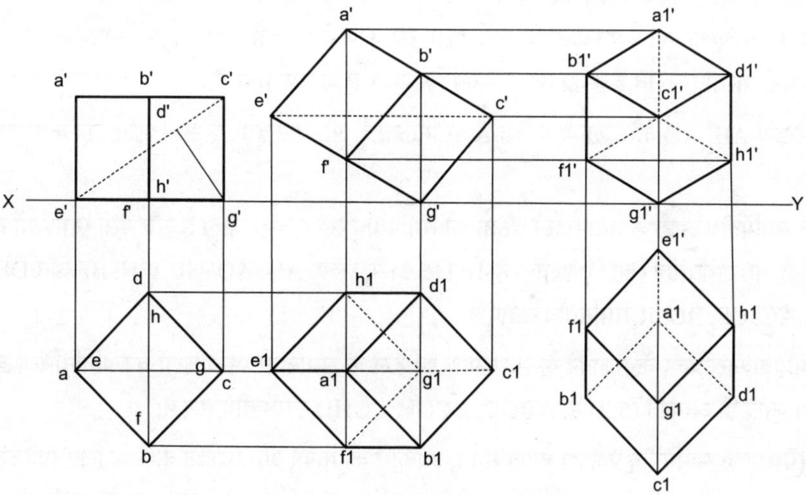

चित्र 5.1: सममितीय प्रक्षेपण के सिद्धांत

5.2 सममितीय प्रक्षेपण की शब्दावली

चित्र 5.2 एक घन का वही सम्मुख दृश्य दिखाता है जो चित्र 5.1 में प्रस्तुत किया गया है, जिसके कोने बड़े अक्षरों में हैं। समचतुर्भुज ABCD घन के शीर्ष वर्ग फलक के सममितीय प्रक्षेपणण का प्रतिनिधित्व करता है, जिसमें BD विकर्ण की सही लंबाई है। घन के सभी किनारों को समान रूप से छोटा किया गया है।

उसी विकर्ण BD पर एक और वर्ग BPDQ खींचिए, भुजा BP घन के वास्तविक किनारे की लंबाई के बराबर है। इस वास्तविक लंबाई को बीए द्वारा दर्शाए गए सममितीय लंबाई तक छोटा कर दिया जाता है।

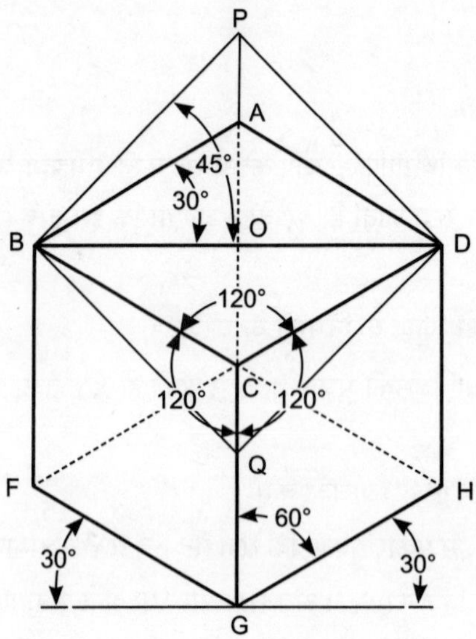

चित्र 5.2: घन का सम्मुख दृश्य

तीन रेखाएँ AB, AD और AE, A पर मिल रही हैं। ये किनारे ठोस में परस्पर लंबवत हैं। चूंकि ये सभी किनारे समान रूप से HP की ओर झुके हुए हैं, इसलिए वे प्रक्षेपण के तल में एक दूसरे के साथ 120° का कोण बना रहे हैं; साथ ही उन्हें समान रूप से छोटा किया जाता है और विकर्ण BD अपनी वास्तविक लंबाई बनाए रखता है क्योंकि यह VP के समानांतर है।

सममितीय अक्ष: रेखाएँ AB, AD और AE एक बिंदु A पर मिलती हैं और एक दूसरे के साथ 120° का कोण बनाती हैं, सममितीय अक्ष कहलाती हैं।

सममितीय रेखाएँ: सममितीय अक्षों के समानांतर रेखाओं को सममितीय रेखाएँ कहा जाता है और ऐसी रेखाएँ जो सममितीय अक्षों के समानांतर नहीं होती हैं, गैर-सममितीय रेखाएँ कहलाती हैं। चित्र (5.2) में, रेखाएँ AB, AD, GF, GH, BF और DH सममितीय रेखाएँ हैं और रेखाएँ BD, AC, CF, BG गैर-सममितीय रेखाएँ हैं।

सममितीय तल:आयताकार प्रिज्म के फलको के साथ-साथ इन तल के समानांतर अन्य तलों का प्रतिनिधित्व करने वाले तल को सममितीय तल कहा जाता है। आकृति (5.2) में, ABCD, BCGF, CGHD सममितीय तल हैं।

सममितीय मापन(पैमाना): सममितीय प्रक्षेपण बनाते समय, आकारों को मापने और चिह्नित करने के लिए सही लंबाई को सममितीय लंबाई में बदलना आवश्यक है। सममितीय पैमाना का उपयोग वास्तविक लंबाई को सममितीय लंबाई (पूर्वभास) में बदलने के लिए किया जाता है।

5.3 सममितीय पैमाने का निर्माण

चित्र 5.3 में दर्शाए अनुसार सममितीय पैमाने के निर्माण के चरण:

1. एक क्षैतिज रेखा BD खींचिए।
2. B से वास्तविक या वास्तविक लंबाई को दर्शाने के लिए 45° पर एक रेखा BP खींचिए और दूसरी रेखा BA 30° से BD तक सममितीय लंबाई मापने के लिए खींचिए।
3. वास्तविक लंबाई को दर्शाने के लिए BP पर बिंदु 0, 1, 2 आदि अंकित करें।
4. इन बिंदुओं से BA को 0', 1', 2' आदि पर मिलने के लिए लंबवत् खींचिए।
5. लंबाई B1 'B1 की सममितीय लंबाई को दर्शाती है और इसी तरह आगे भी।

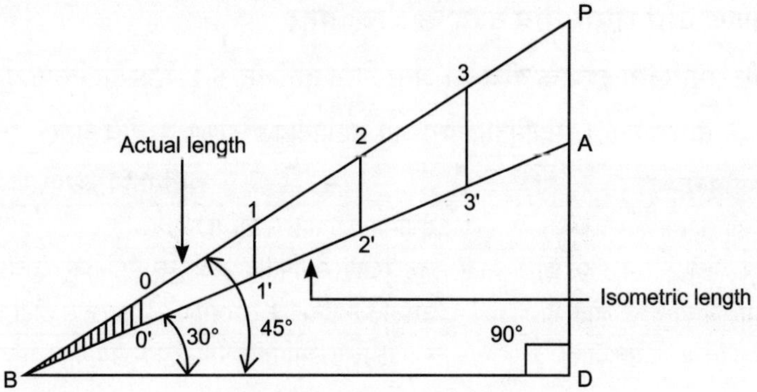

चित्र 5.3: सममितीय पैमाना का निर्माण

सममितीय लंबाई की गणना:

उपरोक्त चित्र 5.3 से,

$$\frac{BD}{BP} = COS(45) = \frac{1}{\sqrt{2}}$$

$$\frac{BD}{BA} = COS(30) = \frac{\sqrt{3}}{2}$$

इसलिए;

$$\frac{BD}{BP} \times \frac{BA}{BD} = \frac{1}{\sqrt{2}} \times \frac{2}{\sqrt{3}}$$

$$\frac{BA}{BP} = \frac{\sqrt{2}}{\sqrt{3}} = .815$$

अत: सममितीय लंबाई = .815 * वास्तविक लंबाई

5.4 सममितीय दृश्य

एक सममितीय दृश्य एक प्रकार का 3D दृश्य है जिसे 30-डिग्री कोणों का उपयोग करके निर्धारित किया जाता है। यह एक प्रकार का एक्सोनोमेट्रिक दृश्य है जिसमें प्रत्येक अक्ष के लिए समान पैमाने का उपयोग किया जाता है, जिसके परिणामस्वरूप एक गैर-विकृत छवि होती है। इसके बजाय, एक सुविधाजनक तरीका जिसमें लंबाई के पूर्वाभास को नजरअंदाज कर दिया जाता है और यथार्थ या वास्तविक लंबाई का उपयोग प्रक्षेप को प्राप्त करने के लिए किया जाता है, जिसे सममितीय दृश्य के रूप में जाना जाता है, या सममितीय परिप्रेक्ष्य का सामान्य रूप से उपयोग किया जाता है। सममितीय दृश्य लाभप्रद है क्योंकि माप सीधे एक से किया जा सकता है। किसी दिए गए आंकड़े का सममितीय दृश्य सममितीय प्रक्षेपण से थोड़ा बड़ा (लगभग 22%) होता है। चूंकि अनुपात समान हैं, इसलिए बढ़ा हुआ आकार इस प्रस्तुति के सचित्र मान को प्रभावित नहीं करता है, और साथ ही, यह तेजी से किया जा सकता है।

5.5 सममितीय प्रक्षेपणण और सममितीय दृश्य के बीच अंतर

सममितीय प्रक्षेपणण और सममितीय दृश्य के बीच का अंतर निम्न तालिका 5.1 में प्रस्तुत किया गया है

तालिका 5.1: सममितीय दृश्य और सममितीय प्रक्षेपणण के बीच अंतर

क्र.	सममितीय दृश्य	सममितीय प्रक्षेपणण
1	वास्तविक पैमाने पर खींचा गया	सममितीय पैमाने पर खींचा गया
2	जब रेखाएँ सममितीय अक्षों के समानांतर खींची जाती हैं, तो वास्तविक लंबाई निर्धारित की जाती है।	जब रेखाएं सममितीय अक्षों के समानांतर खींची जाती हैं, तो लंबाई को वास्तविक लंबाई के लगभग 0.81 गुना तक छोटा कर दिया जाता है।
3	माप सीधे एक ड्राइंग से किया जा सकता है।	माप के लिए सममितीय पैमाना का उपयोग किया जाना है।

5.6 समतल आकृतियों के सममितीय दृश्य

तलें क्षैतिज या लंबवत हो सकते हैं; यदि एक समतल क्षैतिज है तो सममितीय प्रक्षेपणण में इसकी भुजाएँ दो झुकी वाली अक्ष के समानांतर होंगी। यदि तल ऊर्ध्वाधर है, तो इसका एक पक्ष झुकी वाली अक्ष के समानांतर और दूसरा ऊर्ध्वाधर अक्ष के समानांतर होगा।

5.6.1 वर्ग का सममितीय दृश्य (चित्र 5.4 (a))

दिए गए वर्ग का सममितीय दृश्य बनाने के लिए निम्नलिखित चरणों का उपयोग किया जाता है:

1. किसी भी बिंदु (a) के माध्यम से, एक लंबवत रेखा खींचें जैसे कि, ad = AD
2. बिंदु (a) से एक रेखा ab = AB खींचिए, जिसका झुकाव क्षैतिज से 30^0 पर और ad की ओर 60^0 पर है।
3. समचतुर्भुज (abcd) को पूरा करें, जो वर्ग का आवश्यक सममितीय दृश्य है (चित्र 5.4(b)
4. सममितीय दृश्य को एक अन्य झुकी अक्ष की दिशा में भी खींचा जा सकता है (चित्र 5.4(c)

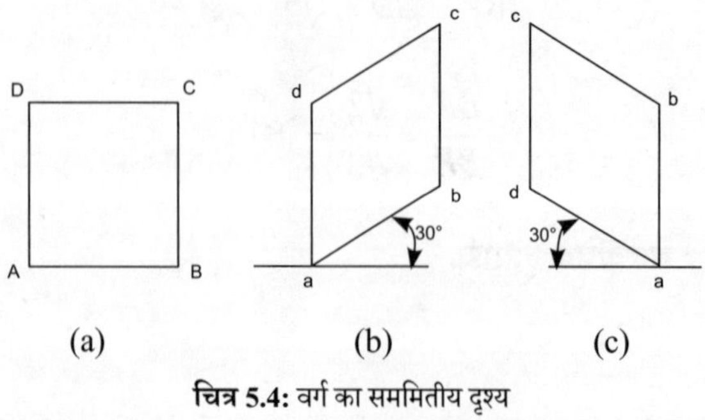

(a) (b) (c)

चित्र 5.4: वर्ग का सममितीय दृश्य

5.6.2 त्रिभुज का सममितीय दृश्य (चित्र 5.5 (a))

किसी दिए गए त्रिभुज का सममितीय दृश्य बनाने के लिए निम्नलिखित चरणों का उपयोग किया जाता है:

1. त्रिभुज ABC को आयत ABQP में संलग्न करें।
2. आयत abqp का सममितीय दृश्य बनाइए (चित्र 5.5(b))
3. 'pq' में एक बिंदु 'c' को इस प्रकार चिह्नित करें कि (pc=PC) और (cq = CQ)
4. त्रिभुज 'abc' खींचिए, जो आवश्यक सममितीय दृश्य है (चित्र 5.5(b))
5. सममितीय दृश्य की अन्य दिशाएँ खींचिए (चित्र 5.5(c))

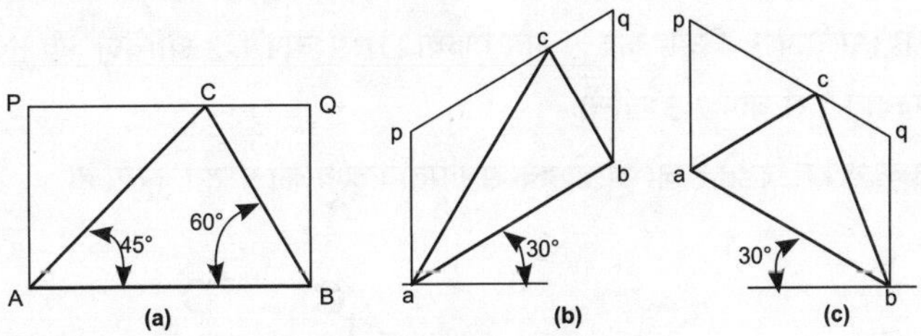

चित्र 5.5: त्रिभुज का सममितीय दृश्य

5.6.3 वृत्त का सममितीय दृश्य (चित्र 5.6 (a))

दिए गए वृत्त का सममितीय दृश्य बनाने के लिए निम्नलिखित चरणों का उपयोग किया जाता है:

1. 60 मिमी व्यास वाला एक वृत्त खींचिए और उसे एक वर्ग ABCD में संलग्न कीजिए जैसा कि चित्र 5.6(a) में दिखाया गया है।
2. 1, 2, 3 और 4 भुजाओं के मध्य-बिंदुओं को चिह्नित करें, जहां वर्ग स्पर्शरिखा रूप से वृत्त को स्पर्श करता है।
3. उस वर्ग के विकर्ण खींचिए जो वृत्त को 5, 6, 7 और 8 पर काटता है जैसा कि चित्र 5.6(a) में दिखाया गया है।
4. एक वर्ग ABCD के सममितीय दृश्य को निरूपित करने के लिए एक समचतुर्भुज ABCD खींचिए।
5. इस पर भुजाओं के मध्य बिंदु के रूप में 1, 2, 3 और 4 को अंकित करें।
6. उस पर 5, 6, 7 और 8 अंक इस प्रकार अंकित करें कि वे वर्ग की भुजा से अक्ष के बराबर दूरी पर हों।
7. सममितीय दृश्य प्राप्त करने के लिए बिंदुओं को मिलाएं जैसा कि चित्र 5.6(b) में दिखाया गया है।
8. सममितीय दृश्य की अन्य दिशाएँ खींचिए (चित्र 5.6(c))।

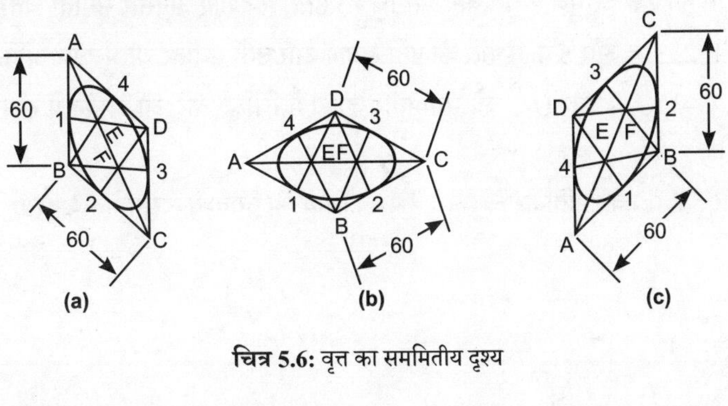

चित्र 5.6: वृत्त का सममितीय दृश्य

हल किए गए उदाहरण

उदाहरण 5.1: केंद्र विधि का उपयोग कर तीनों संधर्भ तलों पर 60 मिमी व्यास के साथ एक वृत्त की परत का सममितीय दृश्य बनाएं।

समाधान: दिए गए वृत्त का सममितीय दृश्य खींचने के लिए निम्नलिखित चरणों का उपयोग किया जाता है जैसा कि चित्र 5.7 में दिखाया गया है:

1. एक वर्ग के सममितीय दृश्य को निरूपित करने के लिए 60 मिमी भुजा वाला एक समचतुर्भुज ABCD खींचिए।
2. 1,2,3 और 4 को क्रमशः AB,BC,CD और DA के मध्य बिंदुओं के रूप में चिह्नित करें और बिंदु 3 और 4 को पूरा करने के लिए (छोटे विकर्णों के सिरों) B को मिलाएं और बिंदु 1 और 2 को पूरा करने के लिए डी। और D1 बिंदु E पर प्रतिच्छेद करता है और B3 और D2 बिंदु F पर प्रतिच्छेद करता है, तो B,E,D और F दीर्घवृत्त खींचने के चार केंद्र हैं।
3. केंद्र B और त्रिज्या B3 से चाप 3-4 और केंद्र D और त्रिज्या D1 से चाप 1-2 खींचिए। केंद्र E और त्रिज्या E1 से चाप 1-4 और केंद्र F और त्रिज्या F2 से चाप 2-3 खींचे।
4. ये चाप एक दीर्घवृत्त के रूप में जुड़ते हैं जो आवश्यक सममितीय दृश्य का प्रस्तुत करता है।

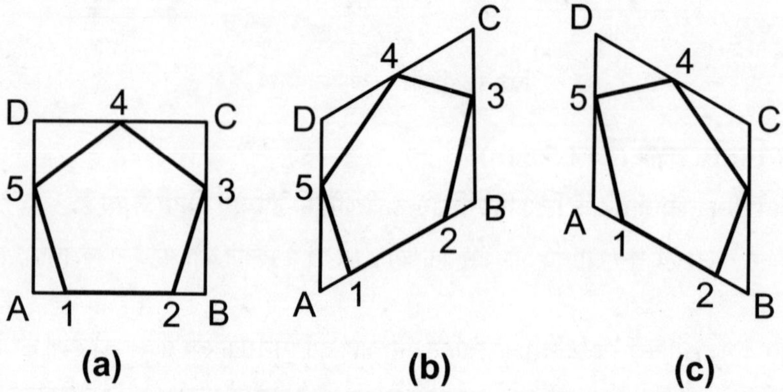

चित्र 5.7: केंद्र विधि का उपयोग करके वृत्त का सममितीय दृश्य

उदाहरण 5.2: पंचकोणीय का सममितीय दृश्य बनाइए।

समाधान: किसी दिए गए पंचकोणीय का सममितीय दृश्य बनाने के लिए निम्नलिखित चरणों का उपयोग किया जाता है जैसा कि चित्र 5.8 में दिखाया गया है:

1. दिए गए पंचकोणीय को एक चतुर्भुज में घेरा करें और चित्र 5.8(a) में दर्शाए अनुसार समांतर चतुर्भुज प्राप्त करें।
2. चतुर्भुज पर अंक 1, 2, 3, 4 और 5 के स्थिति का पता लगाएँ और उन्हें समांतर चतुर्भुज पर अंकित करें।
3. दूरी A–1, B–2, C–3, C–4 और D–5 को सममितीय ड्राइंग में चिह्नित करें, जो आयत में संलग्न पंचकोणीय पर संबंधित दूरियों के समान हैं।
4. चित्र 5.8 (b) और 5.8 (c) का प्रतिनिधित्व करते हैं पंचकोणीय का आवश्यक सममितीय दृश्य।

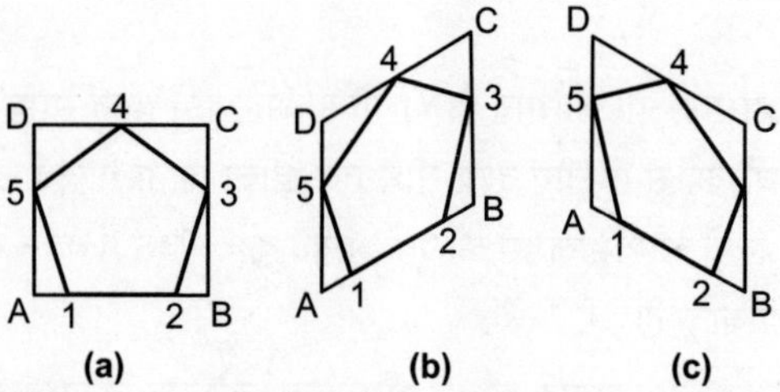

चित्र 5.8: केंद्र विधि का उपयोग करके वृत्त का सममितीय दृश्य

उदाहरण 5.3: अनियमित आकार का सममितीय दृश्य बनाइए।

समाधान: किसी भी अनियमित आकार के सममितीय दृश्य को खींचने के लिए निम्नलिखित चरणों का उपयोग किया जाता है जैसा कि चित्र 5.9 में दिखाया गया है।

1. पहले अनियमित आकार को एक आयत में घेरा करें जैसा कि चित्र 5.10(a) में दिखाया गया है।
2. समांतर चतुर्भुज आयत के लिए सममितीय में प्राप्त होता है जैसा कि आकृति 5.9(b) में दिखाया गया है।
3. सम-रेखाओं A-1, B-2, B-3, C-3, C-4, D-4, D-5, A-5 की लंबाई उतनी ही है जितनी कि मूल आकार में।
4. चित्र 5.9 (b) और 5.9 (c) का प्रतिनिधित्व करते हैं दिए गए अनियमित आकार का आवश्यक सममितीय दृश्य।

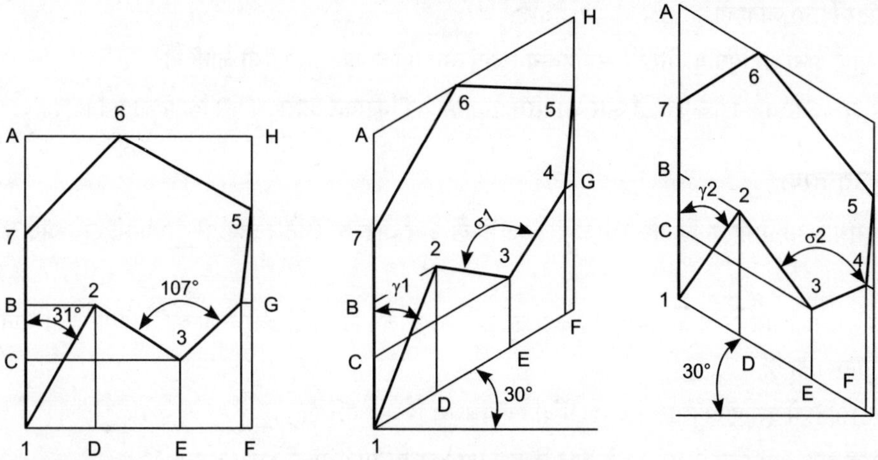

चित्र 5.9: अनियमित आकार का सममितीय दृश्य

5.7: ठोसों के सममितीय दृश्य

ठोसों के सममितीय दृश्य खींचने की दो विधियाँ निम्नलिखित हैं:

1. **बॉक्स विधि।**
2. **ऑफ-सेट विधि।**

5.7.1 बॉक्स विधि

सममितीय दृश्य खींचने की यह विधि आसान और बोधमय है। हालाँकि, आरेख में बहुत समय लगता है। इस विधि में घन, वर्ग और आयताकार और प्रिज्म जैसे ठोस पदार्थों का सममितीय दृश्य सीधे तब खींचा जाता है जब उनके किनारे तीन सममितीय अक्षों के समानांतर होते हैं। अन्य सभी प्रकार के प्रिज्मों और सिलिंडरों को एक आयताकार बॉक्स में बंद करके उनका सममितीय दृश्य तैयार किया जाता है। इस विधि को बॉक्स विधि कहा जाता है।

1. इस विधि में किसी वस्तु की अधिकतम लंबाई, चौड़ाई और ऊंचाई को नोट किया जाता है।
2. इन आयामों के अनुसार एक बॉक्स का निर्माण किया जाता है।
3. बॉक्स के इन आयामों को सममितीय प्रक्षेपण के अनुसार दर्शाया गया है।
4. ये क्षैतिज रेखा से 30^0, 30^0 और 90^0 के कोण बनाते हैं।
5. इसके बाद वस्तु के अन्य भागों को दिखाया जाता है।
6. इस उद्देश्य के लिए, सममितीय अक्ष के समानांतर सममितीय रेखाएँ खींची जाती हैं।
7. इसके बाद गैर-सममितीय रेखाएं, वृत्त और अन्य वक्र खींचे जाते हैं।

5.7.2 ऑफ़-सेट विधि

1. इस विधि में, सममितीय दृश्य तैयार करने के लिए, भुजा का चयन करके, वस्तु की लंबाई और चौड़ाई को सममितीय अक्ष के समानांतर खींचा जाता है।
2. इसके बाद, अन्य सममितीय और गैर-सममितीय रेखाएं आयामों के अनुसार खींची जाती हैं।
3. अंत में, वृत्त और वक्र खींचे जाते हैं और अतिरिक्त रेखाओं को मिटाकर आरेखण पूरा किया जाता है।

हल किए गए उदाहरण

उदाहरण 5.4: आधार 30 मिमी के किनारे के एक पंचभुज प्रिज्म और अक्ष के क्षैतिज होने पर 70 मिमी लंबे अक्ष का सममितीय प्रक्षेपणण बनाएं।

समाधान: दिए गए पंचकोणीय प्रिज्म के सममितीय दृश्य को खींचने के लिए निम्नलिखित चरणों का उपयोग किया जाता है जैसा कि चित्र 5.10 में दिखाया गया है:

1. चित्र 5.10(a) में दर्शाए अनुसार साधारण स्थिति में पंचभुज प्रिज्म खींचिए।
2. ऊंचाई के दायीं ओर चित्र 5.10 (b) के नीचे दिखाए गए अनुसार सम(आइसो)अक्ष बनाएं।
3. योजना में पंचकोणीय को एक वर्ग में संलग्न करें।
4. योजना में आयत की ऊंचाई के आइसो-पैमाने के बराबर लंबाई का संबंधित बॉक्स 70 मिमी के आइसो-मापन के बराबर, “5-3” के आइसो-मापन के बराबर चौड़ाई और बॉक्स की ऊंचाई के बराबर प्राप्त करें।
5. सममितीय प्रक्षेपण में आयताकार बॉक्स के आगे और पीछे पंचभुज को पूरा करें।
6. सममितीय प्रक्षेपण को पूरा करने के लिए सभी दृश्यमान किनारों को निरंतर रेखा और अदृश्य किनारों को बिंदीवार रेखाओं के साथ मिलाएं।

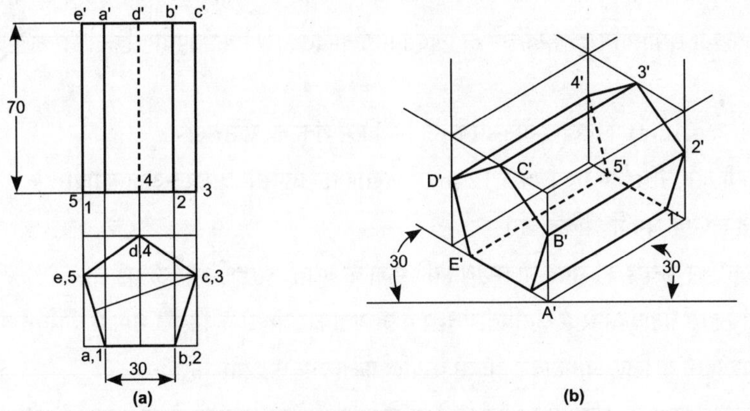

चित्र 5.10: एक पंचकोणीय प्रिज्म का सममितीय दृश्य

उदाहरण 5.5: 50 मिमी व्यास और 70 मिमी लंबे अक्ष के एक बेलन का सममितीय प्रक्षेपणण बनाएं, जब अक्ष लंबवत हो।

समाधान: दिए गए बेलन का सममितीय दृश्य खींचने के लिए निम्नलिखित चरणों का उपयोग किया जाता है जैसा कि चित्र 5.11 में दिखाया गया है:

जैसा कि नीचे चित्र 5.11(a) में दिखाया गया है, बेलन को सरल स्थिति में खींचिए।

1. ऊंचाई के दाहिनी ओर नीचे दिए गए चित्र 5.11 (b) में दिखाए गए अनुसार आइसो अक्ष बनाएं।
2. उत्सेध में वृत्त को एक वर्ग में अंकित करें।
3. 70 मिमी के आइसो-मापन के बराबर ऊंचाई का संगत बॉक्स, वर्ग के किनारे के आइसो-मापन के बराबर चौड़ाई और ऊंचाई लें।
4. चार केंद्र विधि द्वारा बताए अनुसार सममितीय प्रक्षेपण में आयताकार बॉक्स के ऊपर और नीचे दीर्घवृत्त को पूरा करें।
5. दीर्घवृत्त के ऊपर और नीचे को सीधी रेखा से मिलाएं जैसा कि नीचे दिखाया गया है और सिलेंडर के निचले हिस्से के पीछे के हिस्से को बिंदीवार रेखा से मिलाएं क्योंकि यह सममितीय प्रक्षेपणण को पूरा करने के लिए दिखाई नहीं देगा।

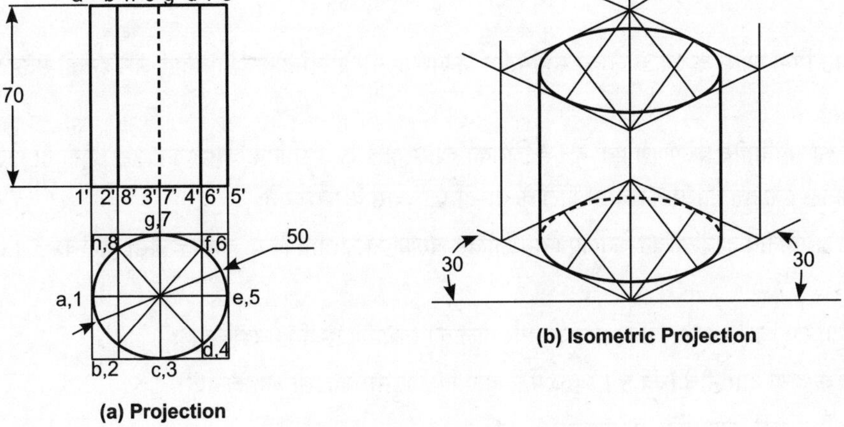

चित्र 5.11: एक बेलन का सममितीय दृश्य

उदाहरण 5.6: आधार का व्यास 50 मिमी और ऊंचाई 70 मिमी के शंकु का सममितीय दृश्य बनाएं जब आधार HP पर हो।

समाधान: दिए गए शंकु का सममितीय दृश्य खींचने के लिए निम्नलिखित चरणों का उपयोग किया जाता है जैसा कि चित्र 5.12 में दिखाया गया है:

1. नीचे दी गई चित्र 5.12(a) में दिखाए अनुसार सरल स्थिति में शंकु को खींचिए।
2. ऊंचाई के दायीं ओर नीचे दिए गए चित्र 5.12 (b) में दिखाए गए अनुसार आइसो अक्ष बनाएं।
3. उत्सेध में वृत्त को एक वर्ग में अंकित करें।
4. 70 मिमी के बराबर ऊंचाई का संगत बॉक्स, वर्ग की भुजा के बराबर चौड़ाई और ऊंचाई लें।
5. चार केंद्र विधि द्वारा बताए अनुसार सममितीय दृश्य में आयताकार बॉक्स के निचले भाग में दीर्घवृत्त को पूरा करें।
6. शीर्ष बिंदु प्राप्त करने के लिए आयताकार बॉक्स के शीर्ष फलक पर केंद्र प्राप्त करें।
7. दीर्घवृत्त के निचले भाग को शीर्ष के साथ सीधी रेखा से मिलाएँ जैसा कि नीचे दिखाया गया है और शंकु के निचले भाग के पीछे के भाग को बिंदीवार रेखा से मिलाएँ क्योंकि यह आकृति 5.12(b) में दिखाए गए अनुसार सममितीय दृश्य को पूरा करने के लिए दृश्यमान नहीं होगा।

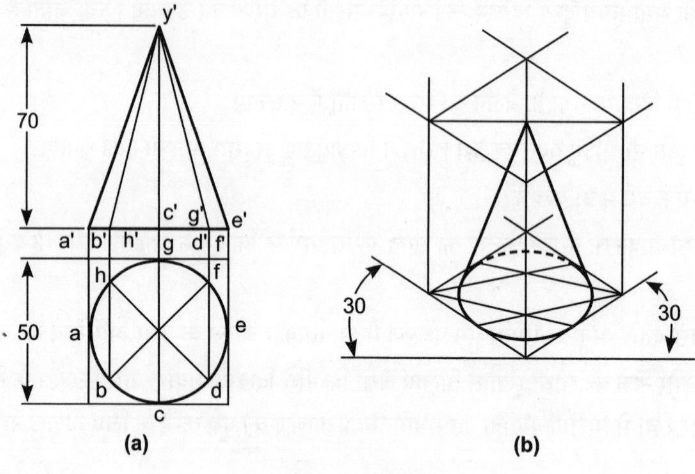

चित्र 5.12: शंकु का सममितीय दृश्य

उदाहरण 5.7: 40 मिमी व्यास के एक गोले का सममितीय प्रक्षेपणण और सममितीय दृश्य बनाएं और इसकी सतह पर निम्नतम बिंदु को चिह्नित करें।

समाधान: गोले का सममितीय प्रक्षेपणण एक वृत्त है जिसका व्यास गोले के वास्तविक व्यास का (3/2) गुना है। गोले का सममितीय प्रक्षेपणण दृश्य केवल एक वृत्त है जिसका व्यास गोले के वास्तविक व्यास के बराबर है।

दिए गए गोले का सममितीय दृश्य खींचने के लिए निम्नलिखित चरणों का उपयोग किया जाता है जैसा कि चित्र 5.13 में दिखाया गया है:

1. नीचे दिए गए चित्र 5.13(a) में दिखाए अनुसार गोले को साधारण स्थिति में खींचिए।
2. ऊंचाई के दायीं ओर नीचे चित्र 5.13 (b) में दिखाए गए अनुसार आइसो अक्ष बनाएं।
3. उत्सेध में वृत्त को एक वर्ग में अंकित करें।

4. उत्सेध में वर्ग के सम-पैमाने के अनुरूप समचतुर्भुज प्राप्त करता है।
5. समचतुर्भुज के केंद्र को स्थिर करें और गोले की त्रिज्या के आइसो पैमाने के बराबर वृत्त के केंद्र को स्थिर करें, उस केंद्र और त्रिज्या के साथ सममितीय त्रिज्या के बराबर एक वृत्त बनाएं।
6. उपरोक्त प्रक्रिया को केवल इस अंतर के साथ दोहराएं कि गोले का सममितीय दृश्य प्राप्त करने के लिए वृत्त की त्रिज्या गोले की वास्तविक त्रिज्या के बराबर है।

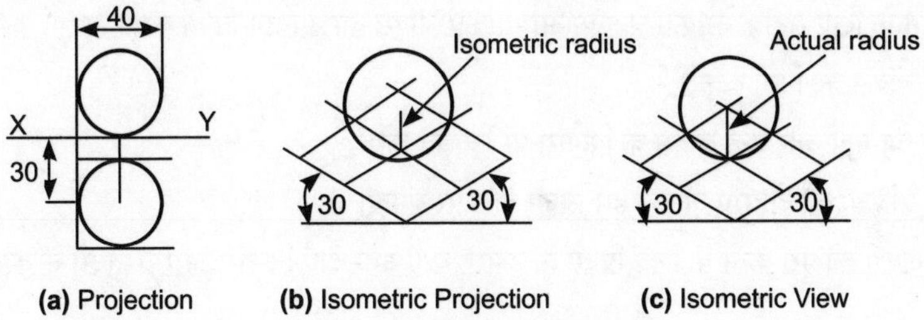

चित्र 5.13: एक गोले का सममितीय दृश्य

उदाहरण 5.8: सममितीय दृश्य आरेख करें पंचकोणीय पिरामिड का, जिसका प्रक्षेपण चित्र 5.14(a) में दिया गया है।

समाधान: दिए गए पंचकोणीय पिरामिड के सममितीय दृश्य को आरेखित करने के लिए निम्नलिखित चरणों का उपयोग किया जाता है जैसा कि चित्र 5.14 में दिखाया गया है:

1. आधार (शीर्ष दृश्य में) को एक आयताकार में संलग्न करें।
2. रेखा ab पर एक ऑफसेट oq (अर्थात pq) खींचिए।
3. आयताकार का सममितीय दृश्य बनाइए और उसमें आधार के कोनों का पता लगाइए।
4. रेखा AB पर एक बिंदु Q इस प्रकार अंकित करें कि AQ = aq। Q से, qo के बराबर और 2C के समानांतर एक रेखा QP खींचिए। P पर, o'p' के बराबर एक उर्ध्वाधर OP खींचिए।
5. आधार के कोनों के साथ O को मिलाएं, इस प्रकार पिरामिड के सममितीय दृश्य को पूरा करें जैसा कि चित्र 5.14(b) में दिखाया गया है।
6. क्षैतिज स्थिति में अपनी अक्ष के साथ समान पिरामिड का सममितीय दृश्य जैसा कि चित्र 5.14(c) में दिखाया गया है।

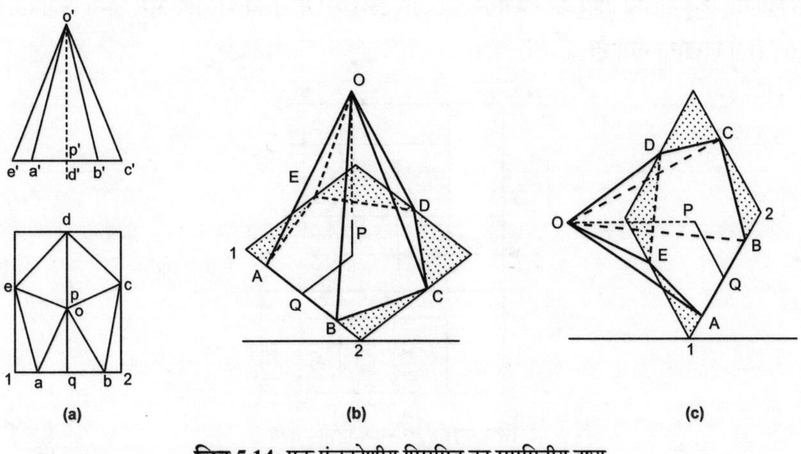

चित्र 5.14: एक पंचकोणीय पिरामिड का सममितीय दृश्य

उदाहरण 5.9: आधार 40 मिमी और ऊंचाई 60 मिमी के एक हेक्सागोनल प्रिज्म का सममितीय प्रक्षेपणण बनाएं, जिसमें आधार 40 मिमी व्यास और ऊंचाई 50 मिमी के लंब गोलाकार शंकु के साथ, इसके शीर्ष पर आराम कराए ताकि दोनों ठोसों के अक्ष सरेखित हों।

समाधान: चित्र 5.15 में दर्शाए अनुसार सयोजित ठोस षट्कोणीय प्रिज्म और लम्ब वृत्तीय शंकु के सममितीय प्रक्षेपणण को प्रदर्शित करने के लिए निम्नलिखित चरणों का उपयोग किया जाता है:

1. सममितीय पैमाना का उपयोग करके प्रिज्म के TV और FV को आरेख करें।
2. प्रिज्म को घेरने के लिए सटीक आकार के एक आयताकार बॉक्स का उपयोग किया जाता है।
3. सममितीय में बॉक्स का निर्माण करें।
4. TV से कोनों को मापें और उन्हें बॉक्स के किनारों पर चिह्नित करें।
5. शंकु के लिए प्रक्रिया को दोहराएं लेकिन इसे प्रिज्म के ऊपर बनाएं।
6. सममितीय प्रक्षेपण को पूरा करने के लिए प्रिज्म के ऊपरी, बाएँ और दाएँ किनारों और वस्तुओं के दृश्य भाग को काला करें।

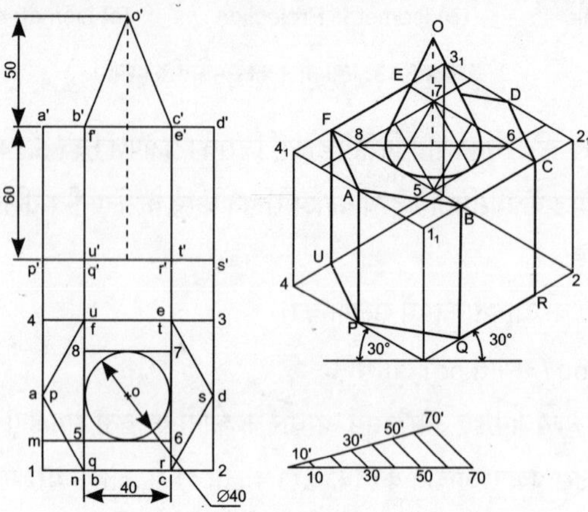

चित्र 5.15: संयोजित ठोस का सममितीय दृश्य

5.8 लम्बकोणीय दृश्यों का सममितीय दृश्यों में रूपांतरण

दिए गए वास्तु के लम्बकोणीय दृश्यों से एक सममितीय आरेख बनाने के लिए निम्नलिखित चरणों का उपयोग किया जाता है:

1. पहले वस्तु के दिए गए लंबकोणीय दृश्य का अध्ययन करें और इस वस्तु के मुख्य परिमाप और अन्य विशेषताओं को नोट करें जैसा कि चित्र 5.16 (a) में दिखाया गया है।

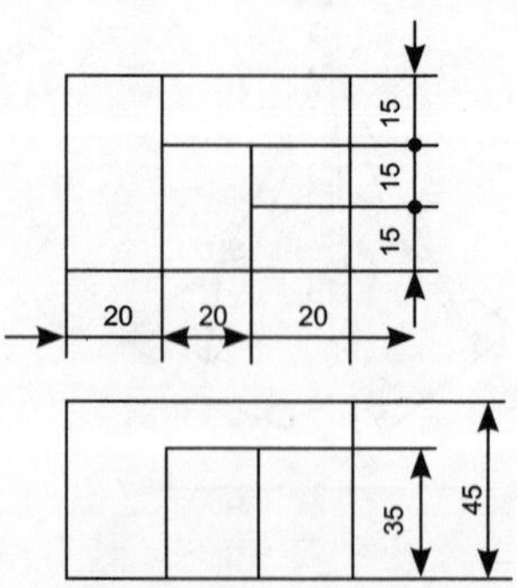

चित्र 5.16 (a): लम्बकोणीय दृश्य

2. सममितीय अक्षों को आरेखित करें और मुख्य परिमपो को उनके वास्तविक मानों के लिए सममितीय अक्षों के साथ चिह्नित करें, जैसा कि चित्र 5.16 (b) में दिखाया गया है।

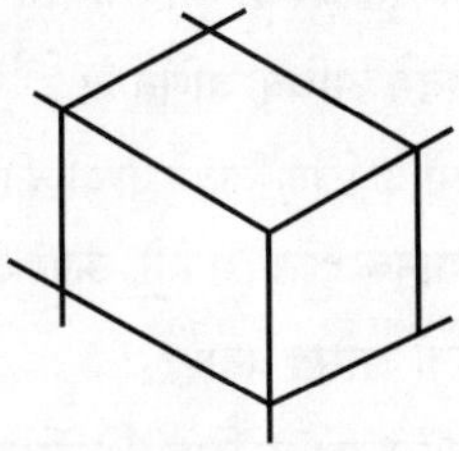

चित्र 5.16 (b): सममितीय अक्ष

3. आकृति 5.16(c) में दर्शाए अनुसार, सममितीय अक्षों के समानांतर रेखाएँ खींचकर और उपरोक्त चिह्नों से गुजरते हुए वस्तु को पूरा करें।

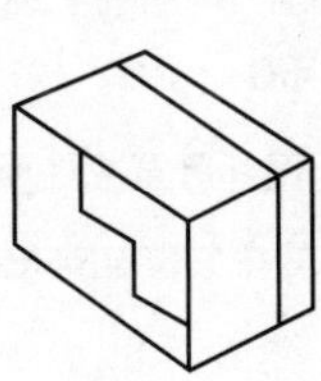

चित्र 5.16 (c): सममितीय अक्षों के समानांतर रेखा खींचना

4. आकृति 5 .16(d) में दर्शाए अनुसार वस्तु के तीनों फलकों पर वस्तु के सभी लक्षणों के मुख्य कोनों का पता लगाएँ।

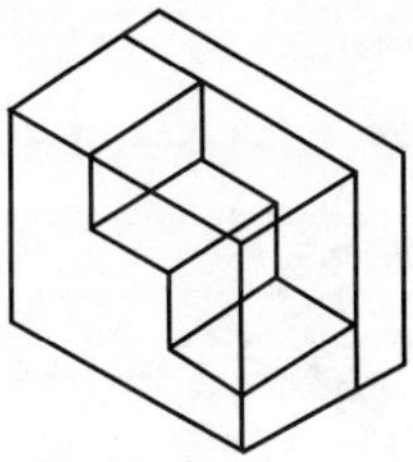

चित्र 5.16 (d): प्रमुख कोनों का पता लगाएँ

5. अक्ष के समानांतर और उपरोक्त बिंदुओं से गुजरने वाली रेखाएँ खींचिए और आकृति 5.16 (e) में दिखाए गए अनुसार दृश्यमान किनारों को काला करके वस्तु का सममितीय चित्र प्राप्त करें।

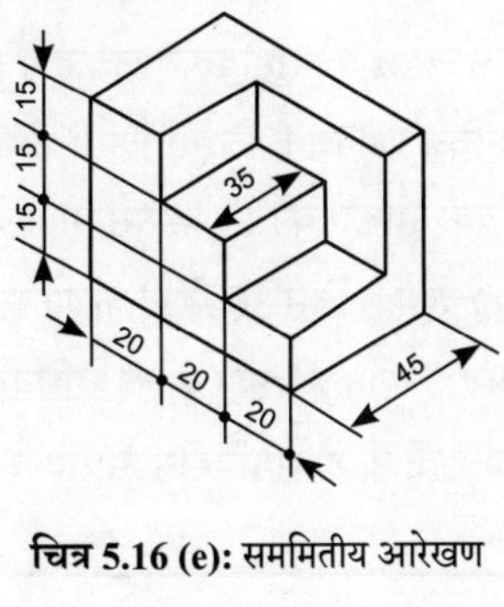

चित्र 5.16 (e): सममितीय आरेखण

5.9 सममितीय दृश्य का लंबकोणीय प्रक्षेपण में रूपांतरण

लंबकोणीय प्रक्षेपण के निर्माण के लिए निम्नलिखित चरणों का उपयोग किया जाता है।

1. एक सम्मुख दृश्य चुनें जो वस्तु के बारे में सबसे अधिक वर्णित है।
2. तय करें कि वस्तु का पूरी तरह से वर्णन करने के लिए कितने दृश्यों की आवश्यकता है। यदि यह निर्धारित करने में असमर्थ है कि किन दृश्यों की आवश्यकता होगी, तो मानक दृश्य (सामने, ऊपर और दाईं ओर) बनाएं।
3. सम्मुख दृश्य की विशेषताएं दिखाई देने वाली आरेख बनाएं।
4. शीर्ष और दाईं ओर के दृश्यों के लिए सीमाएँ बनाने के लिए प्रक्षेपक को सम्मुख दृश्य से क्षैतिज और लंबवत रूप से आरेख करें।
5. शीर्ष दृश्य बनाएं और दृश्यमान और छिपी हुई विशेषताओं को बताने के लिए लंबवत प्रक्षेपक का उपयोग करें।
6. शीर्ष दृश्य से वापस सामने के दृश्य में प्रक्षेपण करें और सम्मुख दृश्य में किसी भी छुटी हुई दृश्यमान या छिपी हुई विशेषताओं को बनाने के लिए लंबवत प्रक्षेपण का उपयोग करें।
7. सामने के दृश्य को घेरने वाले बॉक्स के ऊपरी दाएं कोने से 45° का प्रक्षेपक बनाएं।
8. शीर्ष दृश्य से, दाईं ओर के दृश्य की सीमाएं बनाने के लिए प्रोजेक्टर को 45° रेखा के ऊपर और नीचे खींचें।
9. दाईं ओर का दृश्य आरेख करें।
10. आवश्यकतानुसार दाईं ओर के दृश्य से ऊपर और सामने के दृश्य पर वापस प्रक्षेपण करें।
11. जहां आवश्यक हो वहां केंद्र रेखाएं बनाएं।
12. आकृति 5.17 में दिखाए गए अनुसार सममितीय दृश्य को लंबकोणीय प्रक्षेप में बदलने का उदाहरण।

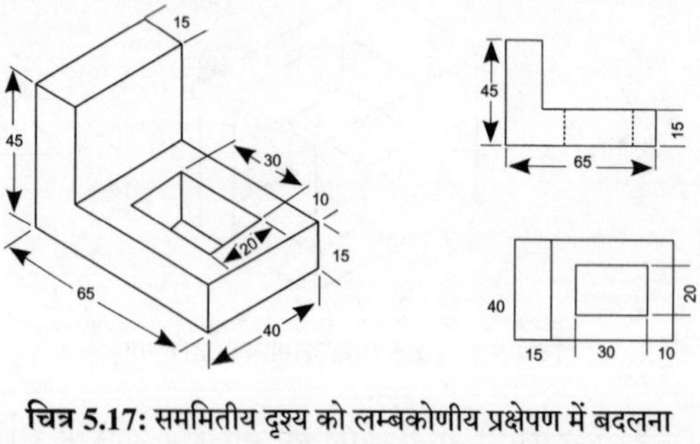

चित्र 5.17: सममितीय दृश्य को लम्बकोणीय प्रक्षेपण में बदलना

इकाई सारांश

1. सममितीय पैमाने का उपयोग वास्तविक लंबाई को सममितीय लंबाई में बदलने के लिए किया जाता है।
2. सममितीय प्रक्षेपणण एक प्रकार का सचित्र प्रक्षेपण है जिसमें किसी ठोस वस्तु के तीन आयामों को न केवल एक दृश्य में दिखाया जाता है, बल्कि उनके वास्तविक आकार को सीधे इससे मापा जा सकता है।
3. एक सममितीय दृश्य एक प्रकार का 3D दृश्य है जिसे 30-डिग्री कोणों का उपयोग करके निर्धारित किया जाता है।
4. ठोसों के सममितीय दृश्य खींचने के लिए उपयोग की जाने वाली विधियाँ हैं: बॉक्स विधि और ऑफ़-सेट विधि।
5. जब वस्तु में अनियमित वक्राकार सतह होती है, तो सममितीय आरेख बनाने की ऑफ-सेट विधि को प्राथमिकता दी जाती है।

6. जब किसी वस्तु में कई गैर-सममितीय रेखाएँ होती हैं, तो बॉक्स विधि का उपयोग करके सममितीय आरेखण आसानी से बनाया जा सकता है।

अभ्यास 5.1: बहुविकल्पीय प्रश्न

1. वर्ग का सामने का दृश्य दिया गया है और इसका सममितीय दृश्य खींचना है कि आधार क्षैतिज के किस कोण पर होगा?
   (a) 90 degree
   (b) 15 degree
   (a) 30 degree
   (a) 60 degree
2. त्रिभुज का सामने का दृश्य दिया गया है और सममितीय दृश्य खींचा जाना है, निम्नलिखित में से कौन सा सममितीय दृश्य खींचने की सही प्रक्रिया है।
   (a) त्रिभुज को इस तरह मोड़ना कि आधार क्षैतिज के साथ 30 डिग्री बना रहा हो
   (b) आवश्यक अनुपात में कोणों को बढ़ाना या घटाना
   (c) सममितीय अक्ष के समानांतर आरेखण करना
   (d) त्रिभुज के आधार और ऊंचाई के साथ आयत बनाना और समरूपी अक्षों के समानांतर आयत बनाना और त्रिकोण को इंगित करना यह
3. समबाहु त्रिभुज का सममितीय दृश्य होगा __________
   (a) समबाहु त्रिभुज
   (b) विषमकोण त्रिभुज
   (c) समद्विबाहु त्रिभुज
   (d) समकोण त्रिभुज
4. समचतुर्भुज का सममितीय दृश्य बन जाएगा __________
   (a) समांतर चतुर्भुज
   (b) समचतुर्भुज
   (c) आयत
   (d) वर्ग
5. आयत का सममितीय दृश्य बन जाएगा __________
   (a) समांतर चतुर्भुज
   (b) समचतुर्भुज
   (c) आयत
   (d) वर्ग

6. यदि अक्षतंतु तल का झुकाव तीनों प्रमुख तलों की ओर समान रूप से हो तो वह तल कहलाता है
   (a) द्विमितीय तल
   (b) सममितीय/सममितीय तल
   (c) त्रिमितीय तल
   (d) लंबकोणीय तल
7. एक गोले का सममितीय प्रक्षेपणण a(n) ___ है।
   (a) दीर्घवृत
   (b) अर्ध वृत्त
   (c) वृत्त
   (d) चाप
8. बॉक्स विधि का प्रयोग का सममितीय दृश्य खींचने के लिए किया जाता है
   (a) पिरामिड
   (b) प्रिज्म
   (c) बेलन
   (d) ऊपर के सभी
9. एक वृत्त का सममितीय दृश्य है
   (a) वृत्त
   (b) दीर्घवृत
   (c) परवलय
   (d) रेखा
10. वर्ग का सममितीय दृश्य है
   (a) वर्ग
   (b) आयत
   (c) समचतुर्भुज
   (d) वृत्त
11. सममितीय दृश्य/आरेखण करते समय, पैमाना कम हो जाता है
   (a) 61.5%
   (b) 71.5%
   (c) 81.5%
   (d) आकार में कमी की आवश्यकता नहीं है

12. सममितीय प्रक्षेपण का आयाम लगभग वास्तविक आयाम तक _____ से कम हो जाता है।

(a) 51%

(b) 61.5%

(c) 71.5%

(d) 81.5%

13. सममितीय पैमाना तैयार करने में, सही या वास्तविक पैमाना क्षैतिज से ___ पर खींचा जाता है।

(a) 15°

(b) 30°

(c) 45°

(d) 60°

14. सममितीय प्रक्षेपण में, प्रक्षेप प्लेन के लिए दृष्टि की दिशा ____ होती है। यानी एक्सोनोमेट्रिक प्लेन।

(a) समानांतर

(b) सीधा

(c) इच्छुक

(d) इनमे से कोई भी नहीं

15. सममितीय प्रक्षेपण को वॉल्यूम के हिसाब से _____ से वास्तविक आकार में घटा दिया जाता है।

(a) 34.13%

(b) 44.13%

(c) 54.13%

(d) 64.13%

उत्तर कुंजी (अभ्यास: 5.1)

1.(c), 2. (d), 3. (b), 4. (a), 5. (a), 6. (b), 7(c) 8(d), 9. (b), 10. (c), 11. (d), 12. (d),13. (c),14(b), 15(c)

अभ्यास 5.2: लघु और दीर्घ उत्तरीय प्रश्न

श्रेणी I

1. एक्सोनोमेट्रिक प्रक्षेपण के तीन प्रकार क्या हैं?
2. सममितीय दृश्य को परिभाषित करें।
3. एक सममितीय दृश्य बनाने के लिए अपनाए गए आवश्यक कदमों का उल्लेख करें।
4. सममितीय प्रक्षेपणण की सीमा क्या है?
5. सममितीय प्रक्षेपणण और सममितीय आरेख में अंतर लिखिए।
6. सममितीय प्रक्षेपणण के सिद्धांत को समझाइए।
7. सममितीय प्रक्षेपणण क्यों महत्वपूर्ण है?

8. सममितीय पैमाना का उपयोग क्या है?
9. लंबकोणीय दृश्य को सममितीय दृश्य में कैसे बदलें?
10. सममितीय और परिप्रेक्ष्य प्रक्षेपण में अंतर करें।

श्रेणी II

11. सभी प्रिज्मीय वस्तुओं के लिए सममितीय प्रक्षेपणण बनाएं।
12. ठोस वस्तुओं का सममितीय दृश्य खींचने की विधियों की व्याख्या कीजिए
13. सममितीय पैमाना की रचना करें और सममितीय लंबाई की गणना के लिए समीकरण व्युत्पन्न करें।
14. बॉक्स विधि और ऑफ सेट विधि को समझाइए।
15. सममितीय दृश्य को लंबकोणीय दृश्य में बदलने के लिए इस्तेमाल किए गए चरणों को लिखें।

प्रायोगिक अभ्यास

1. चार केंद्र विधियों का उपयोग करके तीनों सिद्धांत तलों पर 60 मिमी व्यास के साथ एक वृत्त परत का सममितीय दृश्य बनाएं।
2. 40 मिमी भुजा वाले एक षट्भुज का सममितीय दृश्य इस प्रकार खींचिए कि इसकी सतह HP के समानांतर हो और एक भुजा VP के समानांतर हो।
3. आधार का एक बेलनाकार ब्लॉक, 60 मिमी व्यास और ऊंचाई 90 मिमी, HP पर खड़ा है, इसकी अक्ष HP के लंबवत है। इसका सममितीय दृश्य बनाइए।
4. एक वर्गाकार प्रिज्म का एक सममितीय दृश्य बनाएं जिसमें 30 मिमी की तरफ और 60 मिमी लंबी धुरी के साथ आधार हो, जो HP पर टिकी हो, जब (a) इसके आधार पर HP के लंबवत अक्ष के साथ (b) इसके आयताकार फलक पर अक्ष के लंबवत अक्ष के साथ VP और (c) इसके आयताकार चेहरे पर VP के समानांतर अक्ष के साथ।
5. एक षट्कोणीय प्रिज्म का सममितीय दृश्य बनाएं जिसका आधार 40 मिमी पक्ष और एक 80 मिमी लंबी अक्ष HP पर इसके आधार पर टिकी हुई है। VP के समानांतर आधार के किनारे के साथ जब (a) बॉक्स विधियों का उपयोग कर (b) ऑफ-सेट विधि का उपयोग कर।
6. 60 मिमी बेस व्यास और 75 मिमी लंबी अक्ष के साथ एक सिलेंडर का एक सममितीय दृश्य बनाएं जब (a) आधार HP पर हो (b) जब जनित्र में से एक HP पर हो?
7. आधार व्यास 35 मिमी अक्ष 70 मिमी का एक सिलेंडर 60 मिमी वर्ग और मोटाई 20 मिमी के खंड (स्लैब) पर केंद्रीय रूप से आराम कर रहा है। ठोसों के संयोजन का सममितीय प्रक्षेपण बनाइए।
8. नीचे दी गई आकृति का एक सममितीय दृश्य बनाइए। (सभी परिमाप मिमी में हैं)।

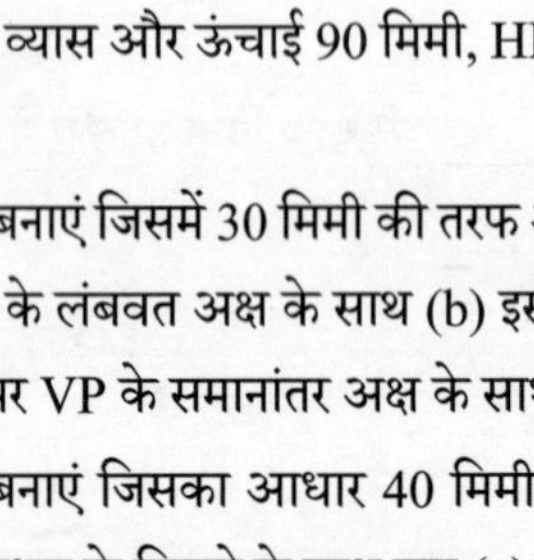

9. उस वस्तु का सामने का दृश्य, शीर्ष दृश्य और पार्श्व दृश्य बनाएं जिसका सममितीय दृश्य नीचे दिए गए चित्र में दिखाया गया है (सभी परिमाप मिमी में हैं)।

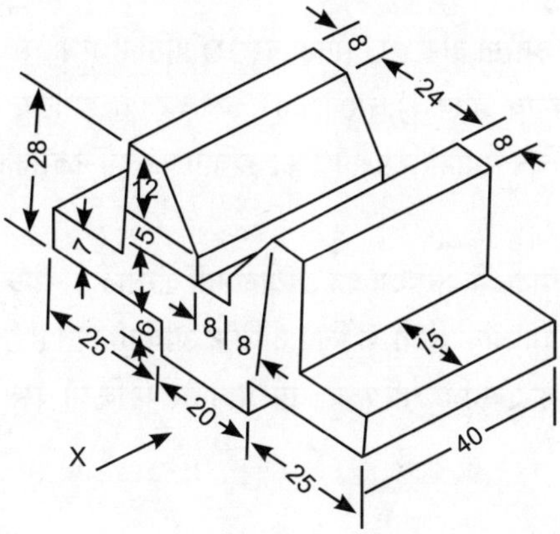

10. निम्नलिखित आकृति में दिखाए गए सममितीय दृश्य के लंबकोणीय दृश्य बनाएं:

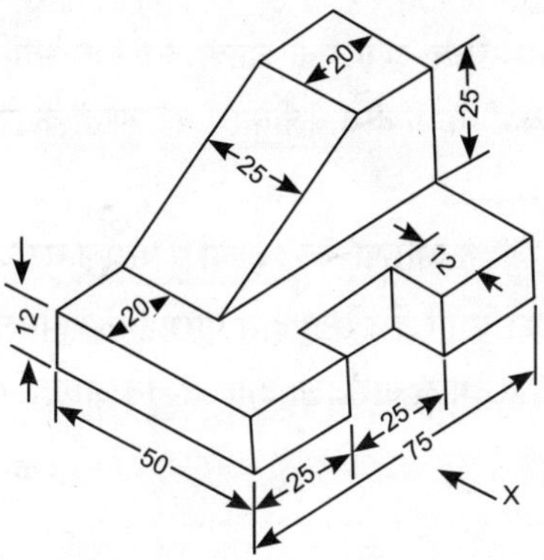

रोचक तथ्य

सममितीय प्रक्षेपण अरेखीय(ग्राफिक) प्रस्तुतिकरण की एक विधि है और यह एक तकनीक है जो नियत गहराई के भ्रान्ति को संयोजित करना है।

सममितीय आरेख और सममितीय प्रक्षेपण के बीच सबसे बड़ा अंतर दो छवियों के आकार का है। ऊंचाई, चौड़ाई और गहराई की अक्ष पर 100% सही लंबाई माप का उपयोग करके सममितीय आरेख तैयार की जाती है।

हालाँकि, सममितीय प्रक्षेपणण में ऊँचाई, चौड़ाई और गहराई को उनकी वास्तविक लंबाई के 82% पर प्रदर्शित किया जाता है। कंप्यूटर पर सचित्र बनाते समय, स्क्रीन पर दिखाई देने वाली छवि एक प्रक्षेपण होती है, और इसलिए इसे पहले से छोटा कर दिया जाता है।

स्क्रीन पर इन सचित्रों को खींचने का बड़ा फायदा यह है कि वास्तु की विशेषताओं के लिए डेटा दर्ज करने के बाद वास्तु को अनगिनत संख्या में अक्षों के बारे में आसानी से घुमाया जा सकता है।

अधिक जानिए

सममितीय ड्राइंग v/s एक-बिंदु परिप्रेक्ष्य

सममितीय ड्रॉइंग और वन-पॉइंट परिप्रेक्ष्य आरेख दोनों 2D सतहों पर 3D प्रतिनिधित्व प्रस्तुत करने के लिए ज्यामिति और गणित का उपयोग करते हैं। एक-बिंदु परिप्रेक्ष्य चित्र मानव आँख की धारणा की नकल करते हैं, इसलिए जब वे दर्शक से दूर जाते हैं तो वस्तुएं छोटी दिखाई देती हैं। इसके विपरीत, सममितीय चित्र समानांतर प्रक्षेपण का उपयोग करते हैं, जिसका अर्थ है कि वस्तुएं एक ही आकार में रहती हैं, चाहे वे कितनी भी दूर क्यों न हों।

मूल रूप से, सममितीय आरेख इसके प्रतिपादन में परिप्रेक्ष्य का उपयोग नहीं करता है (अर्थात रेखाएं अभिसरण नहीं करती हैं क्योंकि वे दर्शक से दूर जाती हैं)। सममितीय चित्र कार्यात्मक चित्रों के लिए अधिक उपयोगी होते हैं जिनका उपयोग यह समझाने के लिए किया जाता है कि कुछ कैसे काम करता है, जबकि एक-बिंदु परिप्रेक्ष्य चित्र आमतौर पर किसी वस्तु या स्थान का अधिक संवेदी विचार देने के लिए उपयोग किया जाता है।

सममितीय विचारों के अनुप्रयोग

सममितीय दृश्य का इस्तेमाल घटक(कंपोनेंट) और फिटिंग(असेंबली) आरेख में किया जाता है। सममितीय घटक सचित्र दो स्वरूपों में प्रस्तुत किए गए हैं: सममितीय विवरण ड्राइंग या सममितीय सम्मलित दृश्य। सममितीय विवरण ड्राइंग उचित टीप के साथ एक एकल दृश्य है। सममितीय सम्मलित दृश्य एक घटक का एक सममितीय दृश्य है जिसे मुख्य रूप से कल्पना (विज़ुअलाइज़ेशन) में सहायता के लिए और कभी-कभी दस्तावेज़ीकरण की पूर्णता के लिए आवश्यक लंबकोणीय दृश्य में जोड़ा जाता है।

असेंबली ड्रॉइंग में, सममितीय दृश्य रूपरेखा, खंडित और परिच्छेद दृश्यों में प्रत्येक घटक का सामान्य ग्राफिक विवरण प्रदान करते हैं। परिच्छेद सचित्र दृश्य सभी आंतरिक घटकों को कर्तन तल रेखा द्वारा परिभाषित समतल पर सयुग्म की स्थिति में दिखाते हैं। कटी हुई परिच्छेद (ब्रोकन सेक्शन) सममितीय दृश्य का इस्तेमाल असेंबली और विस्तृत आरेख में किया जाता है।

गतिविधि

1. ग्राफिक्स लैब में उपलब्ध फर्नीचर के सममितीय दृश्य को परिमाप करें और इसे लंबकोणीय प्रक्षेप में बदलें।
2. डेस्कटॉप कंप्यूटर और उसके बाह्य उपकरणों के सममितीय दृश्य को रेखित करें।

वृत्त अध्ययन

सममितीय रेखचित्र

सममितीय रेखाचित्र या सममितीय आरेख किसी वस्तु का सचित्र प्रस्तुतिकरण है जिसमें सभी तीन-आयाम पूर्ण पैमाने पर खींचे जाते हैं। यह एक सममितीय प्रक्षेपण जैसा दिखता है। इस मामले में, इसके प्रमुख अक्षों के समानांतर सभी रेखाएं मापने योग्य हैं।

सममितीय रेखचित्र उदाहरण

सममितीय रेखाचित्र बनाने का एक उदाहरण नीचे दिया गया है। $8 \times 3 \times 3$ घनाभों का एक सममितीय रेखाचित्र बनाने के लिए निम्नलिखित चरणों का उपयोग किया जाता है।

1. 8 × 3 × 3 आयाम वाले घनाभों का एक सममितीय रेखाचित्र बनाने के लिए, नीचे दिखाए गए अनुसार एक सममितीय डॉट पेपर लें:

2. सामने के फलको को खींचने के लिए, घनाभ की लंबाई बनाने के लिए 8 बिंदुओं को मिलाएं और 3 आसन्न बिंदुओं को जोड़कर इसकी चौड़ाई बनाएं जैसा कि दिखाया गया है:

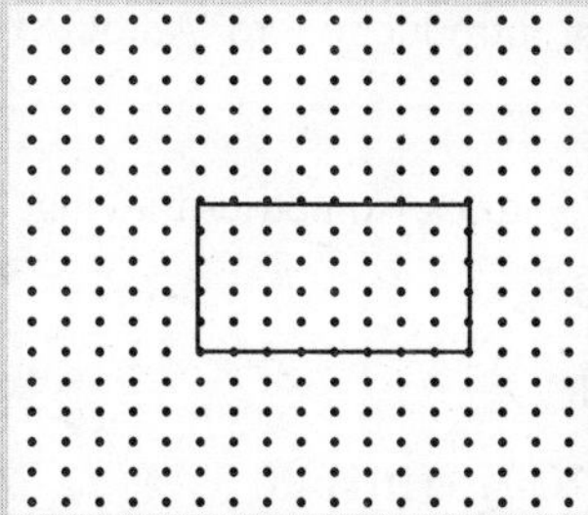

3. ऊपर खींचे गए आयत के कोनों से, नीचे दिखाए गए अनुसार 4 समानांतर रेखाखंड खींचिए:

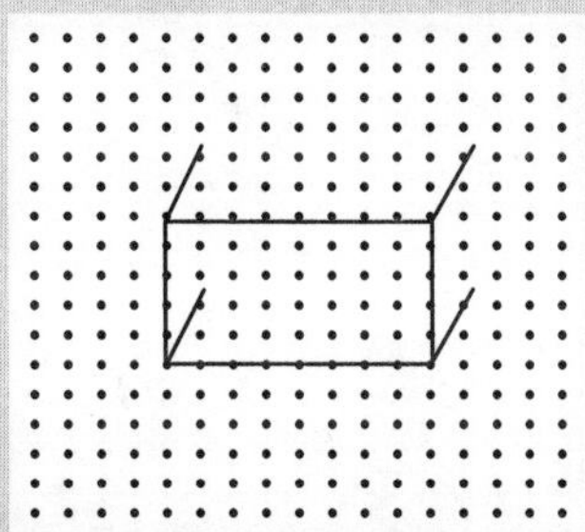

4. चित्र के कोनों को आपस में मिलाएं जैसा कि नीचे दिखाया गया है:

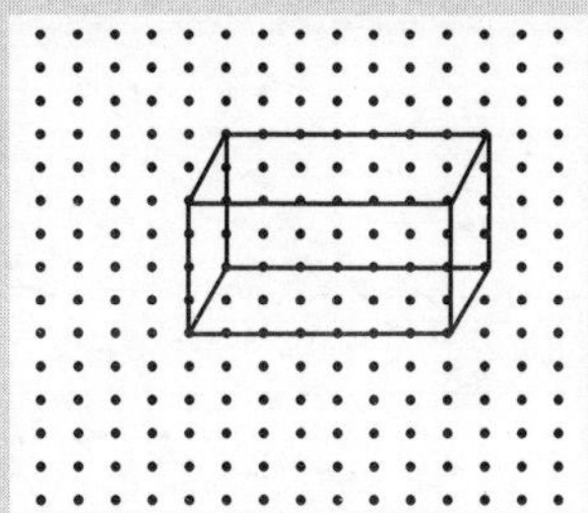

5. सम्मेलन के अनुसार छिपे हुए किनारों को बिंदीवार रेखाओं के रूप में दिखाया गया है:

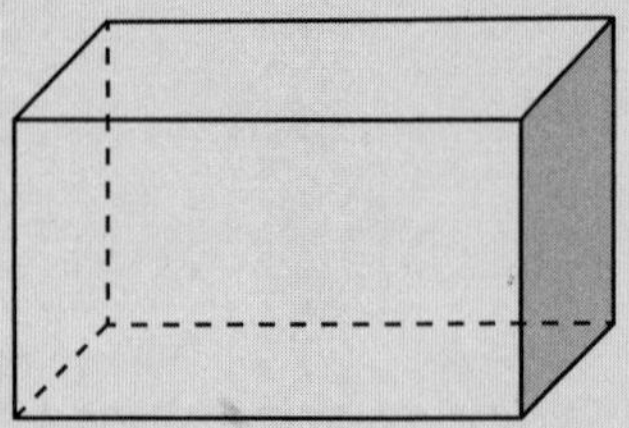

यह सममितीय रेखाचित्र 8 × 3 × 3 आयाम वाले घनाभ को निरूपित करता है। इस प्रकार, सममितीय डॉट शीट का उपयोग करके, सटीक माप या आयामों के त्रि-आयामी आकार बिना किसी अस्पष्टता के खींचे जा सकते हैं।

अध्ययन सम्बंधित वेबसाइट/ वीडियो संसाधन हेतु सुझाव

1. Engineering Drawing with an Introduction to AutoCAD Dhananjay A Jolhe, McGraw Hill Education
2. https://www.creativebloq.com/features/isometric-drawing
3. https://youtu.be/kYqn4QhUqe4
4. https://youtu.be/RqbzYCttHfM
5. https://nptel.ac.in/courses/105/104/105104148/

6 कंप्यूटर ग्राफिक्स का विहंगावलोकन

पाठ्यक्रम विशिष्ट

यह यूनिट ग्राफिकल कम्युनिकेशन के लिए कैड सॉफ्टवेयर इंटरफेस, मेनू प्रणाली टूलबार्स, स्टेटस बार, वस्तु चयन के लिए इस्तेमाल किए जाने वाले विभिन्न तरीके और ऑटोकैड कमांड ज़ूम और इरेज को समाहित करता है।

भूमिका

कंप्यूटर ग्राफिक्स का अध्ययन अभियांताओ को कंप्यूटर एडेड डिजाइन सॉफ्टवेयर की कार्यप्रणाली और क्षमता को समझने में दक्ष बनाता है। कैड सॉफ्टवेयर के उपयोग द्वारा 2D या 3D में डिज़ाइन बनाने में मदद करता है ताकि वे निर्माण की कल्पना कर सकें।

पूर्व अपेक्षित ज्ञान

कंप्यूटर संचालन, विंडोज़ और रेखन(स्केचिंग) मूल बातें का ज्ञान।

यूनिट आउटकम्स(CO)

इस यूनिट के पूर्णअध्ययन करने के बाद, विधार्थी निम्न में सक्षम होंगे:

U6-O1: कैड अनुप्रयोग के लिए हार्डवेयर का उपयोग प्रदर्शित करेंगे।

U6-O2: कैड सॉफ्टवेयर के लिए कार्यस्थल की स्थापना करेंगे।

U6-O3: ऑटोकैड द्वारा सरल 2D आरेख बनाएंगे

U6-O4: ऑटोकैड में 2D आरेख संपादित करेंगे

कोर्स आउटकम्स (COs) के साथ यूनिट आउटकम्स (UOs) का परस्पर सम्बंध :

यूनिट -6 आउटकम्स	कोर्स आउटकम्स (CO) के साथ अपेक्षित संबंध *(1- कमजोर सहसंबंध; 2- मध्यम सहसंबंध; 3- मजबूत सहसंबंध)*				
	CO-1	**CO-2**	**CO-3**	**CO-4**	**CO-5**
U6-O1	-	-	3	3	-
U6-O2	-	-	3	3	-
U6-O3	-	-	3	3	-
U6-O4	-	-	3	3	-

6.1 कंप्यूटर एडेड डिजाइन (कैड)

कंप्यूटर एडेड डिज़ाइन(कैड) को डिज़ाइन के निर्माण, संशोधन, विश्लेषण या अनुकूलन में सहायता के लिए कंप्यूटर प्रणाली के उपयोग के रूप में परिभाषित किया जा सकता है। यह एक आधुनिक डिजिटल तकनीक है जो वास्तविक दुनिया के उत्पादों के 2D ड्रॉइंग और 3D मॉडल बनाने के लिए मैन्युअल ड्राफ्टिंग को एक स्वचालित प्रक्रिया से बदल देती है। कैड प्रणाली उपयोगकर्ता उन्मुख प्रणाली पर आधारित होते हैं जिसमें कंप्यूटर को चित्रों या प्रतीकों के रूप में डेटा बनाने, बदलने और प्रदर्शित करने के लिए नियोजित किया जाता है। कैड को कंप्यूटर एडेड डिजाइन और ड्राफ्टिंग (सी.ऐ.डी.डी), कंप्यूटर एडेड इंजीनियरिंग ग्राफिक्स (सी.ऐ.ई.जी.)के रूप में भी जाना जाता है।

कैड के लाभ

कैड प्रणाली हस्तचालित(मैनुअल) ड्रॉइंग के प्रतिस्थापन से कहीं अधिक है, यह संभावनाओं का एक नया स्तर लाता है जिसका उपयोग इंजीनियर अल्प त्रुटी और तेज गति के साथ बेहतर उत्पाद बनाने के लिए कर सकते हैं। कैड के महत्वपूर्ण लाभ इस प्रकार हैं:

1. **समय की बचत**

   कंप्यूटर सहायता प्राप्त डिजाइन और प्रारूपण प्रक्रिया पारंपरिक प्रक्रिया की तुलना में स्वाभाविक रूप से तेज है। कैड प्रणाली का उपयोग करके ड्राइंग बनाना, असेंबली और पार्ट ड्रॉइंग की रिपोर्ट तैयार करना, विनिर्देश बनाना, सामग्री का विवरण तैयार करना आदि सभी बहुत आसान और तेज हैं।

2. **उत्पादकता बढ़ाता है**

   कम समय में किया गया कार्य सीधे संवर्धित उत्पादकता को प्रभावित करता है। उतने ही समय के परिणामस्वरूप पूर्ण परियोजनाओं की संख्या अधिक हो सकती है। कैड सॉफ्टवेयर डिजाइनर को उत्पादन लागत कम करने, तेजी से और शीघ्रता से काम करने की अनुमति देता है और अंततः परियोजना को तेजी से पूरा करता है।

3. **बेहतर गुणवत्ता**

   परंपरागत रूप में, जब कोई डिज़ाइनर उम्मीद के मुताबिक काम नहीं करता था तो टीम को ड्राइंग बोर्ड पर वापस जाना पड़ता था। कैड का उपयोग से डिजाइनर टीमों को अंतिम वांछित अभियांत्रिक उत्पाद प्राप्त होता है। किसी त्रुटि की जांच करना, समस्या का निदान और हल इस सॉफ़्टवेयर द्वारा किसी प्रोटोटाइप(प्रारूप) को बनने से पहले किया जाता है।

4. **समझने में आसानी**

   ड्रॉइंग के 3D मॉडल की उपलब्धता से कठिन से कठिन ड्रॉइंग को भी समझने में आसान होती है। यह भौतिक आरेख में नहीं किया जा सकता है क्योंकि एक सामान्य प्रत्यय प्राप्त करने के लिए न्यूनतम तीन आरेखो (अनुविक्षेप, उत्सेध और पार्श्व दृश्य) की आवश्यकता होगी।

5. **डिजाइन डेटा और आरेख का संचय**

   डिजाइनिंग के लिए उपयोग किए गए सभी डेटा को आसानी से सहेजा जा सकता है और भविष्य के संदर्भ के लिए उपयोग किया जा सकता है, इस प्रकार कुछ घटकों को बार-बार डिज़ाइन करने की आवश्यकता नहीं होती है। इसी प्रकार रेखाचित्रों को भी सहेजा जा सकता है और आवश्यकता पड़ने पर कितनी भी प्रतियां मुद्रित की जा सकती हैं। कुछ घटक चित्रों को मानकीकृत किया जा सकता है और भविष्य के किसी भी चित्र में उपयोग किया जा सकता है।

6. **सहकार्य के लिए त्वरित साझेदारी**

   कैड आरेख, डिजिटल फाइलें होने के कारण, टीम के सदस्यों के बीच साझा करना आसान है जो एक ही उत्पादन पर काम कर रहे हैं। कोई बड़ा आरेखन ले जाने की आवश्यकता नहीं है। साझा तात्काल कर सकते है और किसी दूरस्थ कर्मचारी बिना किसी समस्या के किसी भी योजनाओ के तहत परिपथ में रह सकते है।

6.2 कंप्यूटर ग्राफिक्स प्रणाली

कंप्यूटर ग्राफिक्स विशेष ग्राफिक्स हार्डवेयर और सॉफ्टवेयर का उपयोग करके कंप्यूटर में चित्र या चित्र बनाने के सभी पहलुओं से संबंधित है। कंप्यूटर ग्राफिक्स डिजिटल प्रोटोटाइप के लिए आभासी दुनिया बनाने के लिए कंप्यूटर एडेड डिजाइन (कैड) में एक महत्वपूर्ण भूमिका निभाता है और डिजाइनर को विभिन्न आकृतियों को अंत:क्रियात्मक रूप से संश्लेषित करने, उनके कार्यात्मक प्रदर्शन की कल्पना और विश्लेषण करने में सक्षम बनाता है। आमतौर पर, कंप्यूटर ग्राफिक्स शब्द कई अलग-अलग चीजों को संदर्भित करता है:

- कंप्यूटर द्वारा इमेज डेटा का प्रस्तुतिकरण और परिचालन I
- इमेजो को बनाने और उसके परिचालन के लिए उपयोग की जाने वाली विभिन्न तकनीकी I
- दृश्य सामग्री को डिजिटल रूप से संश्लेषित और परिचालन के तरीके।

विशिष्ट कंप्यूटर ग्राफिक्स प्रणाली हार्डवेयर और सॉफ्टवेयर का एक संयोजन है जैसा कि चित्र 6.1 में दिखाया गया है। हार्डवेयर में एक केंद्रीय प्रसंस्करण इकाई, एक या अधिक वर्कस्टेशन (ग्राफिक्स डिस्प्ले टर्मिनलों सहित), परिधीय उपकरण जैसे प्रिंटर, प्लॉटर और ड्राफ्टिंग उपकरण शामिल हैं। सॉफ्टवेयर में प्रणाली पर ग्राफिक्स प्रोसेसिंग को लागू करने के लिए आवश्यक कंप्यूटर प्रोग्राम होते हैं।

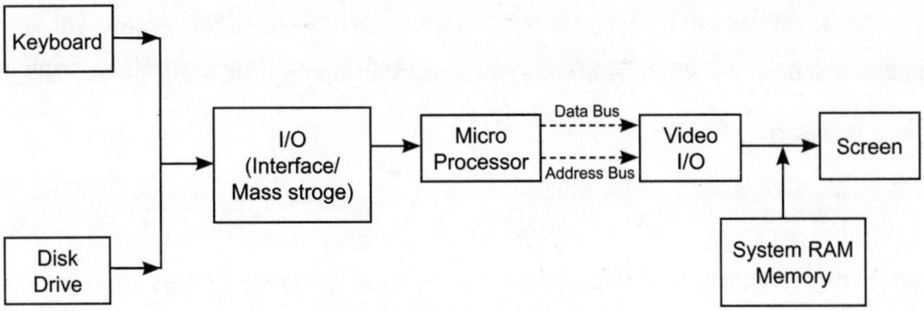

चित्र 6.1: कंप्यूटर ग्राफिक प्रणाली

कैड वर्कस्टेशन

कैड वर्कस्टेशन एक उच्च-सम्पादित वाली कंप्यूटर प्रणाली जो मूल रूप से एकल उपयोगकर्ता के लिए डिज़ाइन किया गया है, इसमें ऐसे उपकरण शामिल हैं जो उपयोगकर्ता को ग्राफिक और गैर-ग्राफिक निर्देशों और डेटा दोनों का उपयोग करके वस्तु बनाने और डिज़ाइन करने की अनुमति देते हैं। चित्र 6.2 एक विशिष्ट कैड वर्कस्टेशन दर्शाया गया है, जो शक्तिशाली ग्राफिक्स प्रोसेसिंग क्षमताओं और उपयोगकर्ता इंटरैक्शन के लिए विशेष इनपुट डिवाइस से लैस है।

Introduction to Computer Graphics

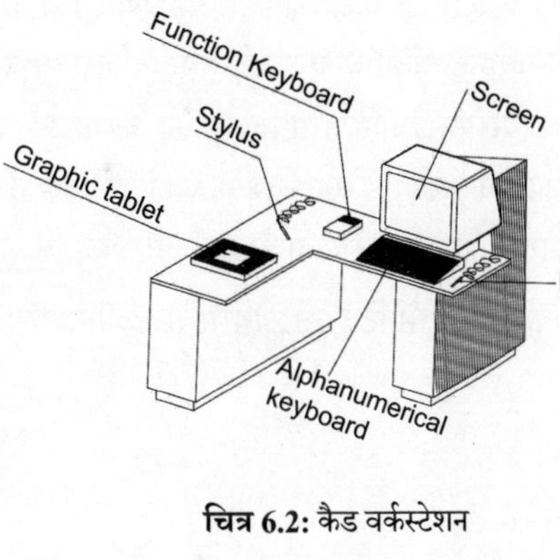

चित्र 6.2: कैड वर्कस्टेशन

कैड सॉफ्टवेयर

कंप्यूटर-एडेड डिज़ाइन(कैड) सॉफ़्टवेयर एक ऐसा एप्लिकेशन है जिसका उपयोग डिज़ाइन बनाने या अनुकूलित करने के लिए किया जाता है। इसलिए कैड सॉफ्टवेयर द्वारा इंजीनियरों, आर्किटेक्ट्स, डिजाइनर और अन्य लोगों को 2D या 3D में सटीक चित्र या तकनीकी चित्र बना सकते है। सॉफ्टवेयर की यह श्रेणी विनिर्माण के लिए प्रलेखन डेटाबेस बनाकर उत्पादकता को बढ़ाना, गुणवत्ता में सुधार और संगठनो को मजबूत करती है। कैड सॉफ्टवेयर में विनिर्माण भागों, इलेक्ट्रॉनिक सर्किट बोर्ड, 3D प्रिंटर और भवनों के डिजाइन सहित कई अनुप्रयोग हैं।

विभिन्न प्रकार के कैड सॉफ्टवेयर उपलब्ध हैं, प्रत्येक में विशेष विशेषताएं हैं जो कभी-कभी उन्हें किसी विशेष एप्लिकेशन के लिए उपयुक्त बनाती हैं; इन्हें मुख्य रूप से 2D और 3D सॉफ़्टवेयर के रूप में वर्गीकृत किया गया है।

2D कैड सॉफ्टवेयर (2D कैड)

2D कैड, कैड सॉफ्टवेयर का अग्रणी है, और इसे 70 के दशक की शुरुआत में विकसित किया गया था। उस समय, प्रमुख ऑटोमोबाइल, एयरोस्पेस और अन्य इंजीनियरिंग कंपनियों ने दोहराए जाने वाले प्रारूपण आवश्यकताओं को स्वचालित करने के लिए इन-हाउस टूल्स विकसित किए। 2D कैड समतल चित्र बनाने के लिए बुनियादी ज्यामितीय आकृतियों जैसे रेखाओं, आयतों, वृत्तों आदि पर निर्भर करता है। ऑटोडेस्क उन अग्रणी कंपनियों में से एक है जिन्होंने कैड सॉफ्टवेयर विकसित करने में महत्वपूर्ण भूमिका निभाई है।

3D कैड सॉफ्टवेयर (3D कैड)

3D कैड सॉफ़्टवेयर अधिक उन्नत है और 2D कैड सॉफ़्टवेयर से एक कदम ऊपर है। जैसे-जैसे कंप्यूटर की प्रसंस्करण शक्ति बढ़ी और ग्राफिक प्रदर्शन क्षमताओं में सुधार हुआ, 3D कैड एक तेजी से लोकप्रिय डिजाइन उपकरण बन गया है। 3D सॉफ्टवेयर द्वारा बनाई गई छवियां यथार्थवादी हैं और इन्हें किसी भी दिशा में देखा और घुमाया जा सकता है। 3D कैड टूल्स को 1980 के दशक में आई बी ऍम-डीसोल्टस् के बीच साझेदारी द्वारा पेश किया गया था और बढ़ी हुई दृश्य क्षमता के कारण जल्दी से लोकप्रिय हो गया।

6.3 ऑटोकैड सॉफ्टवेयर

ऑटोकैड ऑटोडेस्क द्वारा विकसित एक सॉफ्टवेयर एप्लीकेशन है जो कंप्यूटर एडेड डिजाइन (कैड) और ड्राफ्टिंग को सक्षम बनाता है। सॉफ्टवेयर का उपयोग 2D और 3D ड्राइंग बनाने के लिए किया जाता है और उपयोगकर्ताओं को विचारों की अवधारणा करने, तकनीकी सटीकता के आवश्यक स्तर तक डिजाइन और चित्र बनाने और यहां तक कि तेजी से डिजाइन गणना और सिमुलेशन करने की अनुमति देता है; उद्योगों की एक विस्तृत श्रृंखला में। ऑटोकैड पहला बहुत प्रभावी कंप्यूटर एडेड डिजाइन है और ड्राफ्टिंग सॉफ्टवेयर 1982 से बाजार में उपलब्ध है, जिससे यह पीसी(कंप्यूटर) के लिए विकसित पहला कैड प्रणाली बना। ऑटोकैड को उद्योग मानक के रूप में स्वीकार किया जाता है और इसे दुनिया में कैड उपयोगकर्ताओं के एक बड़े समुदाय द्वारा पसंद किया जाता है। सॉफ्टवेयर पिछले कुछ वर्षों में बड़े पैमाने पर विकसित हुआ है और अब विभिन्न इंजीनियरिंग विषयों की विशिष्ट आवश्यकताओं को पूरा करने वाले विभिन्न 'प्रसंग' संस्करण प्रदान करता है। ऑटोकैड का उपयोग करते हुए रेखा चित्र के प्रकार की वस्तुतः कोई सीमा नहीं है। यदि कोई चित्र हाथ से बनाया जा सकता है, तो इसे ऑटोकैड द्वारा निर्मित किया जा सकता है। यहाँ ऑटोकैड के कुछ अनुप्रयोग दिए गए हैं:

- इलेक्ट्रॉनिक, रसायन, सिविल, मैकेनिकल, ऑटोमोटिव और एयरोस्पेस इंजीनियरिंग के लिए आरेख
- सभी प्रकार की स्थापत्य कला
- आंतरिक डिजाइन और सुविधा योजना
- कार्य-प्रवाह चार्ट और संगठनात्मक आरेख

- सभी प्रकार के रेखांकन
- स्थलाकृतिक मानचित्र और समुद्री चार्ट
- रुपरेखा और गणितीय और वैज्ञानिक कार्यों के अन्य निरूपण
- तकनीकी चित्र और असेंबली आरेख
- कंपनी प्रतिक चिन्ह(लोगो)
- ग्रीटिंग कार्ड
- ललित कला के लिए रेखा चित्र

ऑटोकैड कार्यक्षेत्र

कार्यक्षेत्र मेनू, टूलबार, पैलेट और रिबन नियंत्रण कंट्रोलपेनल हैं जो एक परिपाटी कार्य-उन्मुख ड्राइंग वातावरण में समूहीकृत और व्यवस्थित होते हैं। ऑटोकैड निम्नलिखित पूर्वनिर्धारित कार्यक्षेत्र प्रदान करता है:

1. 2D ड्राफ्टिंग और एनोटेशन - 2D ड्रॉइंग के लिए सामान्य रिबन टूल्स।
2. 3D मूल बातें - 3D मॉडल बनाने और देखने के लिए मूल रिबन उपकरण।
3. 3D मॉडलिंग - 3D मॉडलिंग, देखने और (चित्रण)रेंडरिंग के लिए रिबन टूल का एक पूरा सेट।

उपयोगकर्ता किसी अन्य कार्य पर काम करने के लिए जब भी किसी अन्य कार्यक्षेत्र का चयन या स्विच कर सकता है, एप्लिकेशन विंडो के नीचे-दाएं पर स्थिति बार पर वर्कस्पेस स्विचिंग बटन द्वारा जैसा कि चित्र 6.3 में दिखाया गया है।

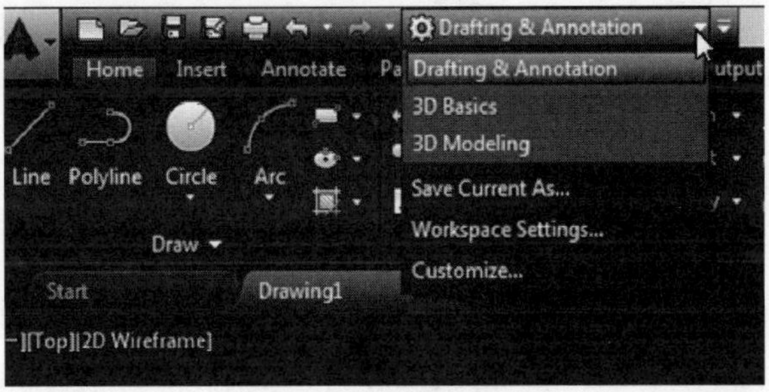

चित्र 6.3: ऑटोकैड कार्यक्षेत्र चयन

6.4 ऑटोकैड यूजर इंटरफेस

ऑटोकैड की ग्राफिकल यूजर इंटरफेस (जी यू आई) विंडो को चित्र 6.4 में दिखाया गया है। ऑटोकैड लेआउट स्क्रीन की मानक विशेषताएं निम्नानुसार सूचीबद्ध हैं:

1. एप्लीकेशन मेनू
2. पुल-डाउन मेनू
3. शॉर्टकट मेनू
4. मानक उपकरण टूलबार
5. उपयोगकर्ता निर्देशांक प्रणाली / UCS चिह्न

6. क्रॉसहेयर, पिक-बॉक्स और कर्सर
7. कमांड विंडो
8. नेविगेशन बार
9. कुइक(तत्काल) एक्सेस टूलबार
10. स्टेटस बार
11. टेक्स्ट विंडो

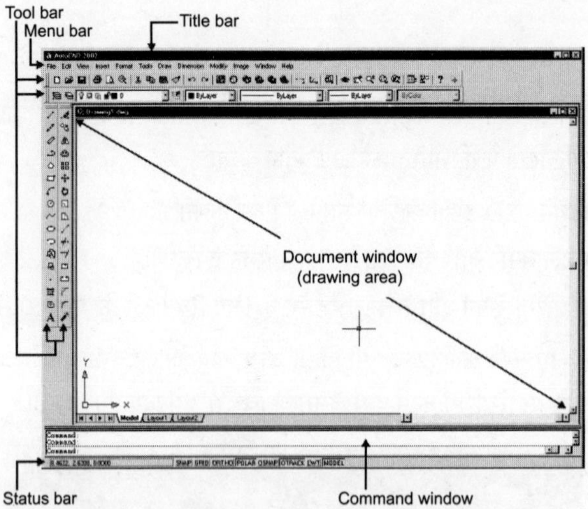

चित्र 6.4: ऑटोकैड का जी यू आई

6.4.1 एप्लिकेशन मेनू

ड्राइंग विंडो के ऊपरी बाएँ कोने में एप्लिकेशन बटन के माध्यम से मेनू उपलब्ध हैं। एप्लिकेशन मेनू में ड्रॉइंग बनाने, सहेजने, प्रिंट करने और व्यवस्थित करने के लिए उपयोग किए जाने वाले कमांड होते हैं। चित्र 6.5 एप्लिकेशन मेनू का लेआउट दर्शाया गया है।

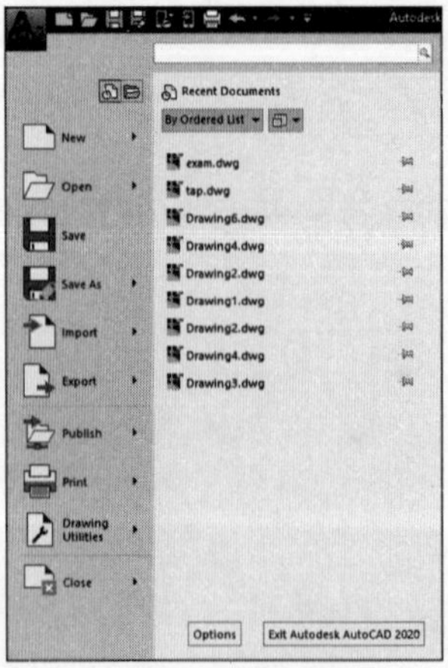

चित्र 6.5: एप्लिकेशन मेनू का लेआउट

6.4.2 पुल-डाउन मेनू

अधिकांश ऑटोकैड कमांड, साथ ही कई मानक विंडोज फ़ंक्शन, मेनू बार पर पुल-डाउन मेनू से उपलब्ध हैं। इन मेनू को एक श्रेणीबद्ध तरीके से व्यवस्थित किया जाता है। नई ऑटोकैड वस्तुओं को खींचने के लिए कमांड ड्रा (पुल-डाउन) मेनू में पाए जाते हैं और संशोधित ड्राइंग के लिए कमांड संशोधित (पुल-डाउन) मेनू में पाए जाते हैं। चित्र 6.6 पुल-डाउन मेनू का एक विशिष्ट लेआउट दर्शाया गया है।

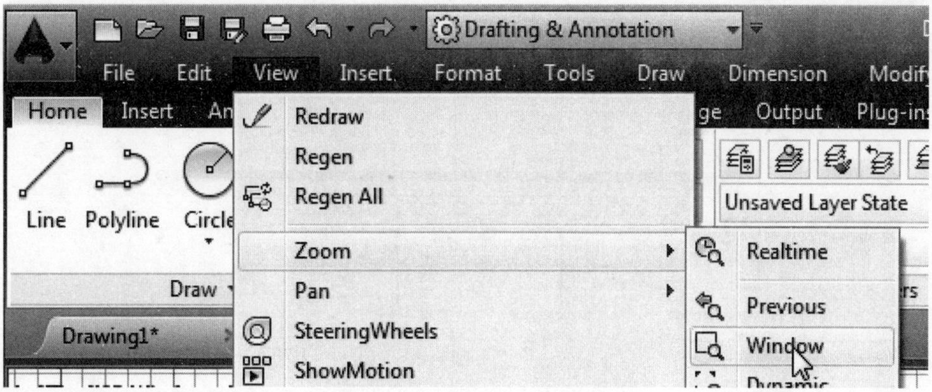

चित्र 6.6: पुल-डाउन मेनू का लेआउट

6.4.3 शॉर्टकट मेनू

शॉर्टकट मेनू विशेष मेनू होते हैं जो उपयोगकर्ता के दाएँ-माउस बटन को दबाने पर कर्सर की स्थिति में प्रदर्शित होते हैं। शॉर्टकट मेनू पूरी तरह से संदर्भ-संवेदनशील होते हैं। मेनू में प्रदर्शित फ़ंक्शन भिन्न होते हैं, उपयोगकर्ता द्वारा राइट-क्लिक करने पर कर्सर के स्थान, चयनित वस्तु के प्रकार और ऑटोकैड कमांड सक्रिय है या नहीं, इस पर निर्भर करता है। चित्र 6.7 शॉर्ट कट मेनू का विशिष्ट लेआउट दिखाता है,जब कर्सर ऑन लाइन होता है और उपयोगकर्ता दायां माउस बटन दबाता है।

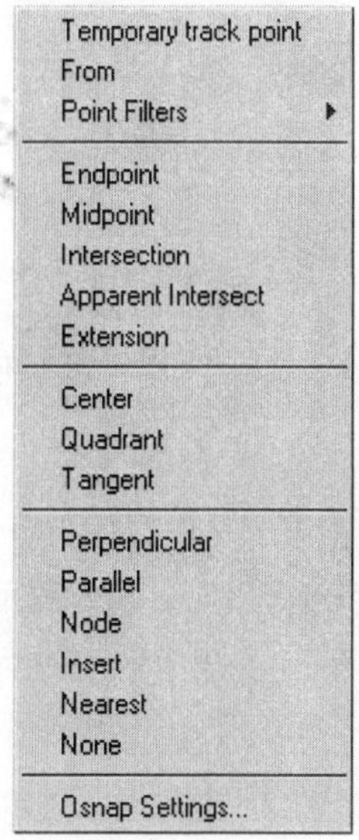

चित्र 6.7: शॉर्ट कट मेनू का लेआउट

6.4.4 मानक उपकरण टूलबार

जब उपयोगकर्ता पहली बार ऑटोकैड शुरू करता है, तो मानक, वस्तु के गुणधर्म, ड्रा(आरेख) और संशोधित टूलबार प्रदर्शित होते हैं। ऑटोकैड का मानक मेनू 26 टूलबार प्रदान करता है, जिनमें से प्रत्येक में संबंधित कमांड का एक समूह होता है। उपयोगकर्ता इनमें से कोई भी टूलबार किसी भी समय दिखाई दे सकता है और इसे नियंत्रित कर सकता है कि उन्हें डेस्कटॉप पर कहाँ रखा गया है। इन सभी टूलबार को बटन जोड़कर और हटाकर व्यवस्थित किया जा सकता है। चित्र 6.8 मानक टूल बार दर्शाता है:

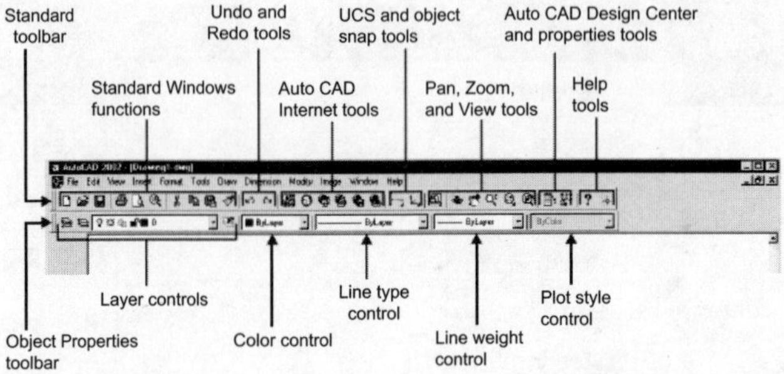

चित्र 6.8: मानक टूल बार्स का लेआउट

6.4.5 कोआर्डिनेट प्रणाली

जब कोई उपयोगकर्ता 2D आरेख बनाता है, तो डेटा इनपुट अंततः कार्टेशियन या पोलर निर्देशांक के रूप में सॉफ़्टवेयर को भेज दिया जाता है। उपयोगकर्ता या तो इन निर्देशांकों को मैन्युअल रूप से दर्ज कर सकता है या ड्राइंग विंडो में एक बिंदु चुनकर उनका अनुमान लगा सकता है। निर्देशांक प्रणाली (अनुसंकेत)आइकन यह समझने में मदद करता है कि ड्राइंग कैसे उन्मुख है। आइकन में दो तीर होते हैं, एक दाईं ओर इंगित करता है और दूसरा ड्राइंग क्षेत्र के शीर्ष पर इंगित करता है। ध्यान दें कि एक तीर को X और दूसरे को Y सूचक है। ये सूचक ड्राइंग के X और Yई अक्षों के वर्तमान अभिविन्यास को इंगित करते हैं। चित्र 6.9 निर्देशांक प्रणाली चिह्न दिखाता है।

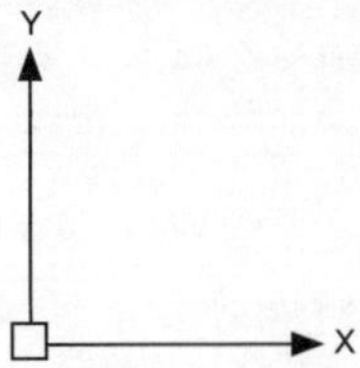

चित्र 6.9: निर्देशांक प्रणाली आइकन(अनुसंकेत)

कार्टेशियन निर्देशांक प्रणाली

कार्टेशियन निर्देशांक प्रणाली का उपयोग अंतरिक्ष में बिंदुओं को निर्धारित करने के लिए किया जाता है जो कि लंबवत अक्षों के एक सेट से एक निर्दिष्ट दूरी है जो प्रणाली के मूल में प्रतिच्छेद करते हैं। विश्व निर्देशांक प्रणाली में, X अक्ष क्षैतिज दिशा का प्रतिनिधित्व करता है, Y अक्ष लंबवत दिशा का प्रतिनिधित्व करता है और मूल 0, 0 पर स्थित है। धनात्मक X दाईं ओर चलता है, धनात्मक Y ऊपर जाता है, और Z अक्ष धनात्मक दिशा सीधे दर्शक की ओर में चलता है। निम्नलिखित आकृति (6.10) निर्देशांक प्रणाली 0, 0 के मूल से खींची गई रेखा को निर्देशांक 4, 6 पर इसके समापन बिंदु के साथ दर्शाती है।

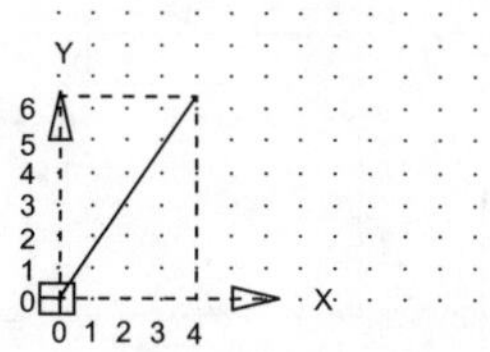

चित्र 6.10: कार्टेशियन निर्देशांक प्रणाली

कार्टेशियन निर्देशांक निर्दिष्ट करने के लिए, X और Y निर्देशांक टाइप करें और एंटर कुंजी दबाएं।

पोलर निर्देशांक

एक पोलर निर्देशांक प्रणाली में एक बिंदु है जो दूरी और कोण द्वारा निर्धारित किया जाता है। निम्नलिखित चित्र (6.11) निर्देशांक प्रणाली की उद्गम से खींची गई रेखा को 7 इकाइयों की लंबाई और 45 डिग्री के कोण के साथ दर्शाती है।

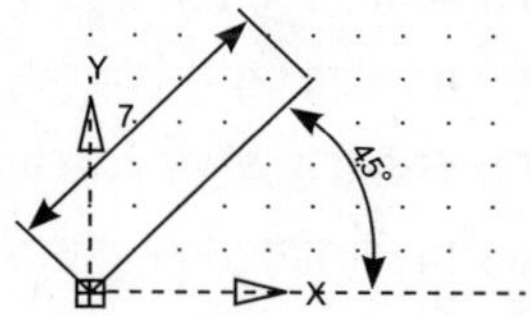

चित्र 6.11: पोलर निर्देशांक प्रणाली

एक पोलर निर्देशांक निर्दिष्ट करने के लिए, दूरी <कोण टाइप करें, उदाहरण 7<45 और एंटर कुंजी दबाएं।

जहां दूरी निर्दिष्ट उद्गम बिंदु से तय की गई दूरी के बराबर होती है और कोण X अक्ष से कोण के बराबर होता है। डिफ़ॉल्ट पोलर कोण को शून्य कोण स्थिति से वामावर्त मापा जाता है और डिफ़ॉल्ट शून्य कंपास के पूर्व दिशा में होता है। निम्न चित्र (6.12) दिखाता है कि पोलर निर्देशांक के साथ कोणों को कैसे परिभाषित किया जाता है। यह कोण माप निर्देशांक दर्ज करने, चापों के साथ काम करने और वस्तुओं को घुमाने पर लागू होता है।

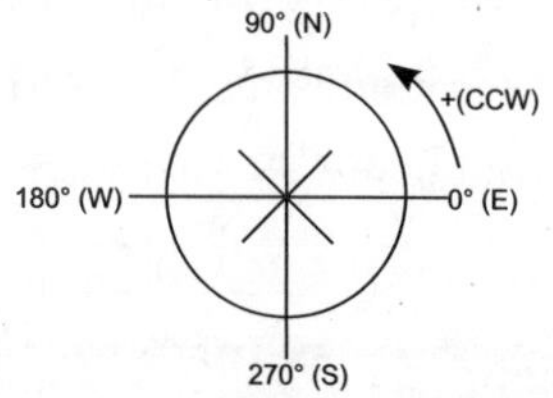

चित्र 6.12: पोलर निर्देशांक प्रणाली कोण दिशा

निरपेक्ष और सापेक्ष निर्देशांक

निर्देशांक, निरपेक्ष या सापेक्ष निर्देशांक के रूप में हो सकते हैं:

- ➢ एक पूर्ण निर्देशांक मूल बिंदु (0,0) के सापेक्ष वर्तमान निर्देशांक प्रणाली में एक विशिष्ट बिंदु का प्रस्तुत करता है। एक पूर्ण निर्देशांक दर्ज करने के लिए, कार्तीय(कार्टेशियन) निर्देशांक (x, y) या पोलर निर्देशांक (दूरी कोण) के रूप में मान टाइप करें।
- ➢ एक सापेक्ष निर्देशांक पहले से चयनित बिंदु से स्थित एक बिंदु है। एक सापेक्ष निर्देशांक दर्ज करने के लिए, पहले बिंदु का चयन करें, फिर @ प्रतीक के साथ अगले निर्देशांक बिंदु से पहले, जैसा कि चित्र 6.13 में दिखाया गया है:

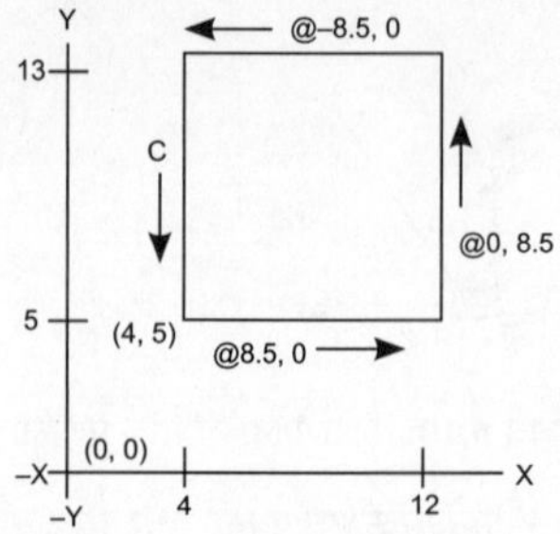

चित्र 6.13: सापेक्ष निर्देशांक प्रणाली

6.4.6 क्रॉसहेयर, पिक-बॉक्स और कर्सर

जब उपयोगकर्ता माउस को घुमाता है, तो तदनुसार ड्राइंग कर्सर स्क्रीन के चारों ओर घूमता है। कर्सर का उपयोग ड्राइंग क्षेत्र के भीतर बिंदुओं या वस्तुओं के चयन के लिए किया जा सकता है। कमांड के साथ कर्सर का रूप बदल जाता है। डिफ़ॉल्ट रूप से, कर्सर अपने केंद्र में एक बॉक्स के साथ एक छोटे से धन चिह्न के रूप में प्रकट होता है। जिस बिंदु पर क्रॉसहेयर मिलते हैं वह वास्तविक कर्सर स्थिति है और ऑटोकैड ड्राइंग के भीतर एक विशिष्ट बिंदु से मेल खाती है। बॉक्स, जिसे पिक-बॉक्स कहा जाता है, का उपयोग ड्राइंग के भीतर वस्तुओं का चयन करने के लिए किया जाता है। चित्र 6.14 क्रॉसहेयर, पिक-बॉक्स और कर्सर चिह्न दिखाता है।

चित्र 6.14: क्रॉसहेयर, पिकबॉक्स और कर्सर आइकन

6.4.7 कमांड विंडो

कमांड विंडो वह जगह है जहां उपयोगकर्ता ऑटोकैड कमांड टाइप करता है और संकेत और संदेश देखता है। प्रारंभ में प्रदर्शित होने पर, कमांड विंडो को स्क्रीन के निचले भाग में, ड्राइंग क्षेत्र और स्थिति टूलबार के बीच डॉक किया जाता है। कमांड विंडो शुरू में प्रॉम्प्ट की तीन सबसे हाल की पंक्तियों को प्रदर्शित करती है, लेकिन उपयोगकर्ता प्रदर्शित लाइनों की संख्या को बदल सकता है। उपयोगकर्ता इस विंडो को खींचकर अनडॉक और स्थानांतरित कर सकता है, और इसे ड्राइंग क्षेत्र के शीर्ष पर डॉक भी कर सकता है। चित्र 6.15 कमांड विंडो दिखाता है।

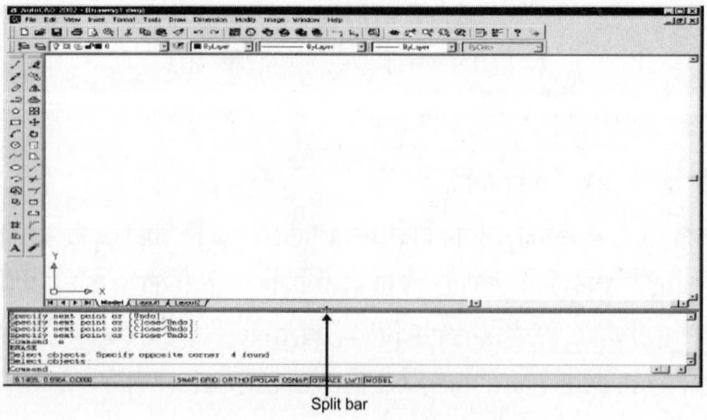

चित्र 6.15: कमांड विंडो

6.4.8 नेविगेशन बार

नेविगेशन बार एक यूजर इंटरफेस अव्यव है जहां उपयोगकर्ता एकीकृत और उत्पाद-विशिष्ट नेविगेशन टूल दोनों तक पहुंच सकता है। एकीकृत नेविगेशन उपकरण वे हैं जो कई ऑटोडेस्क उत्पादों में पाए जा सकते हैं। उत्पाद-विशिष्ट नेविगेशन टूल किसी उत्पाद के लिए अद्वितीय होते हैं। चित्र 6.16 नेविगेशन टूल बार दिखाता है।

चित्र 6.16: नेविगेशन उपकरण टूलबार

6.4.9 क्विक एक्सेस टूलबार

क्विक एक्सेस टूलबार एप्लिकेशन बटन के बगल में ड्राइंग विंडो के शीर्ष पर स्थित है। क्विक एक्सेस टूलबार को कमांड जोड़कर या हटाकर अनुकूलित किया जा सकता है। यह टूलबार पर राइट क्लिक करके और कस्टमाइज़ क्विक एक्सेस टूलबार का चयन करके या टूलबार के अंत में तीर का चयन करके किया जाता है। चित्र जी.एस.के.एक तत्काल पहुँच उपकरण टूलबार दिखाता है।

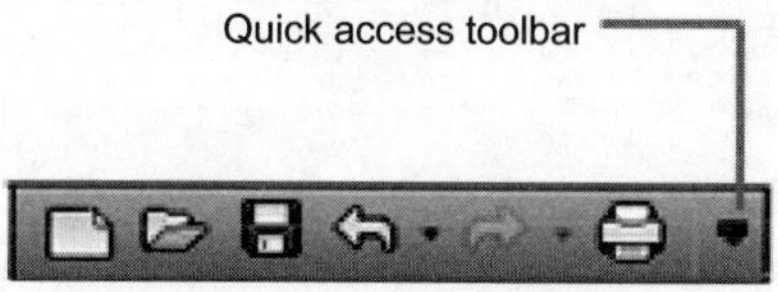

चित्र 6.17: क्विक एक्सेस टूलबार

6.4.10 स्टेटस बार

स्टेटस बार कर्सर की स्थिति, ड्राइंग टूल्स और ड्राइंग वातावरण को प्रभावित करने वाले टूल्स को प्रदर्शित करता है। यह कुछ सबसे अधिक उपयोग किए जाने वाले ड्राइंग टूल्स, क्रॉस हेयर (कर्सर) के निर्देशांक तक तत्काल पहुंच प्रदान करता है और यह कर सकता है आदि होना ग्रिड, स्नैप, पोलर ट्रैकिंग और वस्तु स्नैप जैसी सेटिंग्स को टॉगल करें। चित्र 6.18 एक विशिष्ट स्थिति टूलबार दिखाता है।

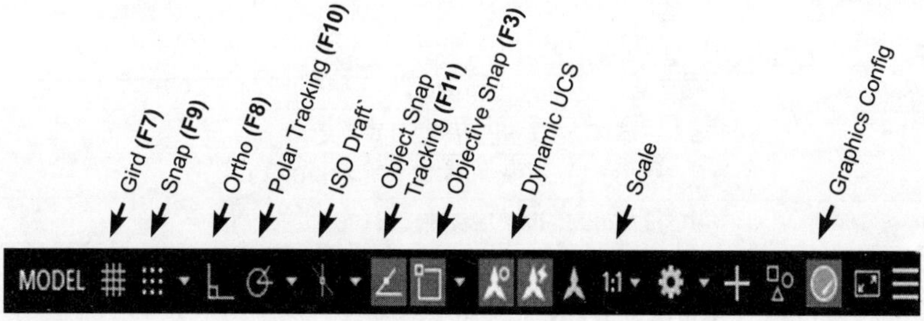

चित्र 6.18: स्टेटस बार

6.4.11 टेक्स्ट विंडो

ऑटोकैड ड्राइंग ग्राफिक्स विंडो के अलावा, टेक्स्ट विंडो इंटरफ़ेस का एक अन्य महत्वपूर्ण तत्व है। टेक्स्ट विंडो एक दूसरी विंडो है जिसमें उपयोगकर्ता कमांड टाइप कर सकता है और संकेत और संदेश देख सकता है। चित्र 6.19 एक विशिष्ट टेक्स्ट विंडो दिखाता है।

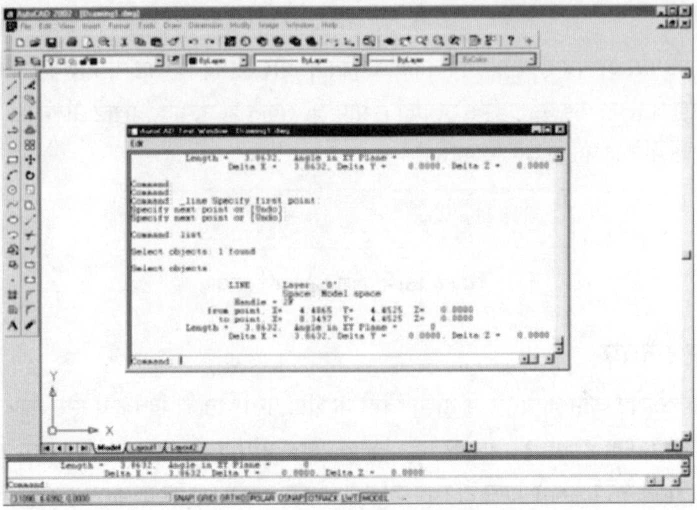

चित्र 6.19: एक विशिष्ट पाठ विंडो

6.5 फ़ंक्शन कुंजियां

ऑटोकैड में, फ़ंक्शन कुंजियाँ कुछ शॉर्टकट प्रदान करती हैं, कंप्यूटर कीबोर्ड फ़ंक्शन कुंजियाँ "F1-F12" का उपयोग कई ऑटोकैड सेटिंग्स को नियंत्रित करने के लिए किया जा सकता है जैसा कि तालिका 6.1 में दिया गया है:

तालिका 6.1: फ़ंक्शन कुंजियां

कुंजी	विशेषताएं	विवरण
F1	हेल्प	सक्रिय टूलटिप, कमांड, पैलेट या डायलॉग बॉक्स के लिए सहायता प्रदर्शित करता है।
F2	एक्सपैंडेड हिस्ट्री	कमांड विंडो में विस्तारित कमांड इतिहास प्रदर्शित करता है
F3	ऑब्जेक्ट स्नेप	वस्तु स्नैप को चालू और बंद करता है
F4	3D ऑब्जेक्ट स्नेप	3D ON और OFF के लिए अतिरिक्त वस्तु स्नैप चालू करता है
F5	आइसो-प्लेन	2D आइसो-प्लेन सेटिंग्स के माध्यम से साइकिल (ऊपर, दाएं और बाएं)
F6	डायनामिक यूसीएस	समतल सतहों के साथ स्वचालित UCS संरेखण को चालू और बंद करता है
F7	ग्रिडस डिस्प्ले	ग्रिड डिस्प्ले को चालू और बंद करता है
F8	ऑर्थो	कर्सर की गति को क्षैतिज या लंबवत लॉक करता है
F9	ग्रिड स्नैप	कर्सर की गति को निर्दिष्ट ग्रिड अंतराल तक सीमित करता है
F10	पोलर ट्रैकिंग	निर्दिष्ट कोणों पर कर्सर की गति को निर्देशित करता है
F11	ऑब्जेक्ट स्नैप ट्रैकिंग	वस्तु स्नैप स्थानों से क्षैतिज और लंबवत रूप से कर्सर को ट्रैक करता है
F12	डायनामिक इनपुट	कर्सर के पास दूरियों और कोणों को प्रदर्शित करता है और गतिशील इनपुट स्वीकार करता है।

6.6 कमांड चुनें

संपादन कमांड के साथ एक या अधिक वस्तु में हेरफेर करने के लिए, वस्तु या वस्तु के समूह को पहले चुना जाना चाहिए। चयन प्रक्रिया को पॉइंटिंग डिवाइस के साथ चयन आकृति बनाकर पूरा किया जाता है, फिर चयन में लॉक करने के लिए क्लिक किया जाता है। निम्नलिखित उपयोगी चयन आंकड़े हैं, जिन्हें चयन मोड भी कहा जाता है।

1. बिंदु चयन

एक पॉइंटिंग डिवाइस द्वारा एक वस्तु का चयन किया जा सकता है, चयनित वस्तु की सीमा (रूपरेखा) वस्तु पर एक बिंदु पर बटन क्लिक करने के बाद बिंदीदार हो जाती है जैसा कि चित्र (6.20) में दिखाया गया है। यह ऑटोकैड में वस्तुओं के चयन के लिए उपयोग की जाने वाली सबसे सामान्य विधि है।

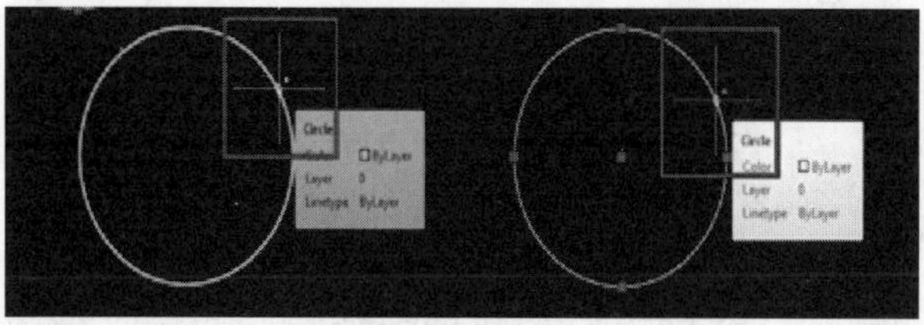

चित्र 6.20: बिंदु चयन

2. विंडोज़ का उपयोग करके वस्तु चयन

इस मोड का उपयोग वस्तुओं के समूह का चयन करने के लिए किया जाता है। जब पॉइंटिंग डिवाइस को पहली बार क्लिक किया जाता है, तो चयन विंडो या बॉक्स का एक कोना दिखाई देता है। कर्सर को खींचकर, कोई विंडो परिधि स्थापित करता है। विंडो मोड केवल उन वस्तुओं का चयन करता है जो पूरी तरह से विंडो में समाहित हैं, जैसा कि चित्र 6.21 में दिखाया गया है।

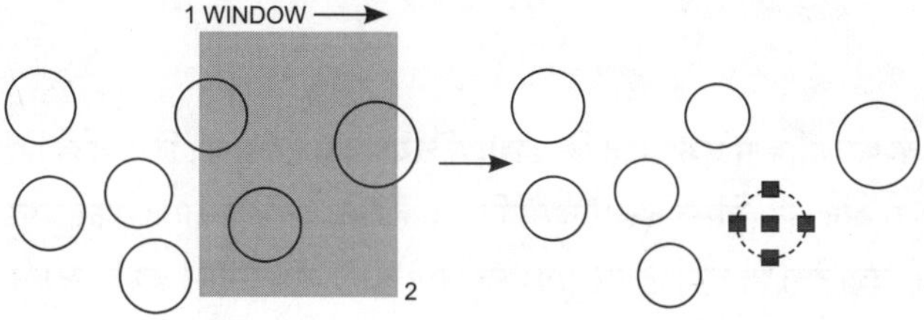

चित्र 6.21: विंडो का उपयोग करके वस्तु चयन

3. क्रॉसिंग चयन

विंडो मोड के समान, यह आकृति भी एक बॉक्स या आयत है, जिसे चित्र 6.22 में दिखाया गया है। हालांकि, सभी वस्तु जो आंशिक रूप से या पूरी तरह से बॉक्स के भीतर हैं, का चयन किया जाएगा।

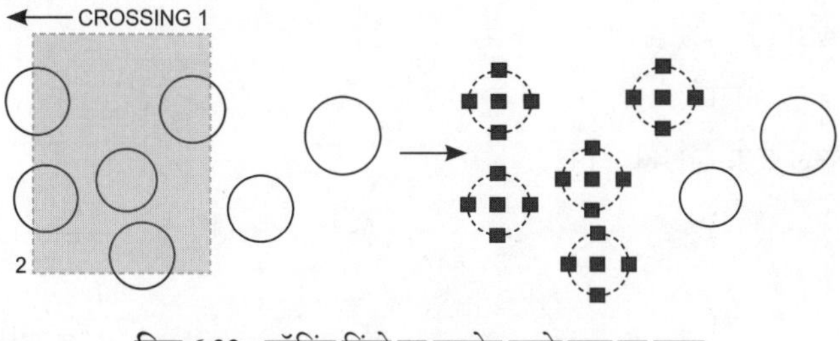

चित्र 6.22 : क्रॉसिंग विंडो का उपयोग करके वस्तु का चयन

4. क्रॉसिंग लाइन या फेन्स के साथ वस्तुओं का चयन

रेखाखंडों के अनुक्रम वाली एक रेखा खींची गई है जैसा कि चित्र 6.23 में दिखाया गया है। पॉइंटिंग डिवाइस के रूप में क्लिक करने पर रेखा द्वारा स्पर्श की गई सभी वस्तुओं का चयन किया जाता है।

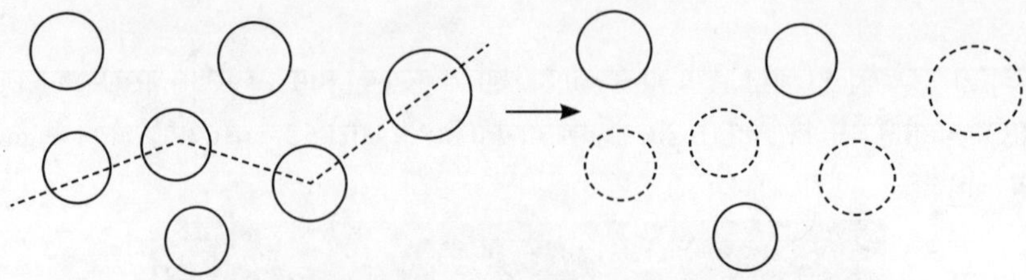

चित्र 6.23 : क्रॉसिंग लाइन वाली वस्तुओं का चयन

5. सभी वस्तुओं का चयन

इस कमांड का प्रयोग व्यूपोर्ट पर मौजूद सभी वस्तुओं को चुनने के लिए किया जाता है। चयन प्रक्रिया को सक्रिय करने के लिए चयन मोड में होने वाली कमांड लाइन पर सभी टाइप करें।

6. अंतिम चुनें गए या पूर्व की वस्तु

जब वस्तुओं का चयन करने के लिए कहा जाए, तो [L] टाइप करें और अंतिम बनाई गई वस्तु का चयन किया जाएगा। यदि उपयोगकर्ता इस बीच अंतिम वस्तु को मिटा देता है, तो इससे पहले बनाई गई वस्तु का चयन किया जाएगा। सबसे हाल ही में बनाई गई वस्तु का चयन किया जाता है।

6.7 इरेज़ कमांड

कैड प्रणाली का उपयोग करने के फायदों में से एक यह है कि ड्राइंग में चयनित वस्तुओं को बिना कोई निशान छोड़े से क्षमता। कोई ऐरेस कमांड में प्रवेश करता है या ऐरेस आइकन (पेंसिल इरेज़र जैसा दिखता है) का चयन करता है, फिर वस्तु का चयन करता है, और फिर कैरिज रिटर्न (कुंजी दर्ज करें) को दबा देता है। चयनित वस्तु(ए) स्क्रीन से हट जाएंगे लेकिन कमांड लाइन पर OOPS कमांड दर्ज करके इरेज़ कमांड के तुरंत बाद वापस बुलाए जा सकते हैं।

कमांड एक्सेस

मिटाएं

- कमांड लाइन: ERASE, E
- मेनू बार: संशोधित करें > मिटाएं
- रिबन: होम टैब > पैनल संशोधित करें > मिटाएं

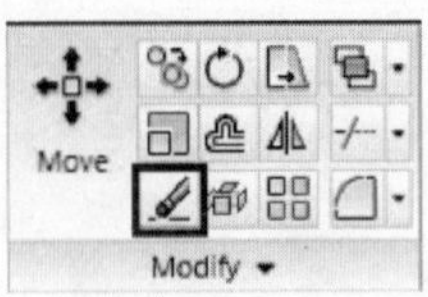

संशोधित टूलबार में मिटाएं चुनें। (आइकन एक पेंसिल के अंत में इरेज़र की एक तस्वीर है।) संदेश "ऑब्जेक्ट्स का चयन करें" कमांड प्रॉम्प्ट क्षेत्र में प्रदर्शित होता है और ऑटोकैड हमें मिटाने के लिए वास्तु का चयन करने की प्रतीक्षा करता है।

6.8 ज़ूम कमांड

ज़ूम कमांड का उपयोग वर्तमान व्यूपोर्ट में दृश्य के आवर्धन को बढ़ाने या घटाने के लिए किया जाता है। ज़ूम का उपयोग करने से ड्राइंग में वस्तुओं का पूर्ण आकार नहीं बदलता है। यह केवल दृश्य का आवर्धन बदलता है। ज़ूम कमांड में 11 अलग-अलग विकल्प हैं; इस सूची में सबसे महत्वपूर्ण वर्णित हैं:

- **इक्स्टेन्ट और आल:** ज़ूम एक्सटेंशन बटन वर्तमान आरेखण में सभी वस्तु दिखाने के लिए पर्याप्त ज़ूम आउट करता है। ज़ूम ऑल बटन लगभग एक ही काम करता है: यह लिमिट कमांड के साथ निर्धारित ड्राइंग सीमा द्वारा परिभाषित आयताकार क्षेत्र को दिखाने के लिए ज़ूम करता है, या यह विस्तार दिखाने के लिए ज़ूम करता है - जो भी बड़ा हो।
- **विंडो:** यह विकल्प, जो जल्दी और सटीक रूप से ज़ूम इन करने के लिए उपयोगी है, दो बिंदुओं पर क्लिक करके आपके द्वारा निर्दिष्ट ड्राइंग के एक भाग पर ज़ूम करता है। दो बिंदु उस क्षेत्र के चारों ओर एक खिड़की के विकर्ण को परिभाषित करते हैं जिसे आप देखना चाहते हैं।
- **रियल टाइम:** रीयलटाइम ज़ूम प्रारंभ करके और फिर आवर्धक-ग्लास कर्सर को ऊपर (ज़ूम इन करने के लिए) या नीचे (ज़ूम आउट करने के लिए) खींचकर आपको ज़ूम इन और आउट करने में सक्षम बनाता है।
- **प्रीवियस:** अंतिम ज़ूम को पूर्ववत करने के लिए इस विकल्प का उपयोग करें, जहां से आपने प्रारंभ किया था। आप पिछले दृश्यों को देखने के लिए इस विकल्प को दोहरा सकते हैं, भले ही आप दृश्य बदलने के बाद वस्तु बनाते या संपादित करते हों।
- **ऑब्जेक्ट:** यह विकल्प चयनित वस्तु को स्क्रीन पर प्रदर्शित किए जा सकने वाले बड़े आकार को दिखाने के लिए पर्याप्त रूप से ज़ूम इन करता है। ज़ूम वस्तु का उपयोग करना ऑटोकैड माइक्रोस्कोप के तहत चयनित वस्तुओं की जांच करने के समान है।

इकाई सारांश

- कंप्यूटर एडेड डिज़ाइन (कैड) को डिज़ाइन के निर्माण, संशोधन, विश्लेषण और बेहतर बनना में सहायता के लिए कंप्यूटर प्रणाली के उपयोग के रूप में परिभाषित किया जा सकता है।
- कंप्यूटर ग्राफिक्स विशेष ग्राफिक्स हार्डवेयर और सॉफ्टवेयर का उपयोग करके कंप्यूटर में चित्र या चित्र बनाने के सभी पहलुओं से संबंधित है।
- वर्कस्टेशन शक्तिशाली ग्राफिक्स प्रोसेसिंग क्षमताओं और उपयोगकर्ता इंटरैक्शन के लिए विशेष इनपुट डिवाइस से लैस एक उच्च-प्रदर्शन कंप्यूटर प्रणाली है।
- कैड सॉफ्टवेयर एक कंप्यूटर प्रोग्राम है जो इंजीनियर, वास्तुकार, डिजाइनर और अन्य लोगों को 2D या 3D में सटीक चित्र और तकनीकी चित्र बनाने की अनुमति देता है।
- ऑटोकैड पहला बहुत प्रभावी कंप्यूटर एडेड डिजाइन है और ड्राफ्टिंग सॉफ्टवेयर 1982 से बाजार में उपलब्ध है।
- ऑटोकैड विभिन्न अनुप्रयोगों के लिए तीन पूर्वनिर्धारित कार्यक्षेत्र प्रदान करता है।
- वस्तु चयन प्रक्रिया को पॉइंटिंग डिवाइस के साथ चयन आकृति बनाकर पूरा किया जाता है, फिर चयन में लॉक करने के लिए क्लिक किया जाता है।
- ज़ूम कमांड का उपयोग वर्तमान व्यूपोर्ट में दृश्य के आवर्धन को बढ़ाने या घटाने के लिए किया जाता है।

अभ्यास 6.1: बहुविकल्पी प्रश्न

1. किस संगठन ने ऑटोकैड सॉफ्टवेयर विकसित किया है?
   (a) माइक्रोसॉफ्ट कार्पोरेशन
   (b) एप्पल इंक.
   (c) ऑटोडेस्क इंक।
   (d) डसॉल्ट प्रणाली
2. ऑटोकैड के क्या फायदे हैं?
   (a) डिजाइन की गुणवत्ता में सुधार
   (b) डिजाइनर की उत्पादकता बढ़ाएँ
   (c) सटीकता और तेज़ी से चित्र बनाता है
   (d) ऊपर के सभी
3. ....कुंजी स्वचालित रूप से सक्रिय हो जाती है ऑटोकैड की ओस्नैप(Osnap) सुविधा।
   (a) F12
   (b) F3
   (c) F11
   (d) F9
4. कंप्यूटर एडेड डिजाइन सॉफ्टवेयर का प्रयोग किसके द्वारा किया जाता है?
   (a) आर्किटेक्ट्स
   (b) इंजीनियर्स
   (c) ड्राफ्टर्स और कलाकार
   (d) ऊपर के सभी
5. ऑटोकैड में निम्नलिखित में से कौन से वर्कस्टेशन उपलब्ध हैं?
   (a) 3D मूल बातें
   (b) 3 D मॉडलिंग
   (c) प्रारूपण और व्याख्या
   (d) ऊपर के सभी
6. ऑटोकैड पहली बार वर्ष में जारी किया गया था:
   (a) 1972
   (b) 1982
   (c) 1992
   (d) 2002

7. जी.यू.आई का अर्थ है –
    (a) ग्राफिक्स यूनिफार्म इंटरेक्शन
    (b) ग्राफिकल यूजर इंटरेक्शन
    (c) ग्राफिकल यूज़र इंटरफ़ेस
    (d) इनमे से कोई भी नहीं
8. इंटरएक्टिव कंप्यूटर ग्राफिक्स के घटक हैं -
    (a) एक मॉनिटर
    (b) डिस्प्ले कंट्रोलर
    (c) फ्रेम बफर
    (d) ऊपर के सभी
9. जी.एस.के. का मतलब...
    (a) सामान्य कर्नेल प्रणाली
    (b) ग्राफिक्स कर्नेल प्रणाली
    (c) ग्राफिक्स कर्नेल सॉफ्टवेयर
    (d) सामान्य कर्नेल सॉफ्टवेयर
10. पी.एच.आई.जी. एस का मतलब....
    (a) प्रोग्रामर का हिरार्चीकैल इंटरफ़ेस ग्राफिक्स स्टैंडर्ड
    (b) प्रोग्रामर का हिरार्चीकैल इंटरएक्टिव ग्राफिक्स स्टैंडर्ड
    (c) प्रोग्रामर की हिरार्चीकैल रुचि ग्राफिक्स स्टैंडर्ड
    (d) इनमें से कोई नहीं

उत्तर कुंजी (अभ्यास 6.1)

1(c), 2(d), 3(b), 4(d),5(d),6(b),7(c),8(d),9(b),10(b)

अभ्यास 6.2 लघु और दीर्घ उत्तरीय प्रश्न

श्रेणी I

1. कैड प्रणाली से आप क्या समझते हैं?
2. कम्प्यूटर एडेड डिजाइन (कैड) के क्या लाभ हैं।
3. कैड के अनुप्रयोग क्या हैं?
4. 2D और 3D कैड में अंतर करें।
5. ऑटोकैड के उपयोग क्या हैं?
6. कैड में प्रयुक्त होने वाला महत्वपूर्ण हार्डवेयर प्रणाली क्या है?
7. जी.यू.आई. से आप क्या समझते हैं?

8. ऑटोकैड यूजर इंटरफेस के मुख्य घटकों के नाम बताइए।
9. ग्राफिक्स स्टैंडर्ड से आप क्या समझते हैं?
10. जी.एस.के. क्या है?

श्रेणी II

11. कैड वर्कस्टेशन में उपयोग किए जाने वाले विशेष इनपुट डिवाइस का नाम और व्याख्या करें।
12. ऑटोकैड सॉफ्टवेयर के नवीनतम संस्करण की विशेषताओं की व्याख्या करें।
13. डेस्कटॉप पीसी पर कैड सॉफ्टवेयर चलाने के लिए न्यूनतम हार्डवेयर आवश्यकता लिखें और निर्दिष्ट करें।
14. ऑटोकैड में वस्तु चयन के लिए प्रयुक्त विभिन्न विधियों को उदाहरण सहित समझाइए।
15. बाजार में उपलब्ध विभिन्न 2D सॉफ्टवेयर का अध्ययन और तुलना करें।

अधिक जानिए

कैड मानक और प्रारूप:

कैड मानक का उद्देश्य यह है कि कैड सॉफ्टवेयर डिवाइस-स्वतंत्र नहीं होना चाहिए और डिवाइस ड्राइवर के माध्यम से किसी भी इनपुट डिवाइस से और डिवाइस ड्राइव के माध्यम से किसी भी ग्राफिक्स डिस्प्ले से कनेक्ट होना चाहिए। ग्राफिक्स प्रणाली को दो भागों में बांटा गया है: कर्नेल प्रणाली, जो हार्डवेयर से स्वतंत्र है और डिवाइस ड्राइवर, जो हार्डवेयर पर निर्भर है जैसा कि चित्र 6.24 में दिखाया गया है।

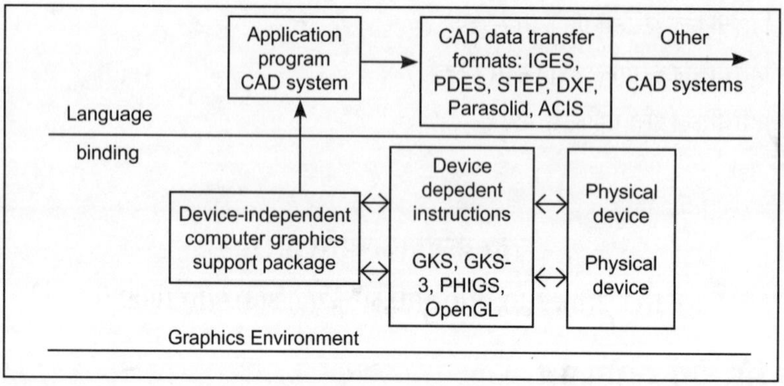

चित्र 6.24: ग्राफिक्स मानक

महत्वपूर्ण ग्राफिक्स मानक और प्रारूप :

1. IGES (इनिशियल ग्राफ़िक्स एक्सचेंज स्पेसिफिकेशन) कैड प्रणाली के बीच मॉडल डेटा आधार के आदान-प्रदान को सक्षम बनाता है।
2. DXF (ड्राइंग / डेटा एक्सचेंज फॉर्मेट) फ़ाइल प्रारूप मानक कैड फ़ाइल प्रारूप में डेटा का सटीक प्रस्तुतिकरण के लिए है।
3. STEP (स्टैंडर्ड फॉर द एक्सचेंज ऑफ़ प्रोडक्ट मॉडल डेटा) का उपयोग कैड, CAM, CAE के बीच डेटा के आदान-प्रदान के लिए किया जा सकता है।
4. GKS (ग्राफिक्स कर्नेल प्रणाली) कैड फाइलों के लिए एक अंतरराष्ट्रीय मानक है जो परिभाषित करता है कि सॉफ्टवेयर द्वारा

ग्राफिक्स को कैसे नियंत्रित किया जाता है। यह मानकीकरण कैड फाइलों को एक कंप्यूटर पर बनाने और एक अलग कंप्यूटर या सॉफ्टवेयर प्रोग्राम में ले जाने की अनुमति देता है।

5. PHIGS (प्रोग्रामर का हिरार्चीकल इंटरएक्टिव ग्राफिक्स स्टैंडर्ड) 3D ग्राफिक्स प्रदान करने के लिए एक एप्लिकेशन प्रोग्रामिंग इंटरफ़ेस (API) मानक है। 3-डी ग्राफिकल ऑब्जेक्ट्स में हेरफेर और प्रदर्शित करने के लिए प्रोग्रामर द्वारा उपयोग किए जाने वाले कार्यों और डेटा संरचनाओं का एक सेट।
6. VDI (वर्चुअल डिवाइस इंटरफेस) GKS या PHIGS और डिवाइस ड्राइवर कोड के बीच स्थित है। VDI को अब CGI (कंप्यूटर ग्राफिक्स इंटरफेस) कहा जाता है।
7. VDM (वर्चुअल डिवाइस मेटाफाइल) को ग्राफिक्स डिवाइस से दूसरे में स्टोर या ट्रांसमिट किया जा सकता है। VDM को अब CGM (कंप्यूटर ग्राफिक्स मेटाफाइल) कहा जाता है।

डिजाइन परियोजना/गतिविधियाँ

अपनी प्रयोगशाला में उपलब्ध कंप्यूटर हार्डवेयर, बाह्य उपकरणों और कैड सॉफ्टवेयर पर एक रिपोर्ट तैयार करें।

रोचक तथ्य

- ऑटोकैड बनने वाला प्रोग्राम माइक रिडल द्वारा बनाया गया था, और इसे मूल रूप से "इंटरैक्ट" कहा जाता था। इसका नाम बदलकर "माइक्रो-कैड" कर दिया गया था, लेकिन जब दूसरी कंपनी ने पहले से ही इसी नाम से एक प्रोग्राम बनाया था, तो इसका नाम बदलकर " ऑटोकैड" कर दिया गया .
- आज ऑटोडेस्क के नाम से जानी जाने वाली कंपनी की स्थापना 17 दोस्तों और परिचितों ने मिल वैली, CA में जॉन वॉकर के घर में की थी।
- जी.एस.के.से, ऑटोकैड को ऑटोकैड 360 के रूप में विपणन किए गए मोबाइल एप्लिकेशन के रूप में जारी किया गया था।

अनुप्रयोग (ऑटोकैड सॉफ्टवेयर)

बहुत सारे उद्योग विभिन्न उद्देश्यों के लिए ऑटोकैड का उपयोग करते हैं। कुछ प्रमुख उद्योग जहां ऑटोकैड अपने अनुप्रयोगों को पाता है, वे इस प्रकार हैं: -

- आर्किटेक्चर
- सिविल अभियंत्रकी
- आंतरिक सज्जा
- ऑटोमोबाइल उद्योग
- एयरोस्पेस उद्योग
- मैकेनिकल इंजीनियरिंग
- फैशन डिजाइनिंग
- आभूषण डिजाइनिंग
- 3 डी प्रिंटिंग

खोज और जिज्ञासा विषय

ग्राफिक मानकों की आवश्यकता

- विभिन्न हार्डवेयर प्लेटफार्मों के बीच ज्यामितीय मॉडल की सुगमता I
- सॉफ्टवेयर पैकेजों के बीच ड्राइंग डेटाबेस का आदान-प्रदान करें।
- विभिन्न कंप्यूटर प्रणालियों के बीच ग्राफिक डेटा का आदान-प्रदान।
- ग्राफिक डेटा अदन-प्रदान किये जाने के प्रारूपों की आवश्यकता और उनके विवरण जैसे IGES, DXF और STEP।

वृत्त अध्ययन

कुछ फ्री/ओपन सोर्स कैड सॉफ्टवेयर्स निम्नलिखित हैं:

1. लिब्रेकैड

अपना कैड प्रारूपण बनाना शुरू करने के लिए लिब्रेकैड एक अच्छा मुफ्त कैड सॉफ्टवेयर है। यह मैक विंडोज और लिनक्स के साथ उपलब्ध ओपन-सोर्स सॉफ्टवेयर है।

2. सॉलिड एज 2D ड्राफ्टिंग सीमेंस

सीमेंस से 2D ड्राफ्टिंग सॉलिड एज एक मुफ्त कैड सॉफ्टवेयर प्रोग्राम है जो एक परिचित यूजर इंटरफेस के साथ मदद कर सकता है, उपयोग में आसान उपकरण जो उपयोगकर्ता अनुभव को सरल बनाने के लिए सबसे लोकप्रिय प्रारूपण मानक क्षमताओं का अनुपालन करते हैं।

3. क्यू कैड

क्यू कैड दो आयामों (2D) में कंप्यूटर एडेड ड्राफ्टिंग (कैड) के लिए एक स्वतंत्र, ओपन सोर्स एप्लिकेशन है। क्यूकैड के साथ विद्यार्थी तकनीकी चित्र बना सकते हैं जैसे इमारतों, अंदरूनी, यांत्रिक भागों या योजनाबद्ध और आरेखों की योजना। क्यू कैड विंडोज, मैकैंड लिनक्स पर काम करता है।

4. ड्राफ्टसाइट

ड्राफ्टसाइट एक मुफ्त डिजाइन और प्रारूपण सॉफ्टवेयर प्रोग्राम है जिसका उपयोग विद्यार्थी कैड परियोजनाओं और 2D ड्राइंग के लिए कर सकते हैं। डसॉल्ट सिस्टम्स द्वारा डिज़ाइन किया गया, विंडोज़ एप्लिकेशन स्वचालित स्वरूपण, कई डिज़ाइन टेम्प्लेट और तुलना पूर्वावलोकन जैसी कई सुविधाएँ प्रदान करता है।

5. नैनोकैड

नैनोकैड, एक मुफ्त प्रारूपण सॉफ्टवेयर है जो उच्च प्रदर्शन और उन्नत कैड उपकरण प्रदान करता है। इसमें एक क्लासिक और अनुकूल इंटरफ़ेस और यह .dwg प्रारूप समर्थन करता है। यह पैरामीट्रिक 2D डिज़ाइन और ओपन API जैसी विभिन्न सुविधाएं प्रदान करता है।

6. फ्रीकैड

फ्रीकैड एक मल्टीप्लेटफार्म (विंडोज, मैक और लिनक्स) है, जो अत्यधिक अनुकूलन योग्य और एक्स्टेंसिबल सॉफ्टवेयर है। यह कई खुले फ़ाइल स्वरूपों जैसे STEP, IGES, STL, SVG, DXF, OBJ, IFC, DAE और कई अन्य को पढ़ता और लिखता

है, जिससे इसे आपके वर्कफ़्लो में मूल रूप से एकीकृत करना संभव हो जाता है। फ्रीकैड विद्यार्थियों को ज्यामिति निर्माण 2D आकृतियों को स्केच करने की अनुमति देता है। और इनकी सहायता से अन्य वस्तुओं को बनाने के लिए आधार के रूप में उपयोग करें।

7. ऑटोकैड

ऑटोडेस्क द्वारा विकसित, ऑटोकैड 2D कैड सॉफ्टवेयर और 3D मॉडलिंग प्रोग्राम दोनों है। ऑटोडेस्क का उपयोग वास्तुकला या यांत्रिक परियोजनाओं के लिए, ब्लूप्रिंट या इंजीनियरिंग योजना बनाने के लिए किया जा सकता है। ध्यान रखें कि ऑटोकैड मुफ्त 2D सॉफ्टवेयर नहीं है, लेकिन ऑटोडेस्क विद्यार्थियों के लिए इस 2D कैड प्रोग्राम का मुफ्त संस्करण पेश कर रहा है।

अध्ययन एवं वेबसाइट संसाधन हेतु सुझाव

1. CAD/CAM: Theory and Practice: by Ibrahim Zeid TMH Publication
2. Computer Graphics By Donald Hearn and M.Pauline Baker
3. https://knowledge.autodesk.com/support/ऑटोकैड

7 अनुकूलन एवं कैड

पाठ्यक्रम विशिष्ट

इस यूनिट में ड्राइंग स्पेस, यूनिट्स और ड्रॉइंग लिमिट (आरेखण की जगह, इकाई और आरेखन सीमा) की समायोजन शामिल है। लंबकोणीय बाध्यताएं मैनुअल और स्वचालित रूप से वस्तु पर स्नैप (आशुचित्र) ले सकते हैं। सीधी रेखाएँ और वृत्त खींचने के लिए विभिन्न निर्देशांक विधियों के प्रविष्टि का उपयोग करके चित्र बनाना सकते है।

भूमिका

ऑटोकैड सॉफ्टवेयर का उपयोग करके एक ड्राइंग बनाने के लिए यह जानना आवश्यक है कि ड्रॉइंग कैसे स्थापित करें, और विभिन्न प्रविष्टियाँ के विधियों का उपयोग करके रेखाएं और वृत्त बनाये। ऑटोकैड सॉफ्टवेयर का उपयोग करके विशेषज्ञ इंजीनियरों को बहुत कुशलता से और कम समय में इंजीनियरिंग आरेख तैयार करने में दक्ष बनाती है।

पूर्व अपेक्षित ज्ञान

ऑटोकैड यूजर इंटरफेस और आरेखन मानकों का ज्ञान।

यूनिट आउटकम्स(UO)

इस यूनिट के पूर्ण अध्ययन करने के बाद, विधार्थी निम्न में सक्षम होंगे:

U7-O1: ग्राफिकल यूजर इंटरफेस (GUI) सेट करें।

U7-O2: ऑटोकैड का उपयोग करके रेखाएँ और वृत्त बनाएँ।

U7-O3: ऑटोकैड का उपयोग करके आरेखण संशोधित करें।

U7-O4: विभिन्न ज्यामितीय बाधाओं को लागू करें।

कोर्स आउटकम्स (COs) के साथ यूनिट आउटकम्स (UOs) का परस्पर सम्बंध :

यूनिट -7 आउटकम्स	कोर्स आउटकम्स (CO) के साथ अपेक्षित संबंध *(1- कमजोर सहसंबंध; 2- मध्यम सहसंबंध; 3- मजबूत सहसंबंध)*				
	CO-1	CO-2	CO-3	CO-4	CO-5
U7-O1	-	-	3	3	-
U7-O2	-	-	3	3	-
U7-O3	-	-	3	3	-
U7-O4	-	-	3	3	-

7.1 ऑटोकैड का उपयोग करके मूलभूत चित्र बनाना

प्रत्येक ड्राइंग मूलभूत ज्यामिति वस्तुओं जैसे कि रेखाएँ, वृत्त, चाप और आयतों के निर्माण से शुरू होती है। आम तौर पर, सॉफ़्टवेयर का उपयोग करके किसी कार्य को पूरा करने के कई तरीके होते हैं। औटोकैड विंडो के शीर्ष पर टूलबार रिबन के साथ 2D ड्राफ्टिंग और एनोटेशन(टीप) कार्यक्षेत्र का उपयोग 2D चित्र बनाने के लिए किया जाता है। एक ड्राइंग बनाने के लिए पहले एक ड्राइंग पेज सेट करना महत्वपूर्ण है जो समझने योग्य और दृष्टीगतआकर्षित हो। ऑटोकैड सॉफ्टवेयर में ड्राइंग की रूपरेखा के लिए उपयोग किए जाने वाले ये चरण हैं:

7.1.1 ऑटोकैड प्रोग्राम शुरू करें

ऑटोकैड प्रोग्राम को डेस्कटॉप पर प्रोग्राम आइकन पर डबल क्लिक करके या स्टार्ट मेनू से क्लिक करके शुरू किया जा सकता है। शुरु होने पर, चित्र 7.1 में दर्शय गए अनुसार किसी ड्राइंग शुरू करने के चार तरीके दिखाते हुए एक डायलॉग बॉक्स दिखाई देगा।

- मौजूदा आरेखण खोलें
- खीच कर ड्राइंग शुरू करें
- एक टेम्पलेट के आधार पर एक ड्राइंग शुरू करें
- अपना ड्राइंग स्थापित करने में सहायता के लिए विज़ार्ड का उपयोग करें

2D Drafting Using AutoCad Software

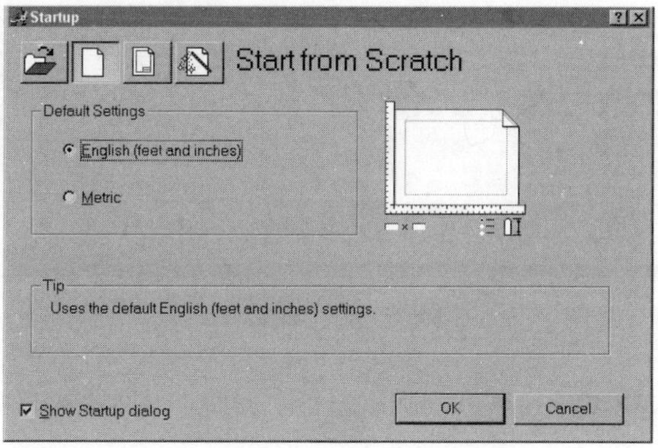

चित्र 7.1: डायलॉग बॉक्स का शुरु होना

7.1.2 लेआउट को निर्धारित करें

ऑटोकैड में दो दृश्य होते हैं: एक मॉडल स्पेस और एक पेपर स्पेस। ड्राइंग को हमेशा मॉडल स्पेस का उपयोग करके परिभाषित (रूपरेखा) किया जाना चाहिए, और बाद में जोड़े गए आयामों को पेपर स्पेस का उपयोग करके दर्शाया जाना चाहिए। मॉडल स्पेस और पेपर स्पेस के बीच स्विच करने के लिए, स्क्रीन के नीचे स्थित टैब को टॉगल किया जा सकता है। पहले टैब को "मॉडल स्पेस" लेबल किया गया है और अन्य टैब को "शीट" या "लेआउट" के रूप में अंकितक किया गया है। "शीट" या "लेआउट" टैब पेपर स्पेस को दर्शाते हैं। मॉडल स्पेस में, स्क्रीन की पृष्ठभूमि काली दिखाई देती है और पेपर स्पेस में, पृष्ठभूमि सफेद दिखाई देती है।

7.1.3 ड्राइंग इकाई निर्धारित करें

इकाइयाँ उन सभी ज्यामितीय आकृतियों की आधार रेखा का प्रस्तुत करती हैं जो ड्राइंग में बनाई गई हैं। ड्राइंग में माप किस इकाई का उपयोग किया जाएगा यह निर्धारित करने के लिए उपयोगकर्ता के विवेक पर निर्भर करता है। ड्राइंग क्षेत्र में वस्तुओं को खींचने के लिए

उपयोग की जाने वाली इकाइयों (यानी इंच, मिलीमीटर, फीट) को यूनिट्स कमांड का उपयोग करके चुना जा सकता है। निम्नलिखित संवाद बॉक्स दिखाई देगा, जिससे उपयोगकर्ता इकाइयों और कमांड में प्रदर्शित दशमलव की संख्या का चयन कर सकता है जैसा कि चित्र 7.2 में दिखाया गया है।

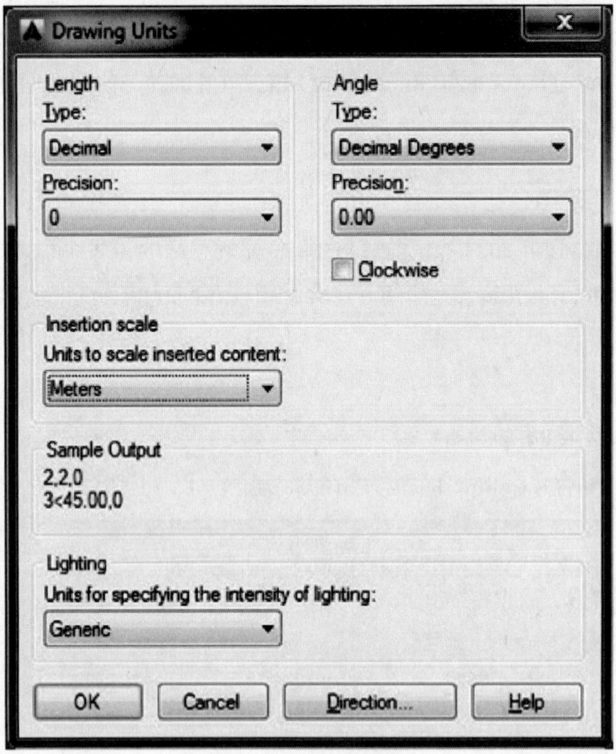

चित्र 7.2: ड्राइंग इकाइयाँ

7.1.4. उपयोगकर्ता इंटरफ़ेस अनुकूलित करें

ऑटोकैड आर्किटेक्चर में अनुकूलित यूजर इंटरफेस (सीयूआई) उपयोगकर्ता की जरूरतों के अनुरूप ड्राइंग वातावरण को तैयार करने की अनुमति देता है। इन चरणों का पालन किया जाना है:

- रिबन के मैनेज टैब, अनुकूलन (कस्टमाईजेसन) पैनल पर क्लिक करके सीयूआई एडिटर खोलें।
- यूजर इंटरफेस जैसा कि चित्र 7.3 में दर्शया गया है, दिखाई देगा।
- सीयूआई एडिटर में, उपयोगकर्ता ट्री संरचना में अवयव का विस्तार करके लोड की
- की सामग्री और अवयवो के गुणों को देखकर उनका चुनकर कर सकते है।
- विकल्पों की एक लंबी सूची दिखाई देगी, जिसमें विभिन्न टूलबार प्रदर्शित होंगे, जिसमें विभिन्न कमांड होंगे। ऑटोकैड 2D ड्रॉइंग के लिए उपयोग किए जाने वाले सबसे लोकप्रिय टूलबार, मॉडिफाई(MODIFY) और ऑब्जेक्ट(OBJECT) प्रॉपर्टी(PROPERTIES) टूलबार हैं।
- इन टूलबार का चयन करें, जैसे वे स्क्रीन पर अचानक से सामने आते है और ड्राइंग के लिए जगह बनाने के बाद उन्हें किनारे पर ले जा सकते हैं।

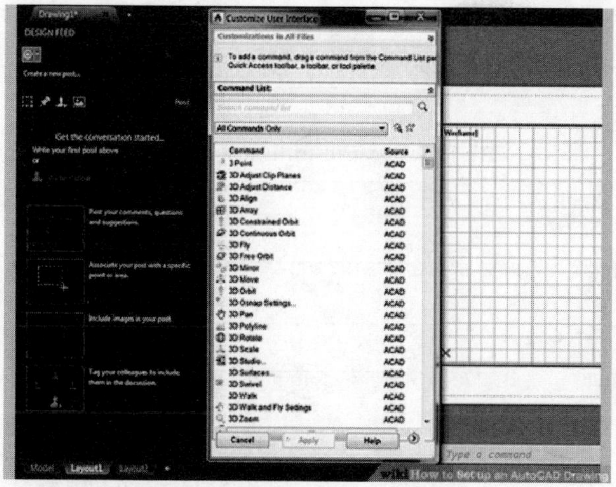

चित्र 7.3: यूजर इंटरफेस को अनुकूलित करें

7.1.5 ड्राइंग की सीमाएं निर्धारित करें

ड्राइंग की सीमाओं को निर्धारित करने के लिए आरेखण सीमा का उपयोग किया जाता है। ड्राइंग की सीमाएं आमतौर पर ड्राइंग पेपर की शीट के आकार से मेल खाने के लिए निर्धारित की जाती हैं। ऑटोकैड में सीमा कमांड का उपयोग ड्राइंग क्षेत्र या व्यूपोर्ट में एक अदृश्य आयताकार सीमा बनाने के लिए किया जाता है। यह ग्रिड प्रदर्शन और बिंदु के स्थानों को प्रतिबंधित करता है। उपयोगकर्ताओं को तब आयताकार खिड़की के विपरीत कोनों के निर्देशांक प्रविष्ट करने की आवश्यकता होती है।

आदेश (कमांड): सीमाएं (लिमिट)

निचले बाएँ कोने को प्रविष्ट करें या [ऑन/ऑफ] <0, 0>: एक बिंदु प्रविष्ट करें

ऊपरी दाएं कोने को प्रविष्ट करें या <12, 9>: एक बिंदु प्रविष्ट करें

7.2 ज्यामितीय बाधाएं (सीमित करने वाले नियंत्रण)

एक दूसरे के संबंध में वस्तुओं के संबंधों को नियंत्रित करने के लिए ज्यामितीय बाधाओं का उपयोग किया जाता है। ज्यामितीय बाधाएं ज्यामितीय वस्तुओं को एक साथ जोड़ती हैं या एक निश्चित स्थान या कोण प्रविष्ट करती हैं। ज्यामितीय बाधाओं को ऑटोकैड रिबन मेनू के पैरामीट्रिक टैब पर पाया जा सकता है और जैसा कि चित्र 7.4 में दिखाया गया है। बाधा विकल्पों में संयोग, सरेख, संकेंद्रित, स्थिर, समानांतर, लंबवत, क्षैतिज, ऊर्ध्वाधर, स्पर्शरेखा, सुगम, सममित और समान शामिल हैं। कोई भी ज्यामितीय बाधाओं को किसी भी वस्तु पर को लागू कर सकते है।

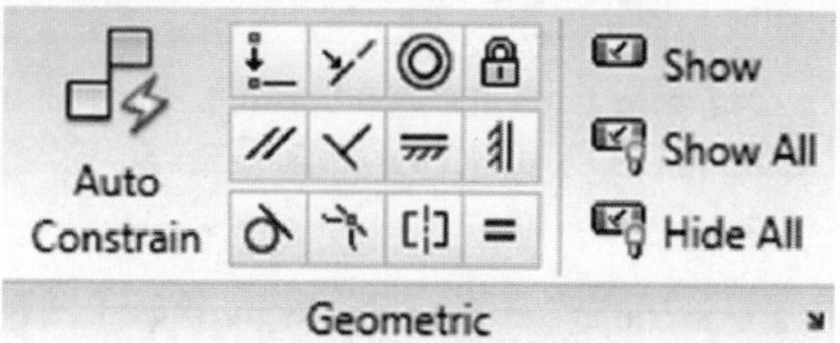

चित्र 7.4: ज्यामितीय बाधा विकल्प

यहाँ 12 ज्यामितीय बाधाएं हैं जिन्हें ड्राइंग वास्तु पर लागू किया जा सकता है, और उन्हें लागू करने का सबसे आसान तरीका पैरामीट्रिक टैब पर रिबन या टूलबार के ज्यामितीय पैनल पर बटन क्लिक करना है। तालिका 7.1 ज्यामितीय बाधाओं की सूची और प्रत्येक बाधा का विवरण प्रस्तुत करती है।

तालिका 7.1: ज्यामितीय बाधा और विवरण

क्र.	प्रतीक	बाधा	विवरण
1		संपाति	दो या दो से अधिक बिंदु बनाने के लिए संपाति लागू है।
2		सकेंद्री	दो या दो से अधिक वस्तुओं के केंद्रों को संयोग के लिए बाध्य करता है।
3		समरेख	दो या दो से अधिक रेखाओं को सरेख होने के लिए बाध्य करता है।
4		समानांतर	दो या दो से अधिक रेखाओं को समानांतर होने के लिए बाध्य करता है।
5		लम्ब	दो या दो से अधिक रेखाओं को एक दूसरे के लंबवत होने के लिए बाध्य करता है।
6		क्षैतिज	मौजूदा निर्देशांक प्रणाली के सापेक्ष एक रेखा या दो बिंदुओं को क्षैतिज होने के लिए बाध्य करता है।
7		उर्ध्वाधर	एक रेखा या दो बिंदुओं को उर्ध्वाधर होने के लिए बाध्य करता है।
8		निर्धारित	एक निश्चित ज्यामितीय बाधा एक बिंदु या एक इकाई को एक निश्चित स्थान पर ले जाती है।
9		स्पर्शरिखा	रेखा और वृत्त जैसी वस्तुओं को एक-दूसरे की स्पर्शरिखा होने के लिए बाध्य करता है।
10	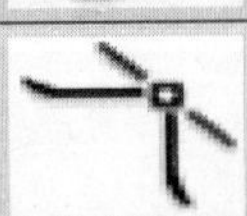	सुचारू	एक सुचारू बाधा एक अन्य रेखा, रेखा, चाप, या पॉलीलाइन के साथ ज्यामितीय निरंतरता बनाए रखने के लिए एक रेखा को लागू करता है।
11		सममित	सममित बाधा 2D प्रोफ़ाइल में निकायों के दो सेटों को बाध्य करने में सक्षम बनाती है ताकि वे सममित अक्ष के संबंध में एक दूसरे के सममित हों।
12	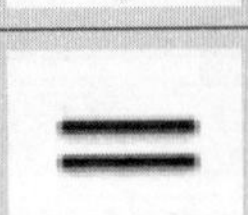	सम	दो वस्तुओं या क्षेत्रों को एक ही परिमाप के लिए बाध्य करें।

ज्यामितीय बाधाओं को लागू करना

ज्यामितीय बाधाओं को लागू करने का सबसे आसान तरीका रिबन/टूलबार के पैरामीट्रिक टैब के ज्यामितीय पैनल पर बटन क्लिक करना है। विभिन्न बाधाओं को लागू करने की प्रक्रिया को प्रदर्शित करने के लिए निम्नलिखित उदाहरणों का उपयोग किया जाता है।

1. एक संपाति बाधा लागू करने के लिए

- पैरामीट्रिक टैब पर क्लिक करें ज्यामितीय पैनल संपाति(कोइन्सिडेन्ट)
- दो अलग-अलग वस्तुओं पर पहले और दूसरे बिंदु का चयन करें।
- दूसरे बिंदु को पहले के संपाति से बनाया गया है।

2. एक समरेखीय बाधा लागू करने के लिए

- पैरामीट्रिक टैब पर क्लिक करें ज्यामितीय पैनल समरेख(कोलिनियेर)।
- पहली और दूसरी वस्तु का चयन करें। आप या तो रेखीय वास्तु या पॉलीलाइन उप वास्तु का चयन कर सकते हैं।
- दूसरी वस्तु को पहले के समरेखीय बनाया जाता है।

3. एक संकेंद्रित बाधा लागू करने के लिए

- पैरामीट्रिक टैब पर क्लिक करें ➤ ज्यामितीय पैनल ➤ सकेंद्रिय(कॉन्सेन्ट्रिक)
- पहली और दूसरी चाप या वृत्त वस्तु का चयन करें।
- दूसरी चाप या वृत्त पहली वस्तु के समान केंद्र बिंदु पर चलता है।

4. एक निर्धारित बाधा लागू करने के लिए

- पैरामीट्रिक टैब पर क्लिक करें ➤ ज्यामितीय पैनल ➤ निर्धारित (फिक्स)।
- किसी वस्तु पर एक बिंदु का चयन करें।
- ऑब्जेक्ट पर किसी बिंदु पर फिक्स बाधा को लागू करना नोड को जगह में लॉक कर देता है।

5. समानांतर बाधा लागू करने के लिए

- पैरामीट्रिक टैब पर क्लिक करें ➤ ज्यामितीय पैनल ➤ समानांतर(पैरेलल)।
- समानांतर बनाने के लिए दो वस्तुओं का चयन करें, या तो एक रेखा वस्तु या एक पॉलीलाइन उप वस्तु।
- दूसरी वस्तु को पहली वस्तु के समानांतर बनाया जाता है।

6. लंबवत बाधा लागू करने के लिए

- पैरामीट्रिक टैब पर क्लिक करें ➤ ज्यामितीय पैनल ➤ लंबवत(परपेंडिकुलर)।
- लंबवत बनाने के लिए दो वस्तुओं का चयन करें। आप या तो लाइन ऑब्जेक्ट या पॉलीलाइन सब ऑब्जेक्ट का चयन कर सकते हैं।
- दूसरी वस्तु को पहली वस्तु के लंबवत बनाया जाता है।

7. एक क्षैतिज बाधा लागू करने के लिए

- पैरामीट्रिक टैब पर क्लिक करें ➤ ज्यामितीय पैनल ➤ क्षैतिज(हॉरिजॉन्टल)।
- क्षैतिज बनाने के लिए लाइन ऑब्जेक्ट या पॉलीलाइन सब ऑब्जेक्ट का चयन करें।

8. एक उर्ध्वाधर बाधा लागू करने के लिए

- पैरामीट्रिक टैब पर क्लिक करें ➤ ज्यामितीय पैनल ➤ उर्ध्वाधर(वर्टीकल)
- लंबवत बनाने के लिए लाइन ऑब्जेक्ट या पॉलीलाइन सबोबजेक्ट का चयन करें।

9. स्पर्शरिखा बाधा लागू करने के लिए

- पैरामीट्रिक टैब पर क्लिक करें ➤ ज्यामितीय पैनल ➤ स्पर्शरिखा(तन्जेंट)।
- स्पर्शरिखा बनाने के लिए दो वस्तुओं का चयन करें।
- दूसरी वस्तु पहली वस्तु के साथ स्पर्शरिखा का एक बिंदु बनाए रखती है।

10. एक सुचारू बाधा लागू करने के लिए

- पैरामीट्रिक टैब पर क्लिक करें ➤ ज्यामितीय पैनल ➤ सुचारू(स्मूथ)।
- पहले तख़्ता वक्र का चयन करें।
- दूसरी स्पलाइन, लाइन, पॉलीलाइन (सबऑब्जेक्ट), या आर्क ऑब्जेक्ट चुनें।
- दो वस्तुओं को एक दूसरे के साथ निरंतर होने के लिए अद्यतन किया जाता है।

11. एक सममित बाधा लागू करने के लिए

- पैरामीट्रिक टैब पर क्लिक करें ➤ ज्यामितीय पैनल ➤ सममित(समेट्रिक)।
- पहली और दूसरी वस्तु का चयन करें।
- समरूपता रेखा का चयन करें।
- चयनित ऑब्जेक्ट चयनित लाइन के बारे में सममित रूप से कान्सट्रेंट हो जाते हैं।

12. एक सम बाधा लागू करने के लिए

- पैरामीट्रिक टैब पर क्लिक करें ➤ ज्यामितीय पैनल ➤ सम(एकुअल) =
- पहली और दूसरी वस्तु का चयन करें।
- दूसरी वस्तु को पहली वस्तु के बराबर बनाया जाता है।

13. एक वस्तु के लिए कई ज्यामितीय बाधाओं को लागू करने के लिए

- पैरामीट्रिक टैब पर क्लिक करें ➤ ज्यामितीय पैनल ➤ स्वत: बाधा।
- उन वस्तुओं का चयन करें जिन्हें आप विवश करना चाहते हैं।
- जब आप स्वचालित रूप से बाधित होने वाली वस्तुओं का चयन करते हैं तो एंटर दबाएं।
- कमांड प्रॉम्प्ट लागू बाधाओं की संख्या प्रदर्शित करता है।

7.3 ऑब्जेक्ट स्नैप (OSNAP)

ऑब्जेक्ट स्नैप्स (OSNAPS) ड्रॉइंग साधन हैं जिनका उपयोग अन्य कमांड के साथ संयोजन में सटीक रूप से ड्रॉ करने में मदद करने के लिए किया जाता है। OSNAPS उपयोगकर्ताओं को किसी बिंदु को चुनते समय किसी विशिष्ट ऑब्जेक्ट स्थान पर स्नैप करने की अनुमति देता है। OSNAPS का उपयोग करके उपयोगकर्ता आसानी से और सटीक रूप से आकर्षित कर सकते हैं। OSNAPS तक पहुँचने के चार बुनियादी तरीके नीचे दिए गए हैं:

- OSNAPS मानक टूलबार पर फ्लाईआउट बटन से उपलब्ध हैं, जैसा कि चित्र 7.5 में दर्शाया गया है।
- OSNAPS ऑब्जेक्ट स्नैप टूलबार पर उपलब्ध हैं।
- कर्सर मेनू से OSNAP तक पहुँचने के लिए - बस कीबोर्ड पर सिफ्ट कुंजी दबाए रखें और कर्सर मेनू लाने के लिए माउस पर राइट-क्लिक करें।
- OSNAP को कमांड प्रॉम्प्ट से एक्सेस करने के लिए, कोई OSNAP टाइप करके ऐसा कर सकता है।

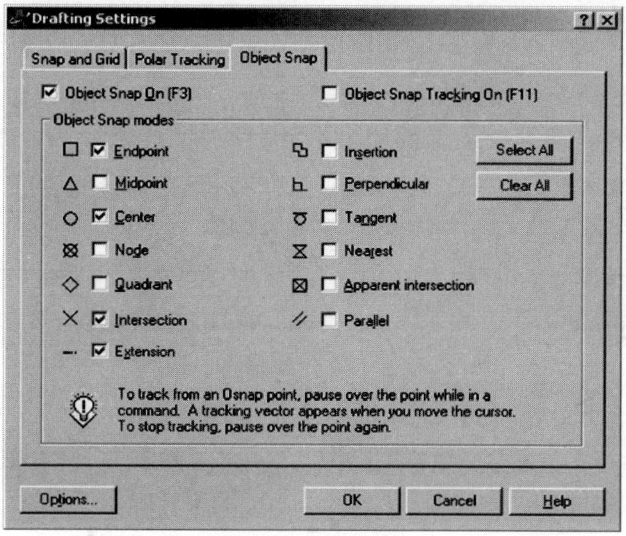

चित्र 7.5: OSNAP टूलबार

OSNAP मोड

OSNAPS विकल्प न केवल चित्र बनाने की सुविधा प्रदान करते हैं, बल्कि वे ड्राइंग कर्यप्रगती को शीघ्रता से करते हैं। तालिका 7.2 प्रत्येक विकल्प के विवरण के साथ तेरह OSNAP विकल्पों की सूची प्रस्तुत की गई है।

तालिका 7.2: OSNAPS मोड

क्रमांक	OSNAP मोड	विवरण
1	एंडपोइंट	किसी ज्यामितीय वस्तु के निकटतम समापन बिंदु या कोने पर स्नैप करें
2	मिडपोइंट	ज्यामितीय वस्तु के मध्य बिंदु पर स्नैप करें
3	सेंटर	चाप, वृत्त, दीर्घवृत्त, या दीर्घवृतीय चाप के केंद्र में स्नैप करें
4	नोड	एक बिंदु वस्तु, आयाम परिभाषा बिंदु, या आयाम पाठ मूल के लिए स्नैप करें
5	क्वाड्रन्ट	चाप, वृत्त, दीर्घवृत्त, या अण्डाकार चाप के चतुर्थांश बिंदु पर स्नैप करें
6	इंटरसेक्शन	ज्यामितीय वस्तुओं के प्रतिच्छेदन के लिए स्नैप

क्रमांक	OSNAP मोड	विवरण
7	एक्सटेंसन	जब आप कर्सर को वास्तु के अंतिम सिरे पर पास करते हैं, तो एक अस्थायी एक्सटेंशन लाइन या आर्क प्रदर्शित होता है, ताकि आप एक्सटेंशन पर बिंदु प्रविष्ट कर सकें
8	इन्सर्शन	विशेषता, ब्लॉक, या अक्षर जैसी वस्तुओं के सम्मिलन बिंदु पर स्नैप करें
9	पर्पन्डिक्युलर	चयनित ज्यामितीय वस्तु के लंबवत बिंदु पर स्नैप करें
10	तेंजेंट	चाप, वृत्त, दीर्घवृत्त, दीर्घवृतीय चाप, पॉलीलाइन चाप, या स्प्लाइन की स्पर्शरेखा के लिए स्नैप
11	नेअरेस्ट	किसी वस्तु पर निकटतम बिंदु जैसे चाप, वृत्त, दीर्घवृत्त, दीर्घवृतीय चाप, रेखा, बिंदु, पॉलीलाइन, किरण, स्प्लाइन, या एक्सलाइन पर स्नैप करता है
12	अपेरन्ट इंटरसेक्शन	दो वस्तुओं के दृश्य प्रतिच्छेदन के लिए स्नैप जो 3D स्थान में प्रतिच्छेद नहीं करते हैं लेकिन मौजूदा दृश्य में प्रतिच्छेद करते प्रतीत हो सकते हैं
13	पैरलेल	एक मौजूदा रैखिक वस्तु के समानांतर होने के लिए एक नया लाइन परिखंड, पॉलीलाइन परिखंड, रे या एक्सलाइन को रोकता है।

7.4 स्नैप और ग्रिड

स्नैप क्रॉसहेयर कर्सर की स्थिती को उस अंतराल तक प्रतिबंधित करता है जिसे कोई परिभाषित करता है। जब स्नैप मोड चालू होता है, तो कर्सर अदृश्य ग्रिड का पालन करता है या "स्नैप" करता है। स्नैप मोड कर्सर के साथ सटीक बिंदुओं को प्रविष्ट करने के लिए उपयोगी है।

ग्रिड आरेखण क्षेत्र पर रेखाओं का एक आयताकार पैटर्न दिखाता है। ग्रिड का उपयोग करना एक ड्राइंग के तहत ग्रिड पेपर की एक शीट रखने के समान है। ग्रिड वस्तुओं के बीच की दूरी को संरेखित और कल्पना करने में मदद करता है। प्लॉट किए गए आरेखण में ग्रिड दिखाई नहीं देता है।

स्नैप मोड ग्रिड डिस्प्ले का उपयोग करने के लिए - इन चरणों का पालन करें। स्टेटस बार पर स्नैप मोड या ग्रिड डिस्प्ले बटन पर राइट क्लिक करें और दिखाई देने वाले मेनू से सेटिंग्स चुनें। ड्राफ्टिंग सेटिंग्स डायलॉग बॉक्स चयनित स्नैप और ग्रिड टैब के साथ दिखाई देगा जैसा कि चित्र 7.6 में दर्शाया गया है।

चित्र 7.6: ड्राफ्टिंग सेटिंग में स्नैप और ग्रिड

ग्रिड स्पेसिंग सेट करने के चरण

1. ड्राफ्टिंग सेटिंग्स संवाद बॉक्स में, स्नैप और ग्रिड टैब, ग्रिड ऑन (F7) का चयन सुनिश्चित करें चित्र 7.7 में सचित्र के रूप में किया गया है।

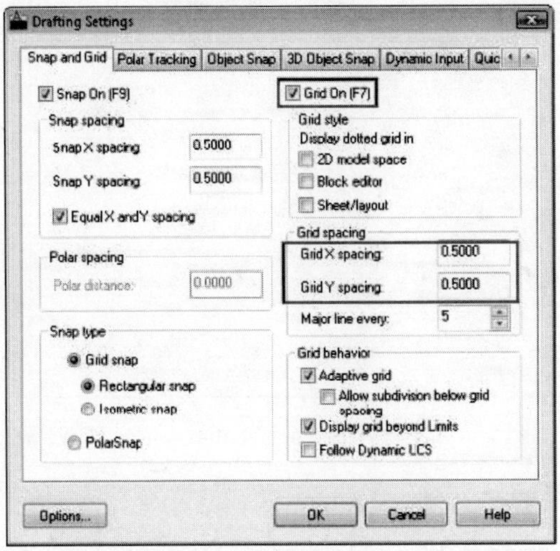

चित्र 7.7: ग्रिड सेटअप

2. ग्रिड स्पेसिंग(अन्तराल) के अंतर्गत, निम्न कार्य करें:
   - ग्रिड X स्पेसिंग बॉक्स में, इकाइयों में क्षैतिज ग्रिड अन्तराल सेट करने के लिए 0.5000 दर्ज करें।
   - ग्रिड वाई स्पेसिंग बॉक्स में, इकाइयों में लंबवत ग्रिड अन्तराल सेट करने के लिए 0.5000 दर्ज करें।
   - ओके पर क्लिक करें। ग्रिड दिखाई देगा जैसा कि चित्र 7.8 में दिखाया गया है।

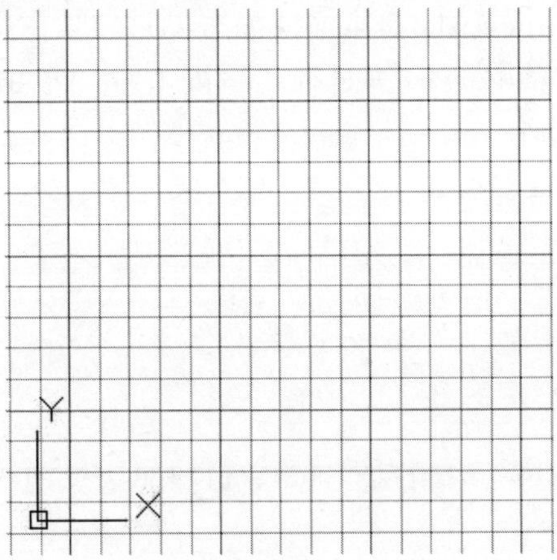

एफचित्र 7.8: ग्रिड अन्तराल

स्नैप स्पेसिंग (अन्तराल) सेट करने के चरण

1. ड्राफ्टिंग सेटिंग्स डायलॉग बॉक्स में, स्नैप और ग्रिड टैब में, स्नैप ऑन (F9) का चयन कर सुनिश्चित करें चित्र 7.9 में दिखाया गया है।

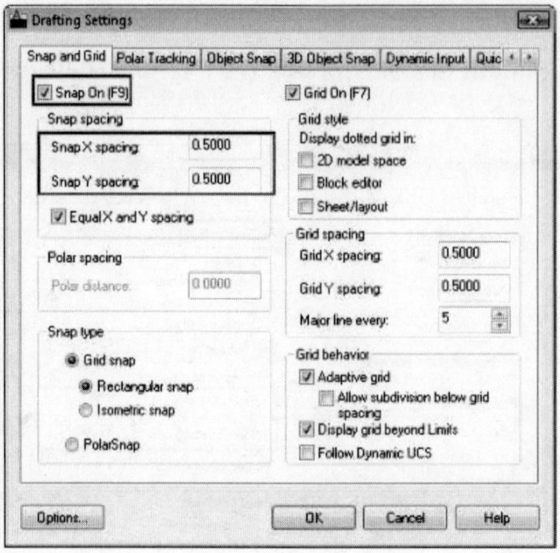

चित्र 7.9: स्नैप ऑन

2. स्नैप स्पेसिंग के तहत, निम्न कार्य करें:
   - स्नैप X स्पेसिंग बॉक्स में, इकाइयों में क्षैतिज स्नैप स्पेसिंग मान सेट करने के लिए 0.5000 दर्ज करें।
   - स्नैप वाई स्पेसिंग बॉक्स में, इकाइयों में लंबवत स्नैप स्पेसिंग मान सेट करने के लिए 0.5000 दर्ज करें।
3. ओके क्लिक करें।

7.5 ऑर्थो मोड

ऑर्थोगोनल के लिए ऑर्थो संक्षिप्त रूप है, जिसका अर्थ है लंबवत या क्षैतिज। ऑटोकैड में ऑर्थो मोड का उपयोग कर्सर की गति को विशिष्ट दिशाओं तक सीमित करने के लिए किया जाता है। यह कर्सर को केवल लंबवत और क्षैतिज दिशा में गति करने की अनुमति देता है। ऑर्थो मोड को निम्नलिखित तीन तरीकों में से एक में चालू या बंद किया जा सकता है। सबसे तेज़ तरीका है कि आप स्टेटस बार पर ORTHO बटन पर "चालू" पर क्लिक करें।

ऑर्थो मोड एक्सेस विकल्प

- स्टेटस बार: ORTHO
- कमांड प्रॉम्प्ट: ऑर्थो
- कीबोर्ड: F8

चित्र 7.10 में, ऑर्थो मोड को चालू/बंद करके एक रेखा खींची जाती है। बिंदु 1 प्रविष्ट पहला बिंदु है, और बिंदु 2 कर्सर की स्थिति है जब दूसरा बिंदु प्रविष्ट किया जाता है।

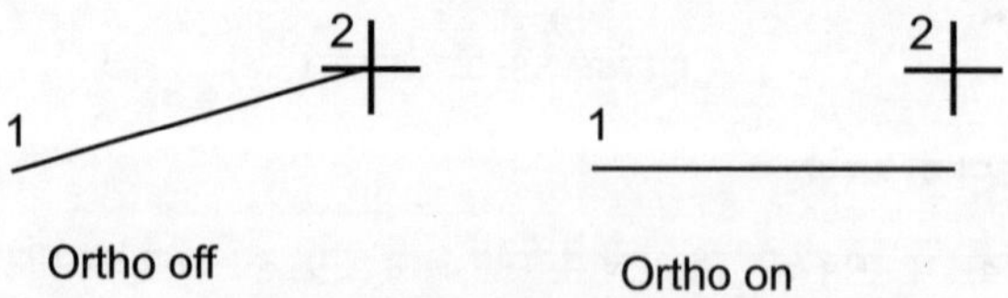

चित्र 7.10: ऑर्थो मोड (चालू / बंद)

7.6 ड्रा कमांड

ड्रा कमांड का उपयोग बुनियादी वस्तुओं जैसे कि रेखाए और वृतो को बनाने के लिए किया जा सकता है। अधिकांश ऑटोकैड चित्र इन मूल घटकों से विशुद्ध रूप से और सरलता से बनाए गए हैं।ड्रॉ कमांड की अच्छी समझ ऑटोकैड के कुशल उपयोग के लिए मुलभुत है। अधिकांश ऑटोकैड कमांड के साथ, ड्रॉ कमांड को कई तरीकों से शुरू किया जा सकता है। कीबोर्ड पर कमांड नाम या शॉर्ट-कट दर्ज किए जा सकते हैं; कमांड को ड्रॉ पुल-डाउन मेनू से शुरू किया जा सकता है, जो दाईं ओर या ड्रा टूलबार से दिखाया गया है। नीचे दिए गए परिच्छेद सबसे अधिक उपयोग किए जाने वाले ड्रा कमांड जैसे कि लाइन, सर्कल, आर्क, आयत और पॉलीगॉन को संयोजित करते हैं।

7.6.1 लाइन कमांड 

प्रारंभ बिंदु से समापन बिंदु तक एकल पंक्ति या एकाधिक रेखा खंड बनाने के लिए लाइन कमांड का उपयोग करें।

कमांड एक्सेस

- कमांड लाइन: लाइन, L
- मेनू बार: ड्रा > रेखा
- रिबन: होम टैब > पैनल ड्रा करें > रेखा

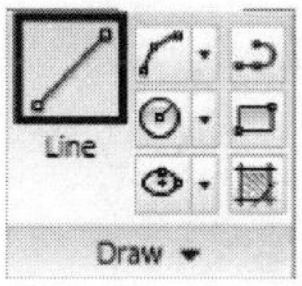

कमांड विकल्प:

विकल्प	विवरण
पहला बिंदु	(डिफ़ॉल्ट) रेखा खंड का प्रारंभ बिंदु प्रविष्ट करता है।
अगला बिंदु	(डिफ़ॉल्ट) रेखा खंड के समापन बिंदु को प्रविष्ट करता है। अतिरिक्त लाइन सेगमेंट के लिए अगले बिंदु प्रविष्ट करना जारी रखें।
पूर्ववत	लाइन कमांड से बाहर निकले बिना पिछले लाइन सेगमेंट को हटा देता है। केवल बड़े अक्षरों का चयन करें या दर्ज करें।
बंद करे	यह दो रेखा खंड खींचे जाने के बाद ही दिखाई देता है। रेखा खंड की बंद सीमा बनाने के लिए मौजूदा खंड के लिए अगले बिंदु के रूप में रेखा खंड के पहले बिंदु का उपयोग करता है इस हेतु केवल बड़े अक्षरों का चयन करें या दर्ज करें।

उदाहरण: लाइन कमांड

1. विशिष्ट निर्देशांकों का प्रयोग करते हुए एक रेखा खींचना

1. होम टैब पर क्लिक करें ▸ ड्रा पैनल ▸
2. प्रारंभ बिंदु प्रविष्ट करें।

   X मान, अल्पविराम, फिर Y मान टाइप करके पहले बिंदु के लिए निर्देशांक मान टाइप करें, उदाहरण के लिए 1.65,4.25।

3. समापन बिंदु प्रविष्ट करके प्रथम रेखा खंड को पूरा करें।

   X मान टाइप करें, अल्पविराम, फिर Y मान, उदाहरण के लिए 4.0, 6.75।

   LINE कमांड के दौरान पिछले लाइन सेगमें रेखा खंड को पूर्ववत करने के लिए, u दर्ज करें या टूलबार पर पूर्ववत करें पर क्लिक करें।

4. अंत करने के लिए एंटर दबाएँ या रेखा खंडों की एक श्रृंखला को बंद करने के लिए c दबाएँ।

2. आपेक्षिक निर्देशांक का प्रयोग करते हुए एक रेखा खींचिए

1. होम टैब > ड्रा पैनल > लाइन पर क्लिक करें। ढूंढे
2. पहला बिंदु प्रविष्ट करें।
3. पहले बिंदु के सापेक्ष दूसरा बिंदु प्रविष्ट करने के लिए, निम्न में से कोई एक कार्य करें: चिह्न (@) के बाद X-मान, अल्पविराम, फिर Y-मान लिखें, उदाहरण के लिए @4.0, 6.75.

   स्पेसबार दबाएं या एंटर करें।

3. विशिष्ट लंबाई की एक रेखा खींचना

1. होम टैब > ड्रा पैनल > लाइन पर क्लिक करें। ढूंढे
2. प्रारंभ बिंदु प्रविष्ट करें।
3. लंबाई प्रविष्ट करने के लिए निम्न में से कोई एक कार्य करें:
   - दिशा और कोण को इंगित करने के लिए कर्सर ले जाएँ, और लंबाई दर्ज करें, उदाहरण के लिए 6.5
   - एट सिंबल (@) और लंबाई, उसके बाद लेफ्ट एंगल ब्रैकेट (<) और एंगल दर्ज करें, उदाहरण के लिए @6.5<45।

4. एक विशिष्ट कोण पर एक रेखा खींचिए

1. होम टैब > ड्रा पैनल > लाइन पर क्लिक करें।
2. प्रारंभ बिंदु प्रविष्ट करें।
3. कोण प्रविष्ट करने के लिए निम्न में से कोई एक कार्य करें:
   - बायां कोण ब्रैकेट (<) और कोण दर्ज करें, उदाहरण के लिए <45, और दिशा इंगित करने के लिए कर्सर ले जाएं।
   - ध्रुवीय निर्देशांक दर्ज करें, उदाहरण के लिए 2.5<45
   - अनुमानित कोण इंगित करने के लिए कर्सर ले जाएँ।

   लंबाई प्रविष्ट करने के लिए निम्न में से कोई एक कार्य करें:
   - ऑब्जेक्ट स्नैप के साथ या उपयोग किए बिना समापन बिंदु प्रविष्ट करने के लिए एक बिंदु पर क्लिक करें।
   - रेखा की लंबाई दर्ज करें, उदाहरण के लिए 2.5।

5. स्पेसबार दबाएं या एंटर करें।

7.6.2 सर्किल कमांड 

ड्रॉइंग में वृत्त बनाने के लिए सर्कल कमांड का प्रयोग करें। जब सर्कल कमांड शुरू किया जाता है, तो एक केंद्र बिंदु का चयन करने फिर त्रिज्या प्रविष्ट करें। इन मानों को इनपुट करने के लिए पहले चर्चा की गई डेटा इनपुट विधियों का उपयोग करें।

कमांड एक्सेस

- कमांड लाइन: सर्कल,C
- मेनू बार: ड्रा> सर्कल> विकल्प चुनें
- रिबन: होम टैब > पैनल ड्रा करें > सर्कल

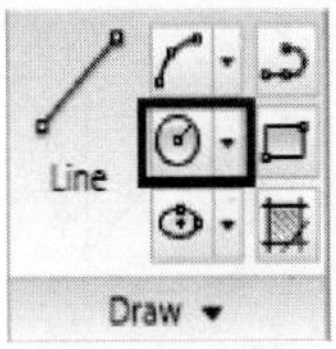

सर्किल कमांड विकल्प

सर्कल बटन के बगल में स्थित ड्रॉप डाउन मेनू से वृत्त के विकल्पों तक पहुंचा जा सकता है।

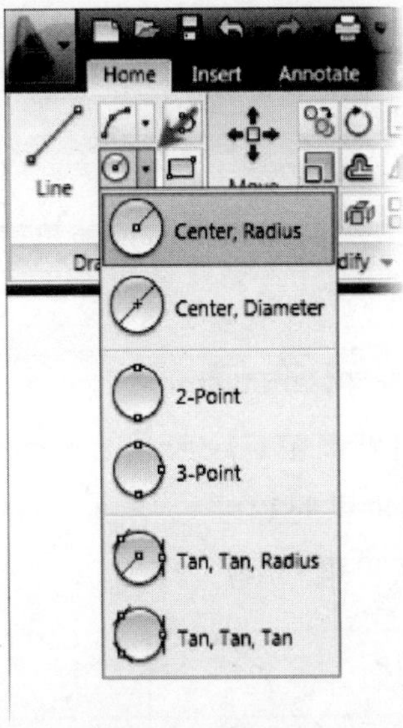

विकल्प	विवरण
केंद्र बिंदु प्रविष्ट करें	(डिफ़ॉल्ट) किसी बिंदु पर क्लिक करें या वृत्त के केंद्र के लिए निर्देशांक दर्ज करें।
D	केंद्र बिंदु प्रविष्ट करने के बाद, आपके पास त्रिज्या के बजाय व्यास प्रविष्ट करने का विकल्प होता है।
3P	वृत्त के व्यास को परिभाषित करने के लिए आपके द्वारा प्रविष्ट तीन बिंदुओं के आधार पर वृत्त बनाएं।
2P	वृत्त के व्यास को परिभाषित करने के लिए आपके द्वारा प्रविष्ट दो बिंदुओं के आधार पर वृत्त बनाएं।
Ttr (tan tan radius)	आपके द्वारा प्रविष्ट त्रिज्या में अन्य वास्तु के लिए एक वृत्त स्पर्शरेखा बनाएं।

उदाहरण: सर्कल कमांड

1. एक केंद्र बिंदु और एक व्यास या त्रिज्या के आधार पर एक वृत्त खींचता है।

- सर्कल के लिए केंद्र बिंदु प्रविष्ट करें या [3P/ 2P/ Ttr (tan tan radius)]: एक बिंदु प्रविष्ट करें या एक विकल्प दर्ज करें

केंद्र बिंदु

- एक केंद्र बिंदु और एक व्यास या त्रिज्या के आधार पर एक वृत्त बनाएं।
- वृत्त की त्रिज्या या [व्यास] प्रविष्ट करें: एक बिंदु प्रविष्ट करें, एक मान दर्ज करें, d दर्ज करें, या इंटर दबाएं

त्रिज्या

- वृत्त की त्रिज्या को परिभाषित करता है। एक मान दर्ज करें, या एक बिंदु प्रविष्ट करें।

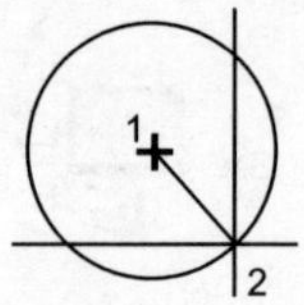

Radius

व्यास

- सर्कल के व्यास को परिभाषित करता है। एक मान दर्ज करें, या दूसरा बिंदु प्रविष्ट करें।

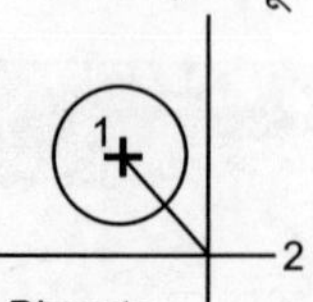

Diameter

- सर्कल का व्यास प्रविष्ट करें <मौजूदा>: एक बिंदु प्रविष्ट करें (2), एक मान दर्ज करें, या एंटर दबाएं

2. 3P (तीन बिंदु)

- परिधि पर तीन बिंदुओं के आधार पर एक वृत्त खींचता है।
- वृत्त पर पहला बिंदु प्रविष्ट करें: एक बिंदु प्रविष्ट करें (1)
- वृत्त पर दूसरा बिंदु प्रविष्ट करें: एक बिंदु प्रविष्ट करें (2)
- वृत्त पर तीसरा बिंदु प्रविष्ट करें: एक बिंदु प्रविष्ट करें (3)

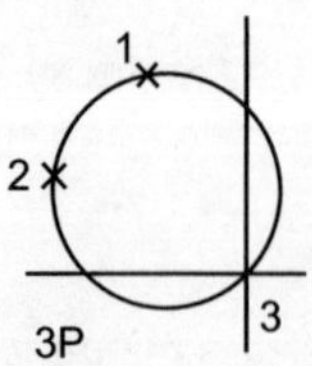

3P

3. 2P (दो बिंदु)

- व्यास के दो समापन बिंदुओं के आधार पर एक वृत्त खींचता है।
- वृत्त के व्यास का पहला समापन बिंदु प्रविष्ट करें: एक बिंदु प्रविष्ट करें (1)
- वृत्त के व्यास का दूसरा समापन बिंदु प्रविष्ट करें: एक बिंदु प्रविष्ट करें (2)

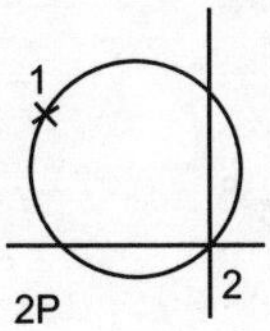

4. **टीटीआर (स्पर्शरेखा, स्पर्शरेखा, त्रिज्या)**

- दो वस्तुओं के लिए एक प्रविष्ट त्रिज्या स्पर्शरेखा के साथ एक वृत्त बनाएं।
- वृत्त की पहली स्पर्शरेखा के लिए वस्तु पर बिंदु प्रविष्ट करें: एक वृत्त, चाप या रेखा का चयन करें
- वृत्त की दूसरी स्पर्शरेखा के लिए वस्तु पर बिंदु प्रविष्ट करें: एक वृत्त, चाप या रेखा का चयन करें
- सर्कल की त्रिज्या प्रविष्ट करें <मौजूदा>:

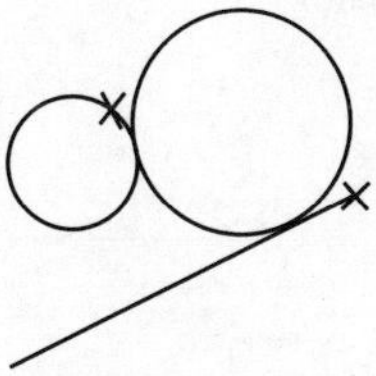

tan, tan, radius

कभी-कभी एक से अधिक सर्कल प्रविष्ट मानदंडों से मेल खाते हैं। प्रोग्राम प्रविष्ट त्रिज्या का वृत्त खींचता है जिसके स्पर्श बिंदु चयनित बिंदुओं के सबसे निकट होते हैं।

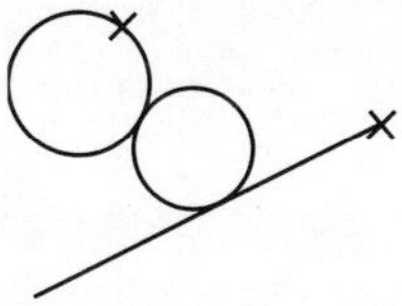

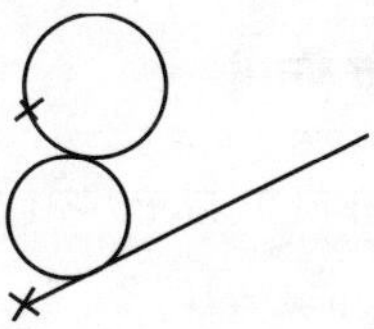

7.6.3 आर्क कमांड

1. **तीन बिंदुओं को प्रविष्ट करके एक चाप खींचना**

   1. होम टैब पर क्लिक करें ➤ ड्रा पैनल ➤ 3-बिंदु। 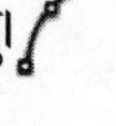
   2. प्रारंभ बिंदु प्रविष्ट करें।
   3. चाप पर एक बिंदु प्रविष्ट करें।
   4. समापन बिंदु प्रविष्ट करें।

2. **टीप्रारंभ बिंदु, केंद्र बिंदु और समापन बिंदु का उपयोग करके चाप बनाएं**

   1. होम टैब पर क्लिक करें ➤ ड्रा पैनल ➤ प्रारंभ, केंद्र, अंत। 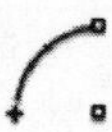
   2. एक प्रारंभ बिंदु प्रविष्ट करें।
   3. केंद्र बिंदु प्रविष्ट करें।
   4. समापन बिंदु प्रविष्ट करें।

3. एक चाप को स्पर्शरेखा के साथ जारी रखने के लिए

1. चाप को पूरा करें।
2. होम टैब पर क्लिक करें ▸ ड्रा पैनल ▸ रेखा।
3. पहले प्रॉम्प्ट पर ENTER दबाएँ।
4. लाइन की लंबाई दर्ज करें और ENTER दबाएँ।

4. एक चाप को स्पर्शरेखा चाप के साथ जारी रखने के लिए

1. चाप को पूरा करें।
2. होम टैब पर क्लिक करें ▸ ड्रा पैनल ▸ जारी रखें।
3. विवरण दें दूसरा स्पर्शरेखा चाप का समापन बिंदु।

7.6.4 आयत कमांड

1. दो कोने वाले बिंदुओं से आयत बनाएं

1. होम टैब > ड्रा पैनल > आयत पर क्लिक करें।
2. आयत के पहले कोने को प्रविष्ट करें।
3. आयत के दूसरे कोने को प्रविष्ट करें।

2. लंबाई और चौड़ाई से आयत बनाएं

1. होम टैब > ड्रा पैनल > आयत पर क्लिक करें।
2. आयत के पहले कोने को प्रविष्ट करें।
3. आयामों के लिए डी दर्ज करें।
4. लंबाई दर्ज करें।
5. चौड़ाई दर्ज करें।
6. दूसरे कोने को प्रविष्ट करें।

3. क्षेत्रफल के अनुसार आयत बनाएं

1. होम टैब > ड्रा पैनल > आयत पर क्लिक करें। ढूंढे
2. आयत के पहले कोने को प्रविष्ट करें।
3. क्षेत्र के लिए A दर्ज करें।
4. क्षेत्र दर्ज करें।

5. निम्न में से एक कार्य करें:
    - लंबाई दर्ज करने के लिए L दर्ज करें। चौड़ाई की गणना लंबाई और क्षेत्रफल के आधार पर की जाती है।
    - चौड़ाई दर्ज करने के लिए W दर्ज करें। लंबाई की गणना चौड़ाई और क्षेत्र के आधार पर की जाती है।
    - लंबाई या चौड़ाई के लिए मान दर्ज करें।

4. रोटेशन के साथ आयत बनाएं

1. होम टैब > ड्रा पैनल > आयत पर क्लिक करें। ढूंढे
2. आयत के पहले कोने को प्रविष्ट करें।
3. रोटेशन के लिए आर दर्ज करें।
4. रोटेशन के कोण को परिभाषित करने के लिए दो बिंदुओं को चुनने के लिए रोटेशन मान दर्ज करें या P दर्ज करें।
5. दूसरे कोने को प्रविष्ट करें।

7.6.5 दीर्घवृत्त और दीर्धवृतीय चाप कमांड ड्रा करें

1. समापन बिंदुओं और दूरी का उपयोग करके एक वास्तविक दीर्घवृत्त खींचना

1. होम टैब पर क्लिक करें ➤ ड्रा पैनल ➤ अक्ष, अंत।
2. प्रथम अक्ष (1) का प्रथम समापन बिंदु प्रविष्ट करें।
3. प्रथम अक्ष (2) का दूसरा समापन बिंदु प्रविष्ट करें।
4. पॉइंटिंग डिवाइस को मध्यबिंदु से दूर खींचें, और दूसरी धुरी की आधी लंबाई के लिए दूरी (3) प्रविष्ट करने के लिए क्लिक करें।

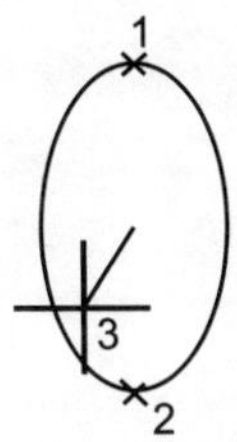

2. प्रारंभ और अंत कोणों का उपयोग करके एक अण्डाकार चाप खींचना

1. होम टैब पर क्लिक करें ➤ ड्रा पैनल ➤ चाप।
2. प्रथम अक्ष (1 और 2) के लिए समापन बिंदु प्रविष्ट करें।
3. दूसरी धुरी (3) की आधी लंबाई को परिभाषित करने के लिए दूरी प्रविष्ट करें।
4. प्रारंभ कोण प्रविष्ट करें (4)।
5. अंत कोण प्रविष्ट करें (5)।

    दीर्घवृत्त चाप प्रारंभ बिंदु और समापन बिंदु के बीच वामावर्त खींचा जाता है।

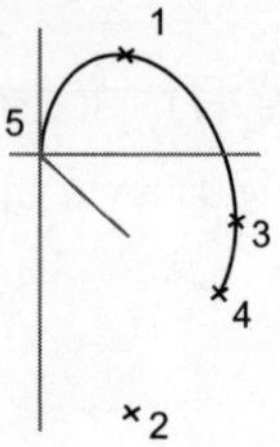

7.6.6 पोलिगन कमांड

1. एक परिबद्ध बहुभुज बनाना

1. होम टैब पर क्लिक करें ➤ ड्रा पैनल ➤ पोलिगन
2. कमांड प्रॉम्प्ट पर, पक्षों की संख्या दर्ज करें।
3. बहुभुज का केंद्र प्रविष्ट करें (1)।
4. वृत्त के चारों ओर परिबद्ध बहुभुज प्रविष्ट करने के लिए c दर्ज करें।
5. त्रिज्या लंबाई (2) दर्ज करें।

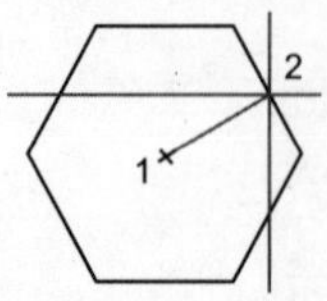

2. एक किनारे को प्रविष्ट करके बहुभुज बनाना

1. होम टैब पर क्लिक करें ➤ ड्रा पैनल ➤ पोलिगन
2. कमांड प्रॉम्प्ट पर, पक्षों की संख्या दर्ज करें।
3. e (किनारा) दर्ज करें।
4. एक बहुभुज खंड के लिए प्रारंभ बिंदु प्रविष्ट करें।
5. बहुभुज खंड का समापन बिंदु प्रविष्ट करें।

3. एक चिह्नित किया हुआ बहुभुज बनाने के लिए

1. होम टैब पर क्लिक करें ➤ ड्रा पैनल ➤ पोलिगन
2. कगांड प्रॉम्प्ट पर, पक्षों की संख्या दर्ज करें।
3. बहुभुज के केंद्र को प्रविष्ट करें।
4. प्रविष्ट बिंदुओं के एक वृत्त के भीतर खुदा हुआ बहुभुज प्रविष्ट करने के लिए i दर्ज करें।
5. त्रिज्या लंबाई दर्ज करें।

7.6.7 पॉलीलाइन कमांड

1. सीधे खंडों के साथ एक पॉलीलाइन बनाएं

1. होम टैब पर क्लिक करें ➤ ड्रा पैनल ➤ पॉलीलाइन। ढूंढे

2. पॉलीलाइन का पहला बिंदु प्रविष्ट करें।
3. पहले खंड का समापन बिंदु प्रविष्ट करें।
4. आवश्यकतानुसार खंड समापन बिंदु प्रविष्ट करना जारी रखें।
5. अंत करने के लिए Enter दबाएँ, या पॉलीलाइन को बंद करने के लिए c दर्ज करें।

महत्वपूर्ण अवलोकन: खींची गई अंतिम पॉलीलाइन के अंतिम बिंदु पर पॉलीलाइन शुरू करने के लिए, कमांड को फिर से शुरू करें और प्रविष्ट स्टार्ट पॉइंट प्रॉम्प्ट पर एंटर दबाएं।

2. एक चौड़ी पॉलीलाइन बनाएं

1. होम टैब पर क्लिक करें ➤ ड्रा पैनल ➤ पॉलीलाइन। ढूंढे
2. पॉलीलाइन का पहला बिंदु प्रविष्ट करें।
3. डब्ल्यू दर्ज करें (चौड़ाई)
4. खंड की प्रारंभिक चौड़ाई दर्ज करें।
5. निम्न विधियों में से किसी एक का उपयोग करके खंड की समाप्ति चौड़ाई प्रविष्ट करें:
   - समान चौड़ाई का एक खंड बनाने के लिए, एंटर दबाएं।
   - एक पतला या बढ़ता हुआ खंड बनाने के लिए, एक अलग चौड़ाई दर्ज करें।
6. खंड का समापन बिंदु प्रविष्ट करें।
7. आवश्यकतानुसार खंड समापन बिंदु प्रविष्ट करना जारी रखें।
8. अंत करने के लिए Enter दबाएँ, या पॉलीलाइन को बंद करने के लिए c दर्ज करें।

3. सीधे और घुमावदार खंडों के साथ एक पॉलीलाइन बनाएं

1. होम टैब पर क्लिक करें ➤ ड्रा पैनल ➤ पॉलीलाइन। ढूंढे
2. पॉलीलाइन का पहला बिंदु प्रविष्ट करें।
3. पहले खंड का समापन बिंदु प्रविष्ट करें।
4. कमांड प्रॉम्प्ट पर एक (आर्क) दर्ज करके आर्क मोड पर स्विच करें।
5. L (रेखा) दर्ज करके लाइन मोड पर लौटें।
6. आवश्यकतानुसार अतिरिक्त खंड प्रविष्ट करें।
7. अंत करने के लिए इंटर दबाएँ, या पॉलीलाइन को बंद करने के लिए c दर्ज करें।

7.7 मॉडिफाई कमांड

मॉडिफाई कमांड का उपयोग ड्राइंग में वास्तु पर मूव, कॉपी और ट्रिम जैसे संपादन के संचालन के लिए किया जाता है। इनमें से सबसे सामान्य टूल्स होम टैब के संशोधित पैनल पर स्थित हैं जैसा कि नीचे दिखाया गया है।

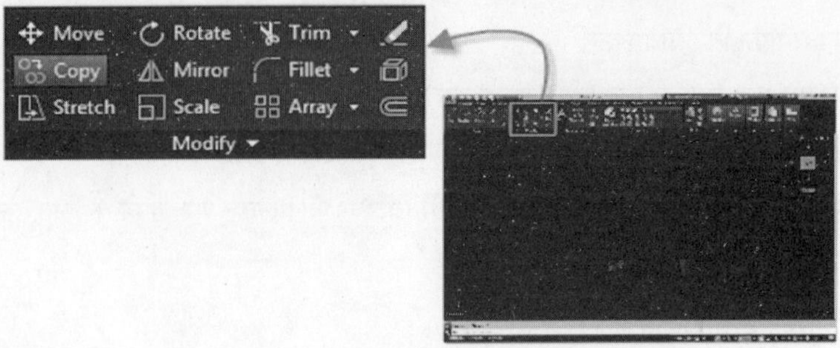

7.7.1 मूव कमांड

वस्तुओं को एक प्रविष्ट दूरी से एक प्रविष्ट दिशा में ले जाता है। वास्तु को सटीक रूप से स्थानांतरित करने के लिए निर्देशांक, ग्रिड स्नैप, ऑब्जेक्ट स्नैप और अन्य टूल का उपयोग करते है।

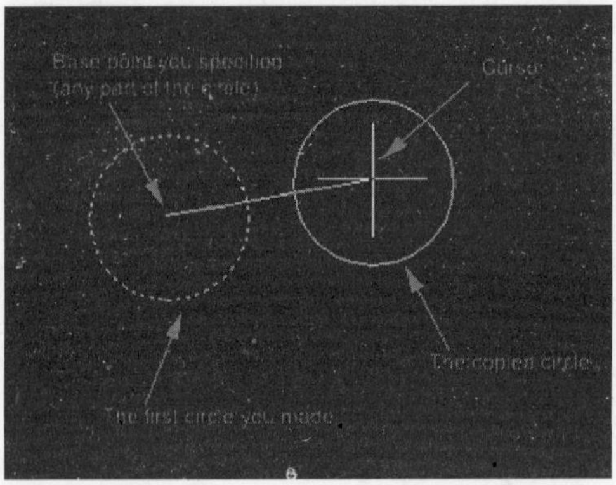

निम्नलिखित संकेत प्रदर्शित होते हैं:

वस्तुओं का चयन करें

प्रविष्ट करें कि किस वस्तुओं को स्थानांतरित करना है।

आधार बिंदु

स्थानांतरित के लिए प्रारंभ बिंदु प्रविष्ट करें।

दूसरा बिंदु

पहले बिंदु के साथ संयोजन में, एक सदिश प्रविष्ट करना है जो इंगित करता है कि चयनित वस्तुओं को कितनी दूर और किस दिशा में ले जाया गया है।

विस्थापन

एक सापेक्ष दूरी और दिशा प्रविष्ट करें।

7.7.2 कॉपी कमांड

किसी वास्तु की प्रतिकृति एक प्रविष्ट दिशा में एक प्रविष्ट दूरी पर बनाते है।

COPYMODE सिस्टम चर के साथ, उपयोगकर्ता नियंत्रित कर सकता है कि क्या एकाधिक प्रतिकृति स्वचालित रूप से बनाई गई हैं। **निम्नलिखित संकेत प्रदर्शित होते हैं:**

1. वस्तुओं का चयन करें: ऑब्जेक्ट चयन विधि का उपयोग करें और समाप्त होने पर एंटर दबाएं
2. आधार बिंदु [Displacement/mOde/Multiple] <Displacement>: प्रविष्ट करें: आधार बिंदु प्रविष्ट करें या कोई विकल्प दर्ज करें
3. दूसरी बिंदु प्रविष्ट करें या [Array] <पहले बिंदु को विस्थापन के रूप में उपयोग करें>: दूसरा बिंदु प्रविष्ट करें या कोई विकल्प दर्ज करें

7.7.3 ऑफसेट कमांड

संकेंद्रित वृत्त, समानांतर रेखाएँ और समानांतर वक्र बनाया जाता है। उपयोगकर्ता किसी वस्तु को एक प्रविष्ट दूरी पर या एक बिंदु के माध्यम से लंबवत दुरी पर ला सकता है।

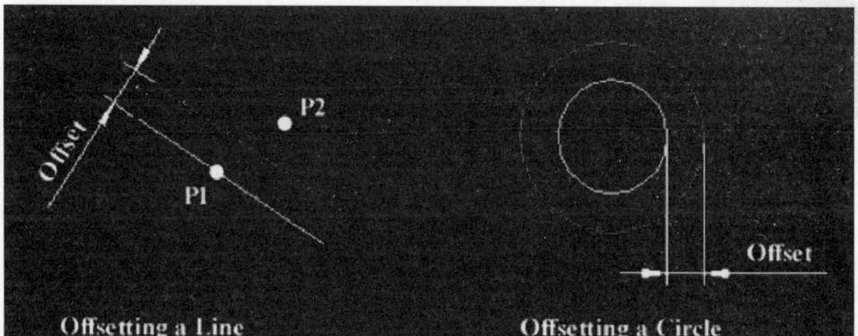

7.7.4 स्केल (SC) कमांड

स्केलिंग वास्तु के अनुपात को समान रखते हुए, बड़ा या कम करता है। किसी वास्तु को स्केल करने के लिए, आधार बिंदु और स्केल फ़ैक्टर प्रविष्ट करते है। आधार बिंदु स्केलिंग संचालन के केंद्र के रूप में कार्य करता है और स्थिर रहता है। 1 से बड़ा स्केल कारक वस्तु को बड़ा करता है। 0 और 1 के बीच का स्केल कारक वस्तु को सिकोड़ता है।

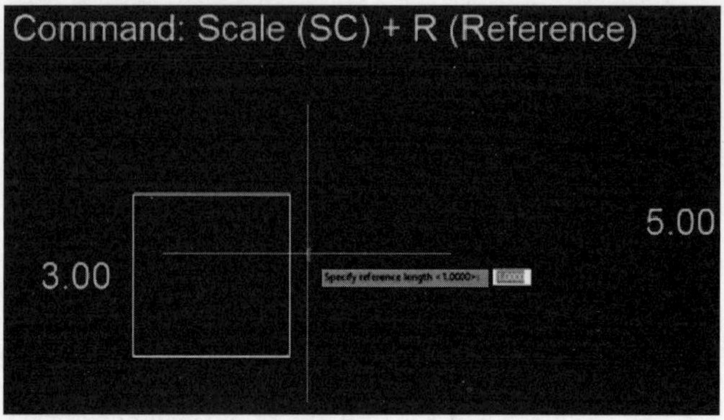

निम्नलिखित संकेत प्रदर्शित होते हैं:

वस्तुओं का चयन करें

प्रविष्ट करें कि आप किन वस्तुओं का आकार बदलना चाहते हैं।

आधार बिंदु

स्केल ऑपरेशन के लिए एक आधार बिंदु प्रविष्ट करें।

आपके द्वारा प्रविष्ट आधार बिंदु उस बिंदु की पहचान करता है जो उसी स्थान पर रहता है जहां चयनित वास्तु आकार बदलते हैं (और इस प्रकार स्थिर आधार बिंदु से दूर चले जाते हैं)।

ध्यान दें: जब आप एनोटेशन ऑब्जेक्ट के साथ SCALE कमांड का उपयोग करते हैं, तो ऑब्जेक्ट की स्थिति या स्थान को स्केल ऑपरेशन के आधार बिंदु के सापेक्ष बढ़ाया जाता है, लेकिन ऑब्जेक्ट का आकार नहीं बदला जाता है।

स्केल के कारक

चयनित वस्तुओं के आयामों को प्रविष्ट पैमाने से गुणा करता है। 1 से बड़ा स्केल फैक्टर वस्तुओं को बड़ा करता है। 0 और 1 के बीच का स्केल कारक वस्तुओं को सिकोड़ता है। वास्तु को बड़ा या छोटा करने के लिए आप कर्सर को ड्रैग(खिंच) भी कर सकते हैं।

प्रतिकृति

स्केलिंग के लिए चयनित वस्तुओं की एक प्रति बनाता है।

संदर्भ

एक संदर्भ लंबाई और एक प्रविष्ट नई लंबाई के आधार पर चयनित वस्तुओं को मापता है।

7.7.5 रोटेट कमांड

वस्तुओं को एक आधार बिंदु के चारों ओर घुमाता है।

उपयोगकर्ता चयनित वस्तुओं को आधार बिंदु के चारों ओर एक निरपेक्ष कोण पर घुमा सकता है।

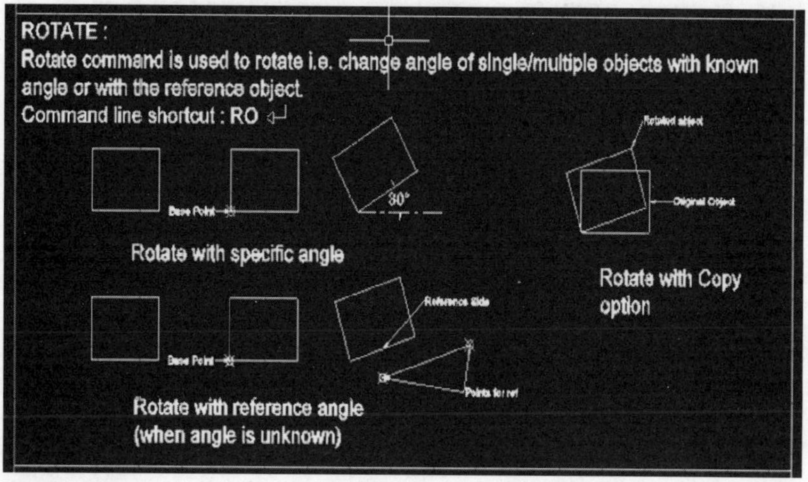

निम्नलिखित संकेत प्रदर्शित होते हैं:

वस्तुओं का चयन करें

वास्तु चयन विधि का उपयोग करें और समाप्त होने पर एंटर दबाएं।

आधार बिंदु प्रविष्ट करें

एक बिंदु प्रविष्ट करें।

रोटेशन कोण प्रविष्ट करें

एक कोण दर्ज करें, एक बिंदु प्रविष्ट करें, c दर्ज करें, या r दर्ज करें।

- **रोटेशन कोण:** यह निर्धारित करता है कि कोई वस्तु आधार बिंदु के चारों ओर कितनी दूर घूमती है। रोटेशन की धुरी प्रविष्ट आधार बिंदु से गुजरती है और मौजूदा USC के Z अक्ष के समानांतर है।
- **कॉपी:** रोटेशन के लिए चयनित वस्तुओं की एक प्रति बनाता है।
- **संदर्भ:** वस्तुओं को एक प्रविष्ट कोण से एक नए, निरपेक्ष कोण पर घुमाता है। जब आप किसी व्यूपोर्ट ऑब्जेक्ट को घुमाते हैं, तो व्यूपोर्ट की सीमाएँ आरेखण क्षेत्र के किनारों के समानांतर रहती हैं।

7.7.6 फ़िललेट कमांड

दो 2D वस्तुओं या 3D ठोस के आसन्न फलकों के किनारों को घुमावदार या फ़िललेट करता है।

घुमावदार या फ़िललेट है

- एक चाप जो दो 2D वस्तुओं के बीच स्पर्शरेखा बनाता है।
- एक 3D ठोस पर दो सतहों या आसन्न फलकों के बीच एक घुमावदार परिवर्तन

इस उदाहरण में, एक चाप को चयनित रेखाओं के स्पर्शरेखा के रूप में बनाया जाता है, जिन्हें चाप के अंतिम बिंदुओं को पूरा करने के लिए ट्रिम किया जाता है।

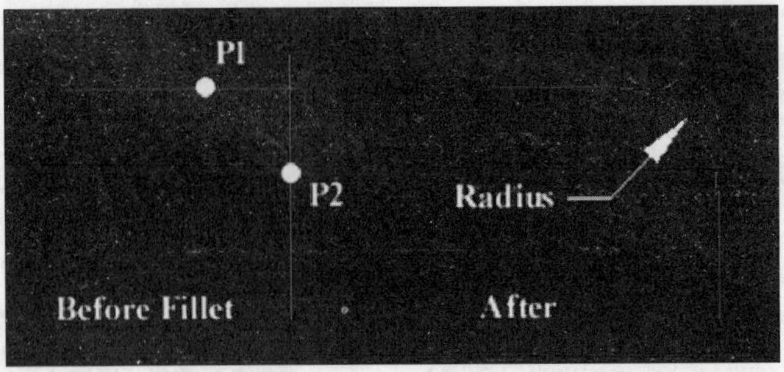

2D फ़िललेट बनाते समय निम्न संकेत प्रदर्शित होते हैं:

पहली वस्तु

फ़िललेट को परिभाषित करने के लिए दो वस्तुओं में से पहली या 2D पॉलीलाइन के पहले लाइन खंड का चयन करें।

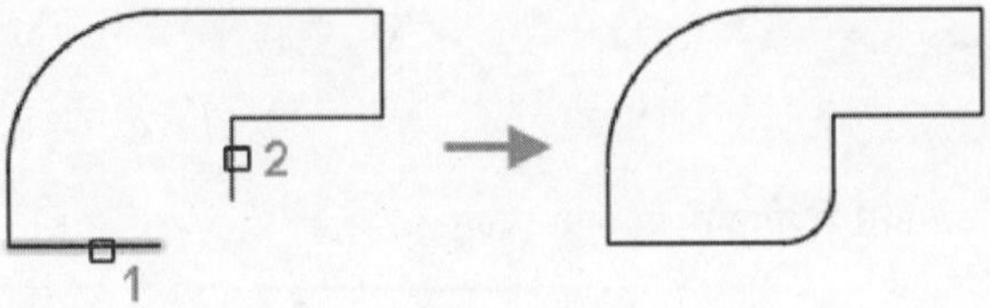

दूसरी वस्तु या शिफ्ट-कोने को लागू करने के लिए चयन करें

फ़िललेट को परिभाषित करने के लिए 2डी पॉलीलाइन के दूसरे वास्तु या रेखा खंड का चयन करें।

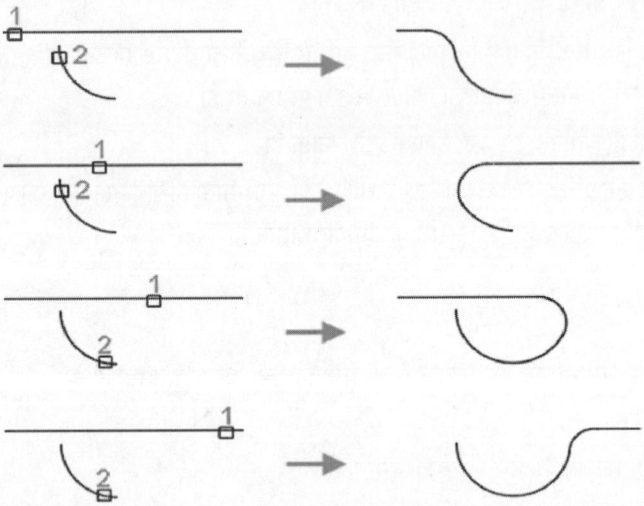

7.7.7 चम्फर कमांड

दो 2D वस्तुओं के किनारों या 3D ठोस के आसन्न फलको को प्रवण या चम्फर करें।

एक प्रवण या चम्फर है

- एक कोण वाली रेखा जो दो सीधी 2D वस्तुओं के अंतिम बिंदुओं से मिलती है।
- एक 3D ठोस पर दो सतहों या आसन्न फलको के बीच एक ढलान वाला परिवर्तन

उपयोगकर्ता द्वारा वस्तुओं का चयन करने के क्रम में लागू की गई दूरी और कोण।

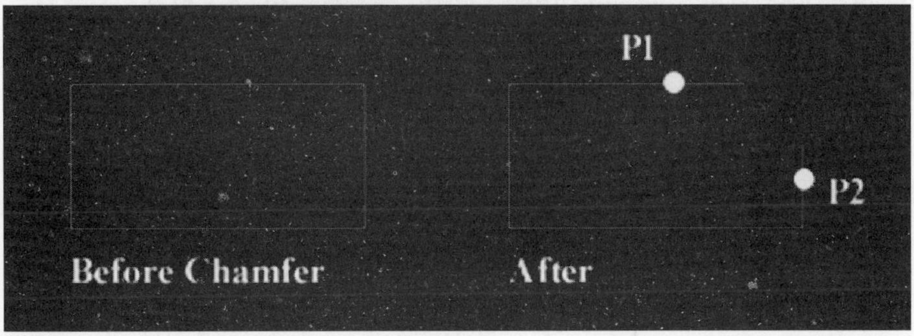

2D चम्फर बनाएं

एक प्रवण या चम्फर को एक ही प्रकार की दो वस्तुए या अलग-अलग वस्तु का चयन करके परिभाषित किया जा सकता है: रेखाएं, पॉलीलाइन, किरणें और एक्सलाइन।

2डी चम्फर बनाते समय निम्नलिखित संकेत प्रदर्शित होते हैं।

पहली पंक्ति

चम्फर को परिभाषित करने के लिए दो वस्तुओं में से पहली या 2D पॉलीलाइन के पहले रेखा का चयन करें।

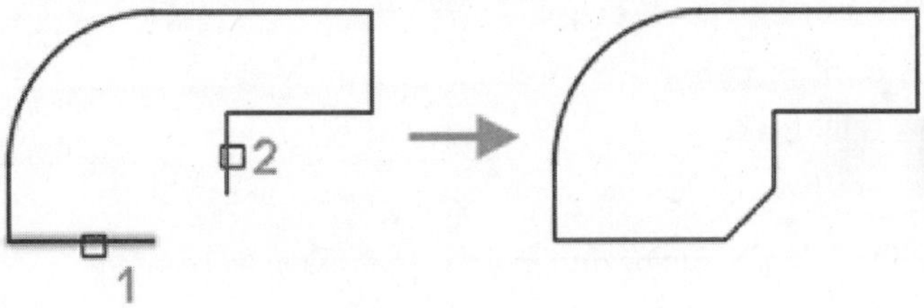

दूसरी **पंक्ति या कोने को लागू करने के लिए शिफ्ट-चयन करें**

चम्फर को परिभाषित करने के लिए 2डी पॉलीलाइन के दूसरे वास्तु या रेखा खंड का चयन करें।

7.7.8 ट्रिम कमांड -/---

अन्य वस्तुओं के किनारों से मिलने वाली वस्तुओं को काटता है।

वस्तुओं को ट्रिम करने के लिए, सीमाओं का चयन करें और एंटर दबाएं। फिर उन वस्तुओं का चयन करें जिन्हें आप काटना चाहते हैं। सभी वस्तुओ के सीमाओं में उपयोग करने के लिए, पहले ऑब्जेक्ट चुनें प्रॉम्प्ट पर एंटर दबाएं।

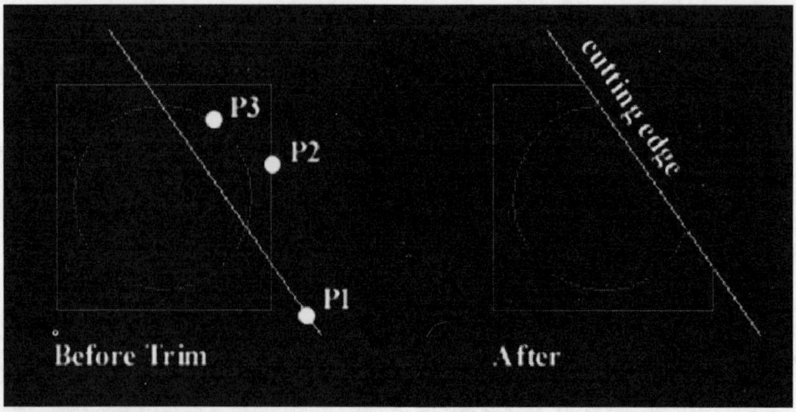

निम्नलिखित संकेत प्रदर्शित होते हैं:

काटने के लिए किनारों का चयन करें

ट्रिम के लिए एक या अधिक वस्तुओं के सीमओं को प्रविष्ट करें। ट्रिम करने की योजना लिए है जो का है I यूजर कॉर्डिनेट सिस्टम (यूसीएस) पर स्थित XY तल द्वारा किसी वास्तु के किनारों और वस्तुओं को काटने के लिए ट्रिम योजना प्रतिपादित किया जाता है।

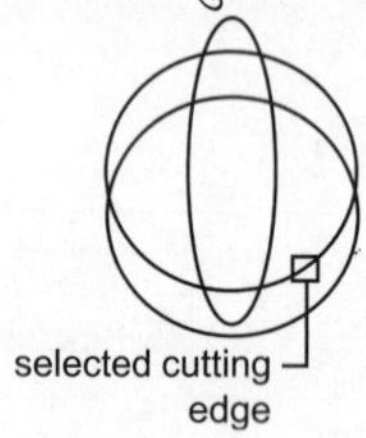

वस्तुओं का चयन करें

वस्तुओं को व्यक्तिगत रूप से प्रविष्ट करें।

सभी को चयन करे

यह प्रविष्ट करें कि ड्राइंग में सभी वस्तुओं को ट्रिम सीमा के रूप में उपयोग किया जा सकता है।

ट्रिम करने के लिए वस्तु

वास्तु को ट्रिम करने के लिए प्रविष्ट करें यदि एक से अधिक ट्रिम परिणाम संभव हैं, तो पहले चयन बिंदु का स्थान परिणाम निर्धारित करें।

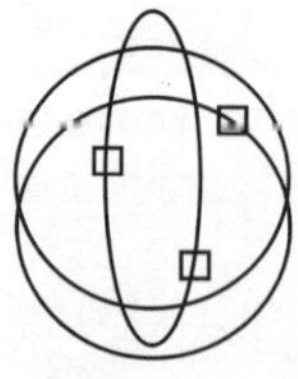

7.8 आयाम (डिमेन्शनिंग)

डिज़ाइन घटकों के माप को इंगित करने के लिए आयामों का उपयोग किया जाता है। ड्राइंग करते समय सही आयामों का उपयोग करना

बहुत महत्वपूर्ण है। आयाम आरेखण सेटअप पृष्ठ में सेट की गई इकाइयों में होते है। ऑटोकैड सॉफ़्टवेयर के साथ चित्र बनाते समय उपयोगकर्ता होम या एनोटेट टैब से आयाम जोड़ सकते हैं। आयाम शैलियों को सेट करके या विशेष मामलों में अलग-अलग आयामों को संपादित करके आयाम की उपस्थिति को नियंत्रित किया जा सकता है।

ऑटोकैड में यूजर कई तरह के ऑब्जेक्ट के लिए कई तरह के डायमेंशन बना सकता है। मूल प्रकार के आयाम हैं:

1. रैखिक
2. रेडियल,
3. कोणीय,
4. ऑर्डिनेट, और
5. चाप की लम्बाई।

7.8.1 रैखिक आयाम

रैखिक आयाम क्षैतिज, लंबवत या संरेखित हो सकते हैं। टेक्स्ट रखते समय आप कर्सर को कैसे घुमाते हैं, इस पर निर्भर करते हुए उपयोगकर्ता DIM कमांड के साथ एक संरेखित, क्षैतिज या लंबवत आयाम बना सकते है।

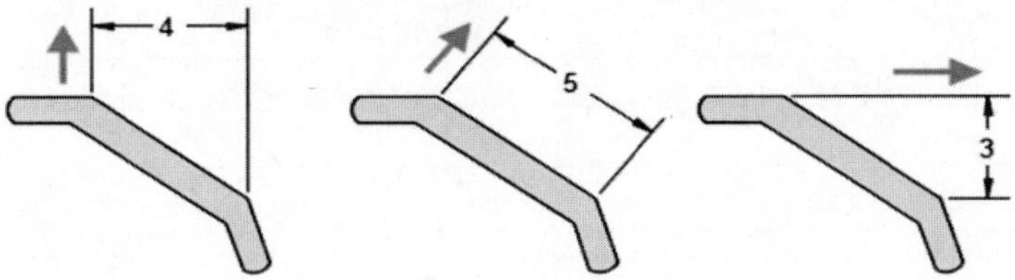

घुमाए गए आयामों में, आयाम रेखा को विस्तार रेखा के मूल बिंदुओं के कोण पर रखा जाता है। इस उदाहरण में, आयाम रोटेशन के लिए प्रविष्ट कोण स्लॉट के कोण के बराबर है।

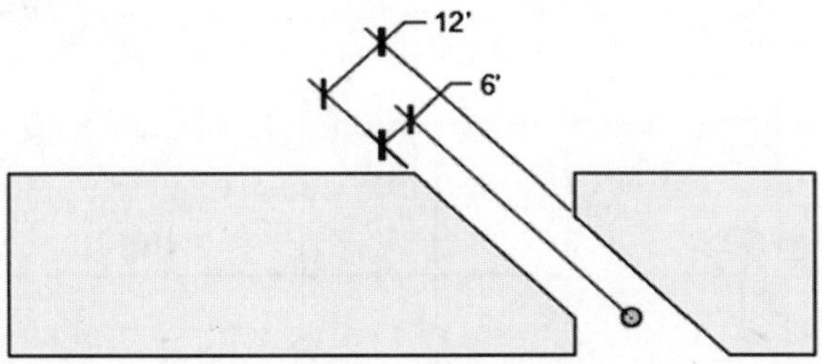

7.8.2 रेडियल आयाम

एक रेडियल आयाम वैकल्पिक केंद्र रेखा या केंद्र चिह्न के साथ चाप और वृत्त के त्रिज्या या व्यास को मापता है। चित्रण में कई विकल्प प्रदर्शित होते हैं।

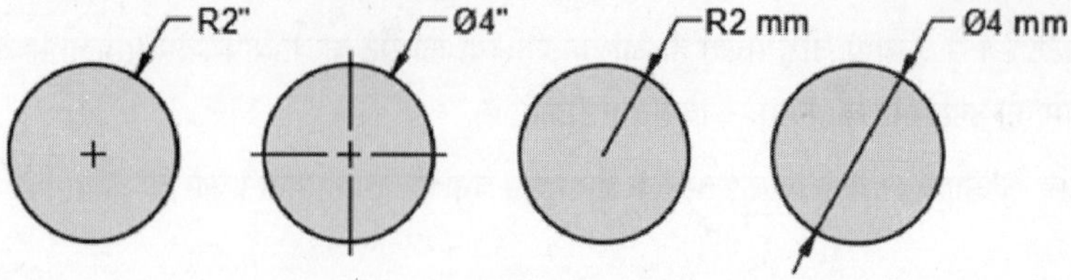

7.8.3 कोणीय आयाम

कोणीय आयाम दो चयनित ज्यामितीय वस्तुओं या तीन बिंदुओं के बीच के कोण को मापते हैं। उदाहरण दर्शाया गया है बाएं से दाएं, एक शीर्ष और दो बिंदुओं, एक चाप और दो रेखाओं का उपयोग करके बनाए गए कोणीय आयाम है।

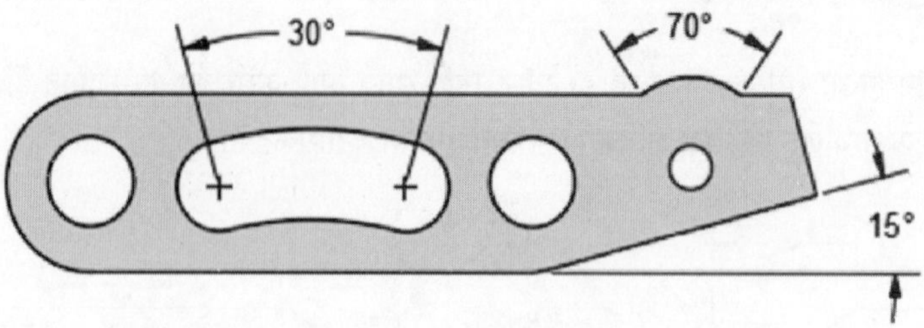

7.8.4 ऑर्डिनेट आयाम

ऑर्डिनेट आयाम एक मूल बिंदु से लंबवत दूरी को मापते हैं जिसे डेटम कहा जाता है, जैसे कि किसी हिस्से में छेद है। ये डेटम से आयाम के सटीक ऑफसेट को बनाए रखते हुए बढ़ती त्रुटियों को रोकते हैं।

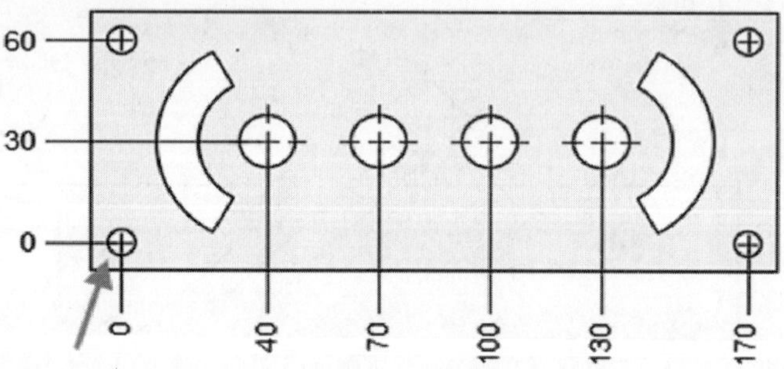

इस उदाहरण में, डेटाम (0,0) को सचित्र पैनल के निचले-बाएँ कोने में छेद के रूप में दर्शाया गया है।

7.8.5 चाप लंबाई आयाम

चाप की लंबाई के आयाम एक चाप या पॉलीलाइन चाप खंड के साथ दूरी को मापते हैं। चाप की लंबाई के आयामों के विशिष्ट उपयोगों में एक कैम के चारों ओर के गमन की दूरी को मापना या केबल की लंबाई का संकेत देना शामिल है।

उन्हें रैखिक या कोणीय आयामों से अलग करने के लिए, चाप लंबाई आयाम डिफ़ॉल्ट रूप से एक चाप प्रतीक प्रदर्शित करते हैं। चाप प्रतीक, जिसे हैट या कैप भी कहा जाता है, या तो आयाम टेक्स्ट के ऊपर या आयाम टेक्स्ट से पहले प्रदर्शित करता है।

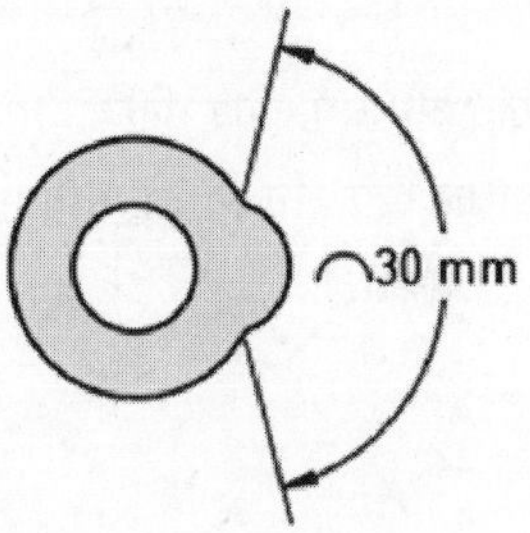

7.8.6 आधार रेखा और निरंतर आयाम

निरंतर आयाम, जिन्हें श्रृंखलित आयाम भी कहा जाता है, कई आयाम हैं जिन्हें अंत से अंत तक रखा गया है।

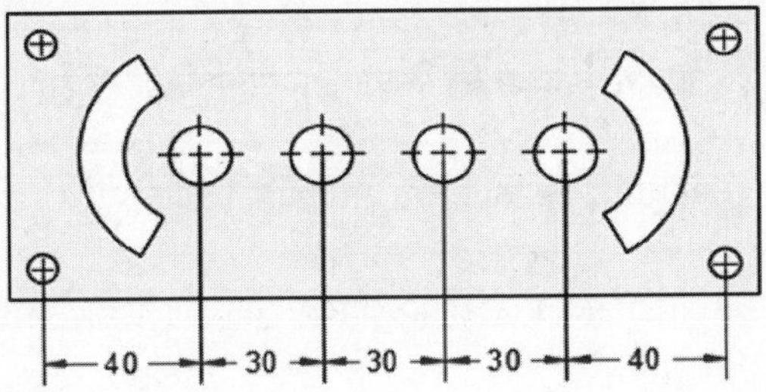

बेसलाइन आयाम एक ही स्थान से मापी गई ऑफ़सेट आयाम रेखाओं के साथ कई आयाम हैं।

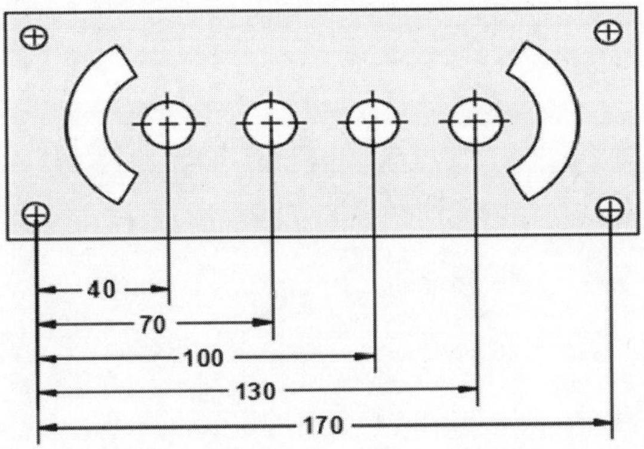

एक ही कमांड सत्र से कई प्रकार के आयाम बनता है।

जब आप आयाम के लिए किसी वास्तु इर्द-गिर्घ हैं, तो DIM कमांड स्वचालित रूप से उपयोग करने के लिए उपयुक्त आयाम के प्रकार का पूर्वावलोकन करता है। आयाम के लिए वस्तुओं, रेखाओं या बिंदुओं का चयन करें और आयाम खींचने के लिए ड्राइंग क्षेत्र में कहीं भी क्लिक करें।

सहयोगी आयाम के प्रकार जैसे लंबवत, क्षैतिज, संरेखित और घुमाए गए रैखिक आयामों से लेकर कोणीय आयामों तक, त्रिज्या, व्यास, जॉगिंग त्रिज्या और चाप लंबाई आयामों से लेकर आधार रेखा और निरंतर आयामों तक होते हैं। यदि आवश्यक हो, तो आप कमांड रेखा विकल्पों का उपयोग करके आयाम के प्रकार बदल सकते हैं।

निम्नलिखित संकेत प्रदर्शित होते हैं।

वस्तुओं का चयन करें

आपके द्वारा चुने गए ऑब्जेक्ट के लिए स्वचालित रूप से लागू आयाम के प्रकार का चयन करता है और उस आयाम के प्रकार के अनुरूप संकेत प्रदर्शित करता है।

चयनित वस्तु प्रकार	कार्य
आर्क	आयाम के प्रकार को त्रिज्या आयामों में डिफ़ॉल्ट है।
वृत्त	आयाम प्रकार को त्रिज्या आयामों में डिफ़ॉल्ट है।
रेखा	आयाम प्रकार को रैखिक आयामों में डिफ़ॉल्ट है।
आयाम	चयनित आयाम को संशोधित करने के लिए विकल्प प्रदर्शित करता है।
दीर्घवृत्त	एक पंक्ति का चयन करने के लिए सेट किए गए विकल्पों के लिए डिफ़ॉल्ट।

हल किए गए उदाहरण:

उदाहरण 7.1 : आयाम बनाना

एनोटेशन टूल पर स्विच करने के लिए रिबन के एनोटेट टैब का चयन करें।

1. आयाम पैनल पर धुंधला परत अधिभूत ड्रॉप-डाउन सूची का चयन करें और मंद परत मौजूदा सेट करें।
2. DIM कमांड शुरू करने के लिए डाइमेंशन पैनल से डाइमेंशन टूल चुनें। ऑटोकैड आपको वास्तु प्रविष्ट करने या पहली एक्सटेंशन लाइन मूल प्रविष्ट करने के लिए संकेत दें या .↓
3. रेखाचित्र के तल पर रेखा चुनें। ऑटोकैड उस रेखा से एक आयाम खींचना शुरू कर देता है और आयाम रेखा स्थान या कोण के लिए दूसरी पंक्ति प्रविष्ट करने का संकेत दें .↓

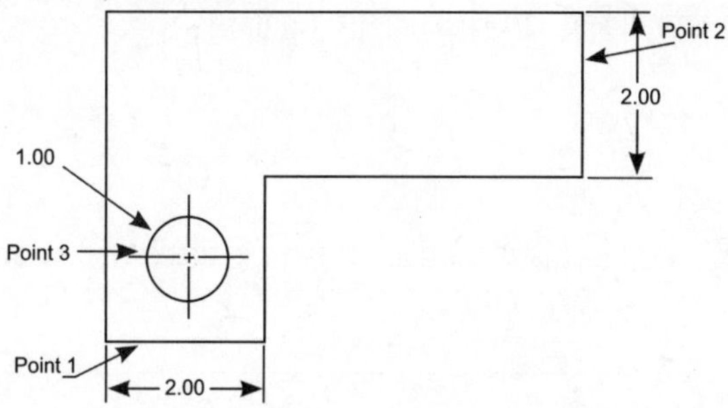

4. रेखा के नीचे एक बिंदु चुनें। आयाम स्थापित करें और ऑटोकैड वस्तुओं का चयन करने या पहली एक्सटेंशन लाइन मूल प्रविष्ट करने का संकेत दें या .↓
5. आरेखण बिंदु 2 के दाईं ओर की रेखा चुनें।
6. आयाम को दाईं ओर खींचें और इसे रखने के लिए एक बिंदु चुनें। आयाम स्थापित करें और ऑटोकैड वस्तुओं का चयन करने या पहली एक्सटेंशन लाइन मूल प्रविष्ट करने का संकेत दें या .↓
7. सर्कल का चयन करें और ऊपर एक बिंदु चुनें और सर्कल के बाईं ओर 3 में बिंदु चुनें। आयाम स्थापित करें और ऑटोकैड वस्तुओं का चयन करने या पहली एक्सटेंशन लाइन मूल प्रविष्ट करने का संकेत दें या .↓
8. डाउन एरो दबाएं और मेनू से बेसलाइन विकल्प चुनें। ऑटोकैड पहली एक्सटेंशन लाइन मूल को आधार रेखा के रूप में प्रविष्ट करने का संकेत दें है या .↓
9. पहले आयामी रेखा की बाईं आयामी रेखा को चुनें बिंदु 1 बनाए। चयनित आयाम से एक आयाम रेखा रबर-बैंड की तरह लें।

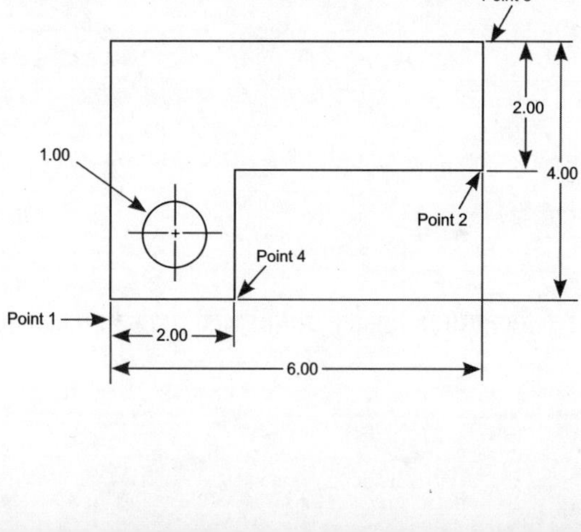

10. सुनिश्चित करें कि आपकी वास्तु स्नैप टॉगल स्टेटस बार पर चालू है, और कर्सर को बिंदु 2 के पास ले जाएं। जब अंत बिंदु वास्तु स्नैप दिखाई दे, तो उस रेखा के अंतिम बिंदु को चुनने के लिए उस बिंदु को चुनें। ऑटोकैड के द्वारा आयाम स्थापित होगा और एक नया आयाम खींचना शुरू करेगा।
11. ऑटोकैड दूसरी एक्सटेंशन लाइन मूल प्रविष्ट करने का संकेत दें या ↓ डाउन एरो दबाएं और मेनू से सेलेक्ट विकल्प चुनें। ऑटोकैड आपको पहली विस्तार रेखा मूलतः बेसलाइन के रूप में प्रविष्ट करें या ↓
12. ऊर्ध्वाधर आयाम बिंदु 3 की ऊपरी आयाम रेखा चुनें।
13. अपने कर्सर को बिंदु 4 के पास ले जाएँ। जब समापन बिंदु ऑब्जेक्ट स्नैप दिखाई दे, तो उस रेखा के समापन बिंदु का चयन करने के लिए उस बिंदु को चुनें। ऑटोकैड आयाम स्थापित होगा और एक नया आयाम खींचना शुरूकरें
14. DIM कमांड को समाप्त करने के लिए <Esc> को दो बार दबाएं।
15. ड्राइंग सहेजें।

7.9 आयाम शैली प्रबंधक

नई शैली बनाता है, मौजूदा शैली सेट करता है, शैलियों को संशोधित करता है, मौजूदा शैली पर ओवरराइड सेट करता है, और शैलियों की तुलना करता है।

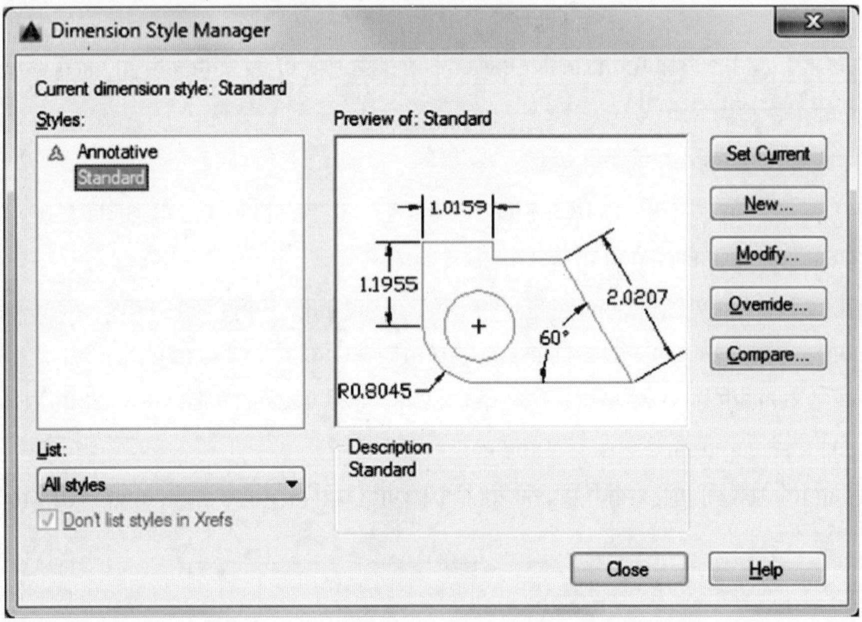

विकल्पों की सूची

निम्नलिखित विकल्प प्रदर्शित होते हैं।

मौजूदा आयाम शैली

मौजूदा आयाम शैली का नाम प्रदर्शित करता है। डिफ़ॉल्ट आयाम शैली मानक है। मौजूदा शैली आपके द्वारा बनाए गए आयामों पर लागू होती है।

शैलियों

आरेखण में आयाम शैलियों को सूचीबद्ध करता है। मौजूदा शैली पर प्रकाश डाला गया है। मौजूदा शैली स्थापित करने, शैलियों का नाम बदलने और शैलियों को हटाने के विकल्पों के साथ एक शॉर्टकट मेनू प्रदर्शित करने के लिए सूची में राइट-क्लिक करें। आप वर्तमान ड्राइंग में वर्तमान या उपयोग में एक शैली को हटा नहीं सकते हैं।

शैली नाम से पहले का चिह्न 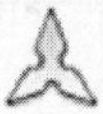 दर्शाता है कि शैली व्याख्यात्मक है।

जब तक आप Xrefs में शैलियों की सूची नहीं चुनते हैं, आयाम शैलियों बाहरी संदर्भित वस्तुओं के लिए वाक्य रचना का उपयोग कर बाहरी संदर्भित चित्रों में प्रदर्शित कर रहे हैं। यद्यपि आप बाहरी रूप से संदर्भित आयाम शैलियों को बदल नहीं सकते, उनका नाम नहीं बदल सकते हैं या नहीं बना सकते हैं, आप उनके आधार पर नई शैली बना सकते हैं।

सूची में चयनित आइटम प्रदर्शित आयाम शैलियों को नियंत्रित करता है।

सूची

शैलियाँ सूची में शैलियों के प्रदर्शन को नियंत्रित करता है। यदि आप किसी आरेखण में सभी आयाम शैलियाँ देखना चाहते हैं, तो सभी शैलियाँ चुनें। उपयोग में शैलियों का चयन करें यदि आप केवल आयाम शैलियों को देखना चाहते हैं जो वर्तमान में ड्राइंग में आयामों द्वारा उपयोग किए जाते हैं।

पूर्वावलोकन

शैलियाँ सूची में चयनित शैली का ग्राफिक प्रतिनिधित्व दिखाता है।

विवरण

मौजूदा शैली के सापेक्ष शैलियाँ सूची में चयनित शैली का वर्णन करता है। यदि विवरण दिए गए स्थान से अधिक लंबा है, तो आप फलक में क्लिक कर सकते हैं और नीचे स्क्रॉल करने के लिए तीर कुंजियों का उपयोग कर सकते हैं।

मौजूदा सेट करें

शैलियाँ के अंतर्गत चयनित शैली को मौजूदा पर सेट करता है। मौजूदा शैली आपके द्वारा बनाए गए आयामों पर लागू होती है।

नया

नया आयाम शैली बनाएँ संवाद बॉक्स प्रदर्शित करता है, जिसमें आप एक नई आयाम शैली परिभाषित कर सकते हैं।

संशोधित

आयाम शैलियाँ संशोधित करें संवाद बॉक्स प्रदर्शित करता है, जिसमें आप आयाम शैलियों को संशोधित कर सकते हैं। डायलॉग बॉक्स विकल्प न्यू डायमेंशन स्टाइल डायलॉग बॉक्स के समान हैं।

ओवरराइड

ओवरराइड करेंट स्टाइल डायलॉग बॉक्स प्रदर्शित करता है, जिसमें आप आयाम शैलियों के लिए अस्थायी ओवरराइड सेट कर सकते हैं। डायलॉग बॉक्स विकल्प न्यू डायमेंशन स्टाइल डायलॉग बॉक्स के समान हैं। शैली सूची में आयाम शैली के अंतर्गत ओवरराइड न सहेजे गए परिवर्तनों के रूप में प्रदर्शित होते हैं।

तुलना करना

आयाम शैलियों की तुलना करें संवाद बॉक्स प्रदर्शित करता है, जिसमें आप दो आयाम शैलियों की तुलना कर सकते हैं या एक आयाम शैली के सभी गुणों को सूचीबद्ध कर सकते हैं।

7.10 आयाम सहयोगी

चयनित आयामों को वस्तुओं या वस्तुओं पर बिंदुओं से संबद्ध या पुन: संबद्ध करता है।

प्रत्येक चयनित आयाम को बारी-बारी से हाइलाइट किया जाता है, और चयनित आयाम के लिए उपयुक्त संबद्धता बिंदुओं के लिए संकेत प्रदर्शित किए जाते हैं।

प्रत्येक संबद्धता बिंदु संकेत के लिए एक मार्कर प्रदर्शित किया जाता है।

- यदि मौजूदा आयाम का परिभाषा बिंदु किसी ज्यामितीय वस्तु से संबद्ध नहीं है, तो मार्कर X के रूप में प्रकट होता है
- यदि परिभाषा बिंदु संबद्ध है, तो मार्कर एक बॉक्स के अंदर X के रूप में प्रकट होता है।

पहले से प्रविष्ट परिवर्तनों को खोए बिना आदेश को समाप्त करने के लिए Esc दबाएं। परिवर्तित आयामों की पिछली स्थिति को पुनर्स्थापित करने के लिए UNDO का उपयोग करें।

ध्यान दें: यदि आप व्हील माउस से पैन या ज़ूम करते हैं तो मार्कर गायब हो जाता है।

निम्नलिखित संकेत प्रदर्शित होते हैं:

वस्तुओं का चयन करें

एक या एक से अधिक गैर- सहयोगी आयाम या अग्रणी वास्तु प्रविष्ट करता है ताकि उन्हें मैनुअल रूप से वास्तु पर वास्तु या पॉइंट से पुन: संबद्ध किया जा सके।

अलग कर

मैनुअल पुनः- सहयोगी के लिए सभी गैर-सहयोगी आयाम या अग्रणी वास्तु प्रविष्ट करता है।

हल किए गए उदाहरण

उदाहरण 7.1: (i) एब्सोल्यूट कोऑर्डिनेट एंट्री और (ii) रिलेटिव कोऑर्डिनेट एंट्री का इस्तेमाल करते हुए निम्नलिखित आकृति बनाएं।

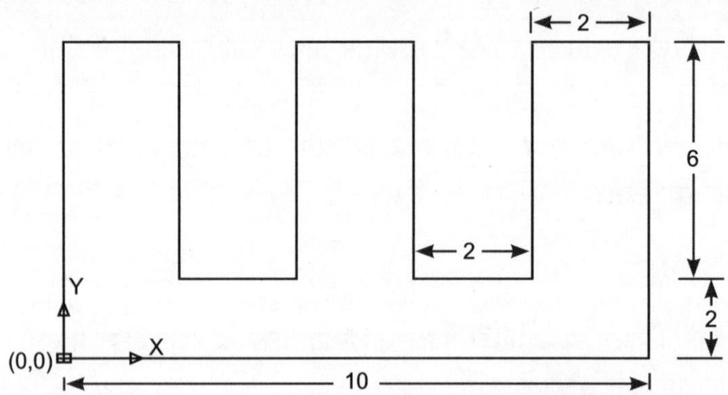

(i) निरपेक्ष निर्देशांक प्रविष्टि

एब्सोल्यूट कोऑर्डिनेट एंट्री का उपयोग करके दिए गए आंकड़े को खींचने के लिए निम्नलिखित कमांड का उपयोग किया जाता है:

कमांड लाइन

पहला बिंदु प्रविष्ट करें: 0,0

अगला बिंदु प्रविष्ट करें: 10,0

अगला बिंदु प्रविष्ट करें: 10,8

अगला बिंदु प्रविष्ट करें: 8,8

अगला बिंदु प्रविष्ट करें: 8,2

अगला बिंदु प्रविष्ट करें: 6,2

अगला बिंदु प्रविष्ट करें: 6,8

अगला बिंदु प्रविष्ट करें: 4,8

अगला बिंदु प्रविष्ट करें: 4,2

अगला बिंदु प्रविष्ट करें: 2,2

अगला बिंदु प्रविष्ट करें: 2,8

अगला बिंदु प्रविष्ट करें: 0,8

अगला बिंदु प्रविष्ट करें: 0,0 या C

(ii) सापेक्ष समन्वय प्रविष्टि

सापेक्ष निर्देशांक प्रविष्टि का उपयोग करके दिए गए चित्र को खींचने के लिए निम्नलिखित कमांड का उपयोग किया जाता है:

कमांड लाइन

पहला बिंदु प्रविष्ट करें: 0,0

अगला बिंदु प्रविष्ट करें: @10<0

अगला बिंदु प्रविष्ट करें: @8<90

अगला बिंदु प्रविष्ट करें: @2<180

अगला बिंदु प्रविष्ट करें: @6<270

अगला बिंदु प्रविष्ट करें: @2<180

अगला बिंदु प्रविष्ट करें: @6<90

अगला बिंदु प्रविष्ट करें: @2<180

अगला बिंदु प्रविष्ट करें: @6<270

अगला बिंदु प्रविष्ट करें: @2<180

अगला बिंदु प्रविष्ट करें: @6<90

अगला बिंदु प्रविष्ट करें: @2<180

उदाहरण 7.2: ऑटोकैड का उपयोग करके निम्नलिखित आकृति बनाएं, यह मानते हुए कि बिंदु (0, 0) ड्राइंग का केंद्र है।

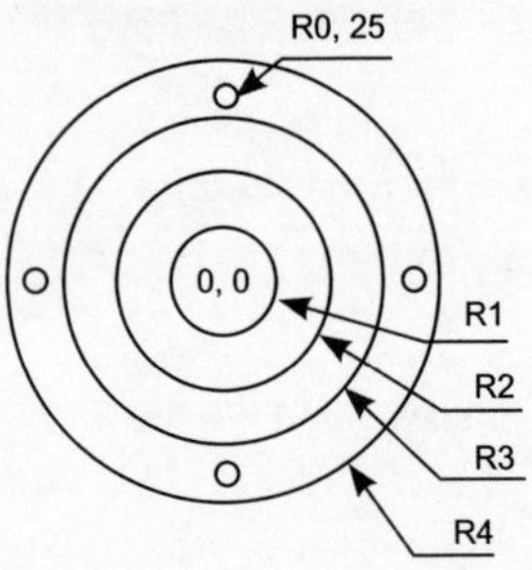

समाधान: दिए गए चित्र को बनाने के लिए निम्नलिखित कमांड का उपयोग किया जाता है:

कमांड: C
वृत्त के लिए केंद्र बिंदु प्रविष्ट करें: 0,0
वृत्त की त्रिज्या प्रविष्ट करें: 1
कमांड: C
सर्कल के लिए केंद्र बिंदु प्रविष्ट करें: 0,0
वृत्त की त्रिज्या प्रविष्ट करें: 2
कमांड: C
सर्कल के लिए केंद्र बिंदु प्रविष्ट करें: 0,0
वृत्त की त्रिज्या प्रविष्ट करें: 3
कमांड: C
सर्कल के लिए केंद्र बिंदु प्रविष्ट करें: 0,0
वृत्त की त्रिज्या प्रविष्ट करें: 4
कमांड: C
सर्कल के लिए केंद्र बिंदु प्रविष्ट करें: 0,3.5
वृत्त की त्रिज्या प्रविष्ट करें: 0.25
कमांड: C
सर्कल के लिए केंद्र बिंदु प्रविष्ट करें: 3.5,0
वृत्त की त्रिज्या प्रविष्ट करें: 0.25
कमांड: C
सर्कल के लिए केंद्र बिंदु प्रविष्ट करें: -3.5,0
वृत्त की त्रिज्या प्रविष्ट करें: 0.25
कमांड: C
सर्कल के लिए केंद्र बिंदु प्रविष्ट करें: 0,-3.5
वृत्त की त्रिज्या प्रविष्ट करें: 0.25

अभ्यास 7.1: बहुविकल्पीय प्रश्न

1. ऑटोकैड में कितने यूनिट विकल्प उपलब्ध हैं?

(a) 4

(b) 5

(c) 7

(d) 6

2. कौन सा मोड उपयोगकर्ता को 90° सीधी रेखाएँ खींचने की अनुमति देता है?

(a) ओएसएनएपी

(b) ऑर्थो

(c) रेखीय

(d) ग्रिड

3. एक उपयोगकर्ता ड्राइंग क्षेत्र के आकार को नियंत्रित करने के लिए ड्राइंग __________ को समायोजित कर सकता है।

(a) इकाइयों

(b) सीमाएं

(c) चटकाना

(d) इनमे से कोई भी नहीं

4. मॉडल टैब और लेआउट टैब के बीच प्राथमिक अंतर ____ है।

(a) मॉडल टैब का उपयोग 3डी में ड्राइंग के लिए किया जाता है और लेआउट का उपयोग 2डी में ड्राइंग के लिए किया जाता है।

(b) मॉडल टैब का उपयोग ड्राइंग बनाने के लिए किया जाता है और एक लेआउट टैब प्रिंट करने के लिए शीट का प्रतिनिधित्व करता है।

(c) पृष्ठभूमि का रंग।

(d) मॉडल टैब से ड्राइंग की प्रतिलिपि प्रदर्शित करता है और लेआउट टैब का उपयोग नई ड्राइंग को बाहर करने के लिए किया जाता है।

5. ऑटोकैड ऑब्जेक्ट में Snap का उपयोग सटीक रूप से .... को चुनने के लिए किया जाता है। एक पंक्ति का।

(a) अंत बिंदु

(b) मध्य बिंदु

(c) निकटतम बिंदु

(d) ऊपर के सभी

6. ऑटोकैड में एक वृत्त किसके द्वारा खींचा जा सकता है:

(a) केंद्र, त्रिज्या

(b) केंद्र, व्यास

(c) 3 अंक

(d) ऊपर के सभी

7. आपको किस ऑटो सीएडी टूल बार में “ग्रिड एंड स्नैप” आइकन मिलता है?

(a) टूलबार ड्रा करें

(b) टूलबार संशोधित करें

(c) स्टेटस बार

(d) ऑब्जेक्ट गुण टूलबार

8. 1, 5 से @5<10 तक की लाइन कितनी लंबी होगी?

(a) एक इकाई

(b) चार इकाइयां

(c) पांच इकाइयां

(d) दस इकाइयाँ

9. निम्नलिखित में से कौन डिफ़ॉल्ट समन्वय प्रणाली है?

(a) उपयोगकर्ता समन्वय प्रणाली

(b) विश्व समन्वय प्रणाली

(c) स्क्रीन समन्वय प्रणाली

(d) इनमे से कोई भी नहीं

10. यदि अंक 1,5 और -3,5 के बीच एक रेखा खींची जाती है तो इसकी पूर्ण लंबाई होती है

(a) तीन इकाई

(b) चार इकाइयां

(c) पांच इकाइयां

(d) अपर्याप्त डेटा

उत्तर कुंजी (उदाहरण 7.1)

1. (b), 2. (b), 3. (b), 4. (b), 5. (d), 6. (d), 7. (c), 8. (c), 9. (b), 10. (b)

अभ्यास 7.2: लघु और दीर्घ उत्तरीय प्रश्न

श्रेणी I

1. इंजीनियरिंग ड्राइंग बनाने के लिए कैड सिस्टम का उपयोग करने के क्या फायदे और नुकसान हैं?
2. GRID और SNAP विकल्प स्केचिंग में कैसे सहायता करते हैं?
3. ऑटोकैड में उपलब्ध विभिन्न समन्वय प्रविष्टि विधियों की सूची बनाएं और उनका वर्णन करें?
4. ऑटोकैड का उपयोग करके आप यूजर इंटरफेस कैसे बना सकते हैं?
5. ऑटोकैड में ड्राइंग की इकाई कैसे सेट करें।

6. ऑटोकैड में प्रयुक्त GRID और SNAP कमांड में अंतर करें।
7. OSNAP कमांड में उपलब्ध अंतर विकल्पों को नाम दें।
8. AutoCAD में ORTHO कमांड का क्या उपयोग है?
9. ऑटोकैड में कितने तरीकों से एक वृत्त खींचा जा सकता है?
10. ऑटोकैड में कितने ज्यामितीय बाधा विकल्प उपलब्ध हैं?
11. ऑटोकैड में संशोधित कमांड क्या है?
12. ऑटोकैड में प्रयुक्त COPY और MOVE कमांड में अंतर करें।
13. ऑटोकैड में OFFSET कमांड का क्या उपयोग होता है।
14. ऑटोकैड में प्रयुक्त FILLET और CHAMFER कमांड में अंतर करें
15. ऑटोकैड में प्रयुक्त एक्सप्लाई ट्रिम कमांड।

श्रेणी II

16. चित्र बनाने के लिए ग्रिड और स्नैप कमांड की उपयोगिता का वर्णन करें।
17. 100 मिमी व्यास की एक गोलाकार डिस्क बनाने के लिए यूजर इंटरफेस को अनुकूलित करें।
18. विभिन्न विधियों का उपयोग करके 50 मिमी त्रिज्या का एक वृत्त खींचने के लिए आदेश लिखें।
19. ऑटोकैड में उपलब्ध किन्हीं पांच ज्यामितीय बाधाओं की व्याख्या करें।
20. एक ड्राइंग शुरू करने के तरीकों की व्याख्या करें।

प्रायोगिक अभ्यास:

7.1 कैड सॉफ्टवेयर का उपयोग करते हुए निम्नलिखित आकृति बनाएं:

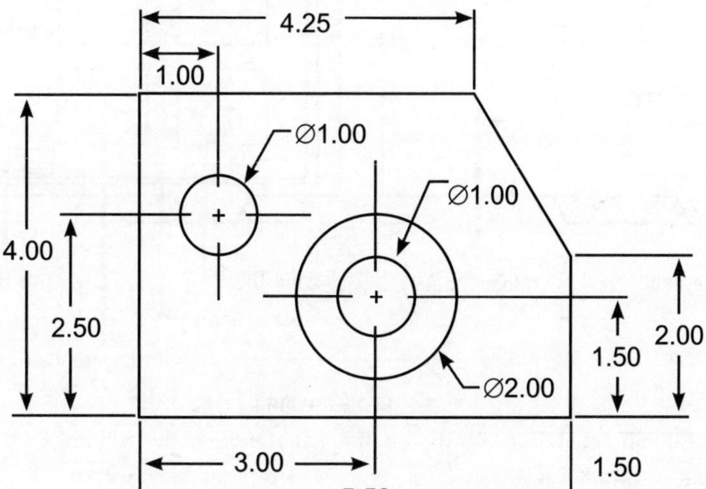

7.2. कैड सॉफ्टवेयर का उपयोग करके निम्नलिखित आकृति बनाएं:

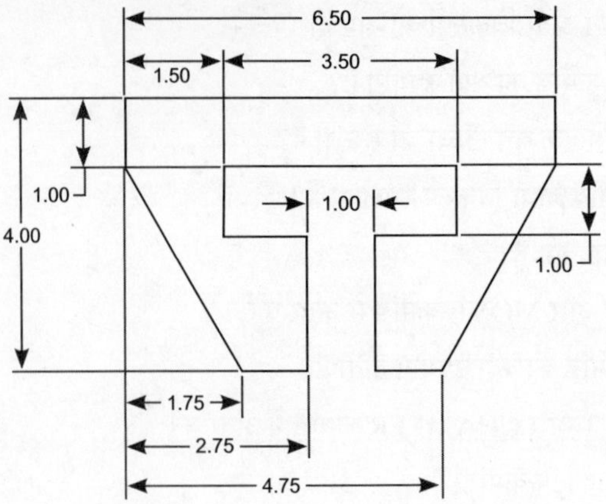

अधिक जानिए

लेआउट के साथ काम करना:

एक लेआउट ड्राइंग शीट बनाने के लिए एक 2D कार्य का वातावरण है। एक लेआउट के भीतर के क्षेत्र को पेपर स्पेस कहा जाता है, जहां उपयोगकर्ता एक शीर्षक ब्लॉक जोड़ सकता है, लेआउट व्यूपोर्ट के भीतर मॉडल स्पेस के स्केल किए गए दृश्य प्रदर्शित कर सकता है, और टेबल, शेड्यूल, नोट्स और आयाम बना सकता है। आपके ड्राइंग के लिए। उपयोगकर्ता ड्राइंग क्षेत्र के निचले-बाएँ कोने में मॉडल टैब के दाईं ओर स्थित टैब से एक या अधिक लेआउट तक पहुँच सकते हैं। उपयोगकर्ता कई पैमानों पर और विभिन्न शीट आकारों पर मॉडल के विभिन्न घटकों के विवरण प्रदर्शित करने के लिए कई लेआउट टैब का उपयोग कर सकते हैं।

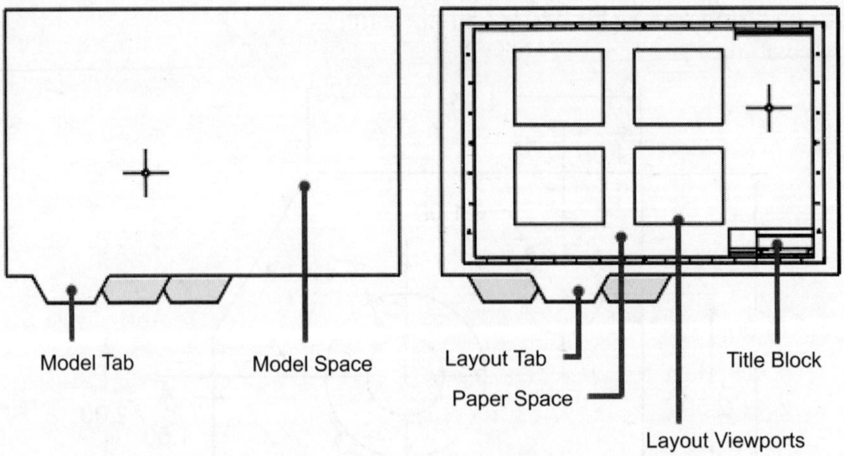

ऐसे कई तरीके हैं जिनसे उपयोगकर्ता नए लेआउट जोड़ सकते हैं या मौजूदा लेआउट की प्रतिलिपि बना सकते हैं।

- लेआउट कमांड का प्रयोग करें
- लेआउट टैब पर राइट-क्लिक करें

- क्रिएट लेआउट विजार्ड के माध्यम से अगले चरण में जाये
- डिजाइन केंद्र का प्रयोग करें

प्रत्येक लेआउट अपने स्वयं के पेज सेटअप को संग्रहीत करता है जो प्रत्येक लेआउट को प्रदर्शित करने और प्रिंट करने के लिए स्वरूप और प्रारूप को नियंत्रित करता है। उदाहरण के लिए, उपयोगकर्ता शीट के आकार और अभिविन्यास को प्रविष्ट करने के लिए पेज सेटअप का उपयोग करेगा। पेज सेटअप मैनेजर को पेज सेटअप कमांड, एप्लिकेशन मेनू और रिबन से एक्सेस किया जा सकता है।

डिजाइन परियोजना/गतिविधियाँ

विभिन्न आसपास की वस्तुओं के 2डी ड्राइंग के लिए कैड सॉफ्टवेयर का अभ्यास और प्रयोग करें।

रोचक तथ्य

- जून 1986 में जारी ऑटोकैड 2.5, अमेरिका और कनाडा में हार्डवेयर लॉक की आवश्यकता वाला पहला संस्करण था। उपयोगकर्ता की शिकायतों का जवाब देते हुए, ऑटोडेस्क ने सभी ग्राहकों को ऑटोकैड 2.52 भेजा, जिससे लॉक हटा दिया गया।
- ऑटोकैड 2009 ने रिबन इंटरफेस, इन्फोसेंटर, क्विक प्रॉपर्टीज, व्यूक्यूब और स्टीयरिंग व्हील्स, एक्शन रिकॉर्डर और एक मॉडल लेयर मैनेजर की शुरुआत के साथ एक प्रमुख मील का पत्थर था।

खोज और जिज्ञासा विषयक

ऑटोकैड मोबाइल ऐप

ऑटोकैड मोबाइल ऐप पूरी तरह से सक्षम 2D ड्राइंग और ड्राफ्टिंग टूल है जो आपको अपनी DWG फाइलों को बनाने, संपादित करने और साझा करने की सुविधा देता है। ऑटोकैड मोबाइल ऐप कार्यालय और कार्य स्थल के बीच की खाई को पाटता है। क्षेत्र में रहते हुए नवीनतम चित्र डाउनलोड करें। संपादन करें और ब्लूटूथ सक्षम DISTO डिवाइस के साथ सटीक माप जोड़ें और आपकी अपडेट की गई ड्राइंग स्वचालित रूप से सभी डिवाइसों में सिंक हो जाती है।

आवेदन (वास्तविक जीवन / औद्योगिक)

बहुत सारे उद्योग विभिन्न उद्देश्यों के लिए ऑटोकैड का उपयोग करते हैं। कुछ प्रमुख उद्योग जहां ऑटोकैड के अनुप्रयोगों है, वे इस प्रकार हैं: -

- आर्किटेक्चर
- असैनिक अभियंत्रण
- आंतरिक सज्जा
- ऑटोमोबाइल उद्योग
- एयरोस्पेस उद्योग
- मैकेनिकल इंजीनियरिंग
- फैशन डिजाइनिंग

वृत अध्ययन

आभासी वास्तविकता

आभासी वास्तविकता (VR) एक कृत्रिम वातावरण बनाने के लिए कंप्यूटर प्रौद्योगिकी का उपयोग है। पारंपरिक यूजर इंटरफेस के विपरीत, VR उपयोगकर्ता को एक अनुभव के अंदर रखता है। बजाय उनके सामने एक स्क्रीन देखने के, साथ उपयोगकर्ता डूबे हुए हैं और 3D दुनिया के साथ बातचीत करने में सक्षम हैं। दृष्टि, श्रवण, स्पर्श, यहाँ तक कि गंध जैसी अधिक से अधिक इंद्रियों का अनुकरण करके, कंप्यूटर इस कृत्रिम दुनिया के द्वारपाल में तब्दील हो गया है।यथार्थवादी आभासी प्रोटोटाइप और मॉडल बनाने की क्षमता प्रोटोटाइप की आवश्यकता को कम करती है, जिससे उत्पादन की लागत को कम करने में मदद मिलती है। बदले में, ग्राहकों को अब एक भौतिक मॉडल के निर्माण के लिए प्रतीक्षा करने की आवश्यकता नहीं है, इससे पहले कि वे देख सकें - और इस प्रकार एक डिज़ाइन को स्वीकृति दें। इसलिए अन्य क्षेत्रों की एक श्रृंखला के बीच उत्पाद डिजाइन, वास्तुकला और इंजीनियरिंग के लिए कैड में VR के लिए बड़ी संभावनाएं हैं।

अध्ययन सम्बंधित सुझाई वेबसाइट

https: //knowledge.autodesk.com/support/autocad/learn-explore

https: //www.cadtraininginstitute.com/ential-modify-panel-commands-in-autocad/

8 एनोटेशन लेयर और 3D मॉडलिंग

पाठ्यक्रम विशिष्ट

यह इकाई एनोटेशन और टॉलरेंस की अवधारणा को समाहित करने वाली है; परतों का निर्माण, संशोधन और अनुरुपन; कंप्यूटर एडेड डिजाइन (कैड) सॉफ्टवेयर पुर्जों और असेंबलियों का मॉडलिंग। प्रचलित और अप्रचलित ठोस मॉडलिंग, सतह और वायरफ्रेम मॉडल; 2-D दस्तावेज़ीकरण और आरेखन/प्रिंटिंग।

भूमिका

एक ठोस मॉडल एक सतह (या वायरफ्रेम मॉडल) का पूर्ण अभ्यावेदन है। एक ठोस मॉडल ज्यामितीय और सांस्थितिक दोनों सूचनाओं का संचार करता है, यह स्पष्ट रूप से एक ठोस का प्रतिनिधित्व करता है। ज्यामितीय जानकारी एक 3 D वातावरण या निर्देशांक प्रणाली में आकृति, आकार और स्थिति को संबोधित करती है।

पूर्व अपेक्षित ज्ञान

कैड सॉफ्टवेयर का उपयोग करके आरेख बनाने का ज्ञान।

यूनिट आउटकम्स(UO)

इस यूनिट के पूर्णअध्ययन करने के बाद, विधार्थी निम्न में सक्षम होंगे:

1. आयामी एनोटेशन बनाएंगे।
2. लेयर और अनुरूपण बनाएंगे।
3. ठोस मॉडलिंग को समझेंगे।
4. कैड सॉफ्टवेयर का उपयोग करके 3D मॉडल बनाएंगे।
5. प्लॉट ड्राइंग और दस्तावेज।

कोर्स आउटकम्स (COs) के साथ यूनिट आउटकम्स (UOs) का परस्पर सम्बंध :

यूनिट -8 आउटकम्स	कोर्स आउटकम्स (CO) के साथ अपेक्षित संबंध *(1- कमजोर सहसंबंध; 2- मध्यम सहसंबंध; 3- मजबूत सहसंबंध)*				
	CO-1	**CO-2**	**CO-3**	**CO-4**	**CO-5**
U8-O1	-	-	3	3	-
U8-O2	-	-	3	3	-
U8-O3	-	-	3	3	2
U8-O4	3	-	3	3	-
U8-O5	-	-	3	3	-

8.1 एनोटेशन

एनोटेशन द्वारा डिजाइन पर लिखित जानकारी रखी गई है जिससे दृष्टि और स्पष्ट करना आसान हो गया। एनोटेशन ऑब्जेक्ट्स में आयाम, नोट्स और अन्य प्रकार के व्याख्यात्मक प्रतीक या ऑब्जेक्ट शामिल होते हैं जो आमतौर पर ड्राइंग में जानकारी जोड़ने के लिए उपयोग किए जाते हैं। एनोटेशन ऑब्जेक्ट एक विशेषता के बारे में जानकारी प्रदान करते हैं, जैसे कि दीवार की लंबाई, फास्टनर का व्यास, या कॉलआउट का' विवरण।

ऑटोकैड में, ड्राफ्ट को एनोटेट करने के कई तरीकों में से कुछ डायमेंशन पैलेट टूल्स और टेक्स्ट पैलेट टूल्स का उपयोग करना है।

8.1.1 टेक्स्ट पैलेट

यह पैलेट उपकरण प्रदान करता है जो उपयोगकर्ता को ड्राइंग क्षेत्र में टेक्स्ट लिखने में मदद करता है। कोई टेक्स्ट बनाने के बाद ऑटोकैड में यह सामान्य वस्तु की तरह व्यवहार करेगा। उपयोगकर्ता इसे स्थानांतरित करने में दक्ष होगा; जैसे इसे डुप्लिकेट करने या इमेज के साथ कोई अन्य काम करने के लिए दक्ष होगा। चित्र 8.1 में टेक्स्ट पैलेट विंडो दर्शाया गया है:

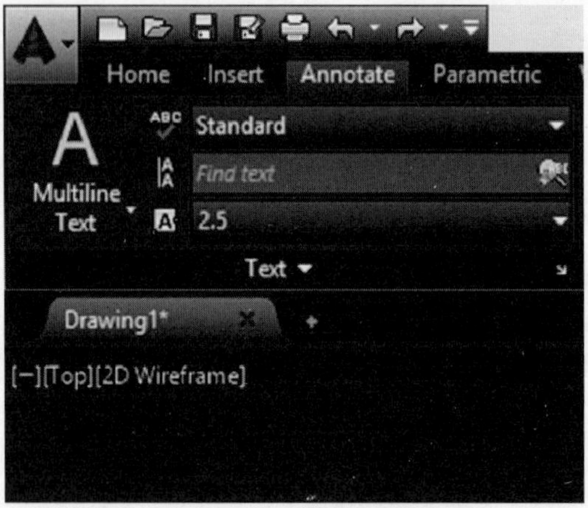

चित्र 8.1: टेक्स्ट पैलेट विंडो

8.1.2 मल्टीलाइन टेक्स्ट (MTEXT कमांड)

यह कमांड उपयोगकर्ता को ऑटोकैड में एक मल्टीलाइन टेक्स्ट (बहुरेखीय वाक्य) वस्तु बनाने की अनुमति देगा जिसे उपयोगकर्ता माइक्रोसॉफ्ट वर्ड की तरह उपयोग कर सकता है। इसका उपयोग करने के लिए, उपयोगकर्ता को पहले ड्राइंग विंडो में उस क्षेत्र को निर्दिष्ट

करना होगा जहां उपयोगकर्ता टेक्स्ट दिखाना चाहता है, फिर उपयोगकर्ता टेक्स्ट दर्ज करने में सक्षम होगा। निम्नलिखित चित्र 8.2 MTEXT का उपयोग करके बनाए गए टेक्स्ट का परिणाम दिखाया गया है

चित्र 8.2: MTEXT कमांड

टेक्स्ट बनाने के बाद, उपयोगकर्ता इसकी शैली और स्वरूपण को नियंत्रित करने में दक्ष होगा, और पैराग्राफ बनाने, प्रतीकों को सम्मिलित करने, टेक्स्ट को कॉलम में तोड़ने और बहुत कुछ करने में दक्ष होगें।

8.1.3 सिंगल लाइन (टेक्स्ट कमांड)

MTEXT के विपरीत, TEXT उपयोगकर्ताओं को ऑटो कैड में सिंगल लाइन (एकल रेखा) टेक्स्ट वस्तु बनाने की अनुमति देता है। टेक्स्ट कमांड और MTEXT कमांड के बीच मुख्य अंतर यह है कि टेक्स्ट कमांड के साथ टेक्स्ट ऑब्जेक्ट बनाते समय, हर बार जब उपयोगकर्ता इंटर कुंजी दबाना पड़ता है, तो टेक्स्ट का एक भाग बनता है जो पिछले एक के साथ एक नही होता है। दोनों को अलग-अलग चुना जा सकता है और स्वतंत्र रूप से एक दूसरे से स्थानांतरित किया जा सकता है। चित्र 8.3 टेक्स्ट कमांड को दर्शाता है।

चित्र 8.3: सिंगल लाइन टेक्स्ट कमांड।

8.2 ऑटोकैड में टॉलरेंस

ज्यामितीय टॉलरेंस प्रपत्र, प्रोफ़ाइल, अभिविन्यास, स्थान और रन-आउट के स्वीकार्य विचलन दिखाती है। टॉलरेंस, लीडर या क्यूलीडर का उपयोग करके लीडर लाइन्स के साथ फ़ीचर कंट्रोल फ्रेम बनाए जा सकते हैं।

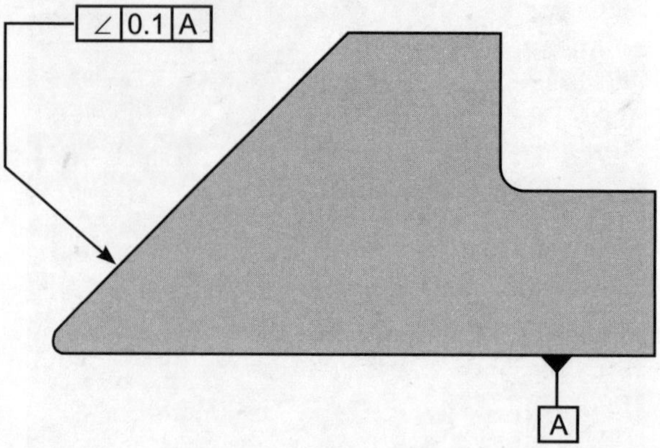

ऑटोकैड आयामों में टॉलरेंस जोड़ने के लिए, उपयोगकर्ता टॉलरेंस मूल्यों और सेटिंग्स के साथ एक नई आयाम शैली बना सकता है। टॉलरेंस मूल्यों वाली इस आयाम शैली को जहां कहीं भी टॉलरेंस की आवश्यकता होती है, लागू किया जा सकता है।

➢ सहनशीलता के साथ आयाम शैली बनाने के लिए, कमांड लाइन पर "D" या " DIMSTYLE " टाइप करें और एंटर दबाएं।
   - नया आयाम शैली प्रबंधक विंडो पॉप अप होगी।

➢ इस विंडो से नए बटन पर क्लिक करें, अपनी नई आयाम शैली को एक नाम दें और जारी रखें बटन पर क्लिक करें।
   - एक नई आयाम शैली विंडो पॉप अप होगी।
   - इस विंडो से टॉलरेंस टैब चुनें।

➢ उपयोगकर्ता देखेंगे कि टॉलरेंस से संबंधित सभी सेटिंग्स इस टैब पर पाई जा सकती हैं।

मान लें कि उपयोगकर्ता "विचलन" टॉलरेंस प्रारूप के साथ एक आयाम बनाना चाहता है जैसा कि चित्र 8.4 में दिखाया गया है।

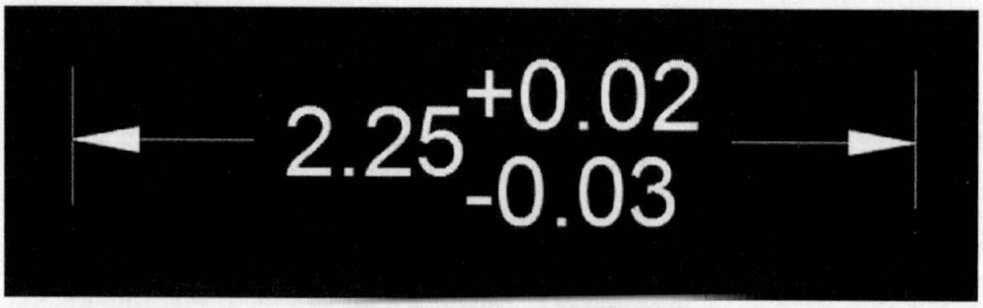

चित्र 8.4: विचलन प्रकार का टॉलरेंस

इस प्रकार की टॉलरेंस को विचलन प्रकार कहा जाता है क्योंकि टॉलरेंस की ऊपरी और निचली सीमाएँ भिन्न होती हैं। इस टॉलरेंस प्रकार को बनाने के लिए, टॉलरेंस प्रारूप पैनल के विधि ड्रॉप-डाउन मेनू से विचलन का चयन करें। 0.00 की सटीकता का चयन करें और निर्दिष्ट क्षेत्रों में टॉलरेंस की ऊपरी और निचली सीमा निर्दिष्ट करें। सभी सेटिंग्स को अपरिवर्तित रखें और इन सेटिंग्स को लागू करने के लिए ओके पर क्लिक करें। संदर्भ के लिए चित्र 8.5 देखें।

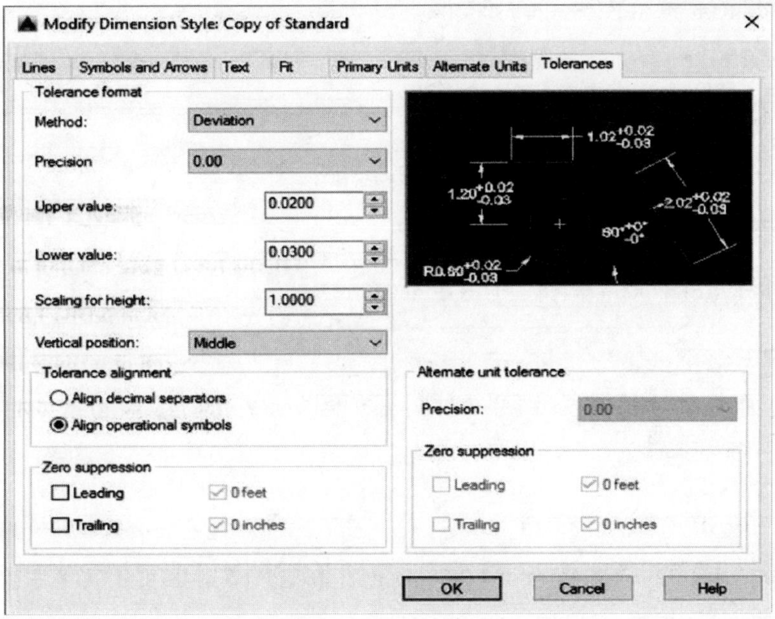

चित्र 8.5: टॉलेंस प्रारूप पैनल

8.3 लेयर (लेयर)

फंक्शन या उद्देश्य के अनुसार ड्राइंग में वस्तुओं को व्यवस्थित करने के लिए लेयर प्राथमिक विधि हैं। लेयर एक ड्राइंग की दृश्य जटिलता को कम कर सकती हैं और इस समय देखने के लिए आवश्यक जानकारी को छिपाकर प्रदर्शन में सुधार कर सकती हैं।

ड्राइंग शुरू करने से पहले, काम करने के लिए उपयोगी परतों का एक सेट बनाएं। एक घर की योजना में, उपयोगकर्ता नींव, फर्श योजना, दरवाजे, जुड़नार (फिक्सचर), बिजली, आदि के लिए लेयर बना सकता है।

8.3.1 एक लेयर बनाएं

लेयर प्रॉपर्टी मैनेजर में, नई लेयर पर क्लिक करें। 

1. लेयर सूची में एक लेयर का नाम जोड़ा जाता है।
2. विशिष्ट रूप से दर्शाये गए लेयर नाम पर टाइप करके एक नया लेयर नाम दर्ज करें।
   - लेयर के नाम 255 वर्णों तक लंबे (डबल-बाइट या अल्फ़ान्यूमेरिक) हो सकते हैं, और इसमें अक्षर, संख्याएँ, रिक्त स्थान और कई विशेष वर्ण शामिल होते हैं।
   - लेयर नामों में निम्नलिखित वर्ण शामिल नहीं हो सकते: < > / \ " : ; ? *| = '
3. कई परतों वाले जटिल आरेखण के लिए, विवरण कॉलम में वर्णनात्मक पाठ दर्ज करें।
4. प्रत्येक कॉलम में क्लिक करके नई लेयर की सेटिंग्स और डिफ़ॉल्ट गुण निर्दिष्ट करें।

8.3.2 लेयर का नाम बदलें

1. लेयर प्रॉपर्टी मैनेजर में, एक लेयर का चयन करने के लिए क्लिक करें।

2. लेयर के नाम पर क्लिक करें या F2 फंक्सन कुंजी दबाएं।
3. एक नया नाम दर्ज करें।

8.3.3 एक लेयर हटायें

1. लेयर प्रॉपर्टी मैनेजर में, एक लेयर का चयन करने के लिए क्लिक करें।
2. लेयर हटाएं क्लिक करें

ध्यान दें: सभी अप्रयुक्त परतों को हटाने के लिए, PURGE का उपयोग करें।

8.3.4 करेंट लेयर सेट करें

1. लेयर प्रॉपर्टी मैनेजर में, एक लेयर का चयन करने के लिए क्लिक करें।
2. करंट सेट पर क्लिक करें।

8.3.5 लेयर को सौंपे गए गुणों को बदलें

1. यदि उपयोगकर्ता कई लेयेर को बदलना चाहता है, तो लेयर प्रॉपर्टी मैनेजर में निम्न विधियों में से एक का उपयोग करें:
   - Ctrl दबाकर रखें, और कई लेयर नाम चुनें।
   - Shift दबाकर रखें, और किसी श्रेणी में पहली और आखिरी लेयर चुनें।
   - राइट-क्लिक करें, और लेयर लिस्ट में शो फिल्टर्स पर क्लिक करें। परतों की सूची से एक लेयर फ़िल्टर चुनें।
2. उस कॉलम में वर्तमान सेटिंग पर क्लिक करें जिसे उपयोगकर्ता बदलना चाहता है।

उस लक्षण के लिए संवाद बॉक्स प्रदर्शित होता है।

3. वह सेटिंग चुनें जिसे उपयोगकर्ता उपयोग करना चाहता है।

   लेयर गुण बदलते समय:

   - यदि लाइनटाइप उपयोगकर्ता चाहते हैं प्रदर्शित नहीं होता है, तो लोड पर क्लिक करें और निम्न विधियों में से एक का उपयोग करें:
     - लोड या रीलोड लाइनटाइप संवाद बॉक्स में, लोड करने के लिए लाइनटाइप चुनें।
     - लाइनटाइप लोड या रीलोड करें संवाद बॉक्स में, अतिरिक्त लाइनटाइप परिभाषा (लिन) फ़ाइल खोलने के लिए फ़ाइल पर क्लिक करें। लोड करने के लिए लाइनटाइप चुनें और ओके पर क्लिक करें।
   - लाइनवेट स्वचालित रूप से प्रदर्शित नहीं होते हैं। यदि उपयोगकर्ता लाइनवेट को प्रदर्शित या छिपाना चाहता है, तो स्टेटस बार पर शो/हाइड लाइनवेट पर क्लिक करें। यदि कोई परिवर्तन दिखाई नहीं दे रहा है, तो यह संभवतः आपके मॉनिटर के डिस्प्ले रिज़ॉल्यूशन की तुलना में लाइन की मोटाई के संयोजन के कारण है।
   - पारदर्शिता स्वचालित रूप से प्रदर्शित नहीं होती है। यदि आप वस्तुओं की पारदर्शिता को प्रदर्शित या छिपाना चाहते हैं, तो स्थिति पट्टी पर पारदर्शिता दिखाएँ/छिपाएँ पर क्लिक करें।

8.3.6 लेयर प्रॉपर्टी मैनेजर

उपयोगकर्ता परतों को जोड़ सकते हैं, हटा सकते हैं और उनका नाम बदल सकते हैं, उनके गुण बदल सकते हैं, लेआउट व्यूपोर्ट में प्रॉपर्टी ओवरराइड सेट कर सकते हैं, और लेयर विवरण जोड़ सकते हैं जैसा कि चित्र 8.6 में दिखाया गया है।

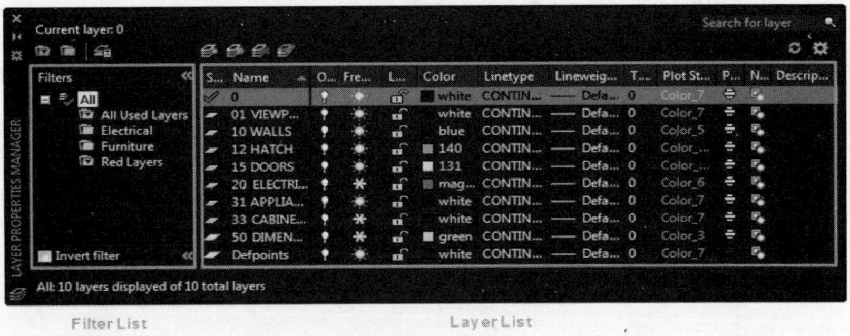

चित्र 8.6: लेयर प्रॉपर्टी मैनेजर

8.4 ओर्थोग्राफिक प्रोजेक्शन (लंबकोणीय प्रक्षेपण) दृश्य

मौजूदा मॉडल से ओर्थोगोनल दृश्य बनाने के लिए उपयोग किए जाने वाले चरण निम्नलिखित हैं:

1. लेआउट टैब पर क्लिक करें व्यू पैनल बनाएं प्रक्षेपित दृश्य। 
2. मूल दृश्य के रूप में उपयोग करने के लिए आरेखण दृश्य पर क्लिक करें। प्रक्षेपित दृश्य का पूर्वावलोकन कर्सर पर प्रकट होता है।
3. पूर्वावलोकन को वांछित स्थान पर ले जाएं और दृश्य को रखने के लिए क्लिक करें।
4. चरण 3 को तब तक दोहराएं जब तक कि सभी आवश्यक प्रक्षेपण दृश्य न बन जाएं।
5. ENTER दबाएँ।

आरेख दृश्य के लिए प्रक्षेप कोण निर्दिष्ट करने के लिए

उपयोगकर्ता पहले कोण या तीसरे कोण प्रक्षेपण का उपयोग करने के लिए मॉडल दस्तावेज़ीकरण दृश्यों को चित्रित करने के लिए डिफ़ॉल्ट सेट कर सकता है।

1. लेआउट टैब पर क्लिक करें स्टाइल और स्टैंडर्ड पैनल डायलॉग बॉक्स लॉन्चर।
2. प्रारूपण मानक डायलॉग बॉक्स में, प्रक्षेपण प्रकार परिच्छेद में, वांछित प्रक्षेपण कोण पर क्लिक करें।

ध्यान दें: आपके द्वारा निर्दिष्ट सेटिंग्स का किसी भी मौजूदा आरेखण दृश्य पर कोई प्रभाव नहीं पड़ता है। वे आपके द्वारा बनाए गए अगले आरेखण दृश्य पर लागू होते हैं।

8.5 परिच्छेद दृश्य (सेक्शन व्यू)

जब उपयोगकर्ता कोई परिच्छेद दृश्य बनाते हैं, तो यह वर्तमान परिच्छेद दृश्य शैली की सेटिंग का उपयोग करता है। उपयोगकर्ता परिच्छेद दृश्य बनने के बाद उस पर एक भिन्न परिच्छेद दृश्य शैली भी लागू कर सकता है।

1. आरेखण क्षेत्र में, उस परिच्छेद दृश्य के अनुरूप परिच्छेद रेखा का चयन करें जिस पर उपयोगकर्ता शैली लागू करना चाहता है।
2. व्यू टैब क्लिक करें ➤ पैलेट पैनल ➤ प्रॉपर्टी 
3. प्रोपर्टी पैलेट में, एनोटेशन के तहत, शैली सूची में, लागू करने के लिए परिच्छेद दृश्य शैली का चयन करें।
4. परिच्छेद दृश्य शैली परिच्छेद रेखा और संबंधित परिच्छेद दृश्य पर लागू होती है।

8.5.1 सेक्शन व्यू स्टाइल मैनेजर

परिच्छेद दृश्य शैलियाँ मॉडल दस्तावेज़ीकरण परिच्छेद दृश्यों के प्रकटन को नियंत्रित करती हैं। शैली परिच्छेद रेखा, दृश्य लेबल और हैचिंग के स्वरूपण को निर्दिष्ट करती है जैसा कि चित्र 8.7 में दिखाया गया है।

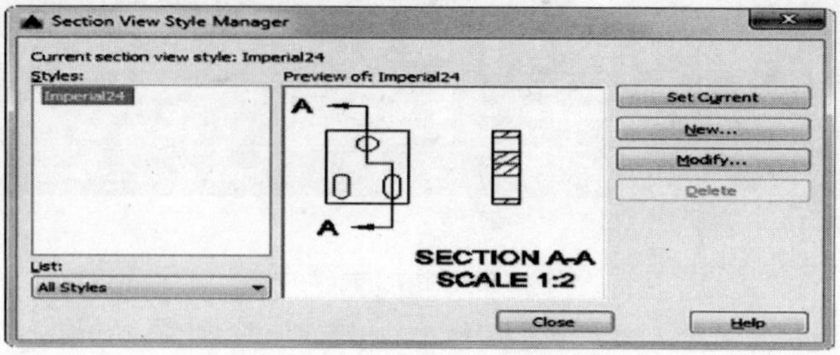

चित्र 8.7: परिच्छेद शैली प्रबंधक

8.6 प्लॉट कमांड

1. आउटपुट टैब पर क्लिक करें ➤ प्लॉट पैनल ➤ प्लोट  ढूंढे
2. एक प्लॉटर का चयन करें।
3. पेपर साइज, प्लॉट एरिया, प्लॉट स्केल, ओरिएंटेशन और अन्य विकल्पों का चयन करें।
4. अतिरिक्त विकल्पों के लिए, अधिक विकल्प बटन पर क्लिक करें जैसा कि चित्र 8.8 में दिखाया गया है।

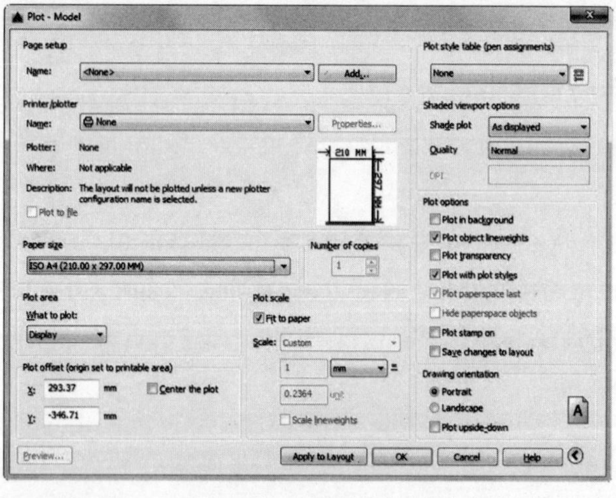

चित्र 8.8: प्लॉट पैनल ऑटोकैड

विकल्पों की सूची: निम्नलिखित विकल्प प्रदर्शित होते हैं।

- **पृष्ठ सेटअप:** ड्राइंग में किसी भी नामित और सहेजे गए पेज सेटअप की सूची प्रदर्शित करता है। आप वर्तमान पेज सेटअप को ड्राइंग में सहेजे गए नामित पेज सेटअप पर आधारित कर सकते हैं, या उपयोगकर्ता जोड़ें पर क्लिक करके प्लॉट डायलॉग बॉक्स में वर्तमान सेटिंग्स के आधार पर एक नया नामित पेज सेटअप बना सकता है।
- **नाम:** वर्तमान पृष्ठ सेटअप का नाम प्रदर्शित करता है।

- **जोड़ें (एड):** पृष्ठ सेटअप जोड़ें संवाद बॉक्स प्रदर्शित करता है, जिसमें उपयोगकर्ता प्लॉट संवाद बॉक्स में वर्तमान सेटिंग्स को नामित पृष्ठ सेटअप में सहेज सकता है। आप पेज सेटअप मैनेजर के माध्यम से इस पेज सेटअप को संशोधित कर सकते हैं।
- **प्रिंटर/प्लॉटर:** लेआउट प्लॉट करते समय उपयोग करने के लिए कॉन्फ़िगर किए गए प्लॉटिंग डिवाइस को निर्दिष्ट करता है। यदि चयनित प्लॉटर लेआउट के चयनित पेपर आकार का समर्थन नहीं करता है, तो एक चेतावनी प्रदर्शित होती है और उपयोगकर्ता प्लॉटर के डिफ़ॉल्ट पेपर आकार या कस्टम पेपर आकार का चयन कर सकता है।
- **प्लॉटर:** वर्तमान में चयनित पेज सेटअप में निर्दिष्ट प्लॉट डिवाइस को प्रदर्शित करता है।
- **कहाँ पे:** वर्तमान में चयनित पेज सेटअप में निर्दिष्ट आउटपुट डिवाइस का भौतिक स्थान प्रदर्शित करता है।
- विवरण: वर्तमान में चयनित पृष्ठ सेटअप में निर्दिष्ट आउटपुट डिवाइस के बारे में वर्णनात्मक पाठ प्रदर्शित करता है। उपयोगकर्ता इस पाठ को आलेखक विन्यास संपादक में संपादित कर सकता है।
- फाइल करने के लिए प्लॉट: प्लॉटर या प्रिंटर के बजाय किसी फ़ाइल में आउटपुट प्लॉट करता है। प्लॉट फ़ाइलों के लिए डिफ़ॉल्ट स्थान प्लॉट-टू-फाइल संचालन के लिए डिफ़ॉल्ट स्थान के तहत विकल्प संवाद बॉक्स, प्लॉट और प्रकाशित करें टैब में निर्दिष्ट है।
- पीडीएफ विकल्प: पीडीएफ विकल्प संवाद बॉक्स प्रदर्शित करता है, जो उपयोगकर्ता को इसे बनाने वाले विशिष्ट उद्देश्य के लिए पीडीएफ फाइल को अनुकूलित करने की क्षमता देता है।
- आंशिक पूर्वावलोकन: कागज के आकार और प्रिंट करने योग्य क्षेत्र के सापेक्ष प्रभावी प्लॉट क्षेत्र का सटीक प्रस्तुति दिखाता है। टूलटिप कागज़ के आकार और मुद्रण योग्य क्षेत्र को प्रदर्शित करता है।

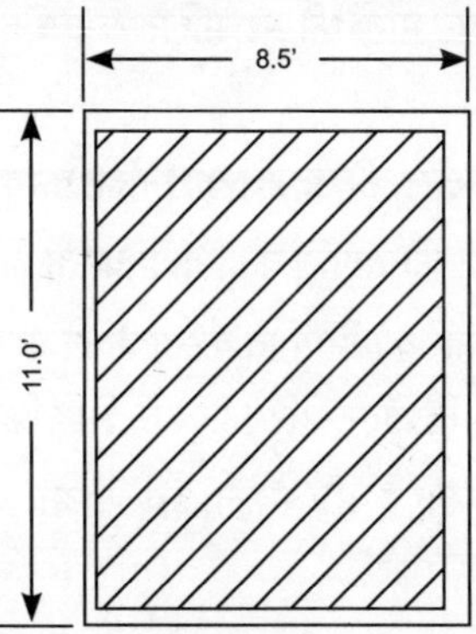

- **कागज़ का आकार:** मानक पेपर आकार प्रदर्शित करता है जो चयनित प्लॉटिंग डिवाइस के लिए उपलब्ध हैं। यदि कोई प्लॉटर नहीं चुना जाता है, तो पूर्ण मानक पेपर आकार सूची प्रदर्शित होती है और चयन के लिए उपलब्ध होती है। पृष्ठ का वास्तविक मुद्रण योग्य क्षेत्र, जो चयनित प्लॉटिंग डिवाइस और पेपर आकार द्वारा निर्धारित किया जाता है, लेआउट में एक डेश रेखा द्वारा इंगित किया जाता है। यदि एक रेखापुंज छवि, जैसे BMP या TIFF फ़ाइल की आरेखन है, तो प्लॉट का आकार है पिक्सेल में निर्दिष्ट होता है, न की इंच या मिलीमीटर में I
- **प्रतियों की संख्या:** प्लॉट करने के लिए प्रतियों की संख्या निर्दिष्ट करता है। यह विकल्प तब उपलब्ध नहीं होता जब उपयोगकर्ता फाइल को आरेखन करता है।
- **आरेखन क्षेत्रफल:** प्लॉट किए जाने वाले आरेखण के भाग को निर्दिष्ट करता है। व्हाट्स टू प्लॉट के तहत, उपयोगकर्ता प्लॉट किए जाने वाले ड्राइंग के एक क्षेत्र का चयन कर सकता है।

- **लेआउट / सीमाएं:** एक लेआउट की आरेख करते समय, निर्दिष्ट पेपर आकार के प्रिंट करने योग्य क्षेत्र के भीतर सब कुछ प्लॉट करता है, लेआउट में 0, 0 से गणना की गई उत्पत्ति के साथ। मॉडल टैब से प्लॉटिंग करते समय, पूरे ड्राइंग क्षेत्र को प्लॉट करता है जो ग्रिड सीमा द्वारा परिभाषित होता है। यदि वर्तमान व्यूपोर्ट योजना दृश्य प्रदर्शित नहीं करता है, तो इस विकल्प का वही प्रभाव है जो एक्सटेंशन विकल्प का है।
- **विस्तार:** ड्राइंग के वर्तमान स्थान के उस हिस्से को प्लॉट करता है जिसमें ऑब्जेक्ट होते हैं। वर्तमान स्थान में सभी ज्यामिति प्लॉट किए गए हैं। ड्राइंग को प्लॉट करने से पहले विस्तार की पुनर्गणना करने के लिए पुन: उत्पन्न किया जा सकता है।
- **प्रदर्शन:** वर्तमान व्यूपोर्ट में दृश्य को चयनित मॉडल टैब में या लेआउट में वर्तमान पेपर स्पेस दृश्य को प्लॉट करता है।
- **दृश्य:** उस दृश्य को प्लॉट करता है जिसे पहले VIEW कमांड से सहेजा गया था। उपयोगकर्ता सूची से एक नामित दृश्य का चयन कर सकता है। यदि आरेखण में कोई सहेजे गए दृश्य नहीं हैं, तो यह विकल्प अनुपलब्ध है।
- **विंडो:** उपयोगकर्ता द्वारा निर्दिष्ट ड्राइंग के किसी भी हिस्से को प्लॉट करता है। जब उपयोगकर्ता विंडो का चयन करता है, तो विंडो बटन उपलब्ध हो जाता है। प्लॉट किए जाने वाले क्षेत्र के दो कोनों को निर्दिष्ट करने के लिए पॉइंटिंग डिवाइस का उपयोग करने के लिए विंडो बटन पर क्लिक करें, या समन्वय मान दर्ज करें।
- **प्लॉट ऑफसेट:** प्लॉट क्षेत्र के एक ऑफसेट को प्रिंट करने योग्य क्षेत्र के निचले-बाएं कोने या कागज के किनारे के सापेक्ष निर्दिष्ट करता है, जो कि निर्दिष्ट प्लॉट ऑफसेट सापेक्ष विकल्प (ओपसन डायलॉग बॉक्स, प्लॉट और पब्लिस टैब) में की गई सेटिंग पर निर्भर करता है। प्लॉट डायलॉग बॉक्स का प्लॉट ऑफसेट क्षेत्र कोष्ठक में निर्दिष्ट प्लॉट ऑफ़सेट विकल्प प्रदर्शित करता है।
- **सेंटर द प्लॉट:** प्लॉट को कागज़ पर केन्द्रित करने के लिए X और Y ऑफ़सेट मानों की स्वचालित रूप से गणना करता है। प्लॉट एरिया को लेआउट पर सेट करने पर यह विकल्प उपलब्ध नहीं होता है।
- **एक्स:** प्लॉट ऑफसेट परिभाषा विकल्प की सेटिंग के सापेक्ष एक्स दिशा में प्लॉट की उत्पत्ति को निर्दिष्ट करता है।
- **वाई:** प्लॉट ऑफसेट परिभाषा विकल्प की सेटिंग के सापेक्ष Y दिशा में प्लॉट की उत्पत्ति को निर्दिष्ट करता है।
- **प्लॉट स्केल:** प्लॉट की गई इकाइयों के लिए ड्राइंग इकाइयों के सापेक्ष आकार को नियंत्रित करता है। लेआउट प्लॉट करते समय डिफ़ॉल्ट स्केल सेटिंग 1: 1 होती है। मॉडल टैब से प्लॉटिंग करते समय डिफ़ॉल्ट सेटिंग पेपर के लिए फ़िट होती है।
- **फ़िट टू पेपर:** प्लॉट को चयनित पेपर आकार में फिट करने के लिए स्केल करता है और स्केल, इंच =, और यूनिट बॉक्स में कस्टम स्केल फैक्टर प्रदर्शित करता है।
- **स्केल:** प्लॉट के लिए सटीक पैमाने को परिभाषित करता है। कस्टम उपयोगकर्ता द्वारा परिभाषित पैमाने को परिभाषित करता है। उपयोगकर्ता ड्राइंग इकाइयों की संख्या के बराबर इंच (या मिलीमीटर) की संख्या दर्ज करके एक कस्टम पैमाना बना सकता है।
- **यूनिट:** इंच, मिलीमीटर या पिक्सेल की निर्दिष्ट संख्या के बराबर इकाइयों की संख्या निर्दिष्ट करता है।
- **स्केल लाइनवेट:** प्लॉट स्केल के अनुपात में स्केल लाइनवेट। लाइनवेट आमतौर पर प्लॉट किए गए ऑब्जेक्ट के रेखा की मोटाई को निर्दिष्ट करते हैं और प्लॉट स्केल की उपयोग किए बिना रेखा की मोटाई, आकार के साथ प्लॉट किए जाते हैं।
- **प्रीव्यू:** आरेखण को उसी रूप में प्रदर्शित करता है। वह तब दिखाई देगा जब पूर्वावलोकन आदेश प्रारंभ करके प्लॉट किया जाएगा। पूर्वावलोकन से बाहर निकलने के लिए और प्लॉट डायलॉग बॉक्स पर लौटने के लिए, ESC दबाएँ, ENTER दबाएँ, या राइट-क्लिक करें और फिर शॉर्टकट मेनू पर बाहर निकलें पर क्लिक करें।
- **अप्लाई टू लेआउट:** वर्तमान प्लॉट डायलॉग बॉक्स सेटिंग्स को वर्तमान लेआउट में सहेजता है।

8.7 वायरफ्रेम मॉडलिंग

एक वायरफ्रेम मॉडल एक 3D ऑब्जेक्ट का ढाँचागत विवरण है जैसा कि चित्र 8.9 में दर्शाया गया है। वायरफ्रेम मॉडल में कोई सतह नहीं होती है; इसमें केवल बिंदु, रेखाएं और वक्र होते हैं जो वस्तु के किनारों का वर्णन करते हैं। ऑटोकैड के साथ आप 2डी वस्तु को 3डी आयाम में किसी भी जगह वायरफ्रेम मॉडल बना सकते हैं। ऑटोकैड कुछ 3D वायरफ्रेम वस्तु भी प्रदान करती है, जैसे कि 3D पॉलीलाइन (जिसमें केवल एक प्रकर की लगातार रेखाए हो सकता है) और स्पलाइन। क्योंकि वायरफ्रेम मॉडल बनाने वाली प्रत्येक वस्तु को स्वतंत्र रूप से खींचा और स्थित किया जाना चाहिए, इस प्रकार का मॉडलिंग सबसे अधिक समय लेने वाला हो सकता है।

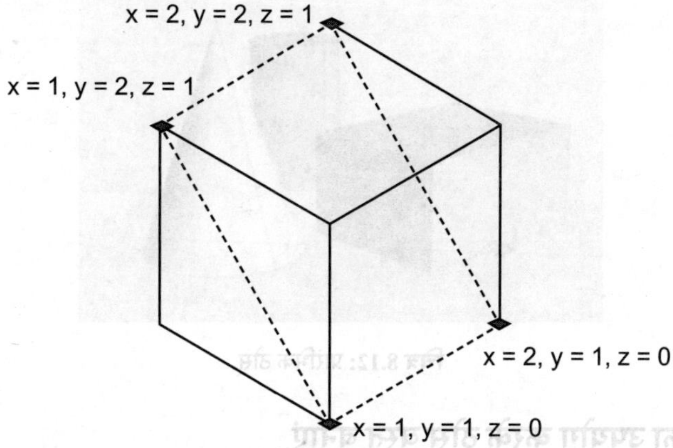

चित्र 8.9: वायरफ्रेम मॉडल

8.8 सतह मॉडलिंग

सतह मॉडलिंग वायरफ्रेम मॉडलिंग की तुलना में अधिक परिष्कृत है जिसमें यह न केवल 3D ऑब्जेक्ट के किनारों को परिभाषित करता है, बल्कि इसकी सतहों को भी परिभाषित करता है। ऑटोकैड सतह मॉडलर एक बहुभुज जाल का उपयोग करके फलक की सतहों को परिभाषित करता है जैसा कि चित्र 8.10 में दिखाया गया है। क्योंकि जाल के फलक तलीय होते हैं, जाल केवल घुमावदार सतहों का अनुमान लगा सकता है।

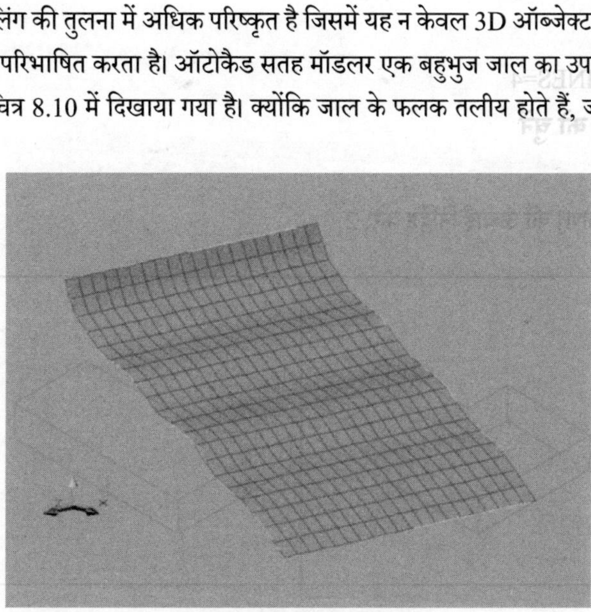

चित्र 8.10: सतह मॉडलिंग

8.9 ठोस मॉडलिंग

ठोस मॉडलिंग उपयोग करने के लिए सबसे आसान प्रकार का 3D मॉडलिंग है। ऑटोकैड सॉलिड मॉडलर के साथ, उपयोगकर्ता मूल 3D आकार बनाकर 3D वस्तु बना सकता है, जिसे प्रारंभिक के रूप में जाना जाता है, जैसा कि चित्र 8.11 में दर्शाया गया है: बक्से, शंकु, सिलेंडर, गोले, वेज और तोरी (डॉनट)। उपयोगकर्ता इन आकृतियों को जोड़कर या घटाकर या उनके प्रतिच्छेदन (अतिव्यापी) आयतन का पता लगाकर अधिक जटिल ठोस बनाने के लिए जोड़ सकते हैं। उपयोगकर्ता पथ के साथ 2डी ऑब्जेक्ट को घुमाकर या अक्ष के चारों ओर घुमाकर ठोस भी बना सकता है।

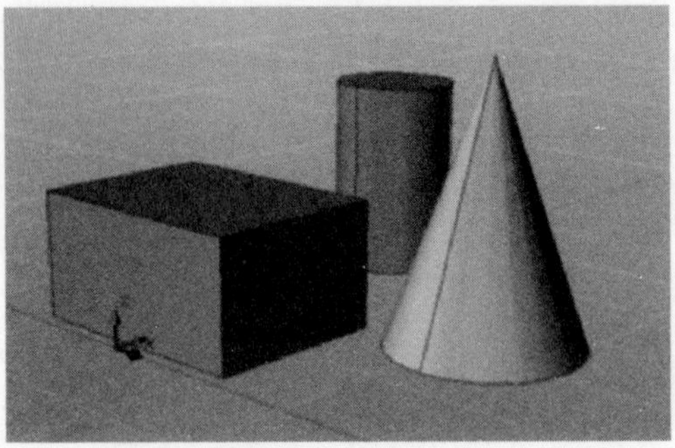

Solid Modelling

चित्र 8.12: प्रारंभिक ठोस

8.9.1 एक्सट्रूड कमांड का उपयोग करके ठोस वस्तु बनाएं

जैसा कि चित्र 8.13 में दर्शाया गया है, मौजूदा द्वि-आयामी वस्तुओं को बाहर निकालकर अद्वितीय ठोस आदिम बनाता है। उपयोगकर्ता एक्सट्रूड के साथ कई वस्तुओं को बहिर्वेधन कर सकते है।

1. कमांड प्रॉम्प्ट पर EXTRUDE टाइप करें।

कमांड: **एक्सट्रूड**
वर्तमान तार फ्रेम घनत्व: ISOLINES=4
वस्तुओं का चयन करें: **वस्तुओं को चुनें**
वस्तुओं का चयन करें: **दर्ज करें**
एक्सट्रूज़न या [दिशा/पथ/शंकु कोण] की ऊंचाई निर्दिष्ट करें: 2

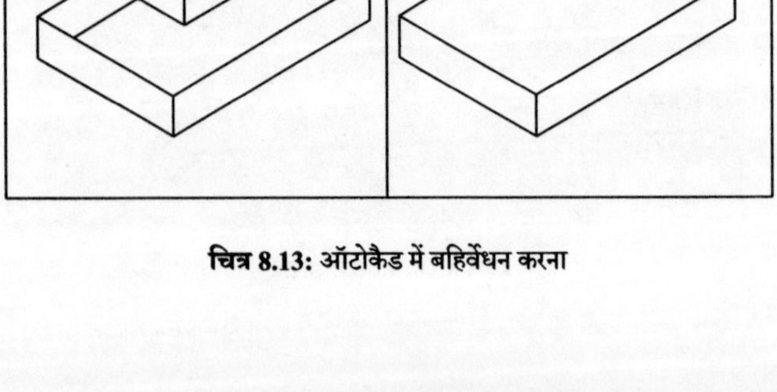

चित्र 8.13: ऑटोकैड में बहिर्वेधन करना

8.9.2 रेवोल्व कमांड का उपयोग करके ठोस वस्तुएँ बनाएँ

किसी अक्ष के सापेक्ष मौजूदा द्वि-आयामी वस्तुओं को घुमाकर आरम्भिक अद्वितीय ठोस बनाता है जैसा कि चित्र 8.14 में दर्शाया गया है।

1. 3D ऑब्जेक्ट के साथ आरेखण खोलें और 3D दृश्य में प्रदर्शित करें।

2. कमांड प्रॉम्प्ट पर REVOLVE टाइप करें।

कमांड: **रेवोल्व**

वर्तमान वायर फ्रेम घनत्व: ISOLINES=4

वस्तुओं का चयन करें: **प्रोफ़ाइल चुनें**

वस्तुओं का चयन करें: **दर्ज करें**

क्रांति की धुरी के लिए प्रारंभ बिंदु निर्दिष्ट करें या अक्ष को [ऑब्जेक्ट/एक्स (अक्ष)/वाई (अक्ष)] द्वारा परिभाषित करें: ओ

एक वस्तु का चयन करें: **अक्ष चुनें**

क्रांति का कोण निर्दिष्ट करें <360>: **दर्ज करें**

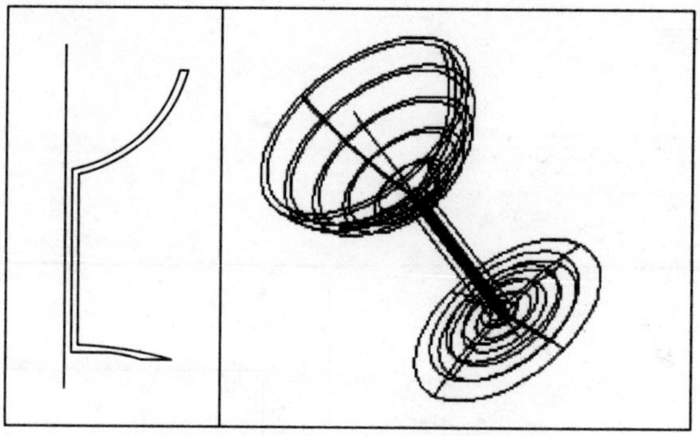

चित्र 8.15: ऑटोकैड में रिवॉल्व कमांड

8.9.3 स्वीप कमांड का उपयोग करके ठोस वस्तुएं बनाएं

स्वीप कमांड का उपयोग मौजूदा दो-आयामी वस्तुओं को परिभाषित पथ के साथ स्वीप करके एक ठोस वस्तु बनाने के लिए किया जाता है जैसा कि चित्र 8.16 में दिखाया गया है।

1. स्वीप करने और 3D दृश्य में प्रदर्शित करने के लिए 2D ऑब्जेक्ट के साथ आरेखण खोलें।

2. कमांड प्रॉम्प्ट पर स्वीप टाइप करें।

कमांड: **स्वीप**

वर्तमान तार फ्रेम घनत्व: ISOLINES=4

स्वीप करने के लिए वस्तुओं का चयन करें: **चाप चुनें**

स्वीप करने के लिए वस्तुओं का चयन करें:

स्वीप पथ या [सरेखण/आधार बिंदु/स्केल/ट्विस्ट] चुनें: **पथ चुनें**

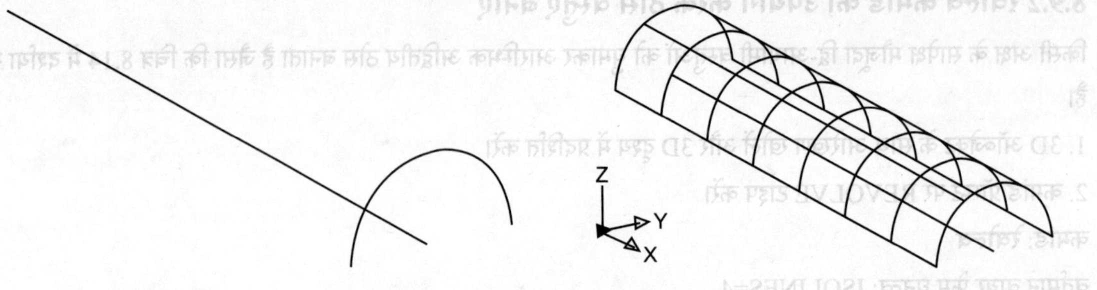

चित्र 8.16: ऑटोकैड में स्वीप कमांड

8.9.3 ठोस कंपोजिट बनाएं

संयोजन (चित्र 8.17)

1. 3D ऑब्जेक्ट के साथ आरेखण खोलें और 3D दृश्य में प्रदर्शित करें।

2. संशोधित करें, ठोस संपादन, संयोजन चुनें।

3. कमांड प्रॉम्प्ट पर संयोजन टाइप करें।

कमाड: **संयोजन**

वस्तुओं का चयन करें: वस्तुओं को संयोजन में चुनें

वस्तुओं का चयन करें: **ENTER**

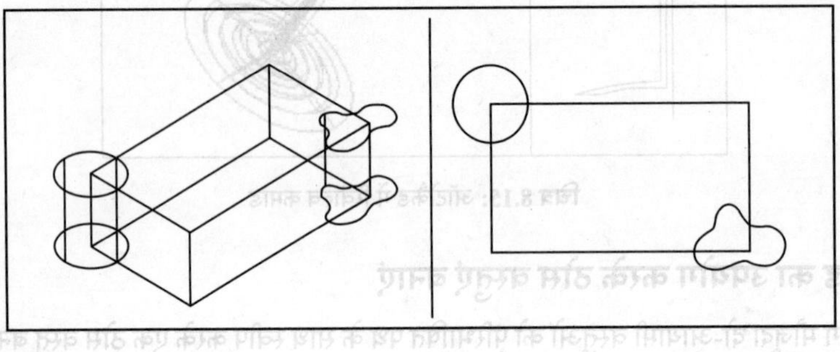

ठोस वस्तु संयोजन एक साथ

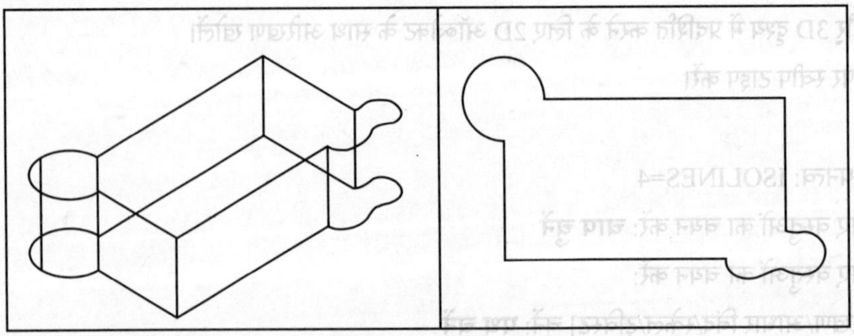

चित्र 8.17: वस्तुओं का संयोजन

सब्ट्रैक्ट (घटाना) (चित्र 8.18)

1. 3D ऑब्जेक्ट के साथ आरेखण खोलें और 3D दृश्य में प्रदर्शित करें।
2. संशोधित, ठोस संपादन, सब्ट्रैक्ट(सब्ट्रैक्ट) चुनें। या
3. कमांड प्रॉम्प्ट पर SUBTRACT टाइप करें।

कमांड: **सब्ट्रैक्ट**

सब्ट्रैक्ट ठोस और क्षेत्रों का चयन करें जिनमें से सब्ट्रैक्ट करना है...

वस्तुओं का चयन करें: मुख्य बॉक्स चुनें

वस्तुओं का चयन करें: **(एंटर दबाएं)**

घटाने के लिए ठोस और क्षेत्रों का चयन करें... वस्तुओं का चयन करें: अन्य ठोस चुनें वस्तुओं का चयन करें: दर्ज करें

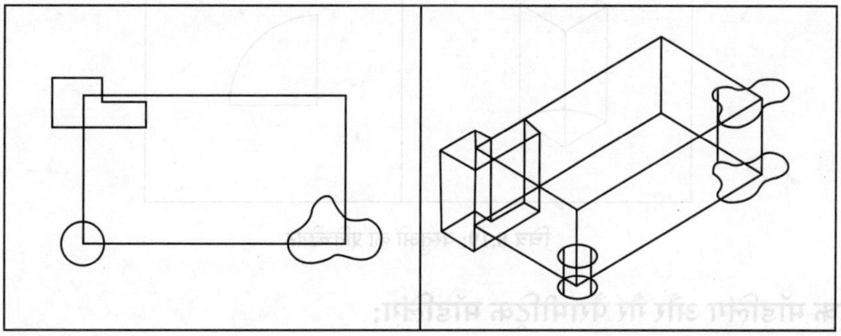

बॉक्स से घटाई गई वस्तुएं

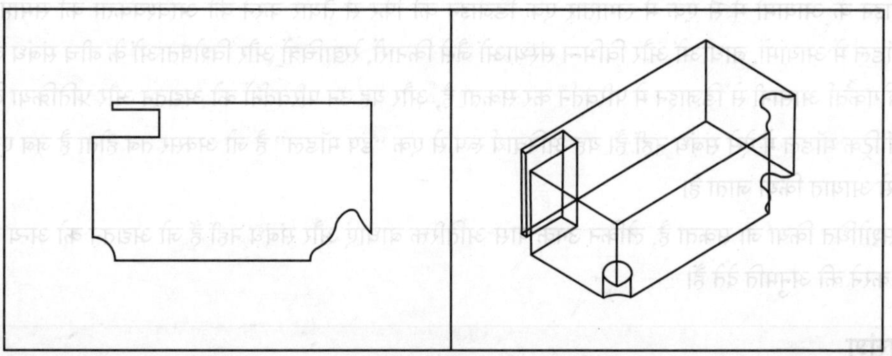

चित्र 8.18: वस्तुओं का घटाव

प्रतिच्छेद (चित्र 8.19)

1. संशोधित करें, ठोस संपादन चुनें, प्रतिच्छेद करें या
2. कमांड प्रॉम्प्ट पर इंटरसेक्ट टाइप करें।

कमांड: **इंटरसेक्ट**

वस्तुओं का चयन करें: वस्तुओं को चुनें

वस्तुओं का चयन करें: **दर्ज करें**

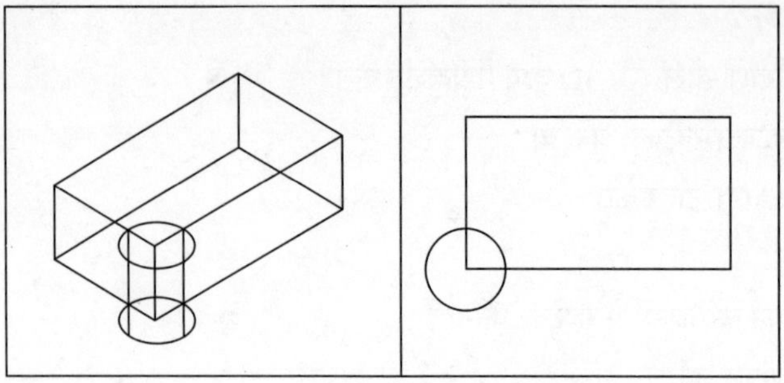

प्रतिच्छेदन के बाद वस्तु

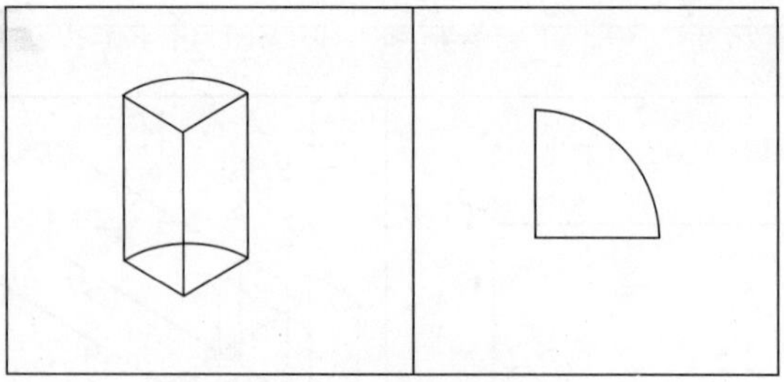

चित्र 8.19: वस्तुओं का प्रतिच्छेदन

8.10 पैरामीट्रिक मॉडलिंग और गैर पैरामीट्रिक मॉडलिंग:

पैरामीट्रिक मॉडलिंग एक कंप्यूटर एडेड डिज़ाइन (कैड) सॉफ़्टवेयर डिज़ाइन टूल है जो समय बचाता है-यह एक डिज़ाइन इंजीनियर को हर बार डिज़ाइन के आयामों में से एक में लगातार एक डिज़ाइन को फिर से तैयार करने की आवश्यकता को समाप्त करता है।एक पैरामीट्रिक मॉडल में आयामों, बाधाओं और विभिन्न संस्थाओं जैसे किनारों, रेखाचित्रों और विशेषताओं के बीच संबंध जैसी जानकारी होती है। उपयोगकर्ता आसानी से डिज़ाइन में परिवर्तन कर सकता है, और यह उन परिवर्तनों को अद्यतन और प्रतिक्रिया देता है।

एक गैर-पैरामीट्रिक मॉडल में ऐसे संबंध नहीं हैं। यह अनिवार्य रूप से एक "डंप मॉडल" है जो अक्सर तब होता है जब एक कैड मॉडल दूसरे प्रोग्राम से आयात किया जाता है।

गूंगा मॉडल संशोधित किया जा सकता है, लेकिन उनके पास अतिरिक्त बाधाएं और संबंध नहीं हैं जो अद्यतन को अन्य डिज़ाइन तत्वों को प्रभावित करने की अनुमति देते हैं।

इकाई सारांश

- एनोटेशन ने डिजाइन पर लिखित जानकारी दी जिससे दृष्टि और स्पष्ट करना आसान हो गया।
- ज्यामितीय टॉलरेंस प्रपत्र, प्रोफ़ाइल, अभिविन्यास, स्थान और रन-आउट के स्वीकार्य विचलन दिखाती है।
- एक वायरफ्रेम मॉडल एक 3D ऑब्जेक्ट का कंकाल विवरण है
- सरफेस मॉडलिंग वायरफ्रेम मॉडलिंग की तुलना में अधिक परिष्कृत है जिसमें यह न केवल 3D ऑब्जेक्ट के किनारों को परिभाषित करता है, बल्कि इसकी सतहों को भी परिभाषित करता है।
- सॉलिड मॉडलिंग ऑब्जेक्ट को परिमित, बंद, बिंदुओं के नियमित सेट के रूप में वर्णित करता है। एक ठोस मॉडल वस्तु की पूरी विशेषता और संक्षिप्त विवरण प्रदान करता है।

- पैरामीट्रिक मॉडलिंग एक कंप्यूटर एडेड डिज़ाइन (कैड) सॉफ़्टवेयर डिज़ाइन टूल है जो समय बचाता है-यह एक डिज़ाइन इंजीनियर को हर बार डिज़ाइन के आयामों में से एक में लगातार एक डिज़ाइन को फिर से तैयार करने की आवश्यकता को समाप्त करता है।

अभ्यास 8.1 : बहुविकल्पीय प्रश्न

1. यदि कोई लेयर बंद है:
   (a) विवरण को एक बंद लेयर में जोड़ा जा सकता है
   (b) विवरण एक बंद लेयर से मिटाया जा सकता है
   (c) विवरण को लॉक की गई लेयर से जोड़ा या मिटाया नहीं जा सकता
   (d) विवरण को लॉक की गई लेयर में जोड़ा जा सकता है लेकिन ड्राइंग फ़ाइल सहेजे जाने पर वे गायब हो जाते हैं।
2. निम्नलिखित को छोड़कर सभी ठोस आदिम के उदाहरण हैं:
   (a) वृत्त
   (b) शंकु
   (c) सिलेंडर
   (d) गुंबद।
3. निम्नलिखित सभी वस्तुओं को छोड़कर बाहर निकाला जा सकता है:
   (a) आर्क
   (b) पॉलीलाइन
   (c) दीर्घवृत्त
   (d) क्षेत्र
4. एक रिवॉल्व्ड सॉलिड बनाने के लिए कमांड का उपयोग करें:
   (a) एजसर्फ
   (b) रेवसर्फ़
   (c) घूमना
   (d) बाहर निकालना
5. निम्नलिखित कुछ गुण और सेटिंग्स हैं जिन्हें आप __________ को छोड़कर एक लेआउट में सहेज सकते हैं।
   (a) प्लॉट स्केल
   (b) काग़ज़ का आकार
   (c) लाइन वजन
   (d) आरेखण अभिविन्यास

उत्तर कुंजी (अभयस 8.1)

1(c), 2(d), 3(a), 4(c), 5(d)

अभ्यास 8.2: लघु और दीर्घ उत्तरीय प्रश्न

श्रेणी I

1. इंजीनियरिंग ड्राइंग में एनोटेशन का क्या उपयोग है?
2. चित्र में लेयर का क्या महत्व है?
3. ऑटोकैड में प्रयुक्त एक्सट्रूड कमांड को समझाइए।
4. ऑटोकैड में स्वीप कमांड से आप क्या समझते हैं?
5. पैरामीट्रिक मॉडलिंग क्या है?
6. वायरफ्रेम मॉडलिंग और सतह मॉडलिंग में अंतर करें।
7. MTEXT कमांड की व्याख्या करें।
8. ऑटोकैड में लम्बकोणीय दृश्य कैसे उत्पन्न हुआ।

श्रेणी II

9. जियोमेट्रिक टॉलरेंस क्या है और इसे ऑटोकैड में कैसे इस्तेमाल किया जा सकता है।
10. ऑटोकैड में लेयर सेट करने के लिए कौन से विभिन्न विकल्प उपलब्ध हैं?
11. सॉलिड मॉडलिंग के लिए ऑटोकैड में प्रयुक्त प्रिमिटिव्स की व्याख्या करें।
12. ऑटोकैड में संयोजन, सबट्रैक्ट और इंटरसेक्शन कमांड को परिभाषित करें।

अभ्यास 8.3: प्रायोगिक प्रश्न

1. कैड सॉफ्टवेयर में निम्नलिखित ऑब्जेक्ट बनाएं और इसे सॉलिड ऑब्जेक्ट में बदलें।

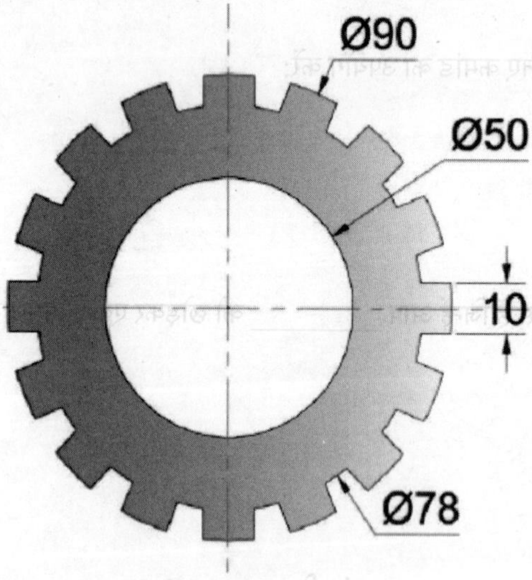

2. 3D सॉफ़्टवेयर का उपयोग करके निम्नलिखित वस्तु बनाएं और उसी के लम्बाकोणीय आरेख बनाएं।

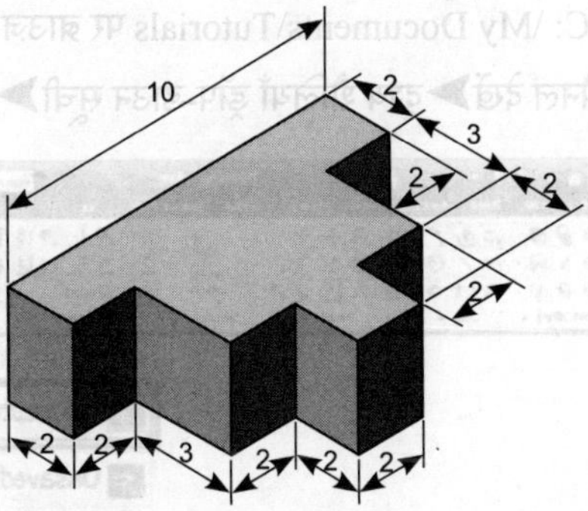

अधिक जानिए

उपयोगकर्ता समन्वय प्रणाली (यूसीएस)

उपयोगकर्ता समन्वय प्रणाली (यूसीएस) एक चल कार्टेशियन समन्वय प्रणाली के स्थान और अभिविन्यास को स्थापित करती है। यूसीएस कई सटीक संचालन के लिए एक आवश्यक उपकरण है।

यूसीएस परिभाषित करता है

- ऑर्थो मोड, पोलर ट्रैकिंग और ऑब्जेक्ट स्नैप ट्रैकिंग जैसी सुविधाओं के लिए उपयोग की जाने वाली क्षैतिज और ऊर्ध्वाधर दिशाएँ
- ग्रिड का संरेखण और कोण, हैच पैटर्न, टेक्स्ट और आयाम ऑब्जेक्ट
- समन्वय प्रविष्टि और निरपेक्ष संदर्भ कोणों के लिए मूल और अभिविन्यास

डिफ़ॉल्ट रूप से, UCS चिह्न वर्तमान मॉडल व्यूपोर्ट के लिए आरेखण क्षेत्र के निचले-बाएँ कोने में दिखाई देता है। प्रत्येक पेपर स्पेस लेआउट में UCS एक ड्राइंग त्रिकोण के रूप में प्रदर्शित होता है।

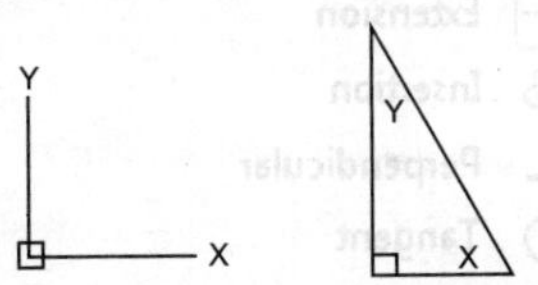

डिजाइन परियोजना/गतिविधियाँ

साधारण 3D आरंभिक ठोस के साथ एक टेबल स्टैंड बनाएं

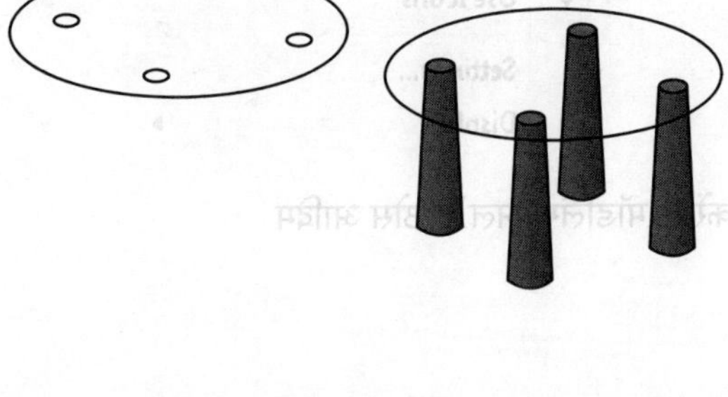

1. क्लिक ➤ ओपन
2. फ़ाइल का चयन करें संवाद बॉक्स में, C: \My Documents\Tutorials पर ब्राउज़ करें। create_table.dwg खोलें।
3. रिबन पर, होम टैब पर क्लिक करें➤पैनल देखें➤दृश्य शैलियाँ ड्रॉप-डाउन सूची➤वैचारिक।

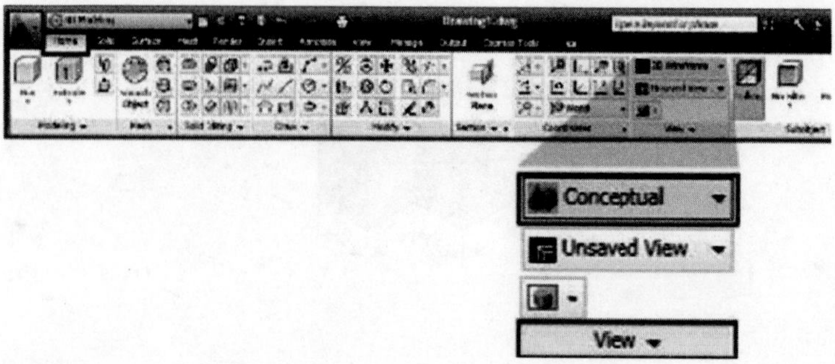

4. स्टेटस बार के बाएं आधे हिस्से में, ऑब्जेक्ट स्नैप मोड को दक्ष करने के लिए ऑब्जेक्ट स्नैप बटन पर क्लिक करें। ऑब्जेक्ट स्नैप बटन पर राइट-क्लिक करें।

5. शॉर्टकट मेनू पर, इसे चालू करने के लिए केंद्र पर क्लिक करें। केंद्र विकल्प में अब इसके आइकन के चारों ओर एक बॉक्स होना चाहिए जो इंगित करता है कि ऑब्जेक्ट स्नैप दक्ष है।

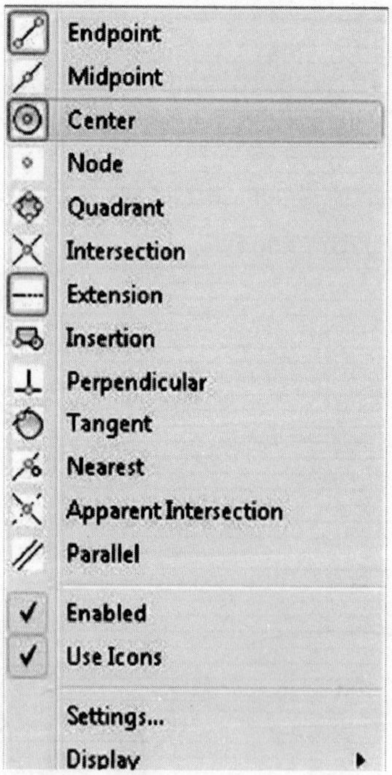

6. रिबन पर, होम टैब पर क्लिक करें➤मॉडलिंग पैनल➤ठोस आदिम
ड्रॉप डाउन➤कोन।

7. प्रांप्ट पर, कर्सर को छोटे वृत्तों में से किसी एक पर ले जाएँ। सर्कल का केंद्र बिंदु प्रदर्शित होता है। आरेखण में वृत्त के केंद्र पर क्लिक करें।

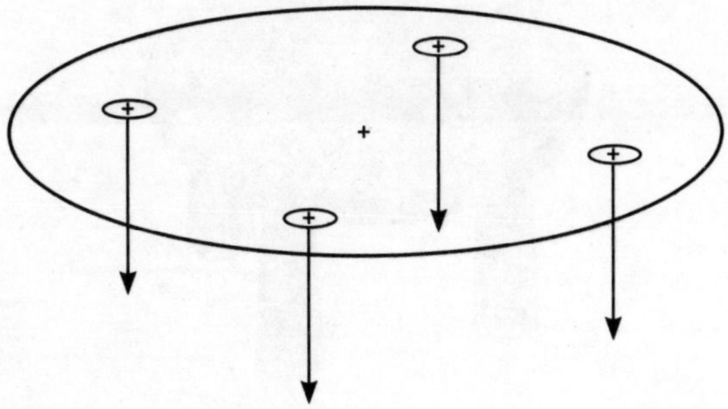

8. प्रॉम्प्ट पर दर्ज करेंटीशीर्ष त्रिज्या के लिए और एंटर दबाएं।
9. प्रॉम्प्ट पर दर्ज करें0.5त्रिज्या के लिए और एंटर दबाएं।
10. प्रॉम्प्ट पर दर्ज करें-4ऊंचाई के लिए और एंटर दबाएं।
11. बनाने के लिए ड्राइंग में अन्य छोटे हलकों पर प्रक्रिया को दोहराएं

टेबल के चार पैर

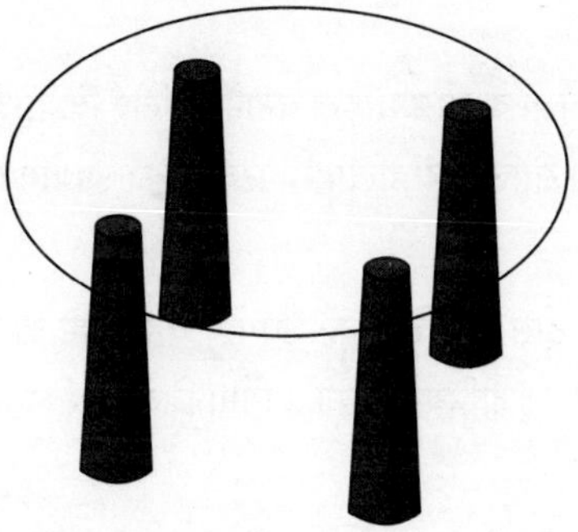

साधारण 3D सॉलिड प्रिमिटिव के साथ एक टेबल टॉप बनाएं

उसी आरेखण फ़ाइल में, निम्न कार्य करें: 1 रिबन पर, होम टैब पर क्लिक करें➤मॉडलिंग पैनल➤ठोस आदिम ड्रॉप-डाउन ➤ सिलेंडर। 2 प्रांप्ट पर, वृत्त के केंद्र बिंदु का चयन करें जिसकी त्रिज्या 4 है।

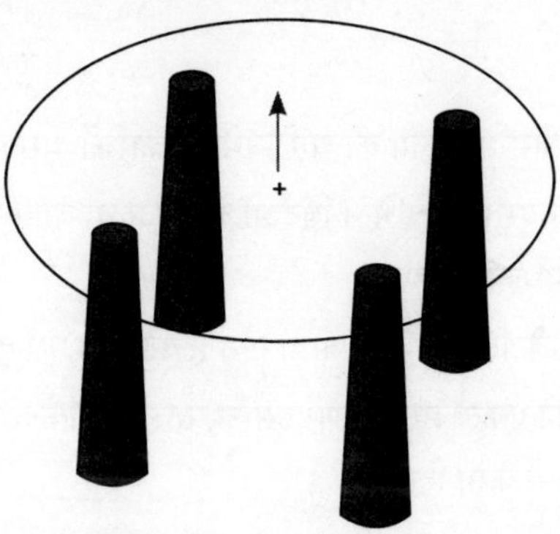

3 प्रांप्ट पर, त्रिज्या के लिए 4 दर्ज करें और एंटर दबाएं। 4 प्रांप्ट पर, ऊंचाई के लिए 0.5 दर्ज करें और एंटर दबाएं।

रोचक तथ्य

3D मॉडलिंग सॉफ्टवेयर अब केवल इंजीनियरों के लिए नहीं है। उत्पादों को डिजाइन करने में दक्ष होने के अलावा, सॉफ्टवेयर अब इंटीरियर डिजाइन, 3 डी प्रिंटिंग और मीडिया, जैसे वीडियो गेम और फिल्मों पर लागू किया जा रहा है।

अनुप्रयोग (वास्तविक जीवन / औद्योगिक)

ठोस मॉडलिंग के अनुप्रयोग

ठोस मॉडलिंग का उपयोग न केवल मशीन के पुर्जों के ठोस मॉडल बनाने के लिए किया जाता है, बल्कि इमारतों, इलेक्ट्रिक सर्किट और यहां तक कि इंसानों के लिए भी किया जाता है। सॉलिड मॉडलिंग सॉफ्टवेयर का उपयोग विभिन्न प्रकार के अनुप्रयोगों के लिए किया जा रहा है, उनमें से कुछ यहां दिए गए हैं:

अभियांत्रिकी: इंजीनियरिंग डिज़ाइन पेशेवर ठोस मॉडलिंग का उपयोग यह देखने के लिए करते हैं कि डिज़ाइन किया गया उत्पाद वास्तव में कैसा दिखेगा। आर्किटेक्ट और सिविल इंजीनियर इसका उपयोग डिजाइन किए गए भवन के लेआउट का उपयोग करने के लिए करते हैं।

मनोरंजन उद्योग: एनीमेशन उद्योग विभिन्न पात्रों और उनमें से फिल्मों को बनाने के लिए ठोस मॉडलिंग का उपयोग कर रहा है।

चिकित्सा उद्योग: शरीर के आंतरिक भागों के ठोस मॉडल बनाने के लिए आधुनिक इमेजिंग स्कैनर्स का उपयोग किया जा रहा है। यह डॉक्टरों को शरीर के विशिष्ट ऊतकों की कल्पना करने, विभिन्न चिकित्सा उपकरणों को डिजाइन करने आदि में मदद करता है।

खोज और जिज्ञासा विषयक

एक ठोस वस्तु के प्रमुख तत्व

वायरफ्रेम और सतह मॉडलिंग की तुलना में ठोस मॉडलिंग को चार विभेदक कारकों द्वारा परिभाषित किया जा सकता है:

पूर्ण → मॉडलिंग वातावरण के भीतर किसी वस्तु के विभिन्न बिंदुओं को अंदर या बाहर के रूप में वर्गीकृत किया जा सकता है (वस्तु और उसकी सतहों का अधिक सटीक प्रतिनिधित्व देते हुए)

वैध → शीर्षों, फलकों और किनारों को a . के लिए ठीक से जोड़ा गया है वस्तु का पूरा दृश्य

स्पष्ट → वस्तु के सभी डिजाइन पहलुओं की एकल स्पष्टीकरण (इसका मतलब है कि वस्तु के डिजाइन में निश्चितता और स्पष्टता है - आप देख सकते हैं कि यह वास्तव में वास्तव में कैसा दिखेगा)

ठोस → के होते हैं ज्यामितीय और टोपोलॉजिकल डेटा (वजन, आकार, आकार, नोड्स/किनारों/चेहरे की कनेक्टिविटी)

वृत्त अध्ययन

(पर्यावरण / स्थिरता / सामाजिक / नैतिक मुद्दे)

3-डी कैड: विशेषताएं

- शक्तिशाल सॉफ़्टवेयर का उपयोग करके शीघ्र और कुशलता से परिष्कृत भाग और असेंबली डिज़ाइन बनाएं।
- नए डिज़ाइन बनाने और उत्पाद संवर्धन को गति देने के लिए मौजूदा इंजीनियरिंग डेटा को आसानी से ढूंढें और उसका लाभ उठाएं।
- लचीले 3D मॉडलिंग टूल उत्पाद अवधारणाओं को शीघ्रता से विकसित करने के लिए डिज़ाइन कार्यों की पूरी श्रृंखला को समाहित करते हैं।
- सुनिश्चित करें कि उत्पादन में जाने से पहले घटकों को सही तरीके से संकलित किया जा सकता है।
- एकीकृत स्वचालित विनिर्माण लागत अनुमानित उपकरणों के साथ लागत लक्ष्यों के विरुद्ध अपने डिजाइनों की लगातार जांच करें।
- उत्पादन-तैयार 2D चित्र बनाएं जो संवाद करें कि आपके डिज़ाइन का निर्माण और संयोजन कैसे किया जाना चाहिए।
- पूरी तरह से एकीकृत सिमुलेशन और विश्लेषण टूल के द्वारा अपनी डिज़ाइन बनाते समय परिचालन और प्रदर्शन सुनिश्चित करें।
- अपने डिजाइन उद्देश्य और कार्यक्षमता को संप्रेषित करने के लिए शीघ्रता और आसानी से शक्तिशाली चित्र और एनिमेशन बनाएं।

अध्ययन सम्बंधित वेबसाइट / विडियो संसाधन

1. CAD/CAD Theory and Practice By Ibrahim Zied, TMH publication.
2. https://www.usb.ac.ir/FileStaff/1365_2018-11-17-9-30-19.pdf
3. https://www.peachpit.com/articles/article.aspx?p=2982117&seqNum=13
4. https://tutorial45.com/autocad-tutorial-18-basics-of-annotation-in-autocad/

9 परियोजना

परियोजना - 01

उद्देश्य: बाहरी दीवारों, आंतरिक दीवारों और खिड़कियों के निर्माण के लिए एक साधारण फ्लोर प्लान बनाएं।

पूर्वा अपेक्षित ज्ञान:

बेसिक ऑटोकैड कमांड को ड्रा और संशोधित करता है और

- सीधी रेखा के खंडों और चापों का उपयोग करके दोहरी रेखा बनाने के लिए "डीलाइन" का उपयोग करें।
- आयताकार पॉलीलाइन बनाने के लिए "रेक्टैंग" का उपयोग करें।

प्रक्रिया:

1. बाहरी दीवारें बनाएं

1. **नई ड्राइंग-** स्टार्ट ड्रॉइंग टेम्प्लेट में, शीर्ष टूलबार में नए बटन पर क्लिक करें और ट्यूटोरियल आई-आर्क टेम्प्लेट चुनें।
2. **एमस्पेस-** नई ड्राइंग में, आप पेपर स्पेस में शुरुआत करते हैं। मॉडल स्थान बदलने के लिए स्क्रीन के निचले भाग में स्थिति पट्टी में पेपर पर क्लिक करें। मॉडल स्थान में, एक UCS चिह्न 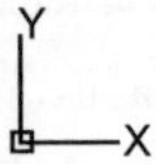 त्रिकोण के बजाय प्रदर्शित करता है। 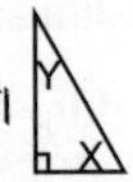
3. **रेक्टेंगल-** रिबन में, होम टैब पर क्लिक करें। ड्रा पैनल में, आयत पर क्लिक करें। 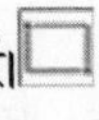 बाहरी दीवार के बाहरी हिस्से को बनाने के लिए अपने माउस से आयत के निचले बाएँ और ऊपरी दाएँ बिंदुओं को निर्दिष्ट करें।
4. **ऑफसेट-** मॉडिफाई पैनल में, ऑफ़सेट पर क्लिक करें।  9 टाइप करके और एंटर दबाकर 9" निर्दिष्ट करें। आयत का चयन करें।
5. **स्पेसिफय-** दीवार के दूसरी तरफ बनाने के लिए एक अंदरूनी बिंदु। फिर, ऑफसेट कमांड से बाहर निकलने के लिए एंटर दबाएं।

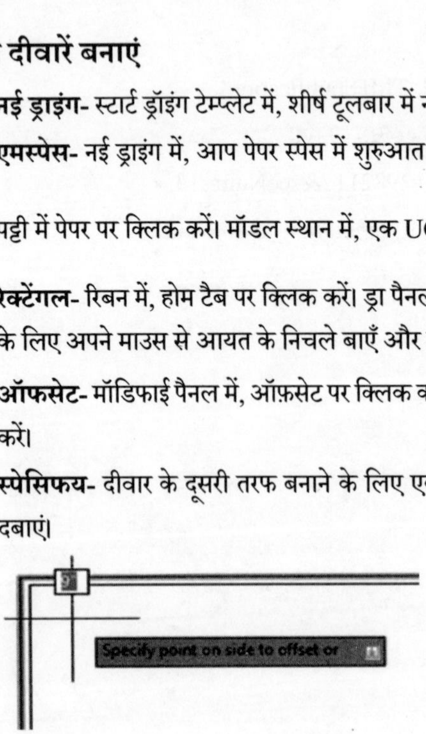

2. आंतरिक दीवारें बनाएं

1. रिबन पर कोई डबल-लाइन टूल नहीं है, इसलिए "डीलाइन" दर्ज करें और कमांड शुरू करने के लिए एंटर दबाएं।
2. चौड़ाई विकल्प के लिए w टाइप करें और स्पेस दबाएं। आंतरिक दीवारों के लिए 4" की चौड़ाई निर्दिष्ट करने के लिए 4 दर्ज करें।
3. राइट-क्लिक करें और "Osnap ओवरराइड्स " चुनें, फिर "नियरेस्ट" चुनें।
4. दीवार के भीतरी आयत पर पूर्व की ओर एक बिंदु निर्दिष्ट करने के लिए क्लिक करें।

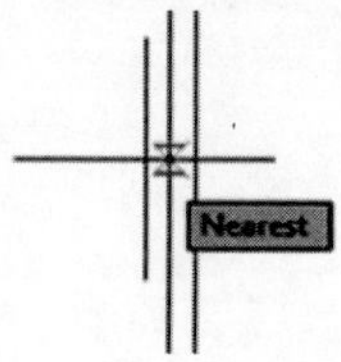

5. भवन के अंदर एक बिंदु निर्दिष्ट करने के लिए क्लिक करें।
6. राइट-क्लिक करें और "Osnap ओवरराइड्स " चुनें, फिर लंबवत चुनें।
7. दक्षिण बाहरी दीवार के अंदरूनी हिस्से पर क्लिक करें। "डीलाइन" कमांड से बचने के लिए एंटर दबाएं।

ध्यान दें: dline (डीलाइन) कमांड केवल AutoCAD LT में उपलब्ध है। यदि आप AutoCAD में इन चरणों का पालन कर रहे हैं, तो इसके बजाय mline का उपयोग करें।

3. एक साधारण विंडो बनाएं

1. **ओस्नाप (Osnap):** स्टेटस बार में ऑब्जेक्ट स्नैप मेनू के लिए छोटे नीचे की ओर दर्शये एरो पर क्लिक करें।  इन मोड्स को इनेबल करने के लिए मिडपॉइंट, "नियरेस्ट" और परपेंडिकुलर पर क्लिक करें।

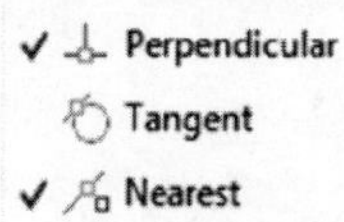

2. **रेखा:** रिबन में, लाइन पर क्लिक करें। पूर्व की ओर बाहरी दीवार के माध्यम से एक छोटी 9" रेखा खींचें।
3. **कॉपी:** आपके द्वारा अभी बनाई गई लाइन का चयन करें। रिबन में, कॉपी पर क्लिक करें। आधार बिंदु के लिए, चयनित लाइन पर क्लिक करें।
4. **डिस्प्लेसमेंट:** दीवार के साथ एक दिशा निर्दिष्ट करने के लिए अपने माउस को ले जाएँ, लेकिन क्लिक न करें। 48 टाइप करें

और एंटर दबाएं।

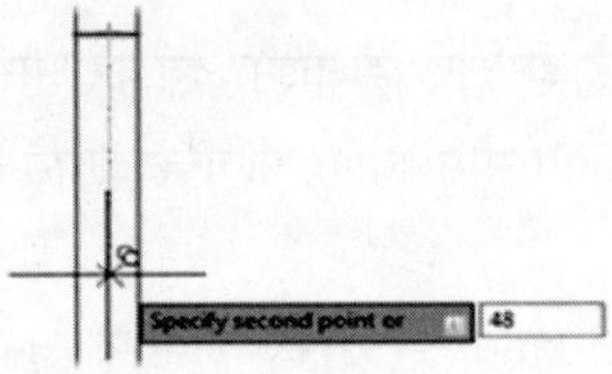

5. **ग्लास पेन:** रिबन में, लाइन पर क्लिक करें। आपके द्वारा बनाई गई पंक्तियों में से किसी एक का मध्यबिंदु निर्दिष्ट करने के लिए क्लिक करें, फिर दूसरी पंक्ति का मध्यबिंदु निर्दिष्ट करने के लिए क्लिक करें।

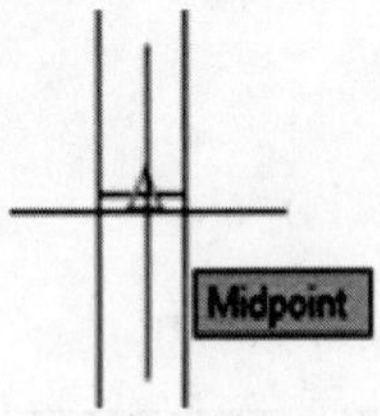

6. **Esc:** लाइन कमांड को रोकने के लिए Esc दबाएं। आपकी साधारण विंडो पूरी हो गई है।

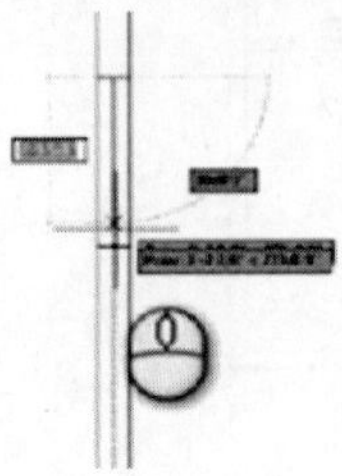

4. विंडो का परिमाप

1. **डायमेंशन:** रिबन में, एनोटेशन फलक में, डायमेंशन पर क्लिक करें। 
2. **परिमाप रखें:** अपने माउस से बाहरी किनारों पर क्लिक करके, फिर दीवार से दूर खींचकर विंडो के दोनों किनारों को निर्दिष्ट करें।

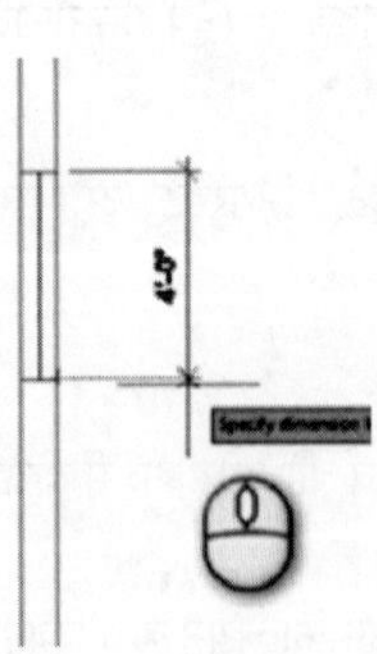

5. निष्कर्ष

इस प्रोजेक्ट में विद्यार्थियों ने सीखा कि ऑटोकैड में एक साधारण फ्लोर प्लान कैसे बनाया जाता है...

परियोजना - 02

उद्देश्य : 3D CAD सॉफ़्टवेयर का उपयोग करके निम्नलिखित खंड विकसित करें और उसी ऑब्जेक्ट के 2D लम्बकोणीय चित्र बनाएं।

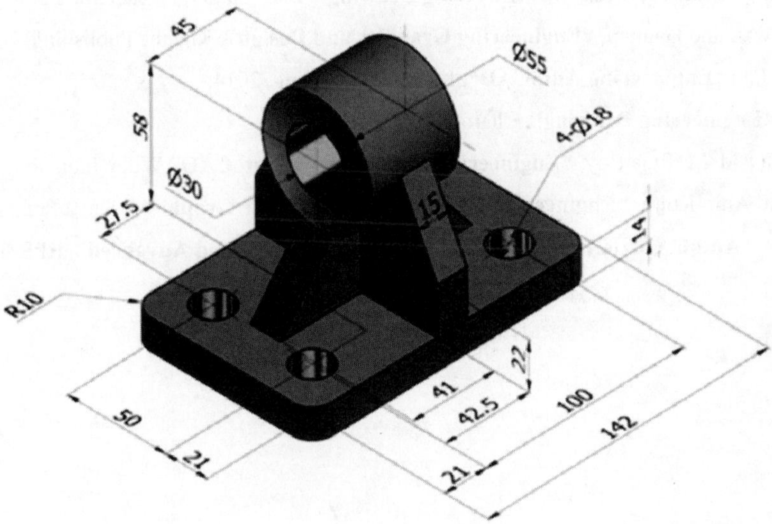

आगामी अध्ययन हेतु सन्दर्भ

1. Dhananjay Jolhe, **"Engineering Drawing with an Introduction to AutoCAD",** Tata McGraw-Hill Education.
2. Basant Agrawal and C M Agrawal, **"Engineering Drawing"** Second Edition, McGraw Hill Education.
3. K Venugopal, **"Engineering Drawing and Graphics",** New Age International (P) Ltd, New Delhi.
4. W.J. Luzadder and J.M. Duff, **"Fundamentals of Engineering Drawing"**, PHI learning, 11th edition.
5. P S Gill, **"Engineering Drawing"**, S. K. Kataria & Sons, 2009.
6. Imtiaz Hashmi, **"Fundamentals of Engineering Drawing"**, LAP Lambert Academic Publishing, 2010.
7. Jain,Maheshwari and Gautam, **"Engineering Graphics and Design"**, Khanna Publishing, 2018.
8. Gautam and Jain **"Engineering AutoCAD"**, Khanna Publishing, 2014.
9. N.D. Bhatt, **"Engineering Drawing",** Charotar Publication, 2014.
10. B.V.R. Gupta and M. Raja Roy, **"Engineering Drawing with AutoCAD"** Wiley India Pvt. Ltd.
11. J.S. Layal and Amit Kohli, **"Engineering Drawing and Computer Graphics"**, Satya Prakashan, new Delhi.
12. Sham Tickoo, **"AutoCAD 2021 for Engineers and Designers - 3D and Advanced"**, BPB Publications.

CO और PO अटैनमेंट तालिका

पाठ्यक्रम पूर्ण होने के उपरान्त कोर्स आउटकम्स (COs) को प्रोग्राम आउटकम्स (POs) के साथ मैप (परस्पर संबंध) किया जा सकता है तथा अन्तर का विश्लेषण करने के लिए POs प्राप्ति हेतु सहसंबंध स्थापित किया जा सकता है। POs प्राप्ति में अन्तर के उचित विश्लेषण पश्चात प्राप्त कमियों को दूर करने के लिए उचित उपाय भी किये जा सकते हैं।

CO और PO अटैनमेंट तालिका

कोर्स आउटकम्स (COs)	प्रोग्राम आउटकम्स (POs) के साथ अपेक्षित संबंध (1- कमजोर सहसंबंध; 2- मध्यम सहसंबंध; 3- मजबूत सहसंबंध)											
	PO-1	PO-2	PO-3	PO-4	PO-5	PO-6	PO-7	PO-8	PO-9	PO-10	PO-11	PO-12
CO-1												
CO-2												
CO-3												
CO-4												
CO-5												
CO-6												

उपरोक्त तालिका में उल्लेखित किये गए आंकड़ों का उपयोग अन्तर के विश्लेषण करने में किया जा सकता है।

अनुक्रमणिका

शब्दकोष

अक्षमितिक	Axonometric	पत्रक	Sheet
अक्षरांकन	Lettering	परिक्रमी परिच्छेद	Revolved Sections
अतिपरवलय	Hyperbola	परिच्छेद दृश्य	Section View
अतिव्यापी	Overlapping	परिप्रेक्ष्य	Perspective
अधिचक्रज	Epicycloid	परियोजना	Project
अनुकूलन	Customisation	परिवर्धन	Development
अनुविक्षेप	Plan	पार्श्व दृश्य	Side View (SV)
अन्तश्चक्रज	Hypocycloid	पार्श्वचित्र तल	Profile Plane (PP)
अभिविन्यास	Orientation	पृष्ठबहुल	Polyhedral
अभ्यावेदन	Representations	पैमाना	Scales
अष्टफलक	Octahedron	पॉलीलाइन	Polyline
आधार	Base	प्रक्षेपण	Projection
आयताकार	Rectangular	प्रक्षेपित	Projected
आयाम	Dimesion	प्रक्षेपी	Observer
आरेखण उपकरण	Drawing Instruments	प्रतिकेंद्राज	Involutes
आलेखन पत्रक	Drawing Sheets	प्रथम चतुर्थांश प्रक्षेपण	First Angle Projection
उत्पादकता	Productivity	प्रमुख तल	Principal Planes
उत्सेध	Elevation	प्रविष्ट	Enter
ऊर्ध्वाधर तल	Vertical Plane(Vp)	फ्लोर प्लान	Floor Plan
ऑर्थोग्राफिक प्रक्षेपण	Orthographic Projection	बहुदृश्य	Multiview
कर्तन तल	Cutting Plan	बहु-दृश्य प्रक्षेपण	Multi-View Projection
कारीगर	Craftsmen	बहुरेखीय	Multilinear
क्षैतिज तल	Horizontal Plane(Hp)	बिन्दुओ का प्रक्षेपण	Projections of Points
खंडित परिच्छेद	Broken-Out Sections	बेलन	Cylinder
खंडों	Segments	मानक	Standard
गुफा	Caves	लंबकोणीय	Orthogonal

गोला	Sphere	निर्धारित	Fix
ग्रिड संदर्भ प्रणाली	Grid Reference System	निर्देशांक प्रणाली	Coordinate System
घन	Cube	वक्र	Curves
चक्राभ	Cycloid	विंशतिफलक	Icosahedron
चतुष्फलक	Tetrahedron	विकर्ण पैमाना	Diagonal Scale
छिन्नक	Frustum	विस्थापन	Displacement
जनित्र	Generator	शंकु	Cone
जीवाओं का पैमाना	Scale of Chords	शंकु परिच्छेद	Conic Sections
ज्यामिति	Geometry	शीर्ष	Apex
ज्यामितीय	Geometric	शीर्ष दृश्य	Top View(TV)
ज्यामितीय बाधाएं	Geometrical Constraints	शैली	Style
झुकी हुई अभिलेख	Inclined Lettering	संदर्भ तल	Reference Planes
टीप	Annotations	संदिग्धता	Ambiguity
ठोस के परिक्रमण	Solids of Revolution	संपाति	Coincident
ठोसों का प्रक्षेपण	Projection of Solids	संशोधित	Modify
डीलाइन	Deline	सकेंद्रित विधि	Concentric Method
ढाँचागत	Structural	सकेंद्री	Concentric
तल	Planes	सचित्र प्रक्षेपण	Pictorial Projection
तलों का प्रक्षेपण	Projections of Planes	समचतुर्भुज	Rhombus
तिर्यक	Oblong	सममितीय प्रक्षेपणण	Isometric Projection
तिर्यक्	Oblique	सममित	Symmetric
तुलनात्मक पैमाना	Comparative Scale	सममितीय	Isometric
तृतीय चतुर्थांश प्रक्षेपण	Third Angle Projection	समय की बचत	Short Lead Times
त्रिमितीय	Trimetric	समरेख	Collinear
दक्षिणावर्त	Clockwise	समलंब ठोस	Right Solid
दृश्य	View	समानांतर	Parallel
द्वादशफलक	Dodecahedron	सम्बवत्	Offset
द्विमतीय	Dimetric	सम्मुख दृश्य	Front View (Fv)
नियमित ठोस	Regular Solid	सरल पैमाना	Plain Scale
निरूपक भिन्न	Representative Fraction	सहायक तल	Auxiliary Planes

सांस्थितिक	Topological	सुचारू	mooth
सीमा	Border	स्पर्शरेखा	Tangent